一流本科专业一流本科课程建设系列教材
高等教育安全科学与工程类系列教材
新形态·消防工程专业系列教材

阻燃材料与技术

主　编　颜　龙　徐志胜
副主编　王学宝　王峥阳
参　编　王　勇　王　霁　盛友杰
贾海林　陈善求

机械工业出版社

阻燃材料与技术是消防工程专业的核心课程之一。本书以火灾科学与材料科学的基础理论为指导，以阻燃基本理论和技术措施为主线，系统介绍了火灾基础知识、固体可燃物的燃烧过程、阻燃基本理论、阻燃剂性能及应用、各类典型阻燃聚合物材料、其他建筑防火材料及制品、阻燃性能测试方法及分析技术等内容。

本书从高等教育专业教学和消防工作的实际需求出发，注重理论知识和实践应用的融合，突出科学性、系统性和实践性。

为方便教学，本书在各章设置教学要求、重点与难点及复习思考题等模块，并制作了重要知识点授课视频，读者可扫描书中二维码深入学习，利于理解掌握相关知识。

本书主要作为高等院校消防工程、安全工程、土木工程、材料科学与工程等相关专业的本科教材，也可作为相关工程技术人员的业务参考书。

图书在版编目（CIP）数据

阻燃材料与技术 / 颜龙, 徐志胜主编. -- 北京 : 机械工业出版社, 2024. 9. -- (一流本科专业一流本科课程建设系列教材) (高等教育安全科学与工程类系列教材) (新形态·消防工程专业系列教材). -- ISBN 978-7-111-76520-2

Ⅰ. TB34

中国国家版本馆 CIP 数据核字第 20241LG824 号

机械工业出版社（北京市百万庄大街22号　邮政编码100037）

策划编辑：冷　彬　　　责任编辑：冷　彬　舒　宜

责任校对：龚思文　张　征　　　封面设计：张　静

责任印制：刘　媛

北京中科印刷有限公司印刷

2024年10月第1版第1次印刷

184mm×260mm・18. 25印张・416千字

标准书号：ISBN 978-7-111-76520-2

定价：59.00 元

电话服务　　　网络服务

客服电话：010-88361066　　机　工　官　网：www.cmpbook.com

010-88379833　　机　工　官　博：weibo.com/cmp1952

010-68326294　　金　书　网：www.golden-book.com

封底无防伪标均为盗版　　机工教育服务网：www.cmpedu.com

前　言

阻燃材料与技术作为预防火灾和减缓火势蔓延的重要手段，在消防工程专业领域占有重要地位，在建筑、交通、能源、化工、国防、安全等领域发挥着极其重要的作用。特别是央视新大楼北配楼火灾和上海“11·15”特大火灾之后，人们对阻燃材料的要求越来越高，阻燃的相关标准和法规也越来越完善。同时，表面处理、化学接枝、纳米复合、交联、膨胀成炭等一些阻燃新技术的发展促进阻燃材料由单一阻燃功能向环保、高效、低毒、抑烟、耐候等多功能方向发展。因此，高等院校消防工程和安全工程专业的学生了解和掌握阻燃材料与技术方面的知识是十分必要的。据了解，目前国内外介绍高分子阻燃材料的书籍虽然很多，但是适合作为消防工程和安全工程专业本科教材的却并不多见。为了满足这类专业的教学要求，培养专业复合型人才，中南大学消防工程系与中国人民警察大学防火工程学院牵头组织了编写本书。

本书以阻燃基本理论和技术措施为主线，围绕阻燃材料在消防领域的发展需求，系统介绍了火灾基础知识、材料的热分解与燃烧过程、材料阻燃和防火处理的基本原理、方法和技术等内容，本书注重火灾科学与材料科学的交叉融合，注重理论与实际应用的有机结合，基础扎实、体系完整、实用性强，并配有丰富的数字化辅助教学资源，可以满足消防工程及相关专业的教学需求，以及消防科学研究、阻燃材料研发与生产、消防安全管理等工作的现实需求。

本书由中南大学颜龙和徐志胜主编。全书共11章，具体编写分工如下：第1章由徐志胜编写，第2、3、10章和附录由颜龙编写，第4章由中国人民警察大学王学宝编写，第5章由王学宝和金杯电工股份有限公司陈善求共同编写，第6、8章由中南大学王峥阳编写，第7章由武汉科技大学王勇编写，第9章由中国人民警察大学王霁编写，第11章由西安科技大学盛友杰和河南理工大学贾海林共同编写。本书在资料调研、图片绘制、书稿整理和排版过程中得到了中南大学研究生刘辉、赵雯筠、杨倩、王宁、唐欣雨、王文强、龙邈天、周龙夏娣、高雨欣、李玉豪、关晶晶、魏峥、万里添、李帷轩、李琪等人的大力支持和帮助，在此谨对他们表示衷心的感谢。同时，本书在编写过程中还参考了一些文献资料，在此向书中参考文献的作者表示诚挚的谢意。

由于编者水平有限，书中难免有疏漏和不妥之处，恳请广大读者批评指正，以便本书更趋完善。

编　者

数字资源（重要知识点授课视频）目录

视频名称	单节位置	二维码	视频名称	单节位置	二维码
火灾的发生与发展	1.1.4 节		膨胀型阻燃剂	4.3.4 节	
近代阻燃技术发展历程	1.3.2 节		纤维阻燃改性方法	6.4 节	
固体可燃物热解模式	2.1.1 节		橡胶的基本配合与加工工艺	7.3 节	
固体可燃物火蔓延过程	2.4 节		木材阻燃技术	8.3 节	
固体可燃物生烟过程	2.6 节		防火涂料	9.1 节	
凝聚相阻燃机理	3.1 节		防火玻璃	10.3.1 节	
气相阻燃机理	3.2 节		锥形量热仪测试法	11.4.1 节	
协效阻燃机理	3.3 节		生烟性测试法	11.5 节	

目　录

第1章 绪论

教学要求

认识和掌握火灾的危害、分类和特点、常见原因及发生与发展规律，掌握建筑阻燃材料的分级评价方法，了解阻燃技术的研究进展和发展趋势。

重点与难点

火灾的发生与发展及阻燃材料分级评价方法。

1.1 火灾基础知识

1.1.1 火灾的危害

火是人类文明之源，从使用天然火、钻木取火到使用火石、火镰、火绒取火，再到今天的火柴、打火机取火等，火的使用对人类的发展至关重要。火给人类带来光明和温暖的同时，也会给人类带来灾难。火灾是指在时间或空间上失去控制的燃烧所造成的灾害。在各种灾害中，火灾是最经常、最普遍的威胁公众安全和社会发展的主要灾害之一。

每年都会有成千上万的人因火灾而失去生命健康，同时火灾也造成了数以亿计的财产损失。其中，绝大多数的发达国家每年火灾经济损失可达整个社会生产总值的0.2%。2013—2022年我国火灾事故统计数据见表1-1。

表1-1 2013—2022年我国火灾事故统计数据

年份	火灾发生次数/万起	死亡人数/人	受伤人数/人	直接经济财产损失/亿元	火灾发生率/（起/十万人口）	火灾死亡率/（人/百万人口）
2022	82.5	2053	2122	71.6	58.4	145.4
2021	74.8	1987	2225	67.5	53.0	140.7
2020	25.2	1183	775	40.1	17.8	83.8
2019	23.3	1335	837	36.1	16.6	95.4

（续）

年份	火灾发生次数/万起	死亡人数/人	受伤人数/人	直接经济财产损失/亿元	火灾发生率/（起/十万人口）	火灾死亡率/（人/百万人口）
2018	23.7	1407	798	36.8	17.0	100.8
2017	28.1	1390	881	36.0	20.2	100.0
2016	31.2	1582	1065	37.2	22.6	114.4
2015	33.8	1742	1112	39.5	24.6	126.7
2014	39.5	1817	1493	43.9	28.9	132.8
2013	38.9	2113	1637	48.5	28.5	154.5

火灾对人类文明造成了重大破坏，火灾的危害主要体现在以下五个方面：

（1）危害生命健康安全

火灾中可燃物燃烧产生的高温和有毒有害烟气会对人们的生命健康造成严重威胁。火灾事故中60%~80%死亡人数是由火场中有毒有害烟气造成的。此外，当建筑物承重构件长时间在高温作用下达到其耐火极限时，会造成建筑部分或整体坍塌，从而引发人员群死群伤事件。

（2）造成经济损失

火灾会烧毁建筑物内的财物，破坏设施设备，甚至还会因火势蔓延、扩大使整幢建筑物化为灰烬。灭火过程中使用的水、干粉和泡沫等灭火剂，不仅损耗资源，还会使建筑内的财物遭受水渍、化学物质等污染而受损。此外，建筑火灾发生后，建筑修复重建、人员善后安置和生产经营停业等也将造成巨大的间接经济损失。

（3）破坏文明成果

历史保护建筑、文化遗址一旦发生火灾，不仅会造成人员伤亡、财产损失，还会使大量文物、典籍和古建筑等稀世瑰宝面临烧毁的威胁，这将对人类文明成果造成无法挽回的损失。

（4）影响社会稳定

火灾发生后往往会引起广泛的社会关注，造成一定程度的负面效应，影响国家社会稳定。从以往火灾案例来看，当学校、医院、宾馆、办公楼等公共场所发生群死群伤恶性火灾事故，或涉及粮食、能源等国计民生的重要工业建筑发生大火时，会造成民众心理恐慌。

（5）破坏生态环境

火灾会破坏人类赖以生存和发展的大气、海洋、土地、矿藏、森林、草原等生态环境，导致生态环境恶化，引发生态系统的结构和功能严重失调，从而严重威胁人类的生存和发展。火灾产生的CO_2、HCl、CO、HCN、H_2S等有毒气体还会对大气造成污染。此外，灭火过程对生态环境的负面影响同样不可忽视。

1.1.2 火灾的分类和特点

根据不同的需要，火灾可以从不同的角度进行分类。

（1）按照可燃物的类型和燃烧特性分类

按照 GB/T 4968—2008《火灾分类》，火灾可分为 A、B、C、D、E、F 六类，具体见表 1-2。

表 1-2 按照可燃物的类型和燃烧特性的火灾分类

火灾分类	描述	举例
A 类火灾	固体物质火灾	木材及木制品、棉、毛、麻、纸张、粮食等物质火灾
B 类火灾	液体或可熔化的固体物质火灾	汽油、煤油、原油、甲醇、乙醇、沥青、石蜡等物质火灾
C 类火灾	气体火灾	煤气、天然气、甲烷、乙烷、氢气、乙炔等气体燃烧或爆炸发生的火灾
D 类火灾	金属火灾	钾、钠、镁、钛、锂、铝镁合金等金属火灾
E 类火灾	带电火灾	变压器、家用电器、电热设备等电气设备以及电线、电缆等带电燃烧的火灾
F 类火灾	烹饪器具内的烹饪物（如动植物油脂）火灾	烹饪器具内的动植物油脂火灾

（2）按火灾损失严重程度分类

根据《生产安全事故报告和调查处理条例》及火灾事故造成的人员伤亡或直接经济损失，将火灾相应地分为特别重大火灾、重大火灾、较大火灾和一般火灾四个等级，具体见表 1-3。

表 1-3 按照火灾损失严重程度的火灾分类

火灾等级	指标		
	死亡人数	重伤人数	直接经济损失
特别重大火灾	30 人以上	100 人以上	1 亿元以上
重大火灾	10 人以上 30 人以下	50 人以上 100 人以下	5000 万元以上 1 亿元以下
较大火灾	3 人以上 10 人以下	10 人以上 50 人以下	1000 万元以上 5000 万元以下
一般火灾	3 人以下	10 人以下	1000 万元以下

注：上述所称的“以上”包括本数，所称的“以下”不包括本数。

1.1.3 火灾发生的常见原因

科学、客观地分析火灾发生原因及规律，对于制定合理有效的预防措施具有重要作用。火灾发生的原因主要有电气故障、生活用火不慎、遗留火种、吸烟、自燃、生产作业不慎、玩火、放火、雷击及其他等。2021 年我国火灾原因分布如图 1-1 所示。

（1）电气故障

随着社会电气化程度不断提高，电气设备使用范围越来越广，安全隐患也逐渐增多。我国因电气故障导致的火灾数量每年都在 10 万起以上，占全年火灾总数的 30%左右，居各类火灾原因首位。电气火灾原因复杂，既涉及电气设备的设计、制造及安装，也与电气设备投入使用后的维护管理、安全防范等相关，其中电线短路故障、过负荷用电、接触不良、电气设备老化故障等是造成火灾的主要原因。

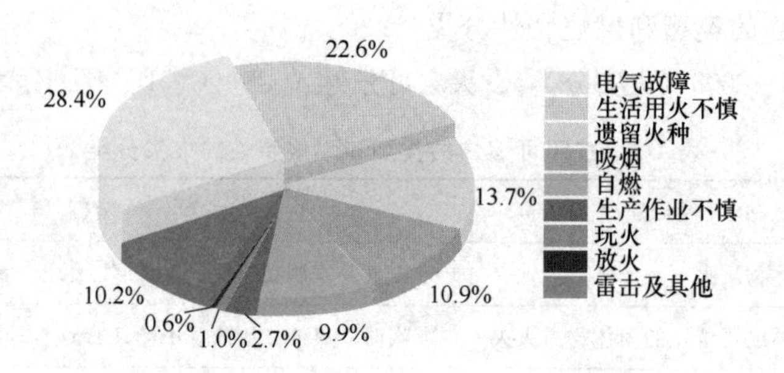

图 1-1　2021 年我国火灾原因分布

（2）生活用火不慎

生活用火不慎主要是指城乡居民家庭生活用火不慎，主要包括照明不慎引发火灾、烘烤不慎引发火灾、炊事用火不慎引发火灾、蚊香使用不慎引发火灾、炉具故障及使用不当引发火灾等。

（3）遗留火种

遗留火种是指人们在生产生活中遗留下来的未扑灭的火种，多发生于宿舍及人员聚集等区域。若未能及时发现并扑灭，遗留火种燃烧将发展扩大，极易演变成火灾事故。例如，未熄灭的烟头、烟灰、鞭炮烟花、烧荒和烧纸产生的草灰纸灰等。

（4）吸烟

烟蒂和点燃后未熄灭的火柴梗温度超过 600℃，远高于纸张、棉花等一般可燃物的燃点，极易引起可燃物燃烧。例如，在商场、石油化工厂、汽车加油加气站等具有火灾、爆炸危险的高危场所吸烟极易引发火灾。

（5）自燃

自燃是指在没有任何明火的情况下，物质受空气氧化或外界温度、湿度的影响，经过较长时间的发热和蓄热，逐渐达到自燃点而发生燃烧的现象，例如高温使油泥自燃引发的汽车自燃、与空气发生氧化作用引发的煤炭自燃等。

（6）生产作业不慎

生产作业不慎引发的火灾主要是指生产作业人员违反生产安全制度及操作规程而引起的火灾。例如，在易燃易爆的车间内动用明火，引起爆炸起火；将性质相抵触的物品混存在一起，引起燃烧爆炸等。

（7）玩火

玩火引发的火灾在我国每年都占有一定的比例，其中未成年人玩火取乐是引发火灾的常见原因之一。燃放烟花爆竹也属于“玩火”的范畴，被点燃的烟花爆竹本身即火源，极易引发火灾并造成人员伤亡。我国每年春节期间 70%~80%的火灾是由燃放烟花爆竹引起的。

（8）放火

放火主要是指采用人为放火方式蓄意制造火灾的行为。这类火灾为当事人故意为之，通常经过一定的策划准备，因而往往缺乏初期救助，火灾发展迅速，后果严重。常见的放火动机有报复、获取经济利益、掩盖罪行、寻求精神刺激、精神病患者放火等。

(9) 雷击

雷电是大气中的放电现象，通常分为直击雷、感应雷、雷电波侵入和球雷等。雷击能在短时间内将电能转变成机械能、热能，并产生各种物理效应，对建筑物、电气设备等破坏巨大，极易引起火灾和爆炸事故。例如，雷击时产生数万至数十万伏电压，足以烧毁电力系统中的发电机、变压器、断路器等设备，造成绝缘击穿而发生短路，引起火灾或爆炸事故；雷击产生巨大的热量，可以使金属、混凝土构件、砖石表层等熔化，造成可燃物燃烧起火。

1.1.4 火灾的发生与发展

火灾的发生与发展

了解火灾的发生与发展规律，才能更有针对性地运用技术措施有效防止、控制和减少火灾危害。

1. 火灾的发生

火是燃烧反应的一种形式，是指可燃物与助燃物发生的一种剧烈的发光、发热的氧化还原反应。一旦燃烧在时间或空间上失去控制就将引发火灾，剧烈的燃烧甚至可能引发爆炸，释放出大量能量和气体，并产生高温，同时还伴随着强光和声响。物质燃烧过程的发生与发展必须具备三个必要条件，即可燃物、助燃物和点火源。

(1) 可燃物

凡是能与空气中的氧或其他氧化剂起燃烧反应的物质称为可燃物。可燃物按物理状态可以分为气体可燃物、液体可燃物和固体可燃物。一般来说，可燃烧物质大多是含碳和氢的化合物，某些金属在一定条件下也可以燃烧，如镁、铝、钙等。

(2) 助燃物

凡是与可燃物结合能导致或能够支持燃烧的物质称为助燃物。燃烧过程中主要助燃物是空气中的氧气，此外，高锰酸钾、氯气、过氧化钠、氯酸钾等物质可作为燃烧反应的助燃物。

(3) 点火源

凡是能引起可燃物燃烧的点燃能源称为点火源。在一定条件下，各种不同可燃物只有达到一定能量才能引起燃烧。常见的点火源有下列几种：

1) 明火。明火是指生产、生活中的炉火、烛火、焊接火、吸烟火、撞击或摩擦打火、机动车辆排气管火星、飞火等。

2) 电弧和电火花。电火花是电极间的击穿放电，电弧则由大量密集的电火花所构成。常见的电火花有电气开关开启或关闭时发出的火花、短路火花、漏电火花、接触不良火花、电焊时的电弧、雷击电弧、静电火花（物体静电放电、人体衣物静电打火、人体积聚静电对物体放电打火）等。

3) 雷击。雷击瞬间高压放电能引燃任何可燃物。

4) 高温。高温是指高温加热、烘烤、积热不散、机械设备故障发热、摩擦发热、聚焦发热等。

5) 自燃引火源。自燃引火源是指在既无明火又无外来热源的情况下，物质本身自行发热、燃烧起火，如白磷、烷基铝在空气中会自行起火；钾、钠等金属遇水剧烈反应着火；易燃、可燃物质与氧化剂、过氧化物接触起火等。

上述三个条件统称为燃烧三要素，无论缺少哪个条件，燃烧都将难以发生或维持继续。但需要注意的是，即使具备了以上三要素并且相互结合、相互作用，燃烧也未必发生。要发生燃烧，以上三个要素还必须达到一定的量，如点火源需要达到足够的热量和温度，助燃物和可燃物也需要有一定的浓度或数量。燃烧能发生时，以上三要素可表示为如图 1-2a 所示的封闭三角形，即着火三角形。

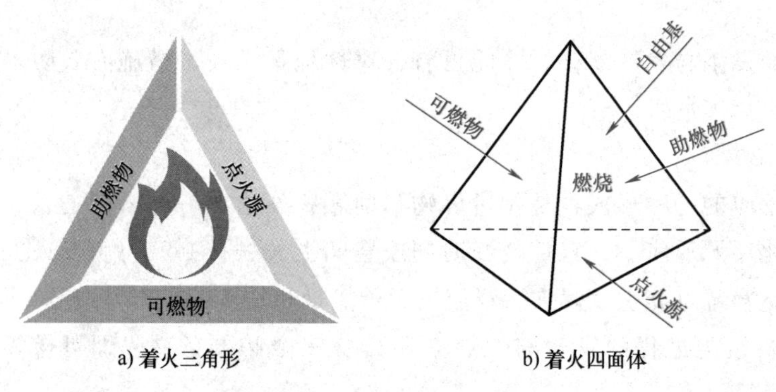

图 1-2　着火三角形和着火四面体

（4）链式反应自由基

自由基是一种高度活泼的化学基团，能与其他自由基和分子发生反应，从而使燃烧按链式反应的形式扩展，也称为游离基。在大多数燃烧反应中，可燃物和助燃物并不是直接进行反应的，而是首先通过热分解产生自由基团和带自由基团的中间产物，这些产物相互接触，发生链式反应，并放出光和热。所以，大部分燃烧的发生和发展，除了可燃物、助燃物和点火源外，还需要能发生链式反应的自由基。因此，燃烧发生条件可以进一步用着火四面体来表示，如图 1-2b 所示。

2. 火灾发展阶段

对建筑火灾而言，燃烧最初发生在室内的某个房间或某个部位，然后由此蔓延至相邻的房间或区域，以及整个楼层，最后蔓延到整个建筑物。室内火灾发展阶段大致可分为初期增长阶段、成长发展阶段、猛烈燃烧阶段和衰减熄灭阶段，建筑室内平均温度随时间变化曲线大致如图 1-3 所示。

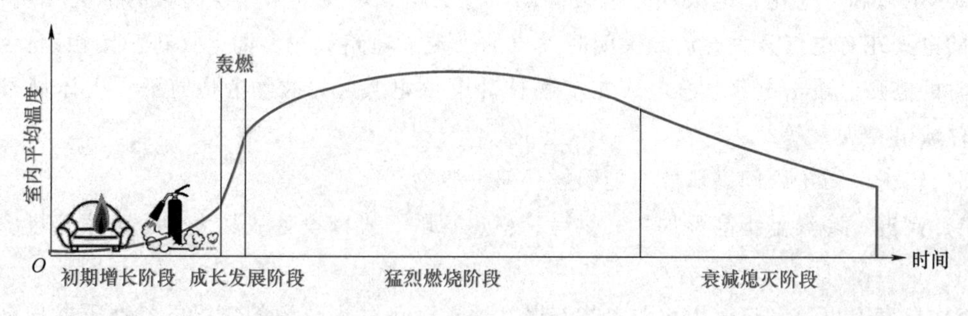

图 1-3　室内火灾发展阶段

(1) 初期增长阶段

建筑发生火灾后，最初只是起火部位及其周围可燃物小范围着火燃烧，此阶段燃烧面积较小，局部温度较高，室内各点温度分布不均匀，室内平均温度低，火灾发展速度较慢，供氧相对充足，火势不够稳定，燃烧状况与敞开环境中的燃烧状况类似。受可燃物性能、分布和环境通风、散热等条件的影响，燃烧的发展大多比较缓慢，可能会出现下列三种情况：①最初着火的可燃物燃尽而火灾终止；②通风受限，火灾自行熄灭或以缓慢的燃烧速度继续燃烧；③存在足够的可燃物且具有良好的通风条件，火灾迅速发展。

(2) 成长发展阶段

在建筑室内火灾持续燃烧一定时间后，燃烧范围不断扩大，温度升高，燃烧热对流和热辐射显著增强，室内可燃物在高温作用下，不断受热分解出可燃气体。当房间内温度达到400~600℃时，室内绝大部分可燃物起火燃烧，这种在限定空间内可燃物的表面全部卷入燃烧的瞬变状态即为轰燃。轰燃是一般室内火灾最显著的特征和非常重要的现象，是火灾发展的重要转折点，即火灾发展达到了不可控制的程度。但需要注意的是，不是每场火灾都会出现轰燃，大空间建筑、比较潮湿的场所就难以发生轰燃。

(3) 猛烈燃烧阶段

轰燃发生后，室内可燃物出现全面燃烧，并进入猛烈燃烧阶段。在此阶段中，可燃物热释放速率升高，并出现持续高温，温度可达800~1000℃，火焰和高温烟气在火风压的作用下会从房间的门窗、孔洞等处大量涌出，沿走廊、吊顶迅速向水平方向蔓延扩散。同时，由于烟囱效应的作用，火势会通过竖向管井、共享空间等向上蔓延。在火灾作用下，室内设备机械强度降低，构件开始变形坍塌。此时，火灾救援工作开展较为困难，往往需要组织大批的灭火救援力量，甚至付出较大代价，才能控制火势、扑灭火灾。

(4) 衰减熄灭阶段

在猛烈燃烧阶段的后期，随着室内可燃物数量的减少，火灾燃烧速度减慢，燃烧强度和温度逐渐降低。一般而言，室内平均温度降到温度最高值的80%时，可以认为火灾进入衰减熄灭阶段。但需要注意的是，在该阶段前期，燃烧仍十分猛烈，火场的高温余热仍能维持一段时间。当可燃物全部烧光之后，火场室内外温度趋于一致，火势即趋于熄灭。

上述成长发展阶段、猛烈燃烧阶段和衰减熄灭阶段是通风良好情况下室内火灾的自然发展过程。实际上，一旦室内发生火灾，常常伴有人为灭火行动或自动灭火设施的启动，因此会改变火灾的发展过程。不少火灾尚未发展就被扑灭，这样室内就不会出现破坏性的高温。如果在灭火过程中，可燃物中挥发成分并未完全析出，周围的温度短时间内仍较高时，易造成可燃挥发成分再度析出，一旦条件合适，可能会出现死灰复燃的情况，这种情况不容忽视。

1.2 材料燃烧与阻燃

绝大多数火灾是由聚合物燃烧引起的。随着现代制造技术的进步，合成聚合物已逐渐替代天然聚合物，并在人们生活的各方面得到了广泛应用。然而，合成聚合物的火灾危险性远高于天然聚合物，例如，聚乙烯、聚丙烯和聚苯乙烯等聚合物的热值甚至与石油相近。聚合物燃烧除了释放出大量热量外，通常还伴随着大量烟、有毒气体和挥发性产物的产生，严重妨碍火灾现场应急救援工作的开展，尤其是当CO、HCN、SO_2、H_2S、NH_3、氮氧化合物、卤化氢等有毒气体达到一定浓度时，数分钟便可致人死亡。表1-4列出了常见聚合物材料的燃烧性能参数。

表1-4 常见聚合物材料的燃烧性能参数

聚合物材料名称缩写	HRR_0/(kW/m²)	LOI（%）	UL94等级	η_c/(J/g·K)	HOC/(kJ/g)	SEA/(m²/kg)
HIPS	510	18	HB	893	28.1	1461
PP	369	17	HB	1200	41.9	455
PET	424	20	HB	402	18.0	400
PS	410	18	HB	1040	27.9	1150
ABS	359	18	HB	669	29.0	925
PBT	341	23	HB	474	21.7	623
PA66	240	24	HB	600	25.2	230
PMMA	217	17	HB	574	24.8	100
PA6	187	24	HB	487	29.8	134
PES	168	36	V-1	345	22.4	—
POM	162	15	HB	398	14.4	50
EP	160	19	HB	657	21.3	907
PE	145	17	HB	1560	40.3	325
PC	89	25	V-2	390	21.2	891
PEN	57	32	V-2	309	22.9	—
ETFE	44	30	V-0	198	7.4	—
PVC	9	45	V-0	138	9.3	1015
PAI	-64	45	V-0	33	19.3	120
PPSU	-83	38	V-0	115	23.5	—
PTFE	-84	98	V-0	35	4.6	33
PEI	-113	47	V-0	121	21.8	—
PPS	-147	44	V-0	164	23.5	646
PBI	-150	36	V-0	41	16.2	100

注：表中聚合物材料名称全称及燃烧性能参数符号见附录。

如今，人们日益认识到聚合物阻燃技术是降低火灾损失的重要战略措施之一，阻燃、抑烟和低毒已成为生产生活中选择不同用途材料时的首要考虑因素。然而，部分情况下聚合物在阻燃处理后，燃烧产生的有毒烟气不降反升，因此人们有时认为阻燃处理反而会使聚合物的火灾危险性增加。需要注意的是，这类试验结果一般为材料单位质量或单位面积燃烧所产生的烟或有毒气体的量，而实际火场中形成的烟和有毒气体的总量还与燃烧材料总量有关。如图 1-4 所示，现有未阻燃处理的 A 和阻燃处理的 B 两种地毯材料，假设材料 B 的烟密度、毒性指数均为材料 A 的 2 倍，而材料 A 的火焰传播速率为材料 B 的 2 倍，燃烧 t 时间的燃烧面积和产烟量见表 1-5。由表 1-5 可知，虽然材料 A 的烟密度及毒性指数仅为材料 B 的 1/2，但其产生烟和有毒气体的总量仍可能达到材料 B 的 2 倍。因此，阻燃处理材料的烟密度及毒性指数不一定比同类未阻燃处理的材料高，而材料的火焰传播速率及热释放速率则因阻燃剂的使用而大幅度降低。

图 1-4　未阻燃处理的材料和阻燃处理的材料燃烧、产烟性能比较示意图

表 1-5　未阻燃处理的材料和阻燃处理的材料燃烧、产烟性能比较表

材料	火焰传播速度	烟密度	燃烧 t 时间的燃烧面积	t 时间的产烟量
未阻燃处理材料 A	x	k	$\pi(xt)^2$	$k\pi(xt)^2$
阻燃处理材料 B	$\frac{1}{2}x$	$2k$	$\frac{1}{4}\pi(xt)^2$	$\frac{1}{2}k\pi(xt)^2$

为此，许多国家都在建筑规范中对各类工程所采用材料的火焰传播速度、热释放速率、烟密度等燃烧性能做出了规定，这使得阻燃技术得到迅速发展。我国从 20 世纪 70 年代末开始系统地研究材料燃烧特性，并于 1988 年颁布了第一部建筑材料燃烧性能分级国家标准 GB 8624—1988《建筑材料燃烧性能分级方法》，到目前为止已进行了三次修订，GB 8624—2012《建筑材料及制品燃烧性能分级》为现行版本。GB 8624—2012 将建筑材料及制品分为不燃材料、难燃材料、可燃材料和易燃材料四种燃烧等级，见表 1-6。

表 1-6　建筑材料及制品的燃烧性能等级

燃烧性能等级	A	B_1	B_2	B_3
名称	不燃材料（制品）	难燃材料（制品）	可燃材料（制品）	易燃材料（制品）

根据 GB 8624—2012，建筑材料燃烧性能等级判据可分为材料的点燃性能、火焰传播性能、热释放性能、生烟性能和耐燃性能。建筑材料及制品的燃烧性能分级判据及试验标准见表 1-7。

表 1-7　建筑材料及制品的燃烧性能分级判据及试验标准

燃烧性能	测试参数	测试对象	试验标准
点燃	焰尖高度	平板状建筑材料及制品	GB/T 8626—2007《建筑材料可燃性试验方法》
		铺地材料	
		管状绝缘材料	
	氧指数	窗帘幕布、家具制品装饰用织物	GB/T 5454—1997《纺织品 燃烧性能试验 氧指数法》
		电线电缆套管	GB/T 2406. 2—2009《塑料 用氧指数法测定燃烧行为 第 2 部分：室温试验》
	引燃或阴燃现象	软质家具	GB 17927. 1—2011《软体家具 床垫和沙发 抗引燃特性的评定 第 1 部分：阴燃的香烟》
		硬质家具	GB/T 8626—2007《建筑材料可燃性试验方法》
火焰传播特性	燃烧增长速率指数	平板状建筑材料及制品	GB/T 20284—2006《建筑材料或制品的单体燃烧试验》
		管状绝缘材料	
	损毁长度	窗帘幕布、家具制品装饰用织物	GB/T 5455—2014《纺织品 燃烧性能 垂直方向损毁长度、阴燃和续燃时间的测定》
	续燃时间		
	阴燃时间		
	垂直燃烧性能	电线电缆套管	GB/T 2408—2021《塑料 燃烧性能的测定 水平法和垂直法》
		电器设备外壳及附件	GB/T 5169. 16—2017《电工电子产品着火危险试验 第 16 部分：试验火焰 50W 水平与垂直火焰试验方法》
	平均燃烧时间	电器、家具制品用泡沫塑料	GB/T 8333—2022《塑料 硬质泡沫塑料燃烧性能试验方法 垂直燃烧法》
	平均燃烧高度	电器、家具制品用泡沫塑料	
热释放性能	总热值	平板状建筑材料及制品	GB/T 14402—2007《建筑材料及制品的燃烧性能 燃烧热值的测定》
		铺地材料	
		管状绝缘材料	
	临界热辐射通量	铺地材料	GB/T 11785—2005《铺地材料的燃烧性能测定 辐射热源法》
	600s 内总放热量	平板状建筑材料及制品	GB/T 20284—2006《建筑材料或制品的单体燃烧试验》
		管状绝缘材料	
	单位面积热释放速率峰值	电器、家具制品用泡沫塑料	GB/T 16172—2007《建筑材料热释放速率试验方法》
	热释放速率峰值	软质家具	GB/T 27904—2011《火焰引燃家具和组件的燃烧性能试验方法》
		硬质家具	
		软质床垫	GB 8624—2012《建筑材料及制品燃烧性能分级》
	5min 内总热释放量	软质家具	GB/T 27904—2011《火焰引燃家具和组件的燃烧性能试验方法》
		硬质家具	
	10min 内总热释放量	软质床垫	GB 8624—2012《建筑材料及制品燃烧性能分级》

（续）

燃烧性能	测试参数	测试对象	试验标准
生烟性能	烟密度等级	电线电缆套管	GB/T 8627—2007《建筑材料燃烧或分解的烟密度试验方法》
	最大烟密度	软质家具	GB/T 27904—2011《火焰引燃家具和组件的燃烧性能试验方法》
		硬质家具	
耐火性能	炉内温升	平板状建筑材料及制品	GB/T 5464—2010《建筑材料不燃性试验方法》 GB/T 8625—2005《建筑材料难燃性试验方法》
		铺地材料	
		管状绝缘材料	
	质量损失率	平板状建筑材料及制品	
		铺地材料	
		管状绝缘材料	
	持续燃烧时间	平板状建筑材料及制品	
		铺地材料	
		管状绝缘材料	

1.3 阻燃技术发展简介

1.3.1 早期阻燃技术发展历程

通过阻燃技术改变某些可燃或易燃材料的燃烧性能是基本的阻燃手段。在距今 5000 年前的新石器时代，位于现今我国甘肃省秦安县大地湾的人类便将草茎泥作为大型建筑中木柱的防火保护层。春秋时期的《左传》记载："火所未至，彻小屋，涂大屋"，意为火灾尚未波及之处，拆去小的房子，并在大型房屋表面涂覆泥巴进行防火处理，这是防火涂料最早的雏形。公元前 450 年，希腊人将木材浸渍于硫酸铝钾溶液中以赋予木材一定的阻燃性。公元前 200 年，罗马人在希腊人阻燃木材基础上加入了醋，显著增强了木材的阻燃耐久性。公元前 1 世纪，罗马人将阻燃技术应用在军事领域，如采用明矾溶液对木制城堡进行阻燃处理、以头发增强的黏土涂层等措施，达到抵御火攻，保护围城塔的目的。约公元 13 世纪，位于现今我国新疆哈密地区的人们将生产的石棉布用作宫殿式建筑的阻燃材料。元代著名农学家王祯研制了以砖屑、白善泥、桐油、枯莩碳、石灰和糯米胶为主要成分的防火材料。1638 年，德国人利用黏土和石膏的混合物处理帆布，制得了一种"不燃"布。1735 年，国际上发表了第一篇利用明矾、硼砂及硫酸亚铁对木材和纺织品进行阻燃处理的专利。19 世纪，人们开始对阻燃科学及其理论基础进行研究。1821 年，科研人员利用硫酸、盐酸和磷酸的铵盐对大麻、亚麻等织物进行阻燃处理，发现氯化铵、磷酸铵和硼砂的混合物可显著提高织物的阻燃效率。1859 年，研究人员发现只有磷酸铵、磷酸铵钠、硫酸铵、锡酸钠和磷酸铵与氯化铵的混合物适用于织物阻燃，同时研发了一种将氧化锡沉淀于织物上的阻燃处理工艺。1908 年，人们用天然橡胶与氯气反应制得了阻燃氯化橡胶，开创了以化学方法阻燃改性聚合物的先河。1913 年，研究人员用铵盐与硫酸盐处理织物，改善了织物的阻燃耐久性，并对阻燃机理进行理论探讨，标志着阻燃技术进入了一个新纪元。从公元前至 18 世纪初叶，阻燃领域早期重要研究进展见表 1-8。

表 1-8　阻燃领域早期重要研究进展

重要研究进展	时间
草茎泥作为木结构建筑的防火保护层	公元前 3000 年
硫酸铝钾阻燃处理木材	公元前 450 年
硫酸铝钾和醋的混合物阻燃处理木材	公元前 200 年
石棉布和原始防火涂料	约公元 13 世纪
黏土和石膏混合物用于阻燃剧院窗帘	1638 年
矾液、硫酸亚铁和硼砂阻燃处理木材和织物	1735 年
磷酸铵、氯化铵和硼砂的混合物阻燃处理大麻和亚麻	1821 年
铵盐和硫酸盐阻燃处理棉花	1913 年

1.3.2　近代阻燃技术发展历程

近代阻燃技术发展历程

20 世纪 50 年代后，合成聚合物迅猛发展，对阻燃技术的发展具有深远意义。由于合成聚合物的疏水性，以往常用的无机盐阻燃剂在聚合物领域应用受到极大限制。因此，近代阻燃技术的发展主要集中在研制与聚合物相容的永久性阻燃剂，经历了耐久型阻燃织物、氯化石蜡-氧化锑协效阻燃体系、反应型阻燃剂、添加型阻燃剂、膨胀型阻燃体系、无卤阻燃剂、本质阻燃聚合物等几个重要阶段。

（1）耐久型阻燃织物

20 世纪 30 年代，美国研发了以氧化锑和氧化钛处理织物的耐久阻燃工艺。此外，人们还利用纤维素内的活性羟基，通过化学方式提高了纤维制品的阻燃耐久性。例如，采用磷酸酯或磷酸盐将纤维素羟基部分酯化以赋予织物阻燃性，尤其是美国生产的三聚氰胺-甲醛-磷酸酯衍生物现仍被应用于织物阻燃领域。第二次世界大战期间，美国以四羟甲基氯化磷作为纤维素阻燃剂，英国在此基础上开发了普鲁苯法（Proban）棉纤维阻燃处理工艺。这些研究开创了耐久型阻燃剂的历史，为后期改性高分子化合物结构赋予永久阻燃性提供了有益启示。

（2）氯化石蜡-氧化锑协效阻燃体系

第二次世界大战期间，军队对阻燃、防水帆布帐篷的需求促进了含氯化石蜡-氧化锑阻燃体系的发展。这类阻燃体系首次确定了卤-锑协效效应，并采用有机卤化物替代无机盐用以阻燃处理聚合物。卤-锑协效效应的发现被誉为阻燃化学的一个里程碑，对现代阻燃技术的发展具有深远的影响，至今仍是阻燃领域内极其活跃的研究热点。

（3）反应型阻燃剂

氯化石蜡-氧化锑阻燃体系一经问世，便被应用于阻燃处理聚氯乙烯和不饱和聚酯。然而，在实际使用过程中人们发现，氯化石蜡的加入不仅会恶化不饱和聚酯层压板的物理性能，还会出现阻燃剂溢出、阻燃性降低等问题。人们很快认识到反应型阻燃剂对不饱和聚酯可能更适合，这种阻燃剂能在合成聚酯或制造聚酯最后产品的某一阶段与不饱和聚酯发生化学反应，从而赋予材料永久阻燃性。20 世纪 50 年代初期，美国研发出首个含反应型阻燃剂单体（海特酸）的阻燃聚酯，随后又研制出多种反应型含卤或含磷的阻燃剂单体，如四溴（氯）邻苯二甲酸酐、二氯化苯乙烯、二溴苯乙烯、三溴苯乙烯、三溴苯酚、四溴（氯）双酚 A、含溴多元醇、丙烯酸五溴苄酯、五溴苄基溴、含磷多元醇等，它们均可用于聚合物的阻燃处理。

（4）添加型阻燃剂

对聚乙烯、聚丙烯和聚酰胺（尼龙）等热塑性塑料的阻燃要求进一步促进了阻燃剂的发展。添加氯化石蜡和反应型阻燃剂会降低甚至破坏热塑性塑料的结晶性，影响材料的物理性能。此外，氯化石蜡等卤系阻燃剂热稳定较差，容易在塑料高温模塑过程中失效，无法高效发挥阻燃作用。1965 年，人们开始研发惰性添加型阻燃剂，这拓展了聚合物阻燃剂的范围。例如，由六氯环戊二烯与环辛二烯合成的得克隆添加型阻燃剂，具有高熔点、高热稳定性等特点，不仅对塑料的电气性能和防水性影响小，还能提高塑料的热变形温度和抗弯模量，而且在高温和潮湿环境中也无渗出问题。从 20 世纪 60 年代至今，有机添加型阻燃剂一直是阻燃领域内的主力军，占有机阻燃剂总消耗量的 85%以上（反应型仅为 15%左右）。此外，氢氧化物被广泛用作聚合物阻燃领域的添加型阻燃剂，但氢氧化物只有在添加量较高时才能有效提高阻燃效能，在聚烯烃领域中应用受到极大限制。氢氧化铝因价廉、疏水、低毒、增强性能优异等特点，是应用最为广泛的氢氧化物。

（5）膨胀型阻燃体系

人们基于炭的高阻燃性研发了一种新的阻燃体系——膨胀型阻燃剂。膨胀型阻燃剂能催化聚合物骨架或其自身的含碳组分裂解为膨胀炭层，阻止聚合物燃烧过程中的传热和传质，从而赋予聚合物更高的阻燃性能，并减少燃烧过程中的烟气释放。1938 年，国际上首次提出膨胀型防火涂料相关专利。1948 年，人们开始使用“膨胀”一词描述阻燃聚合物受热燃烧时发生的膨胀发泡现象。20 世纪 80 年代，由于新阻燃法规的颁布和卤系阻燃剂引发的环境问题，膨胀型阻燃剂得到了迅速发展，其中，酸源、碳源和气源是发挥膨胀阻燃作用的三个主要成分。

（6）无卤阻燃剂

1986 年，瑞士、德国科学家发现部分卤系阻燃材料在燃烧受热分解时会产生二噁英、多溴代二苯并呋喃（PBDF）及多溴代二苯并二噁英（PBDD）等剧毒、致癌物质，严重危害了人们的生命健康，极大地限制了卤系阻燃剂的使用。基于人类对环境保护的要求，阻燃材料的无卤化在全球呼声日益高涨。不过，并非所有的溴系阻燃剂都会产生 PBDF、PBDD 等有毒有害物质，且由于溴系阻燃剂优异的阻燃效能，现仍存在溴系阻燃剂及其阻燃的聚合物使用现象。从长远来看，阻燃材料正朝向低毒、低烟、无卤化方向发展。

（7）本质阻燃聚合物

部分聚合物由于其特有的化学结构，即使不进行阻燃或增强处理，仍具有良好的阻燃性，如酚醛树脂和呋喃树脂等芳香组分含量高的聚合物都是难燃材料，将这种本身就具有阻燃性能的聚合物称为本质阻燃性聚合物。然而，这类本质阻燃性聚合物由于成本较高、合成工艺复杂困难等原因，应用受到了极大的限制。近年来，人们还研制出一些新的具有本质阻燃性的聚合物，如芳香族酰胺-酰亚胺聚合物、芳基乙炔聚合物、硅氧烷-乙炔聚合物及其他无机-有机杂化共聚物等，但它们中的大多数仍处于研制初期。表 1-9 列出了部分本质阻燃聚合物的结构与阻燃特征。

表 1-9　本质阻燃聚合物的结构与阻燃特征

本质阻燃聚合物	熔点/℃	玻璃化转变温度 T_g/℃	LOI（%）	UL94 等级
$-[O-C_6H_4-C(=O)]_n-$	427	—	—	—
$-[O-C_6H_4-O-C_6H_4-C(=O)-C_6H_4]_n-$	334	—	35	V-0
$-[O-C_6H_4-S(=O)-C_6H_4]_n-$	—	190	30	—
$-[C_6H_4-S]_n-$	285	88~93	46~53	V-0
$-[O-C_6H_4-C(=O)-O-C_6H_4-C_6H_4-O-C(=O)-C_6H_4-C(=O)]_n-$	421	369	42	V-0

1.3.3　现代阻燃技术发展趋势

图 1-5 列出了阻燃材料发展的不同阶段，具体为从 20 世纪 70 年代人们对材料有防火阻燃的要求，20 世纪 80 年代人们要求材料兼具阻燃性和抑烟性，20 世纪 90 年代人们开始重视阻燃、抑烟、低毒材料的研发与应用，直至 21 世纪的今天，阻燃、抑烟、低毒、环保的材料和技术已成为当今研究热点和人们的第一选择。

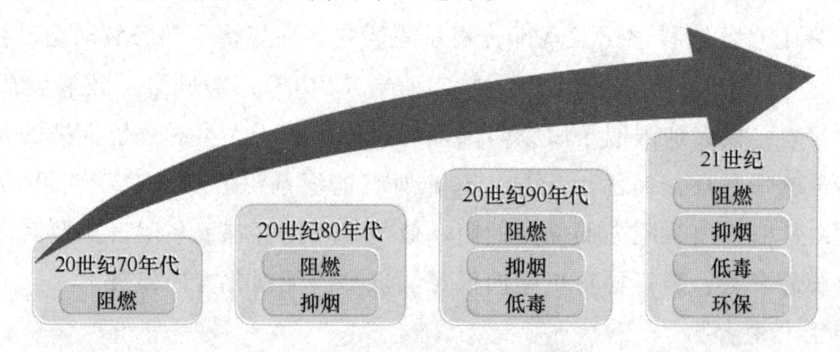

图 1-5　阻燃材料的发展阶段

阻燃技术在未来无疑有着极为广阔的应用市场，随着对该方面的研究不断深入、环保理念等的逐渐完善和提升，阻燃技术产品架构已实现巨大的调整和提升。此外，多应用、环保的新型阻燃技术的探究与研发是未来的发展主流。

1）多用途阻燃技术将会受到更多的青睐与支持，并逐渐成为未来研究的核心。随着科学技术进步与发展，可通过对已有的阻燃剂进行复配或改性处理，实现增强阻燃和抑烟的目的，此外还可赋予阻燃剂其他方面的特殊用途和功能。例如，通过对抗静电阻燃剂进行复配，实现抗辐射、耐热等目的；多用途纤维制品不仅保留了纤维原有的特性，还在低毒性、抑烟和抗熔融滴落等方面具有更好的表现，提升了纤维耐燃和隔热性能，拓展了其应用范围。

2）生态环保型阻燃技术将成为阻燃领域重要研究内容之一。随着近年来生产、生活等日趋复杂，对阻燃技术的使用需要在不断增加，产品技术更迭与研发、防火需求等也在不断提升。随着人们环保理念的提高，高性价比、安全、绿色、可持续的阻燃剂将更受消费者青睐与支持。社会大众逐渐开始强调低烟、无毒、无污染等的阻燃技术的运用，阻燃技术向着更为环保及节能的方向发展。一些国家开始更多地考量技术的环保特性，并限制了部分环境污染较高的阻燃技术使用，例如，美国推广使用低卤电缆包覆层技术，日本严令禁止部分燃烧时产生酸性气体的电线电缆的使用等。

为进一步提升市场的竞争优势，各国逐步强调低烟、无毒、生态环保型阻燃剂的使用，复配型、生态型阻燃技术逐渐受到更多市场的支持。随着技术研究不断深入及市场对于高分子材料阻燃需求不断提升，未来会出现更多形式的前沿阻燃技术。

1.4 本书的主要内容

本书以当前广泛应用的阻燃理论和阻燃材料为基础，着重介绍和分析为降低火灾危害而研发的阻燃方法和阻燃材料。本书第 1~3 章介绍材料的燃烧和阻燃的基本理论；第 4~10 章介绍各种常见的阻燃材料，包括阻燃剂、阻燃塑料、阻燃纤维及织物、阻燃橡胶、阻燃木质、防火涂料和其他建筑防火材料及制品；第 11 章介绍材料阻燃性能测试方法及分析技术。

第 1 章为绪论，简要介绍了火灾的危害、分类和特点，火灾常见原因及发生与发展规律，建筑阻燃材料分级评价方法及阻燃技术的研究进展和发展趋势等内容。

第 2 章为固体可燃物的燃烧过程，主要介绍了固体材料燃烧的热解、着火、稳定燃烧、火蔓延、阴燃、生烟及熄灭过程的基本形式、影响因素、控制机理等。

第 3 章为阻燃基本理论，主要介绍了凝聚相阻燃机理、气相阻燃机理、协效阻燃机理和其他阻燃机理的基本要点、作用方式和评价方法等。

第 4 章为阻燃剂性能及应用，概述了阻燃剂的分类、基本要求及选取原则，详细介绍了卤系阻燃剂、磷系阻燃剂、氮系阻燃剂、硅系阻燃剂、填料型阻燃剂、纳米阻燃剂等代表性阻燃剂。

第 5 章为阻燃塑料材料，主要介绍了典型聚烯烃塑料、工程塑料和热固性塑料的分子结构、理化性能、热解特性、燃烧性能、阻燃技术和应用场景。

第 6 章为阻燃纤维及织物，概述了纤维及织物的热解与燃烧特性、阻燃剂选取原则和阻燃改性方法，详细介绍了聚酯、聚丙烯、聚酰胺、纤维素等纤维的阻燃改性方法，以及纤维素纤维织物、蛋白质纤维织物及合成纤维织物的阻燃整理方法。

第 7 章为阻燃橡胶材料，主要介绍了橡胶的发展简史、基本分类、分子结构和理化特性、基本配合和加工工艺流程、燃烧特性与阻燃技术，简述了常见阻燃橡胶制品的制造方法及基本性能。

第 8 章为阻燃木质材料，主要介绍了木材的物理结构与化学组成、热解与燃烧特性、阻燃基本方法和技术，简述了阻燃纤维板、阻燃胶合板、阻燃刨花板和阻燃纸制品等常见木质材料的生产工艺和应用。

第 9 章为防火涂料，概述了防火涂料的分类、作用机理、基本组成与配方设计方法，详述了钢结构防火涂料、混凝土结构防火涂料、电缆防火涂料和饰面型防火涂料的分类特点、防火机理和相应的技术要求与测试方法。

第 10 章为其他建筑防火材料及制品，主要介绍了防火封堵材料、防火板、防火玻璃、防火门及防火卷帘等典型建筑防火材料和制品的分类特点、防火原理及相应的技术要求与试验方法。

第 11 章为阻燃性能测试方法及分析技术，主要介绍了热分析、点燃性、可燃性、火焰传播性、热释放、生烟性、燃烧产物毒性和腐蚀性、耐火性能和导热系数测试的基本原理、测试标准、仪器组成和性能评价标准等内容。

复习思考题

1. 火灾的定义是什么？
2. 火灾的危害体现在哪几个方面？
3. 按照可燃物的类型和燃烧特性，可以将火灾分为哪几类？请举例说明。
4. 按照损失严重程度，可以将火灾分为哪些等级？
5. 火灾发生的常见原因有哪几类？
6. 论述火灾发生的必要条件。
7. 论述建筑火灾的发展阶段。
8. 建筑材料燃烧性能等级判据包括材料的哪些性能？各个性能测试包括哪些参数？
9. 近代阻燃技术发展的重要阶段有哪些？
10. 简述近年阻燃技术的发展趋势。

第2章 固体可燃物的燃烧过程

教学要求

掌握固体可燃物的热解过程、着火过程、火蔓延过程、稳定燃烧过程、阴燃过程、生烟过程及熄灭过程的基本形式、影响因素和控制机理等内容。

重点与难点

材料的热解历程、着火过程、火蔓延过程和生烟过程。

材料燃烧是一个复杂的物理化学过程，广义上，材料燃烧包含受热升温、热解着火、火焰传播及火焰熄灭等阶段；狭义上，材料燃烧特指着火后的热释放行为。相比于一般固体可燃物，聚合物在热解和燃烧过程中还会发生玻璃化转变、软化、熔融、膨胀、发泡和收缩等热行为，这些行为对材料的火灾安全特性有重要的影响。本章将阐述固体可燃物在各个燃烧阶段的物理化学过程，分析各个阶段的特点和规律，为材料的阻燃设计和机理分析提供一定理论基础。

2.1 固体可燃物热解过程

热解是可燃物在低于燃点温度下受热发生较平缓的热行为，热解产生的可燃气体是明火燃烧的气源，是引发材料燃烧的第一步。热解一般在高温惰性环境或空气环境下进行，包括热降解和热分解两种形式。热降解是指材料受热后分子结构中少量化学键发生断裂，材料结构和性能仅发生微小变化的过程。热降解主要发生在长链聚合物中，如聚氯乙烯受热降解脱除氯化氢等小分子物质。热分解是指在更高温度下材料化学键发生全面断裂，并伴随着气体挥发、液体和炭渣形成等过程，材料的物理形态和化学结构在热分解过程中发生显著改变。材料热降解和热分解过程通常是连续进行的，二者之间没有明显界限。热解作为材料燃烧的重要过程，对于评估材料燃烧特性及设计阻燃材料都十分重要。本节将重点介绍材料的热解模式、热解历程、热解动力学及热解产物。

2.1.1 热解模式

根据发生热解的环境，材料热解可分为热氧分解和无氧热解两种形式，这两种模式在火灾燃烧过程中都可能发生。材料在点燃之前的热分解一般为热氧分解。当材料被点燃之后，表面的火焰能阻隔或限制材料与氧气接触，热分解模式转变为缺氧或无氧分解。此外，材料热解的控制机理与反应类型不仅受外界环境影响，还与材料本身的物理结构和化学组成密切相关。

固体可燃物热解模式

1. 控制机理

聚合物热解行为控制模式可以分为动力学控制模式、表面热解控制模式和传热传质控制模式。对于试样量很小的聚合物，其在较低加热温度和升温速率下的热解行为通常以动力学控制模式为主导；对于较厚的热塑性聚合物，当外部具有较强加热条件时，固相反应区的厚度逐渐降低，热解速率主要受固体表面热解速率控制；对于一定厚度的热固性聚合物，热解生成的炭层会阻碍热量和物质的传递，影响聚合物反应前沿的传播速率及热解反应速率。

2. 热解反应类型

根据链裂解方式不同，聚合物热分解反应类型主要包括解聚反应、随机分解反应、消除反应、环化反应和交联反应等。

（1）解聚反应

解聚反应又称拉链降解，是指聚合物从分子链的端部或分子中的薄弱点开始生成自由基，相连的单体链节逐个分开，形成唯一产物（单体）。图 2-1 所示为聚苯乙烯的解聚反应（a）和分子内的链转移反应（b）和（c）的示意图。

（2）随机分解反应

随机分解反应可在分子链的任意处发生，但首先发生在弱键处，其主要特点是聚合物相对分子质量迅速下降，但材料初期质量基本恒定。当分解反应进行到一定程度时，主链发生断裂，会生成大量低分子可燃物（单体及低聚物），聚合物总质量迅速减小。一些聚烯烃及聚酯可发生随机分解反应，图 2-2 所示为聚乙烯随机分解示意图。聚乙烯的随机分解方式主要为解聚反应和链转移反应。链转移反应可分为分子内和分子间链转移两种情况，它是指高分子链端自由基进攻一个含有弱键的分子，夺取其中的一个原子，最后活性链端自由基被终止，而在弱键位置形成一个新的自由基，并根据转移后自由基的活性，新的自由基可能会继续引发单体聚合，也可能无法继续引发。

（3）消除反应

消除反应是一种侧基断裂反应，其分解始于侧基的消除，形成小分子产物（不是单体）。随着消除反应的进行，主链薄弱点增多，最后发生主链断裂，导致材料的相对质量和总质量显著减小。消除反应的最典型的例子是聚氯乙烯的热降解，它降解时沿聚合物链相继脱出氯化氢，其消除反应示意图如图 2-3 所示。

（4）环化反应

环化反应常指在热分解过程中线形聚合物转变成梯形聚合物的过程。例如，聚丙烯腈聚合物及其纤维在低升温速率下，腈基发生低聚反应，形成梯形结构，这种环状结构在惰性气体中能够形成不易燃烧的碳结构，产生碳纤维。环化结构有利于提高聚合物热稳定性并促进成炭，从而有利于阻燃和抑烟。聚丙烯腈环化反应示意图如图 2-4 所示。

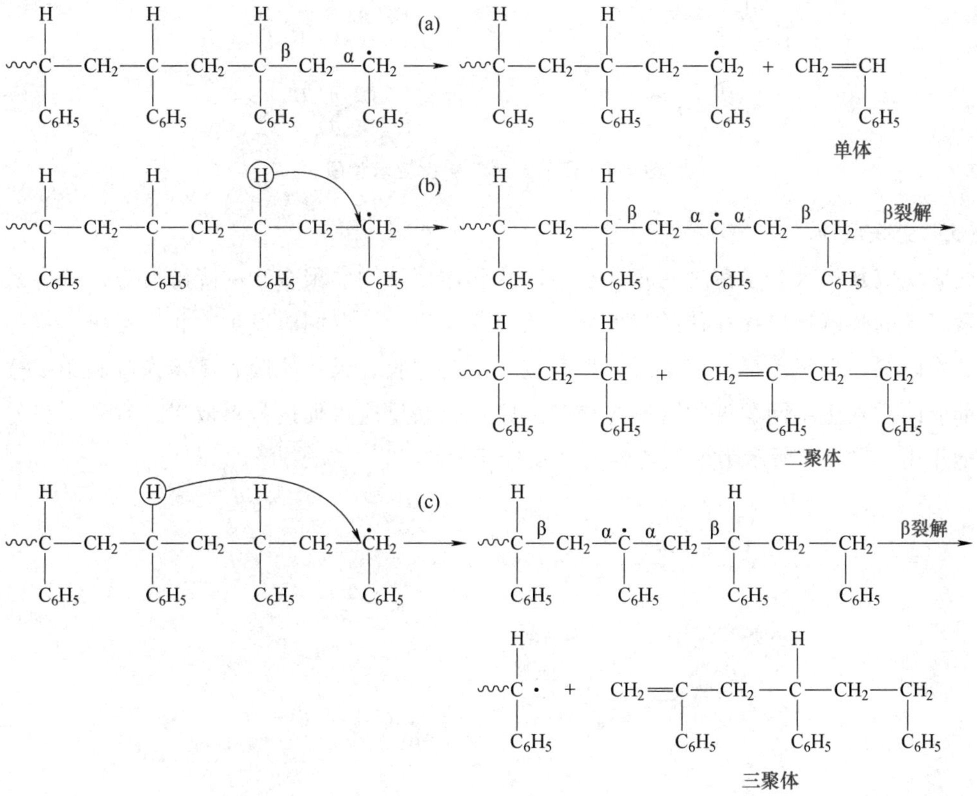

(a) $\sim CH(C_6H_5)-CH_2-CH(C_6H_5)-CH_2-CH(C_6H_5)\overset{\beta}{-}CH_2\overset{\alpha}{-}\dot{C}H(C_6H_5) \longrightarrow \sim CH(C_6H_5)-CH_2-CH(C_6H_5)-CH_2-\dot{C}H(C_6H_5) + CH_2{=}CH(C_6H_5)$

单体

(b) $\sim CH(C_6H_5)-CH_2-CH(C_6H_5)-CH_2-C(\textcircled{H})(C_6H_5)-CH_2-\dot{C}H(C_6H_5) \longrightarrow \sim CH(C_6H_5)-CH_2-CH(C_6H_5)\overset{\beta}{-}CH_2\overset{\alpha}{-}\dot{C}(C_6H_5)\overset{\alpha}{-}CH_2\overset{\beta}{-}CH_2(C_6H_5) \xrightarrow{\beta裂解}$

$\sim CH(C_6H_5)-CH_2-CH(C_6H_5) + CH_2{=}C(C_6H_5)-CH_2-CH_2(C_6H_5)$

二聚体

(c) $\sim CH(C_6H_5)-CH_2-C(\textcircled{H})(C_6H_5)-CH_2-CH(C_6H_5)-CH_2-\dot{C}H(C_6H_5) \longrightarrow \sim CH(C_6H_5)\overset{\beta}{-}CH_2\overset{\alpha}{-}\dot{C}(C_6H_5)\overset{\alpha}{-}CH_2\overset{\beta}{-}CH(C_6H_5)-CH_2-CH_2(C_6H_5) \xrightarrow{\beta裂解}$

$\sim \dot{C}H(C_6H_5) + CH_2{=}C(C_6H_5)-CH_2-CH(C_6H_5)-CH_2-CH_2(C_6H_5)$

三聚体

图 2-1　聚苯乙烯的解聚反应和分子内的链转移反应

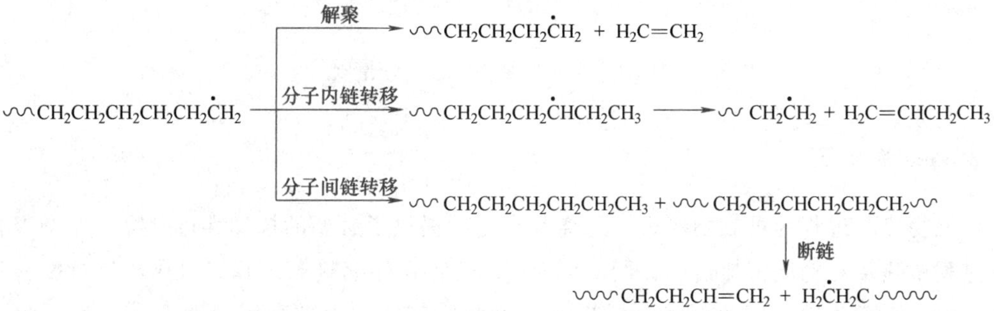

$\sim CH_2CH_2CH_2CH_2CH_2\dot{C}H_2$

解聚 → $\sim CH_2CH_2CH_2\dot{C}H_2 + H_2C{=}CH_2$

分子内链转移 → $\sim CH_2CH_2CH_2\dot{C}HCH_2CH_3 \longrightarrow \sim CH_2\dot{C}H_2 + H_2C{=}CHCH_2CH_3$

分子间链转移 → $\sim CH_2CH_2CH_2CH_2CH_2CH_2CH_3 + \sim CH_2CH_2\dot{C}HCH_2CH_2CH_2\sim$

断链 ↓

$\sim CH_2CH_2CH{=}CH_2 + H_2\dot{C}H_2C\sim$

图 2-2　聚乙烯随机分解示意图

$\sim H_2C-CH(Cl)-CH_2-CH(Cl)-CH_2-CH(Cl)\sim \longrightarrow \sim H_2C-CH(Cl)-CH_2-CH(Cl)-CH{=}CH_2 + HCl$

$\longrightarrow \sim H_2C-CH(Cl)-CH{=}CH-CH{=}CH\sim + HCl$

$\longrightarrow \sim CH{=}CH-CH{=}CH-CH{=}CH\sim + HCl$

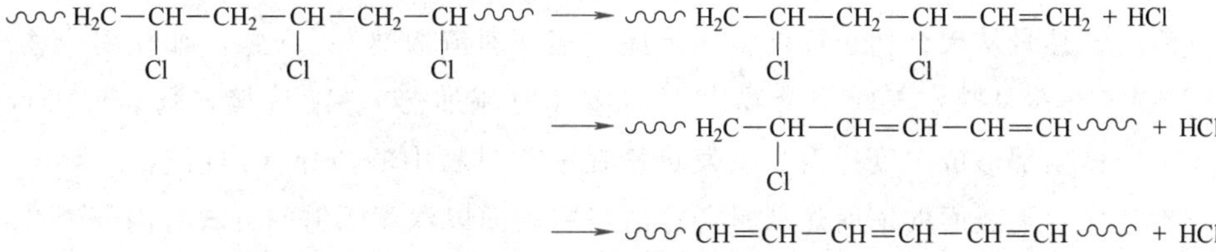

图 2-3　聚氯乙烯消除反应示意图

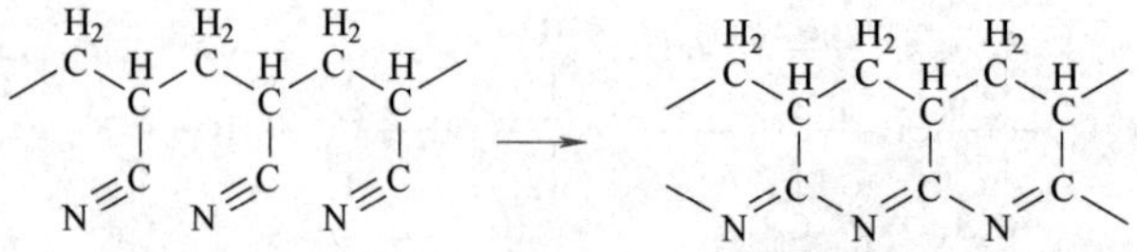

图 2-4 聚丙烯腈环化反应示意图

（5）交联反应

交联反应是指大分子链之间相连产生网状和体型结构。聚合物的降解反应，特别是由物理因素引起的降解反应往往伴随着大分子的交联反应，二者同时发生，相互竞争。例如，聚乙烯、聚丙烯、聚氯乙烯、聚甲醛、聚酰胺、丁基橡胶、天然橡胶、丁苯橡胶和顺丁橡胶等材料都能同时发生不同程度的降解与交联反应。交联反应可促进材料成炭，有利于提升阻燃和抑烟作用。图 2-5 所示为聚氯乙烯交联反应示意图。

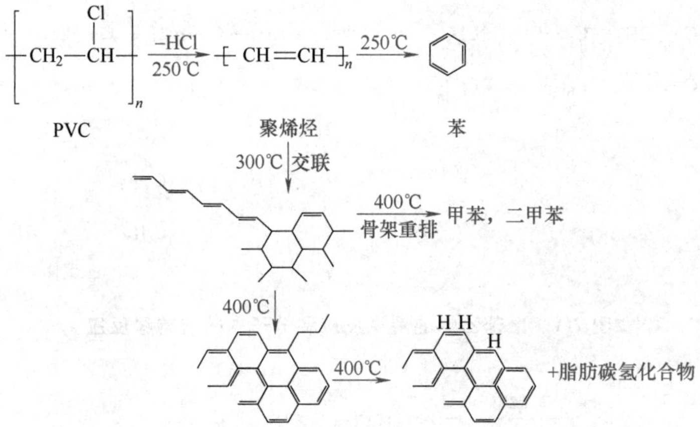

图 2-5 聚氯乙烯交联反应示意图

2.1.2 热解历程

可燃物热解过程为可燃物着火、燃烧及火蔓延提供了必要的挥发性可燃物。典型聚合物热解过程中热量和物质传递过程如图 2-6 所示。若存在外部热源，其辐射热流经过聚合物周围的环境和介质作用（如辐射吸收）后到达材料表面，其中部分辐射热流到达聚合物表面后会向周围环境反射回去（表面反辐射散热），剩余辐射热流则会对聚合物表面进行加热（辐射加热）。固相聚合物和气相环境之间因为温度差异会发生对流换热，若聚合物温度高于空气温度，热量从聚合物表面向空气传递（表面对流散热）；反之（如在聚合物表面出现明火燃烧），热量从热空气向聚合物表面传递（对流加热）。随着聚合物表面温度升高，由表及里在固体内部形成温度梯度，引发热量在固相材料中的传导（内层热传导）。对于部分材料，到达聚合物表面的辐射热通量会穿过材料表面以深度辐射的方式对内部聚合物进行加热（内层辐射加热）。聚合物热解产生的气体会在浮力的作用下向外部扩散，发生物质传递（传质）。

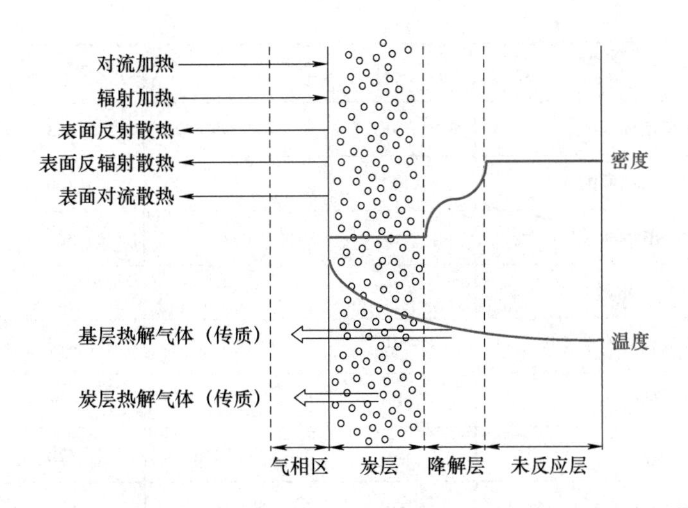

图 2-6 典型聚合物热解过程中热量和物质传递过程

在加热的早期阶段，聚合物会发生软化和熔融等物理变化，部分小分子配合剂发生化学反应并引发膨胀行为。该阶段热分解过程的快慢及发展程度主要取决于热量传递速率，属于传热过程控制阶段。当进一步加热到一定温度时，材料的分子结构在弱键处开始断裂，发生固相分解反应。由于聚合物分子的多分散性及热传导的不均匀性，聚合物大分子链发生迅速断链的分解温度在一定的温度范围内。为了方便研究，一般将聚合物开始出现迅速分解的温度定为初始分解温度，出现最大质量损失速率时的温度定为峰值分解温度。典型聚合物的初始分解温度（T_d）、峰值分解温度（T_{pd}）和着火温度（T_{ign}）见表 2-1。

表 2-1 典型聚合物的初始分解温度、峰值分解温度和着火温度

聚合物	简称	T_d/℃	T_{pd}/℃	T_{ign}/℃
丙烯腈-丁二烯-苯乙烯共聚物	ABS	390	461	394
顺丁橡胶	BR	340	395	330
环氧树脂	EP	427	462	427
高抗冲聚苯乙烯	HIPS	327	430	413
三聚氰胺甲醛树脂	MF	350	375	350
聚酰胺 6	PA6	424	454	432
聚酰胺 66	PA66	411	448	456
聚丙烯腈	PAN	293	296	460
聚对苯二甲酸丁二酯	PBT	382	407	382
聚碳酸酯	PC	476	550	500
高密度聚乙烯	HDPE	411	469	380

（续）

聚合物	简称	T_d/℃	T_{pd}/℃	T_{ign}/℃
低密度聚乙烯	LDPE	399	453	377
聚对苯二甲酸乙二醇酯	PET	392	426	407
聚甲基丙烯酸甲酯	PMMA	354	383	317
聚氧亚甲基（聚甲醛）	POM	323	361	344
聚丙烯	PP	354	424	367
聚苯乙烯	PS	319	421	356
聚氨酯	PU	271	422	378
硅橡胶	SIR	456	644	407
热塑性聚氨酯弹性体橡胶	TPU	314	337	271

根据受热变化特点的不同，聚合物可以分为热塑性聚合物（如聚乙烯、聚三氯乙烯、聚丙烯、聚苯乙烯和聚甲基丙烯酸甲酯等）和热固性聚合物（如酚醛树脂、脲醛树脂、三聚氰胺甲醛树脂、不饱和聚酯树脂、环氧树脂、有机硅树脂和聚氨酯等）两种类型。热塑性聚合物受热后发生软化熔融，而热固性聚合物在热分解温度下不发生软化熔融，热量被蓄积起来用于提高聚合物温度。热固性与热塑性聚合物热解过程示意图如图 2-7 所示。

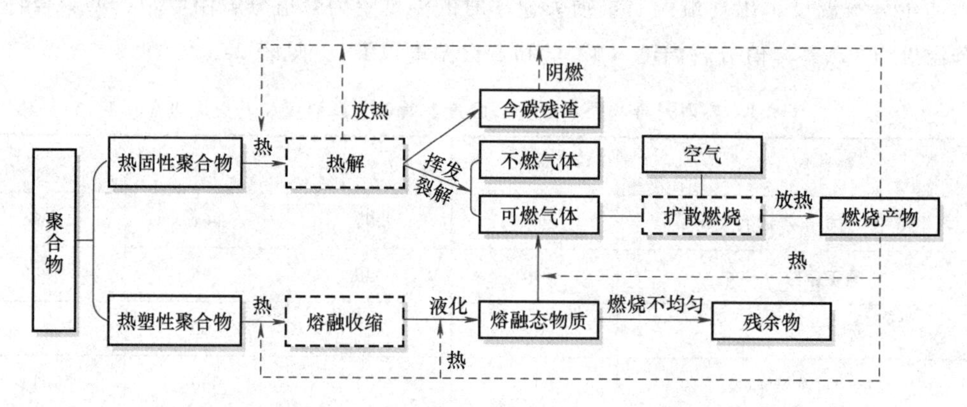

图 2-7　热固性与热塑性聚合物热解过程示意图

1. 热塑性聚合物

热塑性聚合物的蒸发和裂解主要发生在凝聚相和气相界面之间。当热塑性聚合物受到外部热源加热时，表面温度升高，固体内部由表及里形成温度梯度，当聚合物温度超过玻璃化转变温度后，聚合物出现软化现象。此后，随着聚合物温度继续升高，聚合物结晶区发生熔融，产生相变，并通常伴随膨胀或收缩等热行为，这些变化导致材料的密度、体积及晶区发生变化，进而影响聚合物的热传导、热分解、着火和燃烧等过程。表 2-2 给出了几种常见的热塑性聚合物软化和熔融温度。

表 2-2　常见的热塑性聚合物软化和熔融温度

聚合物名称	软化温度/℃	熔融温度/℃	聚合物名称	软化温度/℃	熔融温度/℃
聚氨酯	121	155	聚乙内酰胺	209	228
聚乙烯	123	220	聚碳酸酯	213	305
聚丙烯	157	214	聚氯乙烯	219	—

2. 热固性聚合物

热固性聚合物通过交联固化反应形成三维网络结构，阻止聚合物链之间的相对移动，使得热固性材料不具有流动状态。热固性聚合物受热时主要发生热解反应，可燃热解气与空气混合后燃烧往往会产生大量黑烟。此外，相同聚合物热解产物的成分和数量会随加热温度、加热速度及环境条件等因素变化而发生改变。

2.1.3　热解动力学

固体可燃物热解过程的物理化学机理非常复杂，热解气相产物的成分和数量也难以确切知道。因此，在热解分析中常采用表观反应的研究方法，即不关心具体的反应步骤和产物成分，只研究总体的反应现象和反应速度。反应过程可表示为

$$1\text{g 固体可燃物} \xrightarrow{\text{热解}} \mu\text{g 固相产物} + (1-\mu)\text{g 气相产物}$$

基于热解反应机理，结合热重测试结果，通过建立热解反应动力学方程来定量描述热解反应快慢，固体可燃物热解动力学反应方程可表述为

$$\frac{\mathrm{d}a}{\mathrm{d}t} = kf(a) \tag{2-1}$$

式中，a 为某个温度时材料损失的质量分数（%）；k 为热解反应速率。

假定反应为一级反应，则

$$f(a) = (1-a) \tag{2-2}$$

k 通常可用 Arrhenius 方程表示：

$$k = A\exp\left(-\frac{E_a}{RT}\right) \tag{2-3}$$

式中，A 为指前因子（1/min）；E_a 为表观活化能（kJ/mol）；R 为气体常数［J/(mol·℃)］，取 $R=8.314$J/(mol·℃)；T 为加热温度（℃）。

若升温速率 $\beta=\frac{\mathrm{d}T}{\mathrm{d}t}$(℃/min) 为常数，则联立式（2-1）~式（2-3）可得

$$\frac{\mathrm{d}a}{\mathrm{d}T} = \frac{A}{\beta}\exp\left(\frac{E_a}{RT}\right)(1-a) \tag{2-4}$$

根据式（2-4），采用不同动力学分析方法，结合热重曲线可以获得动力学参数数值（A 和 E_a），其中，常用的非等温的分析方法有 Kissinger 法、Flynn-Wall-Ozawa 法、Coats-Redfern 法、Broido 法、Freeman-Carroll 法和 Liu-Fan 法等。

1. Kissinger 法

Kissinger 法利用不同升温速率下测得的热重数据，得到热失重峰值对应的温度，并假定热解过程服从动力学方程，即

$$\ln\left(\frac{\beta}{T_p^2}\right)=\ln\left(\frac{AR}{E_a}\right)+\ln\left(-\frac{\mathrm{d}f(a)}{\mathrm{d}a}\right)_{a_p}-\frac{E_a}{RT_p} \tag{2-5}$$

式中，T_p 为聚合物热失重峰值所对应的温度（℃）；a_p 为热失重峰值所对应的质量分数（%）。

计算三种不同温升速率下的 $\ln(\beta/T_p^2)$ 并对 $1/T_p$ 做线性回归，拟合出一条直线，由这条直线的斜率和截距分别可得出材料的表观活化能和指前因子。

2. Flynn-Wall-Ozawa 法

Flynn-Wall-Ozawa 法利用不同升温速率下相同材料在热重曲线失重速率峰值处的反应来计算活化能。通过对式（2-4）进行积分变化，并采用 Doyle 近似，可得到以下方程，即

$$\ln\beta=\ln\frac{AE_a}{RG(a)}-2.315-0.457\frac{E_a}{RT_p} \tag{2-6}$$

当 a 为常数时，$G(a)$ 为常数时，以 $\ln\beta$ 对 $1/T_p$ 作图，并拟合出一条直线，基于直线的斜率可求解出材料的表观活化能，并进而算出指前因子。

3. Coats-Redfern 法

Coats-Redfern 法是一种非等温的积分处理方法，计算方程为

$$当\ n\neq1\ 时，\ln\left(\frac{1-(1-\alpha)^{1-n}}{T^2(1-n)}\right)=\ln\left(\frac{AR}{\beta E_a}\left(1-\frac{2RT}{E_a}\right)\right)-\frac{E_a}{RT} \tag{2-7}$$

$$当\ n=1\ 时，\ln\left(\frac{-\ln(1-\alpha)}{T^2}\right)=\ln\left(\frac{AR}{\beta E_a}\left(1-\frac{2RT}{E_a}\right)\right)-\frac{E_a}{RT} \tag{2-8}$$

该法需预知反应级数（n），否则只能通过对反应级数进行多个假定，从中选取最佳线性解的方式求解活化能。通常反应级数的取值为整数或 1/2，3/2 这样的分数。只要选取的 n 值正确，即可得到准确的活化能值。在反应过程中，n 不能变化，否则会得出错误的结论。

4. Broido 法

Broido 法通过动力学分析可以直观地区分热分解的不同阶段，并且分别计算出各个阶段的活化能和指前因子。因此，对于反应路径为连续反应的聚合物材料，采用 Broido 法计算各个阶段的活化能比较方便可靠，方程如下：

$$\ln\left(\ln\left(\frac{1}{1-\alpha}\right)\right)=-\frac{E_a}{RT}+\ln\left(\frac{RA}{E_a\beta}T_m^2\right) \tag{2-9}$$

式中，T_m 为熔点，是热重曲线上指定分解阶段最大失重速率处对应的温度值。

5. Freeman-Carroll 法

Freeman-Carroll 法广泛应用于非等温热重数据分析。该方法能够较为准确地计算活化能，方程如下：

$$\frac{\Delta\ln(\mathrm{d}\alpha/\mathrm{d}T)}{\Delta\ln(1-\alpha)}=-E_a\frac{\Delta(1/T)}{R\Delta\ln(1-\alpha)}+n \tag{2-10}$$

由式（2-10）可以看出，通过 $\Delta\ln(\mathrm{d}\alpha/\mathrm{d}T)/\Delta\ln(1-\alpha)$ 对 $\Delta(1/T)/R\Delta\ln(1-\alpha)$ 做线性回归，拟合出一条直线，根据直线方程的斜率和截距可以分别获得表现活化能和反应级数的数值。然而 Freeman-Carroll 法计算的反应级数数值受拟合时取点数量影响，通过该方法不能计算获得指前因子。

6. Liu-Fan 法

Liu-Fan 法是在 Freeman-Carroll 法的基础上提出了动力学方程，在不必预知反应机理的情况下，可以较为准确地确定动力学参数 E_a、n 和 A 的数值。主要回归方程如下：

$$\frac{\Delta\ln(1-\alpha)}{\Delta\ln(\mathrm{d}\alpha/\mathrm{d}T)}=\frac{E_a}{n}\frac{\Delta(1/T)}{R\Delta\ln(\mathrm{d}\alpha/\mathrm{d}T)}+\frac{1}{n} \tag{2-11}$$

由式（2-11）获得斜率 E_a/n，并结合式（2-10）计算得到的活化能值，可求得比 Freeman-Carroll 法更精确的反应级数值。

由式（2-12）斜率则可获得指前因子的具体数值。

$$\frac{\Delta[\ln(\mathrm{d}\alpha/\mathrm{d}T)/\ln(1-\alpha)]}{\Delta[1/(T\ln(1-\alpha))]}=\ln\left(\frac{A}{\beta}\right)\frac{\Delta(1/\ln(1-\alpha))}{\Delta[1/(T\ln(1-\alpha))]}-\frac{E_a}{R} \tag{2-12}$$

2.1.4　热解产物

材料的热解产物与材料组成、分解温度、升温速率、吸放热过程和热解气氛等因素有关，主要包括不燃气体、可燃气体、熔融物或焦油、碳化物残渣等。典型聚合物热解产物如图 2-8 所示。聚合物材料在较低温度热解时，生成气相挥发物和可继续裂解的固相产物。气相挥发物主要为不燃气体、可燃气体和低分子挥发物，固相产物主要为具有一定结构强度的碳化物残渣和固体颗粒。随着温度继续升高，固相产物热解生成气体挥发物和固体残留物。高温裂解过程分为高温热氧分解和高温无氧分解两种情况，高温热氧分解过程中，高温挥发物主要是二氧化碳和少量一氧化碳等；而在高温无氧分解过程中，高温挥发物主要是高沸点多环芳烃类物质。

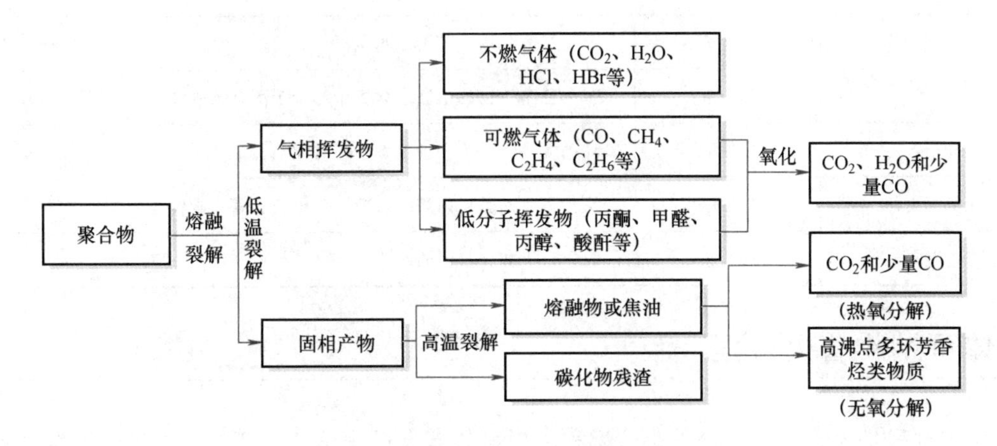

图 2-8　典型聚合物热解产物

按照物质状态分类，聚合物材料的热分解产物可分为气态产物、液态产物和固态产物。

气态产物主要为分子量较小的不燃气体（如卤化氢、N_2、CO_2、H_2O 和 NH_3 等）和可燃气体（如甲烷、乙烷、丙烷、乙烯、甲醛、丙酮、一氧化碳等分子量较低的烃类化合物）；液态产物主要为部分分解的聚合物和分子质量相对较高的有机化合物；固态产物主要为含碳残余物。热解可燃气体产物溢出固体表面，与空气中氧气混合形成可燃性气体混合物；当可燃气体混合物的温度、气体预混浓度达到临界着火条件，就能被点燃并燃烧。聚合物的液态产物蒸发到气相中需要大量的汽化潜热，因此其可燃性低于气态可燃物。固态残余物则有利于保持聚合物的结构完整性，有效抑制底部聚合物基材的分解，并阻隔可燃气体和空气混合。表 2-3 列举了典型聚合物热裂解和热氧化的主要产物。

表 2-3　典型聚合物热裂解和热氧化的主要产物

聚合物	反应模式	主要产物
PE	热裂解	戊烯、1-己烯、N-己烷、1-庚烷、1-辛烯、N-辛烷、1-壬烯
	热氧化	丙醛、戊烯、*n*-戊烷、丁醛、戊醛
PP	热裂解	丙烯、异丁烯、甲基丁烯、戊烷、2-戊烷、2-甲基-1-戊烯、环己烃、2,4-二甲基-1-戊烯、2,4,6-三甲基-8-壬烯
	热氧化	丙烯、甲醛、乙醛、丁烯、丙酮、环己烷
PTFE	热裂解	氟光气、氟化氢、四氟乙烯、六氟丙烯、八氟环丁烷
ABS	热裂解 热氧化	苯甲酮、丙烯醛、丙烯腈、苯甲醛、甲酚、二甲基苯、乙烷、乙基苯、乙基甲基苯、氰化氢、异丙基苯、α-甲基苯乙烯、β-甲基苯乙烯、酚、苯基环己烷、2-苯基-1-丙烯、*n*-丙基苯
PMMA	热裂解	甲基丙烯酸甲酯
PBMA	热裂解	N-丁基丙烯酸甲酯
脂肪族聚酯	热裂解	乙醛、丁二烯、二氧化碳、一氧化碳、环戊酮、丙醛、水
半芳香族聚酯	热裂解	二氧化碳、一氧化碳、环己烷、1,5-己二烯
芳香族聚酯	热裂解	苯、二氧化碳、苯酚、水
PA6	热裂解	苯、乙腈、己内酰胺、含 5 个和少于 5 个碳的烃
PA66	热裂解	环己酮、含 5 个和少于 5 个碳的烃
聚氨酯泡沫	热裂解	氰化氢、乙腈、丙烯腈、苯、苯甲腈、萘、吡啶、甲苯、丙烯
PF	热裂解	丙醇、甲醇、二甲酚

2.2 固体可燃物着火过程

着火过程是火灾的初起阶段，认识和掌握材料着火过程及其机理对于火灾防治有着重要的意义。大部分固体可燃物的燃烧不是物质自身燃烧，而是物质受热分解出气体或液体蒸气在气相中燃烧。

2.2.1 着火发生条件

当固体可燃物受热时，其温度升高并发生热解，产生包括可燃气体在内的热解产物，可燃气体通过扩散与空气中的氧气混合，若一定条件的混合气体遇到足够能量的点火源（如电火花或小火焰等），则会被引燃。

根据燃烧三要素理论，着火行为的发生须满足以下三个条件：①形成可燃物与氧化剂的混合物且浓度处于燃烧极限范围内；②气相温度必须能引发和加速燃烧反应；③材料的放热速率大于单位时间内材料热解、升温等过程吸收和损耗的热量。

引起可燃物燃烧所需要的最小能量称为最小点火能，这是衡量可燃物着火危险性的一个重要参数。可燃物的着火行为受到多种因素的影响，可燃物的性质、组成和形态是其中的主要因素，而可燃气体的浓度、初温和压力等因素都对着火行为有一定的影响。

1. 可燃物物理状态

可燃物在不同物理状态下着火性能差别很大。可燃气体需要的点火能较小，可燃液体次之，可燃固体需要的点火能较大，这主要是因为液体蒸发或固体热解需要消耗额外的能量。

2. 可燃物化学结构

可燃物的最小点火能与其化学结构有关。在脂肪族有机化合物中，烷烃类的最小点火能最大，烯烃类次之，炔烃类较小；碳链长、支链多的物质，点火能较大。

3. 可燃气体浓度

在可燃气体与空气混合物中，可燃气体所占比例是影响着火行为的重要因素。当可燃气体浓度稍高于其反应的化学当量比浓度时（燃料富集型），气体混合物所需点火能最小。

4. 气体混合物初温和压力

气体混合物的最小点火能与其初温和压力有关。气体混合物的初温越高，最小点火能越低；而气体混合物的压力越低，最小点火能越高。当气体混合物的压力降到某一临界压力时，气体混合物就很难着火。

5. 点火源性质与能量

点火源是促使可燃物与助燃物发生燃烧的初始能量来源。点火源可以是明火，也可以是高温物体。不同点火源之间的能量和能级存在很大差别。若点火源的能量小于最小点火能，气体混合物就不能被点燃。

2.2.2 着火模式

可燃物的着火主要分为强制点燃和自燃两种模式。强制点燃是指材料热解产生的可燃性气体在诸如明火、电火花等外部火源的作用下被点着的过程。点火源首先在局部作用并发生着火，随后燃烧区域向其他部分迅速传播。强制点燃需要外部热源提供能量并达到可燃物着火所需的点火能，是火灾中最常见的着火模式。

自燃是指无外部火源条件下可燃气体与氧化剂混合达到一定温度时自行发生的燃烧反应，这种反应可分为热自燃和化学自燃两种情况。热自燃是由于可燃物在一定条件下温度升高，当温度超过某一定值而发生的着火。化学自燃是在常温下依靠自身的化学反应放热升温而引发的燃烧现象，如金属钠在空气中的自燃、长期堆积且通风不良的柴草和原煤等发生的自燃。

2.2.3 着火温度

根据着火模式，可燃物的着火温度可分为点燃温度和自燃温度。可燃物发生强制点燃的温度称为点燃温度，点燃温度一般高于材料的起始分解温度。可燃物发生自燃的温度称为自燃温度。相比于强制点燃，自燃过程需要更多热量维持热分解，因此材料的自燃温度通常高于点燃温度。表 2-4 总结了典型聚合物的点燃温度和自燃温度。

表 2-4 典型聚合物的点燃温度和自燃温度

聚合物	点燃温度/℃	自燃温度/℃	聚合物	点燃温度/℃	自燃温度/℃
PE	341~357	349	PEI	520	535
PVC	391	454	PES	560	560
PVCA	320~340	435~557	CN	141	141
PVDC	532	532	CA	305	475
PS	345~360	488~496	EC	291	296
SAN	366	454	RPUF	310	416
SMMA	329	485	PR	520~540	571~580
PMMA	280~300	450~462	MF	475~500	623~645
PC	375~467	477~580	聚酯纤维	346~399	483~488
PA	421	424	SI	490~527	550~564
木材	220~264	260~416	棉花	230~266	254

2.2.4 着火时间

着火时间是描述可燃物火灾安全特性的重要参数，对于分析和预测火灾发展具有重要意义。固体可燃物的强制点燃过程主要包括可燃物升温热解过程、可燃物与空气混合过程及混合气体燃烧过程。因此，固体可燃物的着火时间（t_{ig}）可表示为上述三个过程所需时间的总和，即

$$t_{ig}=t_{py}+t_{mix}+t_{chem} \tag{2-13}$$

式中，t_{py}为固体可燃物热解时间，包含固体可燃物升温到热解温度并产生热解气体两个过程所需时间；t_{mix}为热解气体扩散或输运时间；t_{chem}火源处可燃混合物发生燃烧所需时间。

化学反应时间与气体混合物的反应速率有关，通常远小于固体可燃物热解时间及热解气体预混时间。但是若存在气相化学抑制剂或者较低氧浓度气氛，化学反应时间会被延长，甚至成为影响着火行为的主要因素。扩散时间主要和流体边界层厚度及气体扩散系数有关。在

自然对流条件下，扩散时间远小于固体可燃物热解时间，但是扩散时间也会受到环境流场和火源位置的影响。热解时间是固体可燃物着火的主要控制因素，因此着火时间常被近似认定为热解时间。固体可燃物热解时间主要受材料的加热条件、导热能力和尺寸影响，也和材料的热解速率有关。

图 2-9 所示为普通木材和阻燃木材在不同热源功率加热下的着火时间。增大热源功率会加速材料升温，导致材料的着火时间缩短。木材被阻燃改性后，着火时间比普通木材更长，体现出更好的阻燃性能。

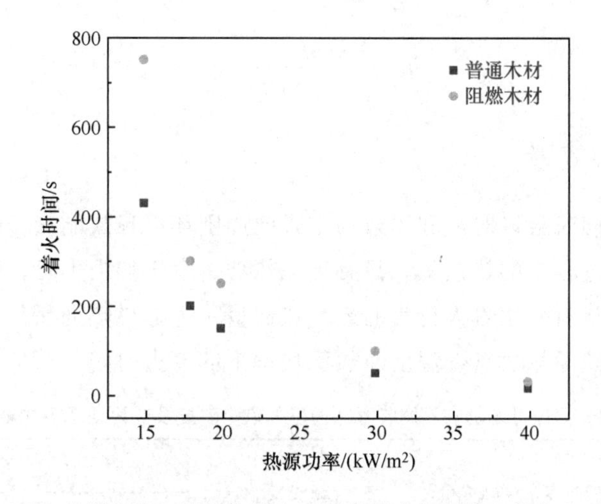

图 2-9　普通木材和阻燃木材在不同热源功率加热下的着火时间

材料的厚度对其着火时间同样有重要影响，基于材料厚度与热穿透深度的相对大小，可将材料分为热薄材料和热厚材料。

1. 热薄材料

热薄材料的厚度（d）远小于其热穿透深度（δ_T），材料温度梯度较小，远小于边界面处的温差，近似认为不存在固相内部热传导。它的毕渥数（Bi）也远远小于 1，如图 2-10a 所示。通常厚度小于 1mm 的物体可以被认定为热薄材料，包括纸、布、塑料薄膜等。但上述材料若放置在非隔热基底上，则不能被认定为热薄材料，因为基底的热导作用能够起到类似热厚材料的效果。对于热薄材料来说，其着火时间可以通过式（2-14）计算获得，即

$$t_{ig}=\frac{\rho c_p d(T_{ig}-T_0)}{\dot{q}''_{net}} \tag{2-14}$$

式中，ρ 为材料的密度；c_p 为材料的比定压热容；T_{ig} 为点火温度；T_0 为材料初始温度；$\dot{q}''_{net}$ 为固体表面收到的净热通量。

2. 热厚材料

相比于热薄材料，热厚材料的厚度远大于其热穿透深度，因此材料内部存在一定的温度梯度。固相内部热传导对于材料的热解和着火行为有着重要的影响，如图 2-10b 所示。生活中绝大部分具有一定厚度的固体材料都应属于热厚材料。热厚材料的着火时间可以通过式（2-15）计算获得，即

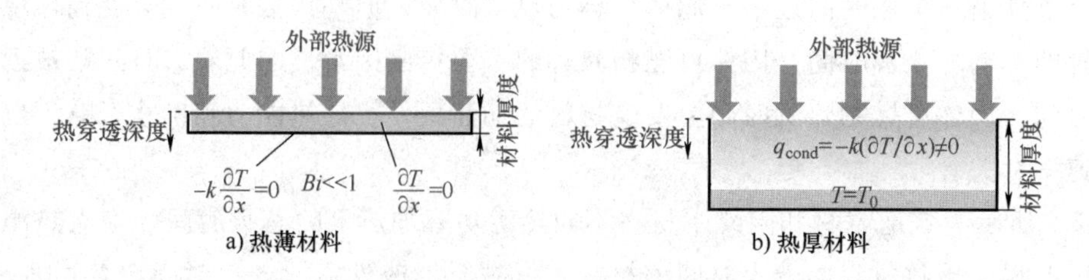

图 2-10　热薄型和热厚型材料表面热作用示意图

$$t_{ig}=\frac{\pi k\rho c_p(T_{ig}-T_0)^2}{4\dot{q}''^2_{net}} \tag{2-15}$$

2.2.5　着火临界热通量

材料受热升温的同时会以对流和辐射的方式向周围环境释放能量，这一部分能量可以被近似认定为材料加热过程中的热损失。只有当加热功率大于热损失时，固体可燃物才能升温并着火。因此，能使材料发生着火行为的最小热通量称为临界热通量。表 2-5 展示了部分固体可燃物在不同临界热通量、点燃温度及热源功率下的着火时间。

表 2-5　部分固体可燃物在不同临界热通量、点燃温度及热源功率下的着火时间　（单位：s）

材料	临界热通量/（kW/m^2）	点燃温度/℃	热源功率		
			$25kW/m^2$	$50kW/m^2$	$75kW/m^2$
胶合板	13	349	304	22	8
玻璃乙烯酯	17	397	387	80	34
层状复合材料	15	377	306	70	28

2.2.6　着火特性影响因素

着火特性可看作材料本身或其裂解产物在一定温度、压力和氧气浓度下被引燃的难易性，它不仅受材料的尺寸、热物性参数等固有属性影响，还与材料所在外部环境有关。着火特性的主要影响因素包括热源功率、热惯性、材料结构组成及动力学控制因素。

1. 热源功率

热源功率越大，材料的升温速率越大，着火时间越短。明火或强辐射热源加热可直接点燃材料，产生明火燃烧并伴随快速火蔓延。小火花、火星或飞火可引起材料阴燃，阴燃的热释放速率较低，需持续加热较长时间后才能转变为明火燃烧。

2. 热惯性

固体可燃物表面受热引燃的时间与热量在固体内部传递的热惯性密切相关。热惯性是材料导热系数、密度及比热容的乘积。热惯性越大，热量越容易在材料内部传递，材料的升温速率越慢，材料的着火时间也越长。通常，导热聚合物的热惯性数值高，而隔热聚合物的热惯性数值低。

3. 材料结构组成

材料的物理结构和化学组成对其热解特性具有重要影响。组分和结构的变化会改变材料的热解温度、热解质量损失速率、热解产物种类和质量等，进而影响材料的着火温度、着火时间和临界热通量。聚合物的物理状态对点燃温度也有较大影响，甚至可以超过聚合物化学组成影响。

4. 动力学控制因素

材料的点燃过程涉及固相热解和气相燃烧反应等过程。对于由固相控制机理主导的点燃过程，提高分解反应活化能、提高聚合分解温度、改变分解历程及促进成炭等变化，都有利于延长点燃时间。对于由气相控制机理主导的点燃过程，延长反应诱导时间或缩短驻留时间均有利于推迟着火的发生。例如，含氮阻燃剂表现出的气相稀释作用就有利于推迟诱导反应，而卤素阻燃剂捕捉火焰中自由基，降低燃烧的链式反应速率，能有效延长反应诱导时间。

2.2.7 材料耐点燃设计方法

着火是引发材料燃烧的最初阶段，也是燃烧发展的关键过程。通过设计并制造耐点燃材料，可实现延缓或阻止着火的发生。然而，影响材料点燃过程的因素很多，且存在固相和气相两个相互竞争的控制机理，因此，需要基于控制机理，通过一些合适的技术和方法，设计出符合要求的耐点燃材料。

聚合物点燃过程经历升温热解、气体预混及气相反应燃烧等阶段，若能延缓、改变或阻止某些阶段，则有可能推迟甚至阻止点燃的发生。若聚合物点燃过程是由固相控制机理主导，则可以设法改变固体的热性能参数，如导热系数、密度、比热容等，或改变固相反应的动力学过程。若聚合物点燃过程是由气相控制机理主导，则可以设法延长反应诱导时间或缩短驻留时间。

影响实际点燃过程的因素很多，往往是多种控制机理共存，设计耐点燃材料时需要具体分析。通过表征阻燃改性后的固体可燃物在标准热源和环境条件下的着火特性，分析不同阻燃剂对可燃物着火和燃烧的影响作用与控制机理，就能有针对性地设计材料的组成与结构，减少设计时的盲目性，满足可燃物的阻燃要求。

点燃过程非常复杂，耐点燃性能只是整个燃烧性能的一部分，许多聚合物加入阻燃剂后，点燃时间并没有延长，甚至有所缩短，但聚合物的其他阻燃特性显著改善，特别是热释放速率下降。这种情况下，一般认为聚合物整体的阻燃性能还是提高了。当然，若对材料点燃特性有特殊要求，则需首先考虑点燃性能。

2.3 固体可燃物稳定燃烧过程

当固体可燃物燃烧时放出的热量可使周围材料升至足够高的温度，并持续点燃热解出的可燃气体时，则进入稳定燃烧阶段。固体可燃物的燃烧特性与其化学组分有关，只含碳和氢的聚合物易燃但燃烧不猛烈，含有氧的聚合物易燃而且猛烈燃烧，而含卤素的聚合物难燃，离开火源后一般不燃。

2.3.1 燃烧形式

固体可燃物燃烧形式主要包括分解燃烧、蒸发燃烧、表面燃烧和阴燃等。

1. 分解燃烧

在受到火源加热时，固体可燃物（如木材、合成塑料、煤等高聚物）升温热解，热解析出的可燃挥发分与氧气混合燃烧而形成火焰，这个过程就是热解燃烧，它是固体可燃物的主要燃烧方式。

2. 蒸发燃烧

熔点比较低的固体可燃物容易发生蒸发燃烧。在燃烧之前先熔融成液体状态，而后液体在受热条件下产生的可燃蒸气与氧气混合发生气相反应，在空间中形成明火。蜡烛燃烧就是一种典型的蒸发燃烧。

3. 表面燃烧

木炭、焦炭、铁、铜等固体可燃物与氧气直接发生反应，且反应仅在可燃物表面进行，称为表面燃烧。表面燃烧是一种无火焰燃烧，也是一种异相燃烧，即可燃物与氧化剂处于固、气两种不同状态时的燃烧现象。

4. 阴燃

阴燃是指在空气不足的环境下，固体可燃物发生只冒烟而无明火的燃烧现象。一些存在空隙的固体可在较低温度下发生阴燃。广义上讲，阴燃也是表面燃烧的形式之一，但阴燃产生的可燃挥发分并没能达到燃烧条件，所以没有火焰产生。从本质上分析，阴燃是受热条件下可燃热解气的产生速度低于燃烧速度造成的。例如，香烟的燃烧就是一种典型的阴燃。

划分固体可燃物的燃烧形式是为了更好地认识和分析燃烧现象。在实际燃烧与火灾现象中，往往同时存在多种形式的燃烧。例如，在一定的外界条件下，木材、麻、棉和纸张等的燃烧会同时存在热解燃烧、表面燃烧和阴燃等多种形式。

2.3.2 燃烧特性

广义的燃烧特性包括热解、着火和充分燃烧过程中涉及的特征参数。可燃性、燃烧热、燃烧速度和烟气特性是固体可燃物燃烧的主要特征参数。

1. 可燃性

可燃性表征固体可燃物被点着的难易程度。木材通常用闪点、燃点、热分解温度等温度参数表征可燃性，而聚合物常用极限氧指数来表征可燃性。极限氧指数越小，火灾危险性越大。部分聚合物的极限氧指数见表 2-6。

表 2-6 部分聚合物的极限氧指数

物质名称	LOI（%）	物质名称	LOI（%）	物质名称	LOI（%）
聚甲醛	15	尼龙 6	24	酚醛树脂	35
聚丙烯	17	聚碳酸酯	25	聚苯并咪唑	41
聚乙烯	17	尼龙 610	26	聚酰亚胺	41
聚苯乙烯	18	聚砜	32	聚氯乙烯	45
环氧树脂	19	硅橡胶	26-39	聚四氟乙烯	95

2. 燃烧热和燃烧速度

燃烧热是指单位质量的可燃物充分燃烧后释放的热量。它是表征材料燃烧特性最重要的参数，也是评价材料火灾安全特性的关键指标。固体可燃物的燃烧热越高，则其火灾危险性越高。燃烧速度是描述固体可燃物燃烧特性的另外一个重要参数。它主要取决于其热解速度。聚合物的热解速度与其温度或者升温速率有关，因此，燃烧热高的材料的燃烧速度也更快。例如，很多聚合物的燃烧热比木材高，因此聚合物的燃烧速度也普遍比木材快。表 2-7 列出典型聚合物的燃烧热和燃烧速度。

表 2-7 典型聚合物的燃烧热和燃烧速度

物质名称	燃烧热/(kJ/g)	燃烧速度/(mm/min)	物质名称	燃烧热/(kJ/g)	燃烧速度/(mm/min)
聚甲醛	16. 93	12. 7～27. 9	聚苯乙烯	40. 18	12. 7～63. 5
聚甲基丙烯酸甲酯	25. 21	15. 2～40. 6	聚丙烯	43. 96	17. 8～40. 6
ABS 树脂	35. 25	25. 4～50. 8	聚乙烯	46. 61	7. 6～30. 5

固体可燃物的热物性参数，如导热系数和比热容，通过影响热量传递，对固体可燃物的燃烧性能也有着重要影响。比热容大的聚合物，燃烧速度较慢，这是因为在加热阶段需要吸收较多的热量来升温；导热系数大的聚合物，燃烧速度也较慢，因为导热系数大，热散失速度较快，在燃烧过程中所需升温时间较长。表 2-8 列出了部分聚合物的比热容和导热系数。

表 2-8 部分聚合物的比热容和导热系数

物质名称	导热系数/[W/(m·K)]	比热容/[J/(g·K)]	物质名称	导热系数/[W/(m·K)]	比热容/[J/(g·K)]
聚氨酯	0. 21	1. 67	聚丙烯	0. 15	1. 88
聚苯乙烯	0. 14	1. 25	尼龙 6	0. 24	1. 55
聚氯乙烯	0. 17～0. 19	0. 98～1. 38	聚四氟乙烯	0. 25	1. 05
有机玻璃	0. 20	1. 40	聚乙烯	0. 38～0. 43	1. 55～2. 00
环氧树脂	0. 19	1. 70	聚碳酸酯	0. 20	1. 22

3. 烟气特性

烟气特性主要包含发烟量和毒性。聚合物碳含量普遍较高，在燃烧（包括热解）中发烟量较大。这些烟尘会阻碍光线在空气中的传播，从而影响火灾中的能见度。此外，烟气的毒性对火场人员的生命安全构成严重威胁，聚合物在燃烧（包括热解）过程中，会产生大量的一氧化碳、氮氧化物、氯化氢、氟化氢、氰化氢、二氧化碳及光气等气体，毒性非常大。

2.4 固体可燃物火蔓延过程

固体可燃物表面火蔓延是森林火灾、建筑火灾及工业火灾中普遍存在的燃烧现象，是火灾研究中的一个基础问题。科学地认识固体可燃物表面的燃烧机制和火蔓延机理是火灾科学研究的重要内容。火蔓延是评价可燃物易燃性的基础，火焰在固体可燃物表面的蔓延速度在许多情况下决定火灾的严重程度。因此，研究可燃固体表面的火蔓延特性对于预防和控制火灾具有重要意义。

固体可燃物火蔓延过程

固体材料火蔓延是一个包含热解动力学、传热传质、固相及气相燃烧反应的复杂过程。未燃固体接受来自热源（外加辐射、高温烟气层）的热量，若该热量大于其向周围环境的热损失量，未燃固体温度则会逐渐升高直至发生热解。随着其温度的进一步升高，热解产生可燃气体的速度加快，通过火焰层流边界，在存在火焰或点火源的情况下，与空气结合形成扩散火焰。同时，未燃区域也受到火焰的热反馈（火焰热辐射和热空气对流）及固相中的热传导，使得未燃区域温度逐渐增加，从而导致火焰和热解前沿逐步向未燃区域传播。材料表面火蔓延是火灾发展过程中非常重要的一个阶段，它既是消防工程中控制火灾发展的一个重要内容，也是材料设计中降低材料燃烧速率的重要内容。

2.4.1 火蔓延形式

根据火蔓延速度方向，火蔓延可以分为水平火蔓延、倾斜火蔓延和竖直火蔓延。水平火蔓延和竖直火蔓延是最常见的两种火蔓延形式。

火蔓延行为受周围环境流场影响，影响方式主要包括强迫对流和自然对流两种。强迫对流是指在外部因素（如风、机械设备等）作用下气体或液体产生流动的现象。在火灾过程中，强迫对流通常是火源产生的高温气流及外部风力等因素的作用使空气产生流动。自然对流是指在火灾过程中，由于热量和烟气的产生，形成了密度差异，使空气产生自然流动。自然对流的速度和方向取决于火源的大小和温度、物体的材质和结构、空气流动特性等因素。在火灾过程中，强迫对流和自然对流是主要的热量传输方式，它们对火蔓延的影响取决于风向和火源位置。

火蔓延按照气体流动方向与蔓延方向的关系可以分为顺流火蔓延和逆流火蔓延。顺流火蔓延一般比逆流火蔓延发展更为迅速，危害性也更大。顺流火蔓延的气体流动方向与蔓延方向相同，不论是强迫对流还是自然对流，均能促进火势蔓延，因此顺流火蔓延通常表现为剧烈的加速过程。逆流火蔓延的气体流动方向与蔓延方向相反，强迫对流和自然对流均会阻碍火势蔓延，因此逆流火蔓延通常保持一个稳定状态。

从火焰传递到未燃区域的热量与火焰形状有关，而火焰形状是由表面气体的流动特征决定的。当气体流动方向（无论是自然对流或强制对流）与传播方向相反时，流动气体使火焰朝向热解前沿相反的方向，减弱甚至阻碍了热量向火焰前沿未燃区域的传递，材料的热解速度变慢，表面燃料混合气体不易达到燃烧下限，火蔓延速度也变慢，如图 2-11 所示。

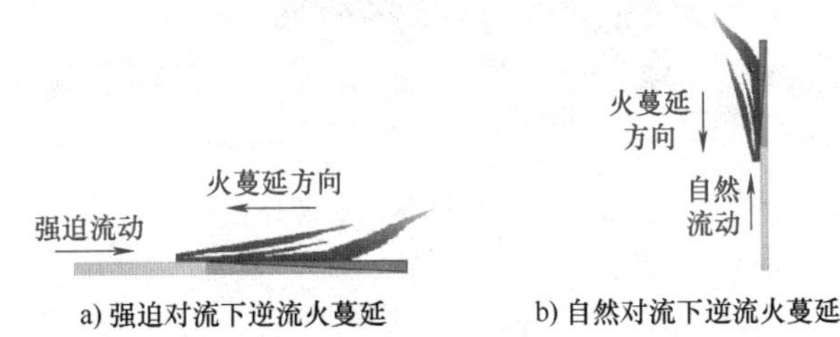

a) 强迫对流下逆流火蔓延　　b) 自然对流下逆流火蔓延

图 2-11　强迫对流和自然对流条件下的逆流火蔓延

若表面气体流动方向与火焰传播方向同向，火焰被推向前沿未燃区域，加大火焰向前沿未燃区域表面的热量传递，加速材料的热解和表面点燃，火蔓延速度较快，如图 2-12 所示。

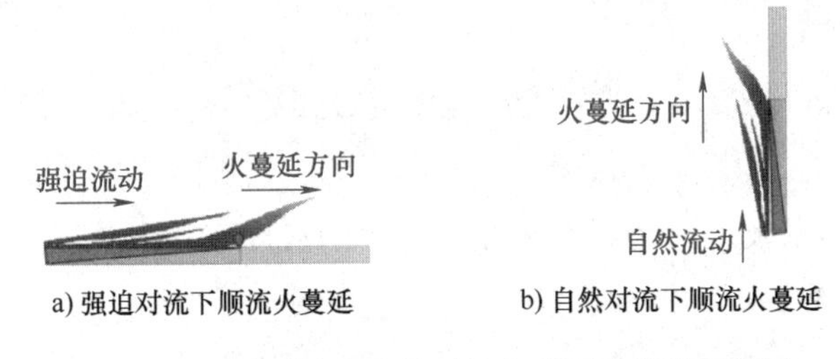

a) 强迫对流下顺流火蔓延　　b) 自然对流下顺流火蔓延

图 2-12　强迫对流和自然对流条件下的顺流火蔓延

2.4.2　火蔓延控制机理

固体表面火蔓延过程主要涉及化学反应过程和物理传输过程。化学反应过程主要包括固相的热解过程和气相的燃烧过程，而物理传输过程包括热量和物质的传递。在大多数情况下，化学反应过程要比物理传输过程（主要是传热过程）快得多。因此，决定固体表面火蔓延速度的主要因素是热量的输运过程。为此，热输运模型被提出并被证明能较好地描述固体表面火蔓延行为。热输运模型假设火蔓延过程中的固相热解和气相燃烧的化学反应速率无限大，火蔓延速度与传热过程有关。但在有些极端情况下，特别是临近熄灭条件下，化学反应过程所用时间与热量输运所需时间接近，热输运模型的预测结果与试验结果存在较大的偏差。

2.4.3　火蔓延热量传递

在稳定火蔓延过程中，固体材料可分为未燃区、预热区、热解区和燃尽区四个部分，如图 2-13 所示。大部分火蔓延行为主要由预热区所受到的热量决定。热量传递的方式主要包括可燃物内部的固相热传导、气相热对流、火焰对可燃物表面的热辐射三种。

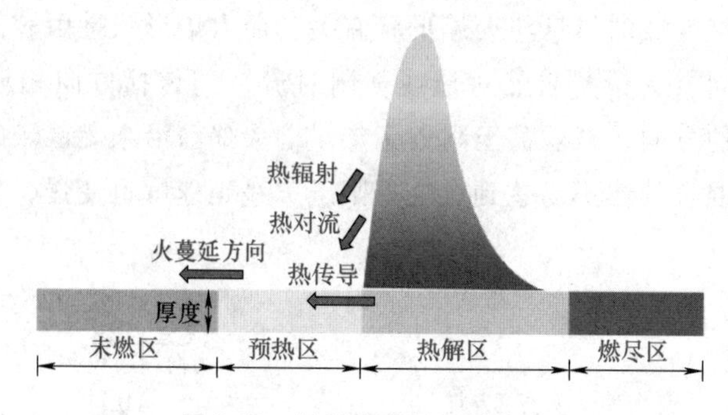

图 2-13　材料火蔓延区域分布

1. 热传导

热传导是指热量通过物质内部分子振动而传导的过程。热量从高温区域向低温区域传递，直到两个区域的温度达到平衡。热传导的速度取决于材料的导热系数、温度差和材料厚度。导热系数是物质传递热量的能力，不同物质的导热系数不同。温度差越大，热传导速度越快；物质的厚度越大，通过固相传导的热量越多。热传导能量（$\dot{q}''_{\text{cond}}$）可遵循傅里叶定理计算：

$$\dot{q}''_{\text{cond}}=-\lambda\frac{\partial T}{\partial x} \tag{2-16}$$

式中，λ 为材料的导热系数；$\frac{\partial T}{\partial x}$为材料火蔓延方向的温度变化率。

2. 热对流

热对流又称对流传热，是指流体中质点发生相对位移而引起的热量传递过程。在热对流过程中，热量从高温区域的流体向低温区域的流体流动，直到两个区域的温度达到平衡。热对流的速度取决于流体的流速、密度、热容和温度差。通常，流速越快，热对流速度越快；流体密度越大，热对流速度越慢；流体热容越大，热对流速度越慢；温度差越大，热对流速度越快。固体可燃物火蔓延过程中的对流传热量（$\dot{q}''_{\text{f,c}}$）可通过牛顿冷却定律计算获得：

$$\dot{q}''_{\text{f,c}}=\lambda(T_{\text{f}}-T_{\text{p}}) \tag{2-17}$$

式中，λ 为材料的导热系数；T_{f} 为火焰温度；T_{p} 为材料的热解温度。

3. 热辐射

热辐射是指通过电磁波辐射传递热量的过程。在辐射传热过程中，热量通过电磁波传递，不需要介质，因此也可以在真空中传递。热辐射的传递速度取决于辐射体的温度、表面积及辐射体与接收体的距离。温度越高，热辐射速度越快；表面积越大，热辐射速度越快；距离越远，热辐射速度越慢。对于火蔓延来说，从火焰到预热区燃料的净辐射热通量（$\dot{q}''_{\text{f,r}}$）可表示如下：

$$\dot{q}''_{\text{f,r}}=\varepsilon F\sigma(T_{\text{f}}^4-T_{\text{p}}^4) \tag{2-18}$$

式中，ε 为火焰的发射率；F 为视图因子；σ 为斯蒂芬-玻尔兹曼常数。

2.4.4 火蔓延模型

材料厚度影响材料的传热和升温过程，因此也对材料的火蔓延行为产生重要影响。材料根据其厚度与热穿透深度相对大小可分为热厚材料和热薄材料，这两类材料具有不同的表面火蔓延行为。

1. 热薄模型

热薄材料的火蔓延模型称作热薄模型。水平热薄模型如图 2-14 所示。材料在垂直于材料表面方向上温度梯度小，近似认为不存在固相热传导。此外，热薄模型不考虑下述因素的任何影响：

1）熔融：包括熔滴、熔化热和蒸发热。

2）炭化：使热解和着火温度间的表面温度升高。

3）变形：包括伸长、收缩、撕裂、卷曲等行为。

4）不均匀性：包括基材、复合材料、多孔性和对辐射的透射、吸收等影响。

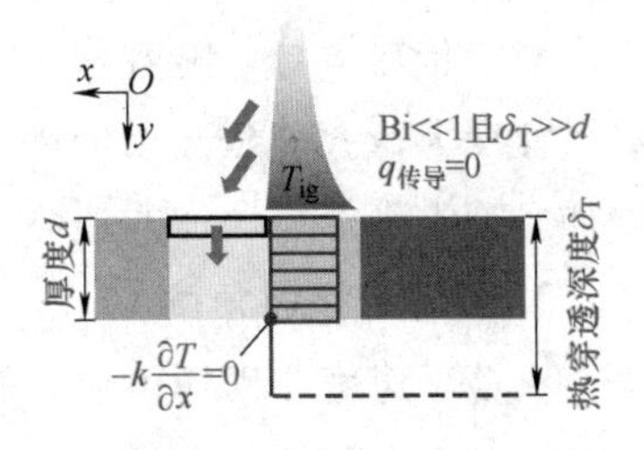

图 2-14 水平热薄模型

火蔓延速度是描述材料火蔓延特性最主要的参数。若预热区材料受到的热量全部用于将其温度从初始表面温度（T_0）升至着火温度，则通过建立能量守恒方程可以获得热薄材料火蔓延速度的数学表达式。热薄材料火蔓延速度 v_p 表示如下：

$$v_{\mathrm{p}}=\frac{\dot{q}_{\mathrm{f}}''\delta_{\mathrm{f}}}{\rho c_p d(T_{\mathrm{ig}}-T_0)} \tag{2-19}$$

式中，ρ 是材料密度；c_p 为材料比热容；d 为材料厚度；$\dot{q}_{\mathrm{f}}''$ 为火焰热通量；δ_{f} 为预热区长度。

若将预热区长度除以火蔓延速度，则得到火焰经过单位长度所需时间，该时间与高热通量下热薄材料着火时间表达式［式（2-13）］一致。因此，火蔓延速度可表示为预热区长度与热薄材料着火时间之比。

2. 热厚模型

热厚材料的火蔓延模型称作热厚模型。水平热厚模型如图 2-15 所示。热厚材料内部在垂直于材料表面方向上存在一定的温度梯度，因此固相内部热传导对于材料的火蔓延行为有着重要的影响。热厚模型同样不考虑熔融、炭化、形变和不均匀性等问题。基于能量守恒方程，热厚材料火蔓延速度表示如下：

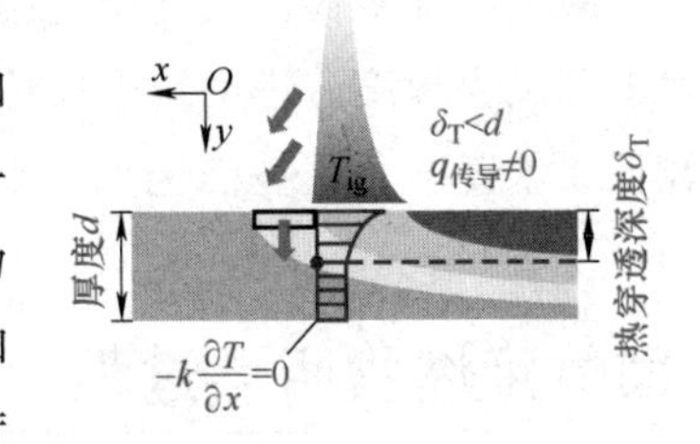

图 2-15 水平热厚模型

$$v_{\mathrm{p}}=\frac{4\dot{q}_{\mathrm{f}}''^{2}\delta_{\mathrm{f}}}{\pi k\rho c_p(T_{\mathrm{ig}}-T_{\mathrm{s}})^2} \tag{2-20}$$

2.4.5 火焰传播影响因素

固体可燃物火蔓延行为的主要影响因素有试样尺寸（包括材料宽度、高度和厚度等）、空间位置（包括倾斜角、非连续可燃物间距和阵列宽度等）和外部环境（包括热流、空气氧含量、外部流场和微重力等）。这些影响因素不仅可以单独作用于固体可燃物火蔓延行为，还可以相互耦合，致使固体可燃物火蔓延行为变得更加复杂。

1. 可燃物厚度

厚度主要影响固体可燃物火蔓延过程中的热量传递方式。根据材料厚度的不同可以分为热薄材料和热厚材料。对于炭化材料来说，其燃烧时形成的炭层会阻碍材料内部发生热量传递，火蔓延速率会随着厚度增大而降低，并最终出现一个不能发生稳定火蔓延的临界厚度。对于非炭化材料则不存在厚度极限。

2. 可燃物宽度

宽度主要影响固体可燃物火蔓延的气相传热机制。对于较窄的材料，火蔓延气相传热通常由对流传热主导。随着材料宽度增加，燃烧区域变大，所产生的热量和热解气体增多，火焰尺寸变大，火蔓延气相传热逐渐变为辐射传热主导。通常，可燃物火蔓延速率随样品宽度增加呈现先降低后增加的趋势。

3. 可燃物倾斜角度

火蔓延速度与固体可燃物的倾斜角度有关。火焰倾斜朝上蔓延的速度比朝下蔓延得快。这是由于浮力驱动的自然对流方向朝上，与倾斜朝上的火蔓延形成了顺流火蔓延，与倾斜朝下的火蔓延形成了逆流火蔓延。对于倾斜朝上的顺流火蔓延，随着倾角的增加，火焰面积增加，火蔓延速度呈指数上升。

4. 环境气流

环境气流不仅影响火蔓延的化学反应动力学过程，还影响火蔓延的传热控制机理。环境在顺流火蔓延和逆流火蔓延中的影响作用并不相同。热薄型材料火蔓延速度随环境气流速度的增加先保持不变，再突然下降。而热厚型材料火蔓延速度随环境气流速度的增加保持不变一段时间后，先上升再下降。

5. 氧气浓度

氧气浓度对固体火蔓延的影响主要体现在化学反应过程上。氧浓度会影响气相化学反应速率和反应程度，进而影响火焰温度，而火焰温度的改变又会影响传热过程。研究表明，在较低氧浓度下，火蔓延速度正比于氧浓度；而在氧浓度较高时，火蔓延速度正比于氧浓度的二次方。

2.5 固体可燃物阴燃过程

固体可燃物燃烧大多属于明火燃烧，不过部分固体可燃物或经过复合后的固体可燃物燃烧过程也可能是无焰燃烧，即阴燃。阴燃是一种表面燃烧现象，主要发生在质地疏松的固体可燃物材料上，如开孔的固体可燃物泡沫材料。与明火燃烧相比，阴燃是一种非常缓慢的燃烧过程。同样的材料，有焰燃烧几分钟就能烧完，阴燃则可能要持续几个小时才能烧完。阴燃可由自身产生的热或由烟头这样的火源点燃。在阴燃过程中，疏松的材料吸热分解，形成疏松、活化的炭质物质。当空气中的氧气缓慢地由表面向其内层扩散时，氧气与活化的炭质物质发生反应，生成一氧化碳，并释放出热量。这些炭质物质是不良导热体，热量很难通过固体内部传导，而炭质物质的疏松程度也有限，热量也不能通过对流的形式完全导出。因此，氧化反应产生的热量几乎全部用于进一步的裂解，阴燃的前锋也就随之向前发展。

2.5.1　引发阴燃常见方式

在固体燃烧中，存在阴燃、有焰燃烧及碳颗粒的无焰燃烧。是否有火焰可以作为阴燃与有焰燃烧的区别，而是否有热解可燃气体则作为区别碳粒无焰燃烧的标准。在一定条件下，三种燃烧形式可以相互转化。供热强度是产生阴燃的一个重要参数，若供热强度过小，固体则无法着火；若供热强度过大，固体将发生有焰燃烧。因此，阴燃的发生要求有一个供热强度适宜的热源。引发阴燃的常见方式包括自燃、阴燃及熄灭后的明火。

1. 自燃引发阴燃

在固体堆垛内发生的阴燃多半是由自燃造成的，而堆积体自燃的基本特征就是在堆垛内部以阴燃反应开始燃烧，再向外传播，直到在堆垛表面转变为有焰燃烧。

2. 阴燃引发阴燃

正在进行阴燃的固体可燃物释放的能量可能造成周围固体可燃物的阴燃。例如，香烟的阴燃会引起地毯、被褥、木屑、植被等阴燃，并容易引发恶性火灾。

3. 熄灭后的明火引发阴燃

对于发生明火燃烧的固体堆垛，其外部火焰被水扑灭后，若水流没有完全进入堆垛内部，其内部则仍处于炽热状态，可能引发阴燃。固体可燃物在通风受限的环境下发生明火燃烧，随着空气消耗，火焰逐渐熄灭，固体可燃物会以阴燃形式继续燃烧。

2.5.2　阴燃的危害

表面上看，阴燃过程反应并不剧烈，但是如果不及时加以控制，也会带来严重后果。阴燃的危害包括以下几个方面：

（1）阴燃过程产生大量有毒气体

阴燃是一种不完全燃烧，其热解过程并不会直接获得最终产物。由于通风受限，这些热解释放的气态产物不都能被充分氧化燃烧，会形成复杂的有毒气体。

（2）阴燃在一定条件下转变为明火燃烧

阴燃通常没有火焰，在供氧不足的环境下，其温度也不会很高。但随着阴燃的持续，热量逐渐积累，固体可燃物温度升高。若可燃物所在环境能满足明火燃烧的供氧条件，已经热解的可燃气就会剧烈燃烧，产生明火，阴燃转变为明火燃烧。

（3）密闭空间内材料的阴燃有可能引发轰燃

在供氧不足的密闭空间内，固体发生阴燃，生成大量不完全燃烧产物，并很快地充满整个空间。出于火灾扑救考虑或其他原因，若空间某些部位突然被打开，新鲜空气进入，与空间内的可燃气体预混，则会发生明火燃烧，甚至还可能导致轰燃。这种阴燃向轰燃的突发性转变是非常危险的。

2.6 固体可燃物生烟过程

广义的定义认为，烟是可燃物高温分解或燃烧时产生的固体、液体微粒、气体及夹带和混入的部分空气共同形成的气流。烟以可见的凝聚态燃烧产物为主，并混入部分气体燃烧产物。气体燃烧产物主要为CO、CO_2和氮氧化物NO_x，其中，CO中毒是火灾致死的主要因素。凝聚态燃烧产物即烟颗粒，是不完全燃烧的产物，包括气溶胶和烟灰。气溶胶是由微小的焦油滴和高沸点液滴构成的液体烟颗粒，这些液滴在静止空气中聚集合并成平均直径为10~100nm的颗粒后沉积到表面，形成油状残留物。阴燃和有焰燃烧都会产生烟颗粒，只是颗粒的本质和形成模式有很大差别。阴燃产生的烟主要是由热分解产生的高分子量产物遇冷空气时凝聚形成焦油微滴和高沸点液体组成的雾滴。有焰燃烧的烟在本质上不同于气溶胶，它几乎完全由固体颗粒即烟灰构成，这些固体颗粒大部分是气相中不完全燃烧和低氧浓度下高温裂解形成的。

固体可燃物生烟过程

可燃物燃烧生烟过程及物质转化示意图如图2-16所示。可燃物燃烧先经历脱水、软化或熔融，之后开始裂解，形成固体残余物和浮升到空气中的气态和凝聚态物质。如果可燃物只是裂解而没有燃烧，则这部分浮升物就会构成烟，其中凝聚态物质形成气溶胶。如果发生燃烧，则气态和凝聚态浮升物都会与空气燃烧，并分别转化为气体产物和烟颗粒（主要为烟灰），部分未反应的产物则本身就构成烟气。总体看来，烟颗粒一方面是因为可燃物裂解产生气溶胶，另一方面是因为在气相燃烧时挥发气在低氧浓度区域可能发生一系列裂解反应，形成乙烯等不饱和分子组分，这些组分在一定温度和低氧条件下会发生类似聚合的反应，并生成苯等芳香组分，接着会在火焰中转化为微小的烟灰颗粒。

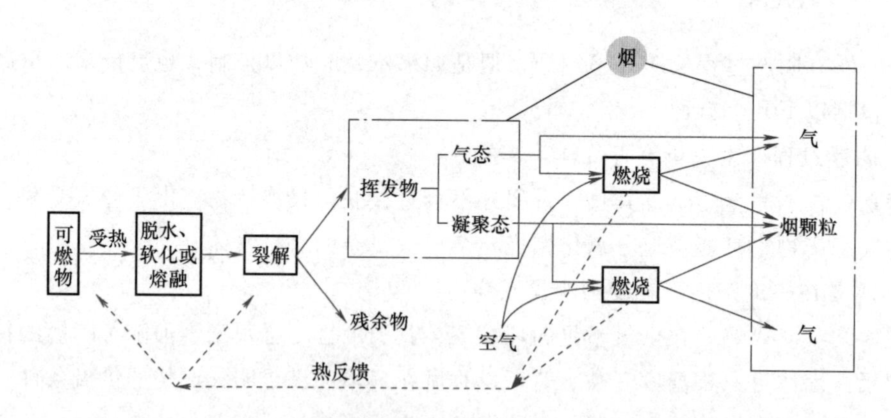

图2-16 可燃物燃烧生烟过程及物质转化示意图

在可燃物整个裂解燃烧过程中发生了物质（组分）的质量和能量的变化。固体可燃物吸收一定热量软化脱水，之后继续吸热裂解生成残余物和挥发物，该挥发物若不燃烧则成为烟气溶胶，若燃烧则形成烟颗粒和气体产物，并放出热量。在脱水、裂解和燃烧阶段固相物质的质量都会减少，在裂解和燃烧阶段还会发生物质组成的化学变化，同时伴随着脱水、裂解阶段的吸热过程和燃烧阶段的放热过程，部分燃烧热又以火焰反馈热形式加热固相可燃物。

2.7 固体可燃物熄灭过程

在可燃物燃烧过程中，如果火焰反馈给燃料表面的热量减弱到不足以在材料表面生成足够量的可燃性挥发气体，则火焰会自行熄灭，称为自熄。自熄现象可以是燃料燃尽的结果，也可以是环境氧不足造成的。此外，添加阻燃剂可在燃烧过程中通过气相或固相阻燃作用造成火焰熄灭，使燃烧终止。一般气相阻燃作用是通过释放活性气体进行气相化学反应，使燃烧反应链终止，或释放惰性或不燃气体，通过稀释可燃气体浓度而使燃烧反应减弱，以至减弱热反馈而使火焰熄灭，或沉积在可燃物燃烧表面，隔绝燃料和氧的反应，也能使火焰熄灭。固相阻燃作用则多为促使可燃物成炭，减少可燃性挥发成分，即减少燃料的输送，达到使火焰熄灭的目的。炭层也能起到隔热作用，减少反馈热向深层燃料的传递，降低可燃物热解速率，减少可燃性挥发物的生成，使火焰熄灭。

由可燃物燃烧自熄过程可知，燃烧熄灭需要降低反应区域温度至熄灭温度，可以通过降低反应区域的产热速率，或升高反应区域的散热速率实现。以水为例，水作为常见的灭火剂，遇热汽化可以吸收大量热量并形成水蒸气，能有效降低燃料表面温度和燃烧区域可燃物浓度，使火熄灭。卤素灭火剂则是通过化学抑制作用，减少燃烧区域的活性自由基而终止燃烧反应。

复习思考题

1. 材料的热降解和热分解的区别是什么？
2. 简述热塑性和热固性材料的热解过程的区别。
3. 描述着火安全特性的重要参数。
4. 设计符合要求的耐点燃材料的思路是什么？
5. 如何判断材料是热厚型还是热薄型？
6. 分别描述热薄型材料和热厚型材料的火蔓延行为。
7. 固体可燃物燃烧包括哪些形式？并分别举例说明。
8. 阴燃是如何引发的？
9. 阴燃和有焰燃烧产生的烟颗粒有什么不同？
10. 使材料燃烧熄灭的方式及原理有哪些？

第3章 阻燃基本理论

教学要求

认识和掌握凝聚相阻燃机理、气相阻燃机理、协效阻燃机理和其他阻燃机理，掌握协效阻燃作用评价方法。

重点与难点

凝聚相阻燃机理、气相阻燃机理和协效作用评价方法。

着火四面体理论认为燃烧由可燃物、助燃物、点火源及活性自由基四个要素组成，它是一个复杂的过程，涉及物理变化和化学变化，如图3-1所示。只要阻止或延缓燃烧的一个或几个要素，就能阻止燃烧的进一步进行，而阻燃便是这一理论的具体实施。材料的阻燃是指可燃物体通过特殊方法处理后使物体本身具有防止、减缓或终止燃烧的性能。目前，阻燃通常是在物体中添加各种不同的阻燃剂来获取预期的阻燃效果。阻燃剂通过冷却作用、稀释作用、形成隔热层或隔离膜等物理途径和终止自由基链反应的化学途径来实现阻燃的目的。概括来说，材料的阻燃机理包括凝聚相阻燃机理、气相阻燃机理、协效阻燃机理和其他阻燃机理等。

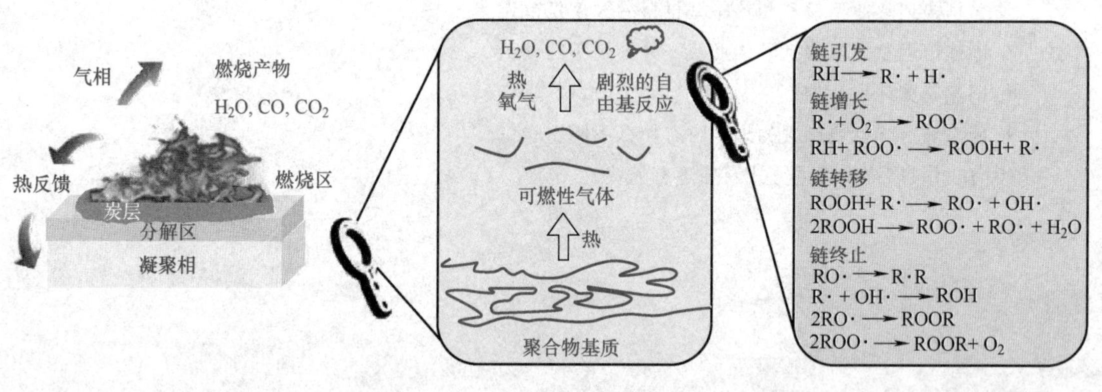

图3-1 材料的燃烧过程示意图

3.1 凝聚相阻燃机理

凝聚相阻燃机理又称固相阻燃机理，是指在凝聚相中延缓或中断阻燃材料热分解而产生的阻燃作用，它的基本要点如下：

凝聚相阻燃机理

1）添加的阻燃剂能够在固相中延缓或终止热分解产生的可燃气体和自由基，即两者间存在化学反应，且该反应在低于聚合物热分解温度下发生。

2）添加的填料型阻燃剂具有较大的比热容，从而起到蓄热作用；又因其多为非绝热体，可起导热作用，使聚合物不易达到热分解温度。

3）添加吸热后可分解的阻燃剂，能有效地阻止聚合物温度升高至热分解温度。

4）阻燃剂燃烧后可在聚合物表面生成多孔保护炭层，该炭层具有难燃、隔热、隔氧的作用，并能阻止可燃气体进入燃烧气相，致使燃烧中断。

3.1.1　成炭作用机理

材料燃烧时表面温度和暴露在火焰中的温度高达 300～1500℃。材料的成炭过程一般要经历交联、芳构化、芳环熔化、涡轮形层状炭生成、石墨化等过程，但各种聚合物在高温下的成炭作用是不一样的。烃类聚合物如聚乙烯、聚苯乙烯、聚甲基丙烯酸甲酯等受热裂解会挥发，成炭作用较差；聚氯乙烯、聚乙烯醇、聚丙烯腈则因主链失去氢原子和附属基团而呈不饱和状态，能生成中等量的炭；聚酰胺、聚碳酸酯、聚酰亚胺等含有芳香环结构的聚合物，在热裂解断链过程中芳香环结构发生交联作用而生成大量的炭。通常，聚合物分子结构中芳烃含量越多，成炭率越大。

膨胀阻燃材料在燃烧过程中会在燃烧物表面形成大量的多孔炭层结构以有效阻隔热量和氧气传递，进而降低基材分解温度和减少可燃物释放，达到有效抑制材料燃烧的目的。材料燃烧过程中形成炭层可以有效阻隔物质和热量的传递，以显著改善材料的阻燃性能。成炭的阻燃作用主要表现在以下方面：①成炭能使可燃裂解产物避免转换成气体燃料，从而抑制可燃物的燃烧；②成炭过程往往伴随有水的生成，气体燃料可以被高热容的不可燃水蒸气稀释，降低燃烧速率；③炭化作用可以形成一层热传导的壁垒，以有效保护下层材料；④成炭反应多为吸热反应，有利于降低环境温度。

3.1.2　固相自由基阻燃机理

聚合物在空气中高温降解一般是生成大分子自由基（R·），并同时生成活泼的氢氧自由基（OH·），它决定着燃烧的速度。

$$ROH \longrightarrow R\cdot + OH\cdot$$

$$R\cdot + O_2 \longrightarrow RO_2\cdot$$

这些 R· 和 RO_2· 将引发聚合物的自动催化氧化链反应并进行下去，当加入含卤阻燃剂时，则发生以下反应：

$$含卤阻燃剂 \longrightarrow X\cdot$$

$$RH+X\cdot \longrightarrow R\cdot +XH$$
$$XH+OH\cdot \longrightarrow X\cdot +H_2O$$

含卤阻燃剂受热分解产生卤素自由基 X·，活泼的 X·与聚合物分子反应生成 R·和 XH，而 XH 和活泼的 OH·反应，即消耗 OH·活性自由基。与此同时，R·+X·⟶RX 反应的发生也会阻止燃烧链式反应，减慢燃烧速度，致使火焰熄灭。

此外，不挥发的磷系阻燃剂在燃烧过程中还可以在固相中有效抑制自由基链式反应。例如，芳香磷酸酯阻燃剂能消除聚合物表面的烷基过氧自由基。

3.1.3 涂层阻燃机理

在聚合物材料中添加 Si、B、SiC、硼酸盐、磷酸盐和低熔点玻璃等物质均可使改性聚合物在燃烧时表面形成一种无机涂层而阻燃。当烃类聚合物燃烧表面存在大量磷元素时，多磷酸基团的物理作用会形成涂层，从而改善炭层的屏蔽作用。此外，材料表面的含磷涂层可以阻碍可燃物从聚磷酸铵阻燃烃类物质中挥发。

3.2 气相阻燃机理

气相阻燃是指在气相中使燃烧中断或延缓链式燃烧反应的阻燃作用，它的基本要点如下：

气相阻燃机理

1）阻燃剂在热的作用下，能释放出活性气体，中断链式燃烧反应。

2）阻燃剂在受热或燃烧过程中能生成微细粒子，这种粒子能促进燃烧过程中产生的自由基之间相互作用，终止链反应。

3）阻燃剂在受热分解时，能释放出大量的惰性气体，稀释氧和气态可燃物，并降低可燃气体温度，阻止燃烧。

4）阻燃剂受热后能产生高密度蒸气，这种蒸气可以覆盖主聚合物分解出的可燃气体，隔断它与空气和氧的接触，从而使燃烧窒息。

3.2.1 化学作用机理

材料的燃烧反应本质上是一种自动催化氧化链反应，而阻断燃烧链反应便能达到减缓或终止燃烧的目的。例如，卤系阻燃剂受热会分解出卤素自由基（X·）和卤化氢（HX）。卤化氢可以捕捉燃烧反应中的活性自由基（H·、OH·和 O·），使燃烧减缓或终止，反应过程如下：

$$H\cdot +HX \longrightarrow H_2+X\cdot$$
$$O\cdot +HX \longrightarrow OH\cdot +X\cdot$$
$$OH\cdot +HX \longrightarrow H_2O+X\cdot$$
$$RH+X\cdot \longrightarrow R\cdot +HX$$

由于卤化氢不仅可以降低燃烧链反应总速率和终止自由基间碰撞，还能覆盖在可燃物表面，有效稀释燃烧区域氧浓度，进而有效阻断燃烧链式反应。卤素阻燃剂的阻燃作用是基于

C—X 键的断裂，其中 C—X 键的强度越低、阻燃效果越好。C—X 键的热稳定性依次为 C—F>C—Cl>C—Br>C—I，HX 对应的阻燃效果依次为 HI>HBr>HCl>HF。由于 C—I 键的强度过低，导致碘化物不稳定，不能作为阻燃剂使用。虽然氟化合物十分稳定，但由于它不利于捕捉火焰中的自由基，所以很少单独作为阻燃剂使用，而部分氟化物可作为协效剂应用于阻燃体系中。目前常用的卤素阻燃剂多为溴系和氯系阻燃剂，其中溴系阻燃剂的分解温度区间（200~300℃）与大多数聚合物分解温度区间重叠，故阻燃效率高。单位质量的溴系阻燃剂的阻燃效率比氯系阻燃剂高出 1 倍，主要是 C—Br 键的键能较低，可以在燃烧过程中更适时地生成溴自由基和溴化氢。溴系阻燃剂的阻燃效率还与其分子结构密切相关，其中阻燃效率排序为脂肪族>脂环族>芳香族。脂肪族溴系阻燃剂由于在聚合物加工温度下不够稳定，因而品种很少；芳香族热稳定较好，故溴系阻燃剂分子结构中常带芳香烃结构。卤素阻燃剂在聚合物中的阻燃机理如图 3-2 所示。

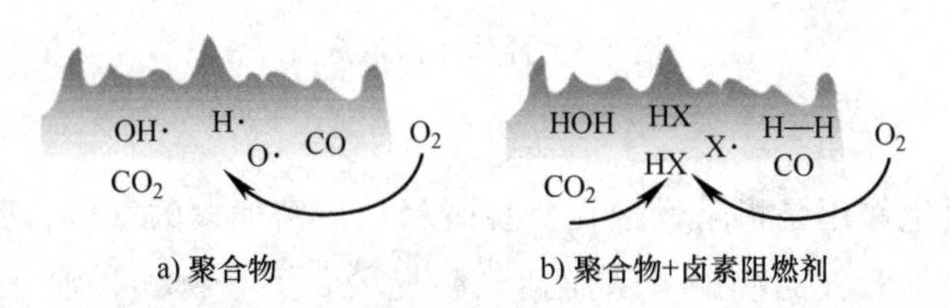

图 3-2 卤素阻燃剂在聚合物中的阻燃机理

除了卤素阻燃剂外，磷系阻燃剂（如磷酸三苯酯、三烷基磷氧化物及三苯基氧化磷等）受热分解成含磷化合物（如 PO·、PO_2·等），可以捕获 H·、HO·和 R·等活性自由基，从而减缓或阻止燃烧链反应进程，赋予材料良好的阻燃性和自熄性。该反应过程可用下式表达：

$$H_3PO_4 \longrightarrow HPO_2 + PO\cdot + \text{其他}$$

$$PO\cdot + H\cdot \longrightarrow HPO$$

$$HPO + H\cdot \longrightarrow H_2 + PO\cdot$$

$$PO\cdot + OH\cdot \longrightarrow HPO + O\cdot$$

磷系阻燃剂气相阻燃机理的主要特征在于促进 H·自由基的结合及磷分子捕捉 O·自由基以降低火焰区自由基浓度。

3.2.2 物理作用机理

气相阻燃还可以通过物理作用实现，主要基于比热容、蒸发热及气相中的吸热分解作用。气相阻燃的物理作用主要包括稀释作用、隔绝作用、冷却作用及吹熄作用等。

1. 稀释作用

稀释作用是指阻燃剂受热分解出难燃气体或不燃性气体降低燃烧区域可燃性气体和氧气的浓度，延缓或抑制材料的燃烧，进而达到阻燃的目的，如图 3-3 所示。例如，聚磷酸铵、三聚氰胺、三聚氰胺氰脲酸盐等阻燃剂在受热时可分解出 NH_3、N_2、水蒸气等不燃性气体，稀释混合气体中可燃性气体的浓度，并在可燃物周围形成气体保护层，起到稀释可燃性气体和降低氧气浓度的作用。

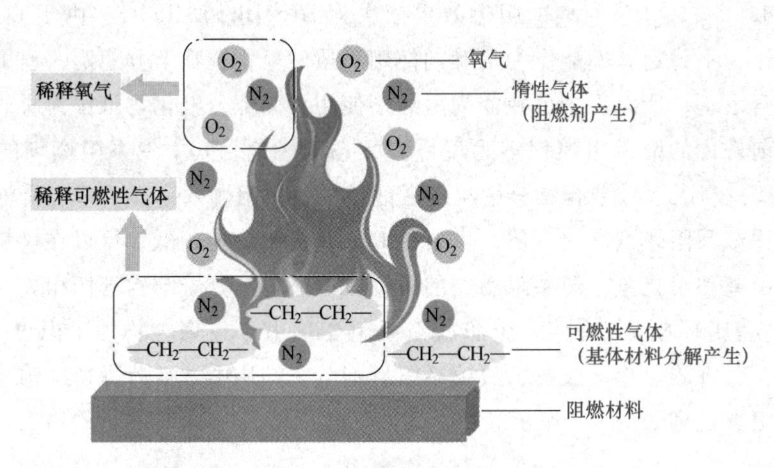

图 3-3　稀释作用示意图

2. 隔绝作用

气相阻燃中的隔绝作用是指阻燃剂在燃烧时释放出密度大的气体，弥漫覆盖于聚合物表面，阻隔可燃性产物与氧气的接触，从而达到阻燃的目的。例如，溴-锑协效阻燃体系能够热解产生密度大于空气的三溴化锑气体覆于材料表面隔绝氧气，进而产生阻燃效果。

3. 冷却作用

冷却作用是指气相阻燃中将材料燃烧产生的部分热量带走以降低燃烧区域的温度和基材的热分解强度，进而有效减缓可燃性气体的释放速度和可燃物的燃烧强度，达到阻燃目的。例如，部分富含羟基的填料阻燃剂（如氢氧化镁、氢氧化铝、水镁石等）受热时会生成大量的水蒸气并带走体系的热量，延长了材料的点燃时间，达到阻燃效果。此外，卤素阻燃剂和三氧化锑协效阻燃体系会增强聚合物的熔体流动和滴落行为，有利于带走燃烧区域内热量，致使材料燃烧延缓，甚至中止燃烧。但聚合物产生的高温熔融滴落物可能形成流动的池火而改变火蔓延机理及火灾动力学过程，甚至会增大材料的火灾危险性。

4. 吹熄作用

吹熄作用是指阻燃剂在基材分解之前产生的气相产物在基材内部形成含有较高浓度阻燃成分的气泡，当气泡中的热解气体到达一定体积和压力后会在极短的时间里冲破基材向外高速喷出，形成高速气体，实现对火灾的冲击熄灭作用。吹熄作用示意图如图 3-4 所示。膨胀阻燃材料热解过程中释放的不燃性气体在熔融的基体内部集聚形成气泡，当气泡中的压力超过炭层可以承受的极限时，内部集聚的气体从炭层的内部向外喷出，快速释放的含阻燃成分的气体可以有效熄灭正在燃烧的火焰。

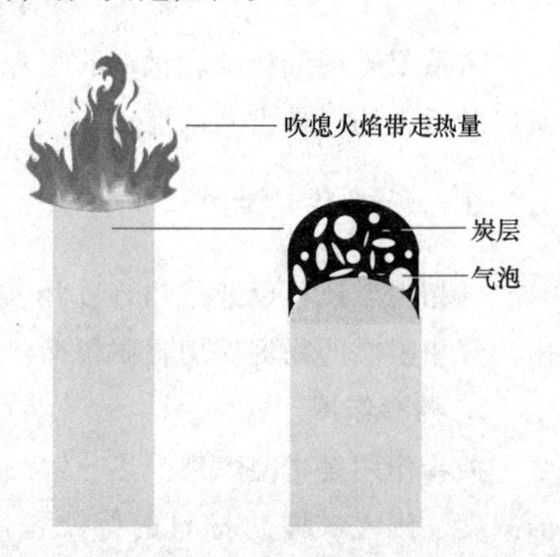

图 3-4　吹熄作用示意图

3.3 协效阻燃机理

为了提高阻燃效率，经常采用阻燃剂与协效剂复配使用，这种由两种或两种组分以上组成的体系称为协效阻燃体系。协效剂本身不一定是阻燃剂，它只是在与阻燃剂并用时才具有一定的阻燃性。协效阻燃体系的阻燃作用往往高于单一组分所产生的阻燃作用。

协效阻燃机理

3.3.1 阻燃元素协效作用

当两种或两种以上的阻燃元素共存时可以提升材料燃烧过程中的阻燃作用，称为阻燃元素协效效应。阻燃元素协效效应主要原因有：①特定阻燃元素之间或者含阻燃元素的化合物之间能够发生特定的反应，生成具有良好阻燃性能的产物；②不同的阻燃元素在燃烧时形成的不同产物在抑制燃烧过程中分别发挥作用，形成协效阻燃效应。

卤-锑协效效应是最经典和应用最为广泛的阻燃元素协效效应，其阻燃机理涉及固相阻燃和气相阻燃作用。卤-锑协效体系在热裂解时，首先由卤素阻燃剂释放卤化氢（HX），之后与三氧化二锑（Sb_2O_3）反应生成卤氧化锑（SbOX），其中 SbOX 可在很宽的温度范围内吸热分解出 SbX_3、$Sb_4O_5X_2$、Sb_3O_4X 等产物。在此过程中，气体卤化锑进入气相后与原子氢反应生成 HX、SbX、SbX_2 和 Sb，而 Sb 又与原子氧、水、羟基自由基反应形成可在气相中捕捉氢元素的 SbOH 和 SbO 产物。无论是卤化锑还是卤化氢均为密度较大的难燃气体，这些气体不仅能稀释空气中的氧，而且能覆盖于材料的表面隔绝空气，降低材料的燃烧速度。此外，三卤化锑可以促进凝聚相的成炭反应，相对减少材料的热分解和氧化分解，并形成炭层覆盖在基材表面以降低火焰对基材的热辐射及热传导，进而有效保护下层材料免遭破坏。

关于氯-锑协效体系的阻燃机理，目前认为是在高温下三氧化二锑能与氯系阻燃剂热解生成的氯化氢反应生成三氯化锑或氯氧化锑，而氯氧化锑能在很宽温度范围内继续分解成三氧化锑，反应式如下：

$$Sb_2O_2(s)+6HCl(g) \longrightarrow 2SbCl_3(g)+3H_2O$$

$$250℃:Sb_2O_2(s)+2HCl(g) \longrightarrow 2SbOCl(s)+H_2O$$

$$245\sim280℃:5SbOCl(s) \longrightarrow Sb_4O_5Cl_2(s)+SbCl_3(g)$$

$$410\sim475℃:4Sb_4O_5Cl_2(s) \longrightarrow 5Sb_3O_4Cl(s)+SbCl_3(g)$$

$$475\sim565℃:3Sb_3O_4Cl(s) \longrightarrow 4Sb_2O_3(s)+SbCl_3(g)$$

注：括号内的 s 表示固体，g 表示气体。

三氯化锑在燃烧区内可按如下反应与气相中的自由基反应，改变气相中的反应方式，减少反应放热量而使火焰熄灭。

$$SbCl_3+H\cdot \longrightarrow HCl+SbCl_2$$

$$SbCl_3 \longrightarrow Cl\cdot+SbCl_2\cdot$$

$$SbCl_3+CH_3\cdot \longrightarrow CH_3Cl\cdot+SbCl_2\cdot$$

$$SbCl_2+H\cdot \longrightarrow SbCl\cdot+HCl$$

$$SbCl_2 \cdot + CH_3 \cdot \longrightarrow CH_3Cl \cdot + SbCl \cdot$$

$$SbCl \cdot + H \cdot \longrightarrow Sb + HCl$$

$$SbCl \cdot + CH_3 \cdot \longrightarrow Sb + CH_3Cl$$

同时，三氯化锑的分解也缓慢地放出氯自由基，后者又按下面反应与气相中的自由基（如 H·）结合，因而能较久地维持阻燃功能。下面的反应式中的 M 是吸收能量的物质：

$$Cl \cdot + CH_3 \cdot \longrightarrow CH_3Cl$$

$$Cl \cdot + H \cdot \longrightarrow HCl$$

$$Cl \cdot + HO_2 \cdot \longrightarrow HCl + O_2$$

$$HCl + H \cdot \longrightarrow H_2 + Cl \cdot$$

$$Cl \cdot + Cl \cdot + M \longrightarrow Cl_2 + M$$

$$Cl_2 + CH_3 \cdot \longrightarrow CH_3Cl + Cl \cdot$$

最后，在燃烧区中氧自由基可与锑反应生成氧化锑，后者可捕获气相中的 H·及 OH·生成水，也有助于使燃烧停止和火焰自熄，反应式如下所示：

$$Sb + O \cdot + M \longrightarrow SbO \cdot + M$$

$$SbO \cdot + H \cdot \longrightarrow SbOH$$

$$SbOH + OH \cdot \longrightarrow SbO \cdot + H_2O$$

磷-氮协效阻燃效应是研究最多的阻燃元素协效效应，在膨胀型防火涂料的发展和应用中起到了很重要的作用。磷元素在凝聚相中可促进多羟基化合物成炭，氮元素在高温下生成无毒的难燃性气体，二者协效使用时可促进形成膨胀多孔炭层，进而赋予材料较好的隔热、隔质作用。

磷-硅协效阻燃体系表现出较好的阻燃效果，磷-硅元素协效阻燃机理被认为是含磷基团高温下分解出的偏磷酸可催化基材中的羟基形成含磷炭层，而硅元素表面能较低，容易迁移至材料表面，形成含硅保护层，以增强表面炭层的热稳定性，从而发挥磷-硅协效阻燃效果。此外，利用硅氧烷代替硅烷可以进一步增强磷和硅之间的阻燃协效效应，这主要与硅氧烷可降解形成二氧化硅增强炭层的稳定性有关。

部分磷-卤复配体系还表现出一定的协效阻燃效应，磷-卤元素协效作用可能与卤素元素能增强磷元素的气相阻燃作用有关。磷-卤相互作用不仅取决于聚合物类型，还取决于磷、卤阻燃剂的结构，这使得磷-卤协效不存在普遍规律。例如，当卤-磷体系中加入氧化锑时，卤-磷和卤-锑之间没有协效作用，而是呈现对抗作用。

此外，磷-氮-硅元素、溴-氯元素、卤-硼元素、锑-磷元素等均存在协效效应。阻燃元素协效效应发挥的程度往往与各元素的比例、元素的价态和元素所处的化学结构等相关。

3.3.2 阻燃基团协效作用

相比于阻燃元素协效效应，含多种阻燃基团的阻燃剂在某些情况下比单一基团的阻燃剂表现出更好的阻燃效果，即含多种阻燃基团的阻燃剂可能产生阻燃基团协效效应。阻燃基团协效效应可以存在于同一阻燃分子中，也可以存在于含有典型阻燃基团的不同组分之间。阻燃基团通常以相对稳定的分解路径裂解，从而导致含有相同阻燃基团的分子通常以相似的方式发挥阻燃作用。如果不同的阻燃基团键接在同一个阻燃分子或者存在于同一阻燃体系中，这些阻燃基团将共同发挥相互促进、相互补充、相互反应、与聚合物基体发生反应和重新分配气相与凝聚相阻燃效应等阻燃作用。例如，溴化铵（NH_4Br）阻燃聚丙烯时，表现出优异的阻燃作用，这主要与 NH_4Br 分解为 HBr 和 NH_3 的能量远低于 C—Br 键的解离能有关。NH_4Br 热解产生的 HBr 和 NH_3 同时进入燃烧区域，其中，NH_3 作为火焰稀释剂、HBr 作为自由基捕捉剂发挥协效阻燃作用。

3.3.3 组分协效作用

组分协效效应是指两种或多种阻燃成分在燃烧过程中能够发生化学反应，通过组分间的化学反应形成高效的阻燃成分，发挥出良好的阻燃作用。膨胀型阻燃剂是典型的组分协效阻燃体系，一般由酸源（脱水剂）、碳源（成炭剂）和气源（发泡剂）三个部分组成。图 3-5 为膨胀阻燃剂组分协效成炭示意图。酸源、碳源和气源单独作用于聚烯烃时效果较差，在共同作用时可发挥优异的组分协效过程。膨胀阻燃剂中的酸源可与碳源发生酯化反应，催化多羟基化合物脱水形成熔融炭层，之后在气源释放出的不燃性气体作用下发泡膨胀形成多孔膨胀炭层，发挥出优异的协效阻燃作用。

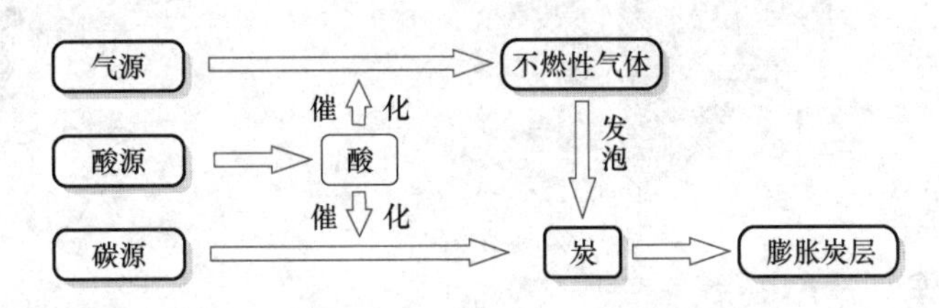

图 3-5 膨胀阻燃剂组分协效成炭示意图

3.3.4 金属化合物的协效作用

金属化合物包括金属氧化物、金属氢氧化物、锑系阻燃剂、钼系阻燃剂、部分过渡金属及稀土金属化合物。金属化合物与膨胀阻燃剂共用时可以促进催化脱水和交联反应形成更均匀、更稳定的膨胀炭层，表现出较好的协效效应。例如，膨胀型透明防火涂料中添加适量的纳米氧化锌不仅可以提高材料的成炭率，还能增强炭层的致密性和连续性，进而表现出较好的协效作用。纳米氧化锌在膨胀型透明防火涂料中的协效作用机理如图 3-6 所示。在膨胀阻燃材料中添加氢氧化铝还有助于产生热稳定性的磷酸铝物质，以有效改善炭层质量和延长挥发性裂解产物在炭层中的滞留时间，从而提高材料的阻燃性。

此外，氢氧化镁和氢氧化铝复配使用时表现出较好的协效阻燃作用，二者协效机理主要在于氢氧化铝的吸热量比氢氧化镁大，但是分解温度比氢氧化镁低 130℃左右，将两者并用后在 200~600℃范围内均存在脱水吸热反应，因而可以在较宽的温度区间内抑制材料的燃烧。此外，二者反应生成的水蒸气可以降低可燃气体的浓度，裂解产生的氧化镁和氧化铝可在材料表面形成热屏蔽层，阻隔热量和物质传递，进而表现出一定的协效效应。

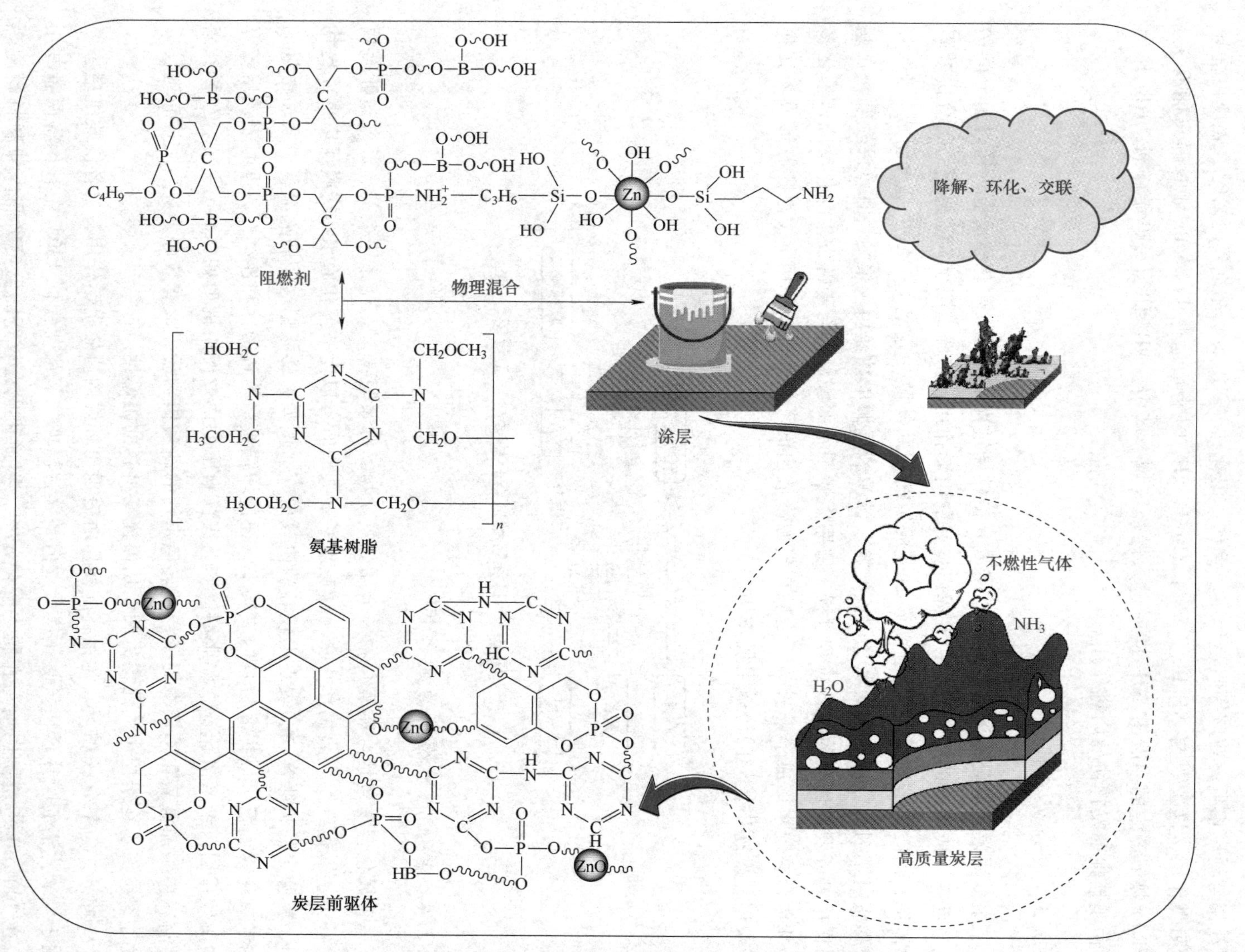

图 3-6 纳米氧化锌在膨胀型透明防火涂料中的协效作用机理

3.3.5　无机填料的协效作用

无机填料在膨胀阻燃材料的配方设计中发挥重要作用，其中无机填料对膨胀过程中熔体的黏度、成核、炭层物理结构等均有较大影响。例如，膨胀阻燃丙烯酸酯共聚物中添加少量酸性分子筛可以显著提高材料的阻燃效率，这主要是分子筛可以降低无定型碳的数量和防止形成大面积的易碎裂炭层，进而有效改善炭层的强度。此外，蒙脱土、高岭土、碳酸钙、滑石粉、云母粉、海泡石、水滑石等无机填料能在一定程度上提高膨胀炭层结构的致密性和隔热性能，进而表现出不同程度的协效阻燃效果。水滑石作为常用的惰性填料，添加到膨胀型阻燃材料中可以增强炭层的强度、膨胀度和致密性，起到了良好的协效作用。碳酸钙与膨胀型阻燃剂的协效作用机理如图 3-7 所示。

3.3.6　协效作用评价方法

协效效率（SE）常被用于评价不同协效体系之间协效作用的强弱，SE 定义为协效体系的阻燃效率（EFF）与协效系统中相同添加量的阻燃剂（不含协效剂）阻燃效率之比。而 EFF 定义为在一定添加量范围内单位质量阻燃元素所增加的被阻燃基材的极限氧指数（LOI）值。大多数情况下，SE 值是根据具有最佳阻燃效率的协效系统所计算得出的。当 SE 大于 1 时，存在协效作用；当 SE 小于 1 时，存在对抗作用。SE 的计算公式如下：

$$SE=\left|\frac{LOI_{fr+s}-LOI_{P}}{(LOI_{fr}-LOI_{P})+(LOI_{s}-LOI_{P})}\right| \tag{3-1}$$

式中，LOI_P、LOI_s、LOI_{fr}、LOI_{fr+s} 为聚合物、聚合物/协效剂体系、聚合物/阻燃剂体系、聚合物/协效剂/阻燃剂体系的 LOI 值。

同时，利用锥形量热仪可以定量评价影响材料燃烧行为的火焰抑制效应、成炭效应和炭层阻隔保护效应三种阻燃效应。火焰抑制效应主要体现在阻燃剂抑制材料燃烧链式反应以降低可燃性气体“燃料”的燃烧放热，因此材料的火焰抑制效应可以利用有效燃烧热（EHC）的变化定量评价，具体见式（3-2）。成炭效应是指材料的基材组分在燃烧过程中以炭的形式保留在凝聚相中以减少可燃性气体“燃料”的供应，因此材料的成炭效应可以利用材料的总质量损失（TML）变化比例来定量评价，具体见式（3-3）。炭层阻隔保护效应主要体现在对热量的阻隔从而抑制基体的进一步分解，实现可燃性气体“燃料”较缓慢地释放至燃烧区域。材料的炭层阻隔保护效应可以利用材料燃烧时的峰值热释放速率（PHRR）比例与抑制总热释放量（THR）比例的相对关系来定量评价，具体见式（3-4）。根据式（3-2）~式（3-4）还可以定量描述阻燃体系的作用模式变化情况及计算阻燃基团协效效应等。

$$火焰抑制效应=1-EHC_{FR}/EHC_{纯} \tag{3-2}$$

$$成炭效应=1-TML_{FR}/TML_{纯} \tag{3-3}$$

$$阻隔保护效应=I-(PHRR_{FR}/PHRR_{纯})/(THR_{FR}/THR_{纯}) \tag{3-4}$$

注：下标“FR”代表阻燃样品，下标“纯”代表未阻燃样品。

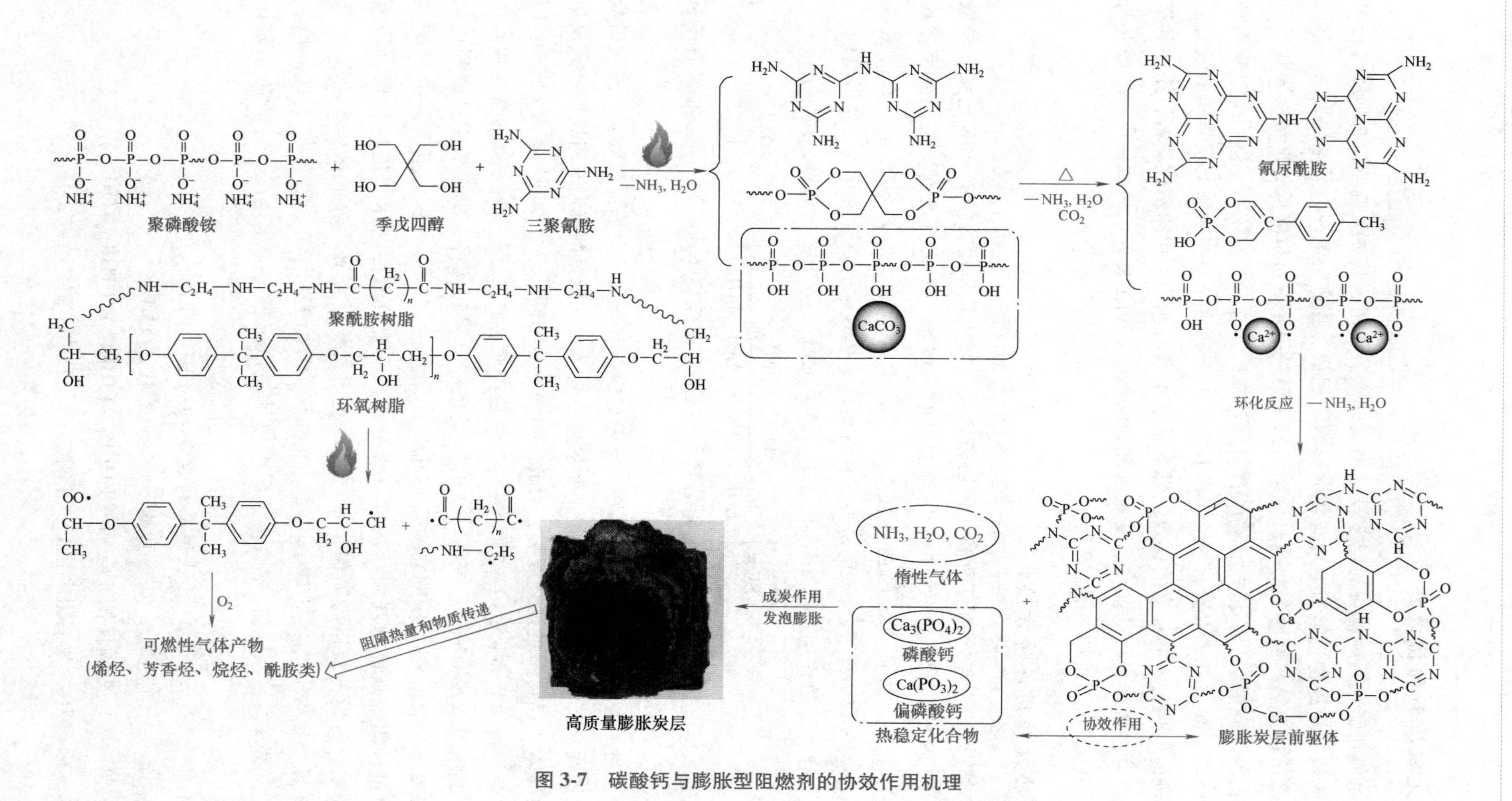

图 3-7 碳酸钙与膨胀型阻燃剂的协效作用机理

3.4 其他阻燃机理

3.4.1 中断热交换阻燃机理

维持继续燃烧的一个重要条件是部分燃烧热必须反馈到材料中去，使其不断受热分解，以提供维持燃烧所需的可燃物质。这时如果加入某种阻燃剂将材料的燃烧热带走，使其不能维持热分解温度，因而不能继续产生可燃物质而中断燃烧，此即中断热交换阻燃。例如，液体或低分子量氯化石蜡与三氧化二锑的协效阻燃体系能促进聚合物熔化并形成熔融滴落物将大部分燃烧热带走，中断了热反馈到聚合物，导致燃烧减缓，最后中断燃烧。然而，易于熔融的材料会降低材料的可燃性，灼热的熔滴可能引燃周围的可燃物而导致火灾危险性增加。

3.4.2 吸热阻燃机理

一些受热发生吸热分解的金属氧化物和结晶水合物能冷却被阻燃基材，将可燃物表面温度降低至点燃温度以下，中断材料的燃烧反应。这类化合物吸热分解能产生水蒸气等不燃性气体，稀释燃烧区域的可燃物浓度并形成氧化镁、氧化铝等耐高温残余物覆盖在材料表面，使基材免受热破坏。吸热阻燃机理主要表现在释水汽化导致的吸热反应、反馈给材料的热量减少、可燃物被稀释、填料的高热容及炭化作用等方面，属于物理作用机理的范畴。例如，氢氧化铝的吸热值为1050kJ/kg，而氢氧化镁的吸热值为1300kJ/kg。由于吸热作用的阻燃效率低于化学作用，需要高添加量的阻燃剂才能获得材料所需要的阻燃级别。而将这些阻燃剂与其他高效阻燃剂或某些催化剂（如镍化合物、锰硼化合物等）协效使用，可以降低添加量并提升阻燃效果。氢氧化镁和氢氧化铝除了具有阻燃作用外，还具有良好的抑烟功能。

3.4.3 消烟机理

材料燃烧过程中往往伴随着烟的产生，当添加某些阻燃剂后，有时会使发烟量增多。为此，抑烟就成为聚合物阻燃体系中十分重要的问题。众所周知，气相阻燃的作用机理是消除有助于火焰传播的活性自由基（如H·、OH·和O·），但这也会抑制燃烧中形成烟前驱体的氧化反应，导致材料生烟量增加。而在气相中发挥化学抑烟作用的抑烟剂通常会干扰气相阻燃，因此气相阻燃和抑烟通常是相互矛盾的。

通常，减少材料生烟量的途径有两个：一是采用本身生烟量较少的聚合物（利用聚合物结构设计及结构改性实现）；二是添加抑烟剂或填料降低聚合物生烟量。抑烟剂（或填料）主要为元素周期表中ⅣB~ⅥB族的化合物和元素周期表中ⅦB~ⅡB族的化合物，其中较为常用的有钼系化合物、铁系抑烟剂、锡系抑烟剂和硼酸锌。

1. 钼化合物消烟机理

钼系化合物是迄今为止人们发现的最好的、可同时用作多种聚合物的阻燃-抑烟剂。钼系化合物添加到膨胀防火涂料中可以使材料具有延缓燃烧和抑烟的双重功效，钼系化合物抑烟作用被认为通过路易斯酸的作用机理促进炭层的生成和减少生烟量。此外，钼系化合物的抑烟作用还被归因于钼化合物可将形成芳香族烟气的烟母体键合在金属-芳香系复合物中，从而有效降低生烟量。

2. 铁化合物消烟机理

铁系化合物尤其是二茂铁常被用作抑烟剂，它的加入可以明显减少 PVA 和 PVC 的生烟量，其中对 PVA 的可燃性和成炭性基本上没有影响，但可以使 PVC 的成炭率增加 20%～60%。二茂铁根据聚合物结构不同可分别在气相和凝固相中抑烟，如二茂铁主要通过气相作用抑制丙烯腈-丁二烯-苯乙烯共聚物的生烟量，而对于 PVC 则通过凝固相作用促进 PVC 表面脱 HCl 和交联成炭来降低生烟量。此外，铁粉、Fe_2O_3、FeOOH、Fe_3O_4 等也可作为抑烟剂和阻燃协效剂用以降低膨胀阻燃聚合物的生烟性能和提高阻燃性能。

3. 铜化合物消烟机理

铜化合物是最有效的抑烟剂之一，它可以明显降低 PVC 裂解生成的苯含量，其中 Cu_2O 的加入可以促进 PVC 交联，降低生烟量。此外，CuO 可以降低阻燃聚丙烯（PP）的生烟量并提高 PP 的热稳定性。膨胀型防火涂料中添加 Cu_2O 可使膨胀阻燃体系的反应温度降低，阻止丙烯酸树脂的燃烧，降低涂料的产烟量。

4. 镁-锌复合物抑烟机理

镁-锌复合物在半硬质 PVC 中的阻燃抑烟作用主要通过在固相催化形成致密和脆性较低的炭层结构，并在气相中减少挥发性碳氢化合物和苯的释放，进而发挥高效抑烟作用。此外，镁-锌复合物能与 PVC 释放出的 HCl 反应形成固态金属氯化物，其中固态金属氯化物可通过干扰氯原子与 PVC 热解早期产生的多烯化合物进行再化合反应，从而发挥抑烟功能。氯原子与多烯再化合的情况很大程度上取决于键合结构的不规整性，进而影响多烯键的裂解，改变 PVC 的生烟情况。

5. 其他抑烟剂消烟机理

某些ⅡA 的金属氧化物（如 Ba、Sr、Ca）可在火中催化氢分子及水分子裂解生成 H·，可与水反应生成 OH·，从而将烟灰（烟黑）转化为 CO 以降低材料的生烟量。锡酸锌（ZS）及含水锡酸锌（ZHS）对很多合成聚合物都有较好的阻燃和抑烟作用，尤其是加入 PVC 和环氧树脂后可以明显减少材料燃烧时的烟、CO_2 及 CO 的生成量。

3.4.4 红磷阻燃机理

红磷是具有高活性的阻燃剂，它对 PC、聚对苯二甲酸丁二酯（PBT）等含氧或氮聚合物的阻燃作用比烃类聚合物好。红磷的阻燃机理与有机磷系阻燃剂的阻燃机理相似。红磷在 400～500℃下解聚成白磷，白磷在水汽存在的条件下被氧化为具有黏性的磷的含氧酸，这类磷酸既覆盖在材料的表面，又在材料表面加速脱水炭化形成炭层，将外部的氧、挥发可燃物、热与内部聚合物隔开，使燃烧中断。磷酸或聚磷酸促进多羟基化合物脱水炭化形成碳碳双键的反应过程如图 3-8 所示。

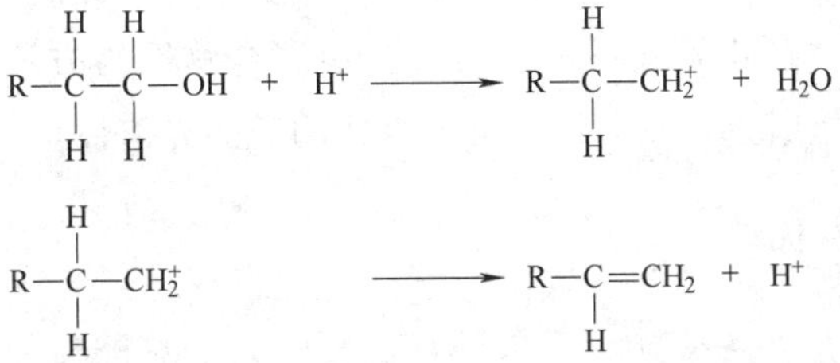

$$R-\underset{H}{\overset{H}{C}}-\underset{H}{\overset{H}{C}}-OH + H^+ \longrightarrow R-\underset{H}{\overset{H}{C}}-CH_2^+ + H_2O$$

$$R-\underset{H}{\overset{H}{C}}-CH_2^+ \longrightarrow R-\underset{H}{C}=CH_2 + H^+$$

图 3-8 多羟基化合物脱水炭化形成碳碳双键的反应过程

红磷的阻燃机理与被阻燃的聚合物有相关性。例如，红磷阻燃 HDPE 的极限氧指数与它的用量成正比，红磷阻燃含氧聚合物 PBT 的极限氧指数则与它用量的平方根呈线性关系。红磷阻燃 PBT 的热分解固体产物中含有磷酸酯，形成热稳定性较好的 P—O 键，并在聚合物表面产生酯交联，这样就可抑制挥发性及低分子量裂解物的生成，增大了多环芳香族炭层的生成速度。而在红磷阻燃尼龙 6 中，红磷被氧化生成的磷酸中有 P · 基团存在，在与尼龙 6 燃烧的碎片段作用下生成磷酸酯，在高温下进一步生成聚磷酸涂覆的炭层，发挥固相阻燃作用。此外，红磷可促进聚甲基丙烯酸甲酯在裂解过程中生成环状酸酐，以及加速聚丙烯腈中含磷酸化合物的表面炭化作用。

3.4.5 硼酸盐阻燃机理

硼酸盐的阻燃作用表现在能形成玻璃态无机膨胀涂层、促进成炭、阻碍挥发性可燃物逸出、高温下脱水吸热及稀释逸出可燃物。

硼酸锌作为重要的阻燃剂和抑烟剂，其在 290~450℃ 释放出 13.5% 水，吸收 503J/g 的热量，并在炭层中残留部分的硼和锌。当硼酸锌与含卤阻燃剂并用时，可同时在固相和气相发挥阻燃作用。硼酸锌与有机卤化物在高温下反应可生成在气相中阻燃的三卤化硼，并在固相中生成不挥发性的锌化合物和硼化合物促进成炭，反应历程如下：

$$2ZnO \cdot 3B_2O_3 + 12HCl \rightarrow Zn(OH)Cl + ZnCl_2 + 3BCl_3 + 3HBO_2 + 4H_2O$$

挥发性卤化硼和水蒸气能稀释可燃物和吸热降温，不挥发性锌化合物和硼化合物能稳定炭层和抑制材料的燃烧，卤化锌则能在固相中催化某些聚合物（如 PVC）脱氯化氢交联。此外，卤化硼还是火焰抑制剂，其捕捉自由基的能力与卤化氢在一个数量级。

在无卤阻燃体系中，无水硼酸锌的作用在于改善炭层的质量，含水硼酸锌则以脱水降温进行阻燃。如果阻燃体系中含有氢氧化铝，在 550℃ 左右时硼酸锌能形成作为传热和传质屏障的多孔陶瓷层。此外，硼化合物能使石墨表面上一些对氧化敏感的反应点失活以延缓石墨结构的氧化。

3.4.6 硅化合物阻燃机理

硅化合物具有较强的抑制释热作用且能反射辐射热，特别是聚硅氧烷以较低添加量与其他阻燃剂并用可显著提高聚合物阻燃性能。聚硅氧烷通常与一种或多种协效剂共用作为阻燃剂，这些协效剂有硬脂酸镁、聚磷酸铵与季戊四醇的混合物及氢氧化铝等。聚硅氧烷协效体系不仅能提高基材与聚硅氧烷的互渗性，还能促进成炭作用，提高氧指数，进而阻止烟的生成和火焰的发展。此外，聚硅氧烷还可以通过互穿聚合物网络方法进入聚合物的分子结构中，从而具有长效性的作用，并改善被阻燃聚合物的表面光滑性。

3.4.7 氮化合物阻燃机理

三聚氰胺及其盐（各种磷酸盐、氰尿酸盐、硼酸盐、草酸盐、邻苯二甲酸盐、八钼酸盐等）等工业氮化合物可作为阻燃剂，它们可同时在凝聚相及气相中发挥阻燃功效。相比于卤-锑系统、有机磷化合物及金属水合物，三聚氰胺及其盐表现出更多的阻燃途径，具体见表 3-1。

表 3-1 几种阻燃体系的主要阻燃途径

阻燃途径	三聚氰胺及其盐	卤-锑体系	有机磷化合物	金属水合物
捕获活性自由基	√	√	√	
干扰高聚物的降解	√	√	√	
吸热	√			√
促进成炭	√		√	
形成膨胀阻隔层	√		√	
生成惰性气体	√	√		√
熔滴移热	√			

1. 吸热作用

三聚氰胺及其盐的升华、挥发、蒸发及分解都需要吸收大量的热量，进而可以显著降低燃烧区的温度。例如，三聚氰胺的汽化吸热量约为 120kJ/mol，在 250～450℃ 分解时吸收的热量约为 2000kJ/mol；三聚氰胺氰尿酸盐受热分解成三聚氰胺及三聚氰酸时也需要吸收大量的热量。

2. 释放不燃性气体

三聚氰胺及其盐分解时能生成水蒸气、N_2、CO_2、NH_3 等不燃性产物，它们不仅能稀释燃烧区可燃气及氧气的浓度，而且具有覆盖作用。

3. 成炭作用

三聚氰胺及其盐在高温下分解可形成多种交联的缩聚物，三聚氰胺的热解历程及产物如图 3-9 所示。三聚氰胺及其盐应用于聚合物中可以干扰聚合物的降解过程，促进形成耐热氧化的炭层结构。例如，在 700℃ 空气气氛下，三聚氰胺磷酸盐、聚磷酸三聚氰胺和三聚氰胺焦磷酸盐的残炭量分别为 30%、40% 和 50%。

4. 形成膨胀阻隔层

三聚氰胺及其盐作为膨胀阻燃剂的重要组分，它们常作为气源与酸源和碳源复配使用，通过碳源、酸源和气源三组分之间的协效作用形成阻隔炭层，以有效发挥阻燃作用。三聚氰胺磷酸盐的膨胀成炭过程如图 3-10 所示。

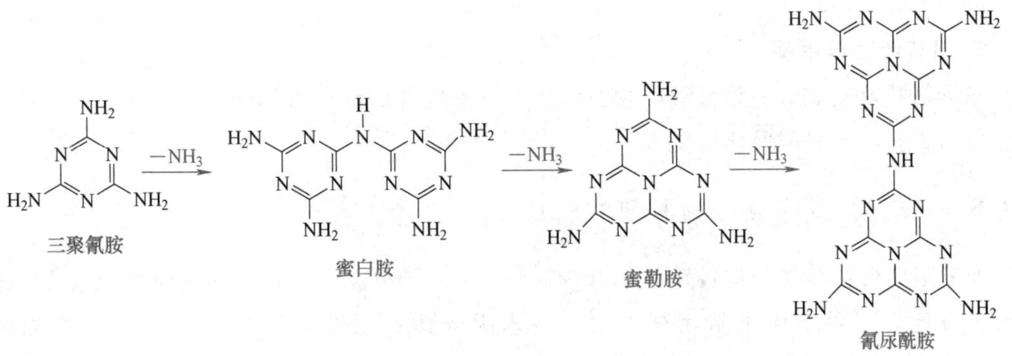

图 3-9　三聚氰胺的热解历程及产物

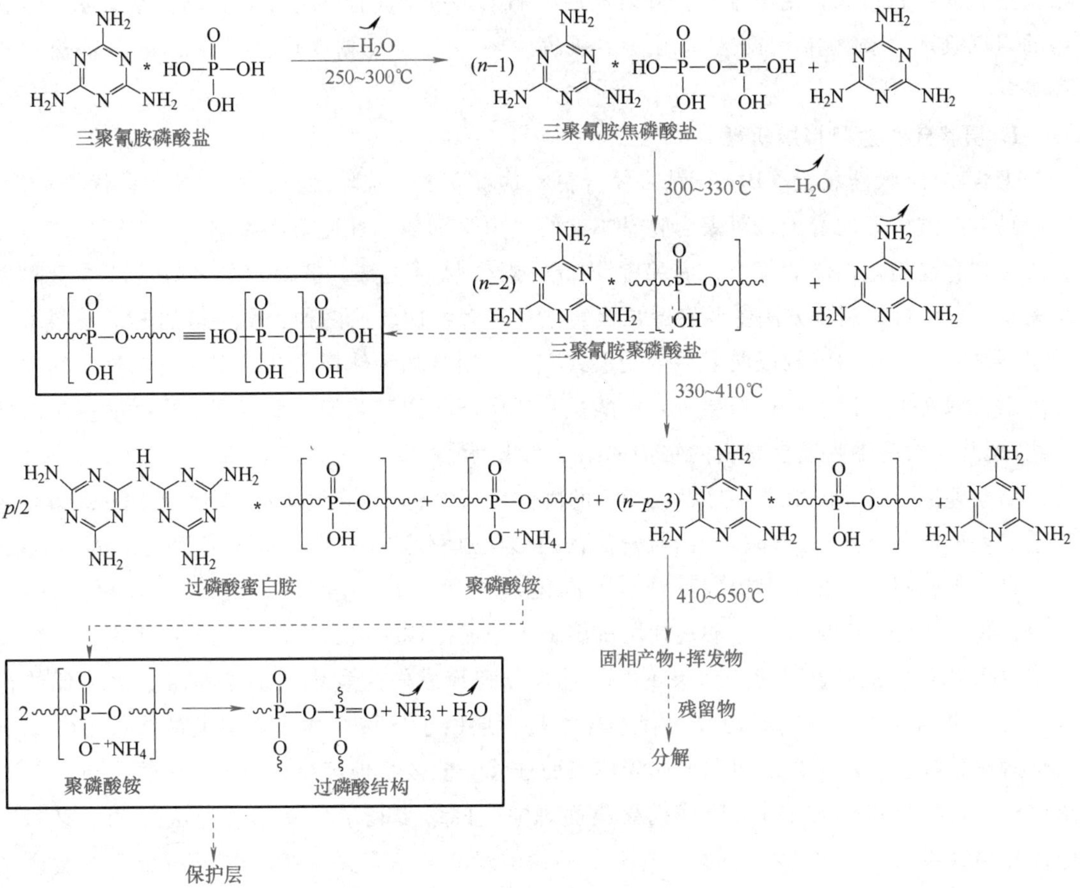

图 3-10　三聚氰胺磷酸盐的膨胀成炭过程

5. 熔滴移热作用

有些三聚氰胺盐阻燃聚合物材料在燃烧时会产生大量熔滴，将热量从燃烧区移走，使燃烧不能维持。例如，三聚氰胺的草酸盐或邻苯二甲酸盐用于阻燃尼龙 6 时，只需 3%～5%的添加量即可使尼龙 6 的氧指数从纯尼龙 6 的 24%提升至 35%以上，这主要得益于熔滴的移热作用。

6. 捕获活性自由基

三聚氰胺及其盐的一些分解产物在气相中具有捕获活性自由基的作用。此外，活性自由基也可与膨胀炭层碰撞而化合变成失活分子。

3.4.8 聚合物/纳米复合材料阻燃机理

纳米阻燃聚合物复合材料是纳米材料中的一个重要分支，目前已成为阻燃领域的一个重要研究方向。相对于传统阻燃剂而言，纳米阻燃体系最为显著的特点是只需添加极少量（≤5%）的纳米阻燃剂，即可显著降低材料的燃烧性能，纳米阻燃剂的加入还能使材料的机械性能得到提高，而普通阻燃剂的加入会大大影响材料的力学强度。聚合物纳米材料的燃烧是个复杂的物理和化学过程，其阻燃的影响因素也牵涉很多方面。目前关于纳米复合材料的阻燃机理主要为层状硅酸盐阻挡层机理、网络结构及黏度增强效应、自由基捕捉机理等。

1. 层状硅酸盐阻挡层机理

聚合物/层状硅酸盐（PLS）纳米复合材料具备许多传统阻燃材料所不具备的优异特性，它们具有阻燃成分用量少，对聚合物基本的物理力学和加工性能负面影响小，甚至一定程度上改善聚合物物理性能的优点，特别是 PLS 材料燃烧时无毒、低烟，是良好的环保型阻燃材料。PLS 材料的制备方法主要有原位聚合法和聚合物插层法两种，所制得的 PLS 材料可以插层型结构、剥离型结构或两者混合的形式存在。聚合物熔体插层法是聚合物在高于其软化温度下在剪切力作用下直接插层进入硅酸盐片层中间，因工艺简单而得到了广泛的应用。聚合物/层状硅酸盐纳米复合材料的结构如图 3-11 所示。

PLS 材料的阻燃作用主要是燃烧产生的固体残留物对分解产物的挥发形成了阻碍和对热传递过程形成了屏蔽。此外，人们对残留物的形成过程也提出了诸如汽化-沉淀、表面能-迁移、自聚集、网络多孔炭层等理论观点。汽化-沉淀理论认为硅酸盐片层分布在聚合物中，当聚合物受热分解汽化后，硅酸盐片层沉淀下来形成固体残渣，进而起到阻燃作用，但该理论与 PLS 材料燃烧后显著成渣结果不符，且难以解释燃烧过程中热释放速率显著降低的行为。表面能-迁移理论认为在燃烧过程中硅酸盐片层由于比聚合物表面能低的缘故，在聚合物熔融或分解后，片层自发向燃烧或受热表面迁移，能较好地解释热释放速率降低行为，但无法解释硅酸盐片层也可以大量横向聚集的现象。网络多孔炭层阻燃理论认为 PLS 材料的阻燃作用主要与其形成的特殊的“皮-窝”结构的炭渣结构有关。聚合物/层状硅酸盐复合材料的炭化过程如图 3-12 所示。“皮-窝”结构中的皮层比较薄但致密，而窝层由无规聚集的炭层骨架和大量尺寸较大的空穴组成，这些空穴虽然降低保护层的阻隔作用，但也显著增加了炭层的厚度，总体上增加了隔热作用。皮层和窝层主要由难以分解的硅酸盐和一定量较难分解的碳质物质组成，在持续燃烧时，这些较难分解的残渣物质大部分会分解，留下的主要是比较稳定的硅酸盐组分的炭渣，对下层物质能起到较好的保护作用。此外，皮层和窝层中硅酸盐组分主要是由剥离状态的硅酸盐片层在燃烧作用下聚集而成的，它们彼此吸附聚集在一起形成纳米粒子网络结构，具有较大的阻隔作用，是此类复合材料阻燃的根本原因。

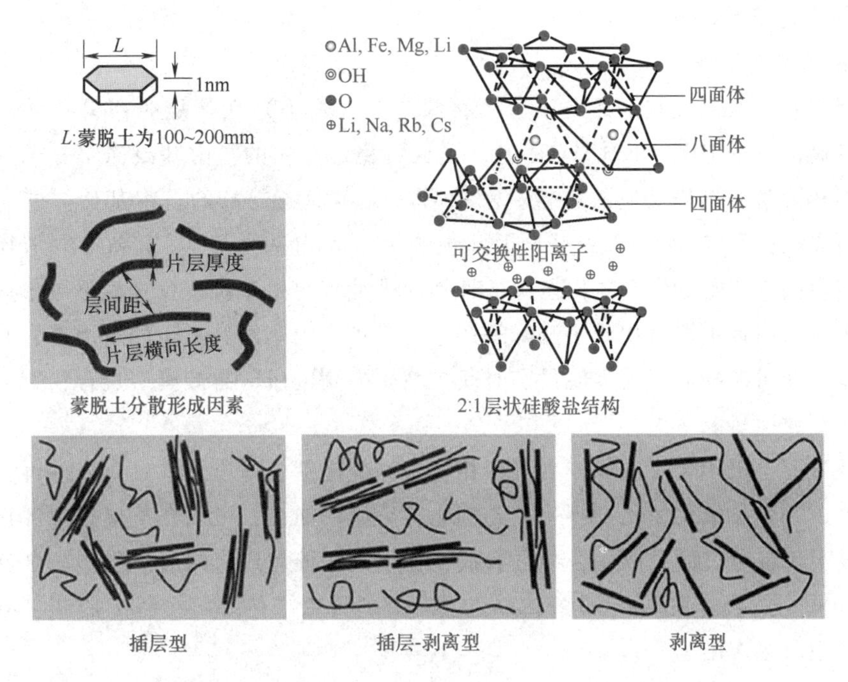

图 3-11　聚合物/层状硅酸盐纳米复合材料的结构

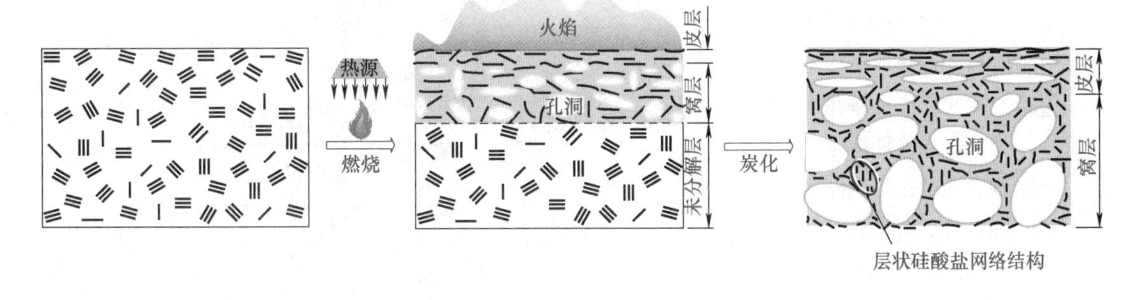

图 3-12　聚合物/层状硅酸盐复合材料的炭化过程

2. 网络结构及黏度增强效应

聚合物纳米复合材料中的纳米粒子（如纳米黏土及碳纳米管）达到一定含量时会在聚合物基体中形成网络结构，使材料在燃烧时呈现类固体行为。这种网络结构在燃烧过程中能有效地抑制聚合物分子链的热运动，提高复合体系黏度，阻止可燃性气体的逸出，以及外界热量与氧气的进入，从而有效地保护基体。在聚合物基材中以纳米尺寸分散的纳米粒子对聚合物分子链的活动性具有显著的限制作用，从而使聚合物分子链在受热分解时比完全自由的分子链具有更高的分解温度。此外，由于纳米粒子的物理交联作用，使得复合材料在燃烧时更容易保持初始的形状，表现出好的阻燃性能。聚合物/碳纳米管复合材料燃烧过程中形成的网络结构呈蜂窝状亚微观结构，像泡沫材料那样具有较好的隔热作用，而在微观结构上碳纳米管缠结而形成的纳米网状结构起到了炭层骨架作用。值得注意的是，网络结构的存在虽能有效降低聚合物的热释放速率和质量损失速率，但不会显著地促进聚合物成炭，因此对材料的总热释放速率影响很小。

3. 自由基捕捉机理

碳纳米材料（如富勒烯、碳纳米管、石墨烯、炭黑等）在燃烧时不易挥发，能够在凝聚相中捕获高活性的HO·和H·自由基，形成可稳定存在的自由基或稳定分子的物质，故而抑制材料热降解和燃烧反应的进行。富勒烯（C_{60}）具有超高的自由基捕捉能力，一个富勒烯分子可以捕捉至少34个自由基，因此被称为“自由基海绵”。富勒烯纳米复合材料的阻燃机理主要归因于富勒烯对自由基高活性捕获即捕捉自由基机理及高温下可形成交联网状结构。富勒烯通过捕捉聚合物分子链降解产生的各种自由基及其衍生的自由基，并增加聚合物熔体黏度，使可燃物需要更多能量和时间扩散到燃烧区域，有效延缓聚合物燃烧并减低材料的峰值热释放速率。

稀土及过渡金属化合物也可作为凝聚相自由基捕捉剂。稀土元素具有多种可变价态，能捕捉自由基，并具备催化酯化、环化、异构化等反应的能力，可以在凝聚相中催化聚合物基体的交联成炭。部分过渡金属化合物也有捕捉自由基和催化成炭能力。例如，含有少量顺磁性杂质（如铁）的聚合物/层状硅酸盐纳米复合材料可以在热降解过程中捕获自由基，表现出一定的气相阻燃作用。

复习思考题

1. 常见的阻燃机理有哪些？
2. 材料的成炭过程分为哪些阶段？
3. 凝聚相阻燃机理有哪些？
4. 阐述气相阻燃机理。
5. 阐述协效作用评价方法。
6. 什么是中断热交换阻燃机理？
7. 什么是吸热阻燃机理？
8. 列举常用的抑烟剂。
9. 阐述氮化合物的阻燃机理。
10. 简要说明聚合物/纳米复合材料的阻燃机理。

第4章 阻燃剂性能及应用

教学要求

掌握阻燃剂的分类、基本要求及选取原则，熟悉卤系阻燃剂、磷系阻燃剂、氮系阻燃剂、硅系阻燃剂、填料型阻燃剂和纳米阻燃剂等常用阻燃剂。

重点与难点

阻燃剂的分类及选型、膨胀型阻燃剂、纳米阻燃剂。

阻燃剂是用以提高材料抗燃性，即阻止材料被引燃及抑制火焰传播的助剂。人类研究阻燃剂及阻燃材料的近代历史始于19世纪初的硫酸铵、磷酸铵及氯化铵等铵盐阻燃剂与硼砂阻燃纤维素织物，它与锡酸盐（或钨酸盐）及硫酸盐织物阻燃技术、卤素阻燃剂与三氧化二锑协效阻燃体系被誉为阻燃领域的三个划时代里程碑，它们奠定了现代阻燃化学的基础。随着聚合物材料的发展及人们对阻燃要求的不断提高，阻燃剂已发展成一类种类繁多、性能多样的聚合物添加剂或助剂。

4.1 概述

4.1.1 阻燃剂分类及基本要求

1. 阻燃剂的分类

阻燃剂可以根据阻燃剂与阻燃基材的关系及阻燃元素的种类进行分类。

（1）根据阻燃剂与阻燃基材的关系分类

根据阻燃剂与阻燃基材的关系，阻燃剂可分为反应型阻燃剂和添加型阻燃剂两大类，如图4-1所示。反应型阻燃剂作为聚合物的单体或辅助试剂参与合成聚合物的化学反应并成为聚合物的结构单元，多用于热固性聚合物。添加型阻燃剂与聚合物基材及其他组分不发生化学反应，只是以物理方式分散于基材中，多用于热塑性聚合物。添加型阻燃剂能满足大多数商品化塑料制品的阻燃要求，是相对经济的阻燃方法，但存在与聚合物基体相容性差、使用过程中易迁出和降低基材力学性能等问题。

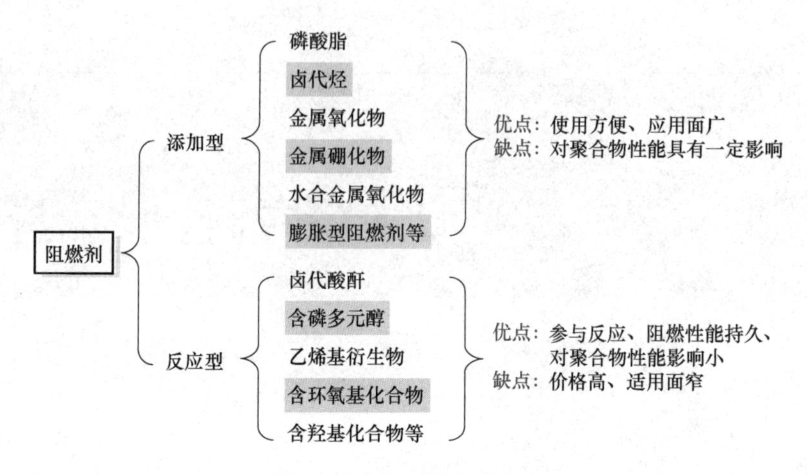

图 4-1 常见阻燃剂的分类

（2）根据阻燃元素的种类分类

根据阻燃元素不同，阻燃剂可以分为卤系、磷系、卤-磷系、氮系、磷-氮系、锑系、铝-镁系、硼系、钼系等。目前，工业上用量最大的无机阻燃剂和有机阻燃剂分别是铝-镁系和卤系阻燃剂。随着无卤阻燃呼声的日益高涨和纳米技术的发展，出现了诸如化学膨胀型阻燃剂和纳米阻燃剂等新型阻燃剂，极大地丰富了阻燃剂的品种。

2. 阻燃剂的基本要求

一款理想的阻燃剂最好能同时满足下述七个条件：

1）阻燃效率高，获得单位阻燃效能所需的用量少，即效能/价格比高。

2）本身低毒或基本无毒（大鼠口服的 LD_{50}>5000mg/kg），燃烧时生成的有毒和腐蚀性气体量及烟量尽可能少，对环境友好。

3）与被阻燃基材的相容性好，不易迁移和渗出，被阻燃材料可回收和循环使用。

4）具有足够高的热稳定性，在被阻燃基材加工温度下不分解，但分解温度也不宜过高，宜在 250~400℃。

5）不会过多恶化被阻燃基材的加工性能和最后产品的物理-机械性能及电气性能等，而通过选取性能优良的阻燃剂和合理的阻燃剂配方设计可以实现材料阻燃性与实用性之间最佳的综合平衡。

6）具有可接受的耐候性。

7）原料来源充足，制造工艺简便，价格低廉。

实际上，一款阻燃剂同时满足这些条件几乎是不可能的，所以选择实用的阻燃剂时大多是在满足基本要求的前提下，在其他要求间折中以求得最佳的综合平衡。

4.1.2 阻燃剂的选取原则

1. 一般原则

一款有效的阻燃剂通常应能以物理或化学方式影响物质燃烧过程中的一个或数个阶段，

而其作用的结果是能延缓物质的燃烧并最终使燃烧熄灭。对燃烧过程的不同阶段，适用的阻燃剂可能是不同的。

在燃烧过程的第一阶段——加热阶段，能在可燃物基材周围形成不燃气态包覆层或能降低可燃物基材熔点的阻燃剂是有效的。遇热能形成膨胀型包覆层的阻燃剂，也适用于此阶段的阻燃。

在燃烧过程的第二阶段——可燃物热分解阶段，有效的阻燃剂宜通过化学途径改变基材的热氧化降解模式，降低可燃气体浓度，还促进成炭、脱氢和脱水。

在燃烧过程的第三阶段——可燃物着火阶段，任何增加不燃性气态分解产物浓度和降低可燃性气态分解产物浓度的因素，都可在此阶段产生阻燃效果。另外，阻燃剂自身分解或它们与被阻燃基材发生相互作用，生成气态的自由基捕获剂，也可降低燃烧速度。

在燃烧过程的第四阶段——火焰蔓延阶段，在可燃物被引燃后能降低向可燃物表面的热传递速度或者能相对降低支持燃烧的自由基生成速度的阻燃剂均有利于减缓燃烧过程。

2. 阻燃剂的选用要求

目前，大多数阻燃剂的选用都是基于经验，已发现的最有效的有机阻燃剂是含磷、溴、氯或同时含有三种元素中两种或三种的化合物。在选用阻燃剂时，下述几点是必须考虑的：

1）发挥阻燃功效的相态（气相或凝聚相）和燃烧过程的阶段，即阻燃是要在气相进行还是要在凝聚相中进行，是在燃烧过程的第一阶段进行，还是在其他阶段（如热分解、点燃、蔓延等）进行。

2）可燃物的热分解温度与阻燃剂的分解温度应匹配，且阻燃剂在被阻燃基材的加工或成型温度下应保持热稳定。采用两种阻燃剂复配使用有时能获得更佳的阻燃效果，其中一种宜在略低于被阻燃基材开始热分解温度时发挥作用，而另一种则宜在被阻燃基材热分解失重约 50%和达到最大分解速度时发挥作用。

3）采用特定的阻燃剂和适当的用量，并根据材料的使用要求，赋予材料适当的阻燃级别。加入过量的阻燃剂是不必要的，有时甚至是有害的。另外，任何一种阻燃剂都不是通用的，不同的被阻燃聚合物基材需要采用适当的阻燃剂。

4）不宜采用对被阻燃聚合物基材的性能（如物理-机械性能、电性能等）具有明显影响的阻燃剂。

4.1.3　具有阻燃功能的化合物

根据阻燃剂类型的划分，含有元素周期表中第ⅤA 族中的 N、P、As、Sb、Bi 和第ⅦA 族的 F、Cl、Br、I，以及 B、Al、Mg、Ca、Zr、Sn、Mo、Ti 等的化合物具有阻燃功能，元素周期表中起阻燃作用的元素如图 4-2 所示。

1. 含ⅦA 族元素的化合物

氯化合物可在气相中捕获自由基终止燃烧化学反应，生成的含氯气态产物还能起到气相覆盖和稀释可燃气体浓度的作用。此外，氯化合物还能在凝聚相中改变聚合物分解化学反应的模式。溴化合物在气相中的阻燃机理与氯化合物相同，但含溴的气态产物密度大，故在气相中的覆盖作用比含氯气态产物强。溴化合物的阻燃效率比结构相似的氯化合物高，在聚合物阻燃领域中应用更为广泛。

ⅡA											ⅢA	ⅣA	ⅤA	ⅥA	ⅦA
											B	C	N		F
Mg	ⅢB	ⅣB	ⅤB	ⅥB	ⅦB	ⅧB			ⅠB	ⅡB	Al	Si	P	S	Cl
Ca		Ti				Fe	Co	Ni	Cu	Zn			As		Br
		Zr		Mo								Sn	Sb		I
				W									Bi		

图 4-2　元素周期表中起阻燃作用的元素

2. 含ⅥA 族元素的化合物

ⅥA 族中的硫元素具有阻燃功能，硫元素主要在凝聚相中起阻燃作用并主要影响材料的分解和引燃过程。通常，大多数主链中含硫的聚合物具有较好的耐高温性能。

3. 含ⅤA 族元素的化合物

氮与碳形成的 N—C 键较强，而氮化合物形成的气态产物密度低，故氮系化合物在凝聚相中的阻燃作用更佳。磷化合物的阻燃作用主要是在凝聚相（包括固相及液相）中提高成炭率，对阻止聚合物的分解很有效。含磷化合物能改变聚合物的分解反应模式，有助于被阻燃基材在表面形成炭层以防止氧气进入被阻燃基材和可燃性气体的逸出，进而有效阻止燃烧反应进行。磷对不含氧元素的聚合物的阻燃效能较低，但对含氧聚合物则表现出较高的阻燃效能。锑化合物单独应用时无明显阻燃作用，通常用作卤系阻燃剂的优良协效剂。

4. 含ⅣA 族元素的化合物

以碳元素为主要成分的炭层能在凝聚相中发挥阻燃作用。可膨胀石墨（EG）是一种典型的以碳元素为主的阻燃添加剂，当快速加热至 300℃ 以上时，EG 急剧膨胀并形成具有隔热隔氧的膨胀炭层，阻止燃烧的进行。富勒烯、碳纳米管、石墨烯和碳纤维等碳纳米材料也具有阻燃作用，它们或能捕捉自由基，中断燃烧链式反应，或具有物理阻隔作用，延缓燃烧过程的传质和传热。

硅元素的阻燃模式是凝聚相阻燃，含硅化合物能够与聚合物基体相互作用，并在燃烧过程中向聚合物表面迁移，形成表面富含硅的坚固保护层。很多含硅化合物如层状硅酸盐、二氧化硅凝胶、笼形低聚倍半硅氧烷、纳米二氧化硅等都是广受关注的添加型阻燃剂，它们与聚合物形成的纳米复合材料是近年来阻燃材料领域的研究热点之一。

5. 含ⅢA 和ⅡA 族元素的化合物

硼化合物主要在凝聚相发挥阻燃作用，含硼化合物能通过脱水反应脱去聚合物中的羟基，促进成炭，其机理与含磷化合物类似，也是改变聚合物分解反应模式，使之利于成炭。氢氧化铝及氢氧化镁主要通过吸热脱水阻燃，为凝聚相阻燃机理。

6. 含ⅥB 族元素的化合物

钼化合物主要在凝聚相中通过促进交联成炭发挥阻燃功效，其中 90% 的钼会残留于炭层之中，常用作抑烟剂。

4.2 卤系阻燃剂

卤系阻燃剂作为有机阻燃剂的一个重要品种，是最早使用的一类阻燃剂，也是目前世界上产量和使用量最大的有机阻燃剂。卤系阻燃剂具有价格低廉、添加量少、阻燃效率高、与合成树脂材料的相容性好，而且能保持阻燃制品原有的理化性能等众多优点，但是存在燃烧时会产生大量的腐蚀性及有毒气体，部分含卤阻燃剂具有生物毒性等问题。卤系阻燃剂主要包括溴系阻燃剂和氯系阻燃剂，按类型可以分为添加型和反应型两大类。卤系阻燃剂一般与氧化锑协效使用，但阻燃后的材料仍存在燃烧时生烟量高的问题。20 世纪 90 年代末，全球掀起了“无卤阻燃化”的浪潮，卤系阻燃剂的市场受到了极大的影响，原来在有机阻燃剂中占有主导地位的卤系阻燃剂面临着各种无卤阻燃剂的竞争，卤系阻燃剂的市场呈现萎缩的状态。

4.2.1 溴系阻燃剂

溴系阻燃剂是目前世界上产量最大的有机阻燃剂之一，它在阻燃剂总产量中占比仅次于金属氢氧化物，广泛应用于建筑和电子行业。溴系阻燃剂主要优点包括：①与聚合物基体相容性好，对基体物理-机械性能影响小；②分解温度区间（200～300℃）与常见聚合物分解温度一致，便于在火焰扩散前发挥阻燃作用；③阻燃效率高、达到相应阻燃级别所需的添加量低；④品种丰富，既有添加型又有反应型；⑤原料来源充足、制造工艺成熟、价格适中、性价比高。

尽管溴系阻燃剂在燃烧或裂解过程中会生成较多的烟、腐蚀性气体和某些有毒产物（如四溴双苯并二噁烷、四溴二苯并呋喃），但其在某些阻燃产品中具有不可替代的良好效果，将长期作为可选用的阻燃剂。溴系阻燃剂的种类繁多，包括高溴单体型、元素复合型和高分子聚合型。高溴单体型作为最先发展的溴系阻燃剂，主要品种包括十溴二苯乙烷、八溴醚、甲基八溴醚、四溴双酚 A、十溴二苯醚、六溴环十二烷等。元素复合型溴系阻燃剂分为溴-氮、溴-氯和溴-磷型阻燃剂，如溴代三嗪、溴代磷酸酯等。高分子聚合型溴系阻燃剂作为卤素阻燃剂的主要发展方向得到了迅速发展，主要品种包括溴化聚苯乙烯、溴化环氧树脂、溴化苯乙烯-丁二烯-苯乙烯嵌段共聚物、溴化聚苯醚等。

1. 十溴二苯醚

十溴二苯醚（DBDPO）是一种常见、高效的添加型溴系阻燃剂，它具有溴含量高、添加量少、热稳定性好、阻燃效率高等优点。DBDPO 外观呈白色或微黄色粉末，溴含量为 83%，初始分解温度约为 326℃，不溶于水、乙醇、丙酮、苯等溶剂，微溶于氯代芳烃，它的分子结构如图 4-3 所示。DBDPO 可用于阻燃丙烯腈-丁二烯-苯乙烯共聚物（ABS）、高抗冲聚苯乙烯（HIPS）、聚丙烯（PP）、聚乙烯（PE）、聚酰胺（PA）、聚碳酸酯（PC）、聚对苯二甲酸丁二酯（PBT）、聚对苯二甲酸乙二醇酯（PET）、聚氯乙烯（PVC）、三元乙丙橡胶、环氧树脂（EP）、不饱和聚酯（UP）、涂料、胶粘剂及纺织品等。从 2008 年 7 月 1 日起，RoHS 标准规定产品中 DBDPO 和多溴二苯醚的体积分数不得超过 1000ppm（1‰），因此其逐步被替代。

2. 十溴二苯乙烷

十溴二苯乙烷（简称 DBDPE）是一种添加型溴系阻燃剂，纯品为白色粉末，溴含量为 82%，初始分解温度约为 344℃，微溶于醇、醚，几乎不溶于水，它的分子结构如图 4-4 所示。DBDPE 是 DBDPO 的替代品，它的阻燃性能基本与 DBDPO 相当，而耐热性、耐光性和不易渗析性等均优于 DBDPO，且由于其分子中不存在醚键，燃烧时不会产生多溴代二苯并二噁英和多溴代二苯并呋喃，毒性比 DBDPO 低，最可贵的是其阻燃的塑料制品可以回收使用，这是许多溴系阻燃剂所不具备的特点。DBDPE 可用于聚烯烃、HIPS、ABS、PA、PBT、PET、PC、PVC、硅树脂、EP、酚醛树脂（PF）、橡胶、纺织品、涂料、黏结剂等的阻燃改性。

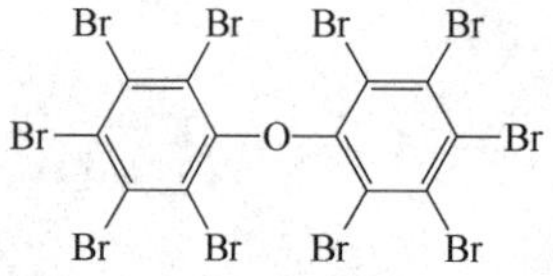

图 4-3　十溴二苯醚的分子结构

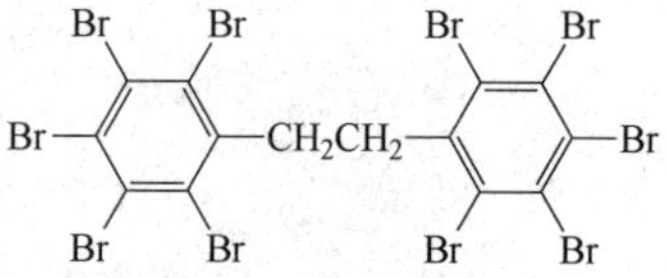

图 4-4　十溴二苯乙烷的分子结构

3. 四溴双酚 A

四溴双酚 A（TBBPA）又称 2,2',6,6'-四溴双酚 A、4,4'-（1-甲基亚乙基）双（2,6-二溴）苯酚，是双酚 A 的衍生物。TBBPA 既是一种反应型阻燃剂，也是一种添加型阻燃剂，外观为白色粉末，溴含量为 59%，初始分解温度为 241℃，它的分子结构如图 4-5 所示。TBBPA 可溶于甲醇、乙醇、丙酮和甲苯，也可溶于氢氧化钠水溶液，微溶于水。TBBPA 可用作反应型阻燃剂制造溴化环氧树脂、酚醛树脂、含溴聚碳酸酯及其他复杂的阻燃剂，也可作为添加型阻燃剂用于 ABS 和 HIPS。TBBPA 属于环保型阻燃剂，不会在生物体中累积，也不会对生物体造成伤害，对环境和人体无害。

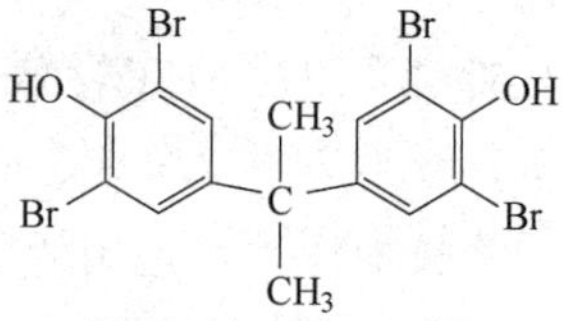

图 4-5　四溴双酚 A 的分子结构

4. 六溴环十二烷

六溴环十二烷（HBCD）是全球使用量最大的脂环族溴代阻燃剂，属于添加型阻燃剂，可用于聚苯乙烯（PS）、PP、EP、硅树脂，涤纶、腈纶、丙纶等织物及胶粘剂和涂料中，特别是在发泡聚苯乙烯（EPS）和挤塑聚苯乙烯（XPS）等建筑保温材料中得到大量应用。HBCD 的溴含量为 74.7%，初始分解温度为 244℃，溶于甲醇、乙醇、丙酮、乙腈等常见有机溶剂。HBCD 有三种异构体（α、β 和 γ 型），工业产品是三者的混合物，它的分子结构如图 4-6 所示。HBCD 具有阻燃效率高、添加量少及可以不需氧化锑作协效剂的优点，但同时存在着热稳定性较差、分解温度低且对水生生物有毒的缺点，是一种持久性有机污染物。

5. 八溴醚和甲基八溴醚

四溴双酚 A（2,3-二溴甲基）醚简称八溴醚，分子式为 $C_{21}H_{20}Br_8O_2$，分子量为 943.65，相对密度为 2.17，熔点为 107～120℃，理论溴含量为 67.7%，溶于二氯乙烷、甲苯、丙酮，微溶于水和甲醇。八溴醚可以在聚合物加工温度下先熔融为均匀的分散体，广泛用于 PP、PE、聚烯烃共聚物的阻燃。

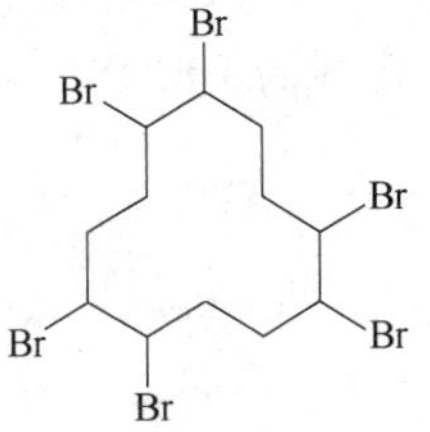

图 4-6　六溴环十二烷的分子结构

四溴双酚 A 双（2,3-二溴-2-甲基丙基）醚简称甲基八溴醚，分子式为 $C_{23}H_{24}Br_8O_2$，分子量为 971.7，与八溴醚一样属于聚烯烃类聚合物的高效阻燃剂。

八溴醚和甲基八溴醚作为既含有芳香族溴又含有脂肪族溴的高效阻燃剂，具有较好的热稳定性和光稳定性及较高的分解温度，二者的分子结构如图 4-7 所示。

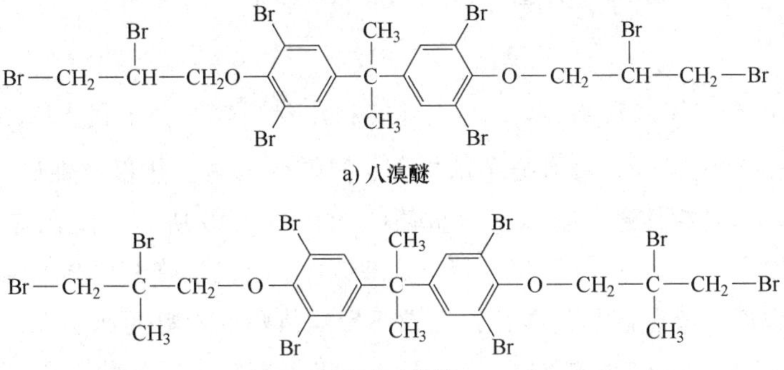

a) 八溴醚

b) 甲基八溴醚

图 4-7　八溴醚和甲基八溴醚的分子结构

6. 溴化聚苯乙烯

溴化聚苯乙烯（BPS）属于聚合型阻燃剂，是一种添加型溴系阻燃剂，具有高阻燃性、热稳定性、光稳定性和良好的力学及物理化学性质。BPS 的重均分子质量达到 15 万左右，可在 315℃下稳定使用。溴化聚苯乙烯的外观为白色或淡黄色粉末或颗粒，溴含量为 62%～68%，它的分子结构如图 4-8 所示。BPS 与聚合物基体相容性较好，不容易迁移和析出，阻燃效果持久，广泛应用于 PBT、PET、聚苯醚（PPO）、尼龙 66 等。

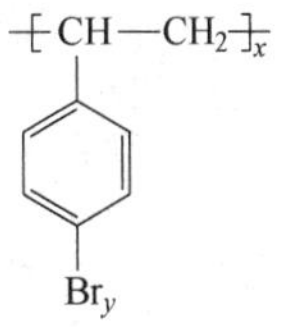

图 4-8　溴化聚苯乙烯的分子结构

7. 溴化环氧树脂

溴化环氧树脂属于聚合性阻燃剂，是一种反应型溴系阻燃剂，溴含量为 53.4%，具有较高的阻燃效率、优良的热稳定性和耐候性、不易迁移、不起霜、对基材的加工性能和物理-机械性能影响小、用量低、价格低廉等优点，已被广泛用于 PBT、PET、PA、ABS、热塑性聚氨酯（TPU）和 PC/ABS 塑料合金。根据分子结构中端基的不同，溴化环氧树脂分为

EP 型和 EC 型，前者的耐热性较佳但溴含量略低，后者的阻燃 ABS 和 HIPS 制品具有较优的冲击强度，二者的分子结构如图 4-9 所示。按相对分子质量的不同，溴化环氧树脂分为低、中、高三大类型，分子量范围在 700～60000。溴化环氧树脂毒性小，燃烧时不会产生二嗯英，已成为 DBDPO 的重要替代品之一。

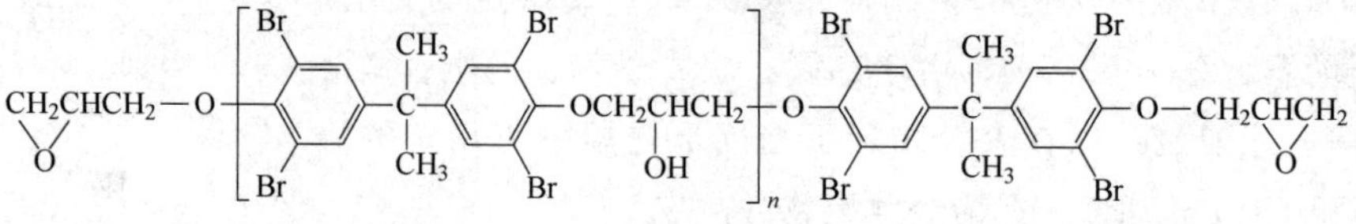

a) EP型溴化环氧树脂

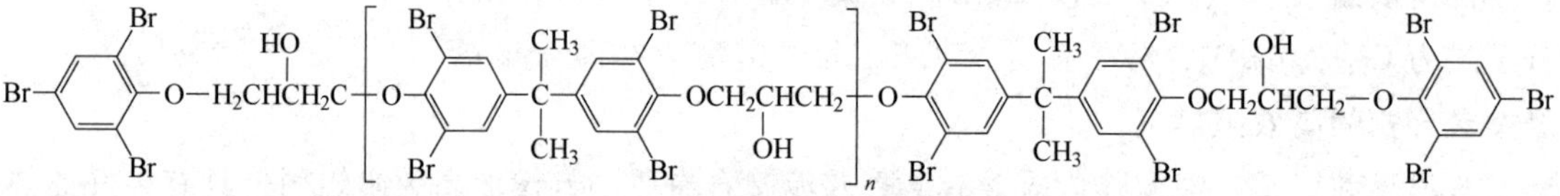

b) EC型溴化环氧树脂

图 4-9 EP 型和 EC 型溴化环氧树脂的分子结构

8. 溴代三嗪

2,4,6-三(2,4,6-三溴苯氧基)-1,3,5-三嗪又称溴代三嗪，分子式为$C_{21}H_6Br_9N_3O_3$，是一种溴-氮系统的环保型阻燃剂，具有分子结构大、阻燃效率高、热稳定性好、不易挥发析出、抗紫外线辐射强、耐光性优越等优点，合成路线图如图 4-10 所示。溴代三嗪外观为白色粉末，溴含量为 67%，相对密度为 2.44，熔点为 230℃。溴代三嗪与树脂的相容性好，可以提高制品的抗冲击强度、改善制品的着色性以及不影响热塑性塑料的透明性，特别适用于具有较高加工温度的 ABS、ABS/PC 塑料合金、HIPS、PBT 等塑料制品的阻燃，可以替代溴化聚苯乙烯等微黄或深褐色阻燃剂，满足产品阻燃和其他性能的综合要求。

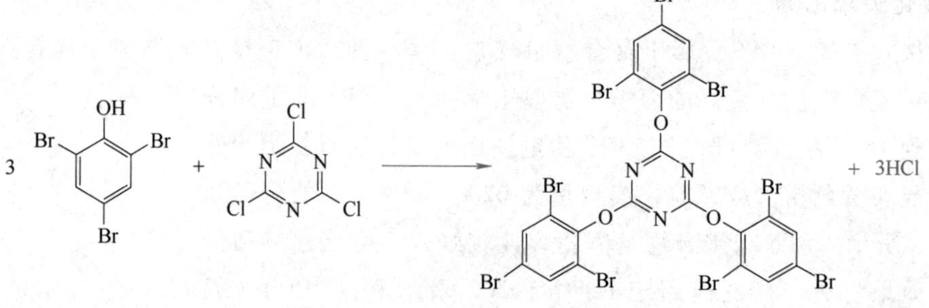

图 4-10 溴代三嗪的合成路线图

9. 四溴双酚 A 聚碳酸酯低聚物

四溴双酚 A 聚碳酸酯低聚物属于大分子溴系阻燃剂，常见产品包括溴含量为 52% 的 BC52（分子量为 2500，苯氧基封端）、溴含量为 58% 的 BC58（分子量为 3500，三溴苯氧基封端）以及异丙基苯酚封端 Fire Guard 7000 和 Fire Guard 7500 等，它们的分子结构如图 4-11 所示。四溴双酚 A 聚碳酸酯低聚物具有较高的热稳定性及聚合物相容性，适用于较高加工温度的聚酰胺等工程塑料的阻燃。

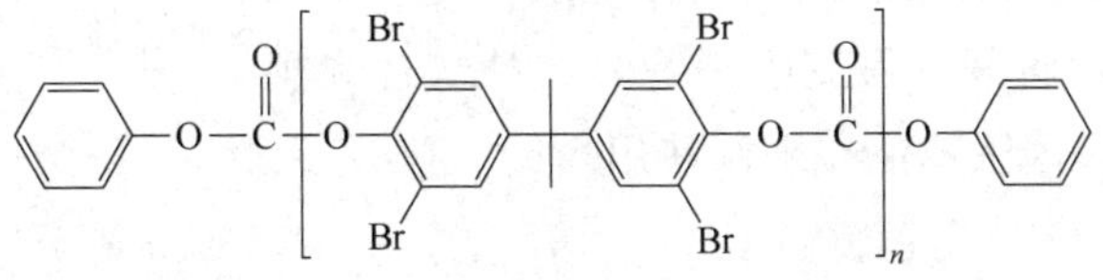

a) BC52

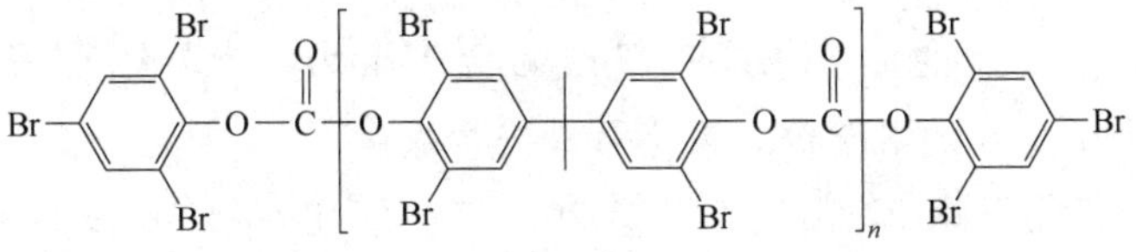

b) BC58

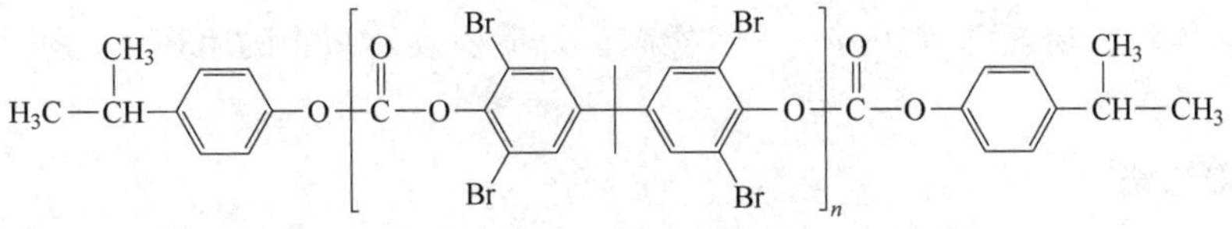

c) Fire Guard 7000/7500

图 4-11　典型四溴双酚 A 聚碳酸酯低聚物的分子结构

10. 二溴新戊二醇

二溴新戊二醇又称 2,2-双（溴甲基）-1,3-丙二醇，具有可继续反应的羟基，属于反应型阻燃剂，既可用于制造各种新型溴系阻燃剂，也可直接应用于阻燃不饱和聚酯树脂等。二溴新戊二醇为白色粉末或结晶粉末，熔点为 109℃，沸点为 235℃，溴含量为 61%。二溴新戊二醇可通过季戊四醇、氢溴酸水溶液和无水乙酸（冰醋酸）在常压下反应制备，其合成路线如图 4-12 所示。

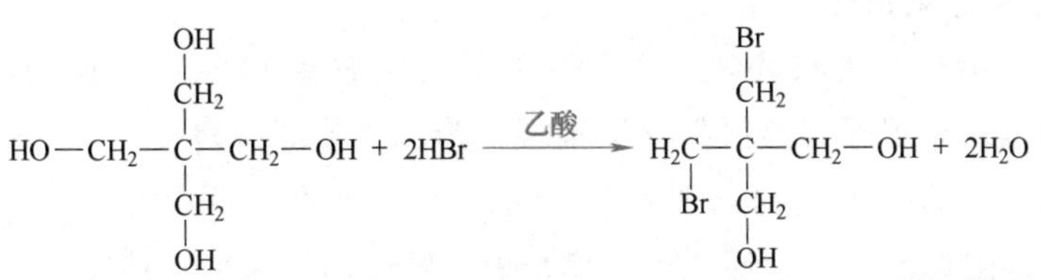

图 4-12　二溴新戊二醇的合成路线图

4.2.2　氯系阻燃剂

氯系阻燃剂与溴系阻燃剂的阻燃机理相同，但阻燃效率略逊于溴系阻燃剂。由于 C—Cl 键的耐热性及耐光性均优于 C—Br 键，因此对暴露于光线中的聚合物有时需要选用氯系阻燃剂。氯系阻燃剂一般以脂肪族化合物为基体进行氯化，主要产品有得克隆、氯化石蜡、氯化聚乙烯、四氯双酚 A 等。

1. 得克隆

得克隆又称双六氯环戊二烯，外观为白色固体粉末，是一种多氯代阻燃剂，其分子结构如图 4-13 所示。得克隆作为阻燃剂可用于电线电缆、车用塑料、建材、家电硬塑料等。得克隆因为具有持久性和生物累积性，目前已被多国法律法规限制使用。

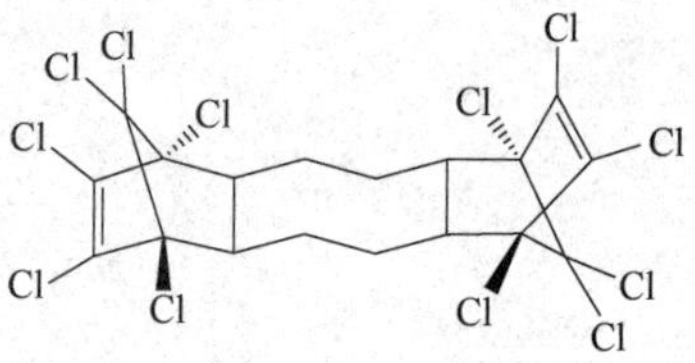

图 4-13　得克隆的分子结构

2. 氯化石蜡

氯化石蜡是碳数在 C_{10} ~ C_{30} 的直链烷烃经氯气进行自由基反应而成的氯化衍生物的混合物，一般产品含氯量为 40%~70%，是工业上重要的阻燃剂。氯化石蜡按含氯量可分为氯化石蜡-42、氯化石蜡-52 和氯化石蜡-70，其中氯化石蜡-70 最为重要。氯化石蜡-70 为白色或淡黄色树脂状粉末，主要用作添加型阻燃剂，与三氧化二锑协效使用效率更高，可用于聚烯烃、聚酯、聚氨酯（PU）、天然橡胶、合成橡胶及织物的阻燃，也可用于生产柔性有机防火堵料。

3. 氯化聚乙烯

氯化聚乙烯是由聚乙烯与氯气通过取代反应制成的改性聚合物，随分子量、氯含量及分子结构的不同，氯化聚乙烯可为弹性体至玻璃态聚合物。氯化聚乙烯具有优良的阻燃性、化学稳定性、热稳定性、耐候性，填充容量大及与橡胶及塑料的相容性好等优点，可用于 PP、高低压聚乙烯、ABS 等树脂的阻燃改性，也可用于生产柔性有机防火堵料。

4. 四氯双酚 A

四氯双酚 A 为白色或浅黄色结晶粉体，氯含量 38.7%，熔点高于 133℃，溶于甲苯、苯、丙酮、醋酸乙酯、二甲苯，不溶于水，其分子结构如图 4-14 所示。四氯双酚 A 可作为反应型阻燃剂，用于 EP、PC 和 UP 的阻燃。

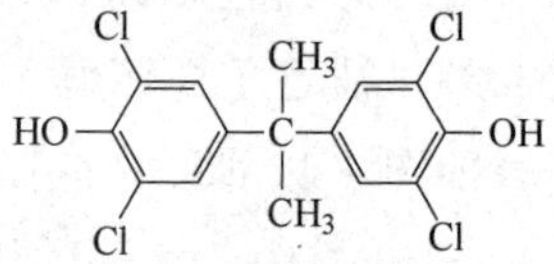

图 4-14　四氯双酚 A 的分子结构

5. 四氯双酚 A 环氧树脂

四氯双酚 A 环氧树脂由四氯双酚 A 与环氧氯丙烷缩聚而成，呈固态或黏稠液态，溶于丙酮、甲基异丁基酮、苯、甲苯等有机溶剂，不溶于水，它的分子结构如图 4-15 所示。四氯双酚 A 环氧树脂可用于制备阻燃灌封胶、层压板、模塑板、胶粘剂、涂料及环氧树脂制品等。

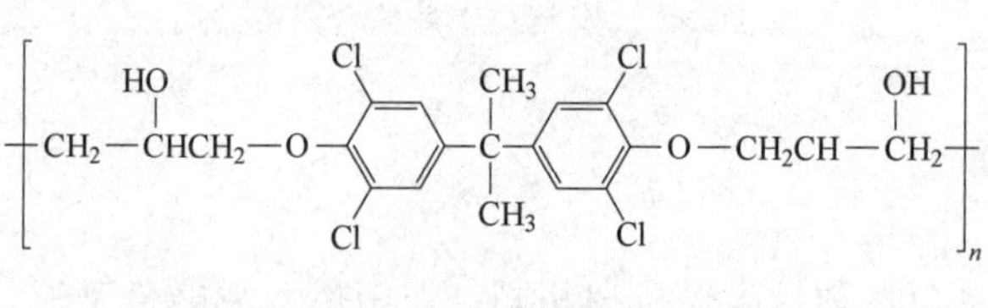

图 4-15　四氯双酚 A 环氧树脂的分子结构

6. 四氯邻苯二甲酸酐

四氯邻苯二甲酸酐由邻苯二甲酸酐氯化制得，呈白色针状结晶或粉末，相对分子质量为

285.9，氯含量为 49.6%，易溶于苯、丙酮、乙醚等，它的分子结构如图 4-16 所示。四氯邻苯二甲酸酐属于反应型阻燃剂，可用于 EP、不饱和聚酯（UP）、聚烯烃、纸张和纺织品的阻燃。

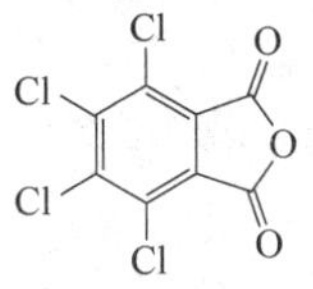

图 4-16　四氯邻苯二甲酸酐的分子结构

4.3 磷系阻燃剂

由于部分卤系阻燃剂的使用受到限制，无卤阻燃剂受到人们的日益重视。磷系阻燃剂大都具有低烟、无毒等优点，符合阻燃剂的发展方向，作为无卤阻燃剂的主要种类得到了迅速发展。我国磷矿资源丰富，截至 2018 年年底全国查明资源储量 252.82 亿 t，位居世界第二位。磷系阻燃剂凭借价格优势和丰富的品种，已获得越来越广泛的应用。磷系阻燃剂可分为有机磷系阻燃剂和无机磷系阻燃剂。有机磷系阻燃剂主要包括磷酸酯、膦酸酯、次膦酸酯（盐）、氧化膦和聚磷腈等，既有添加型也有反应型阻燃剂。无机磷系阻燃剂主要包括红磷、磷酸盐以及聚磷酸盐等，基本用作添加型阻燃剂。磷系阻燃剂的作用机理如图 4-17 所示。

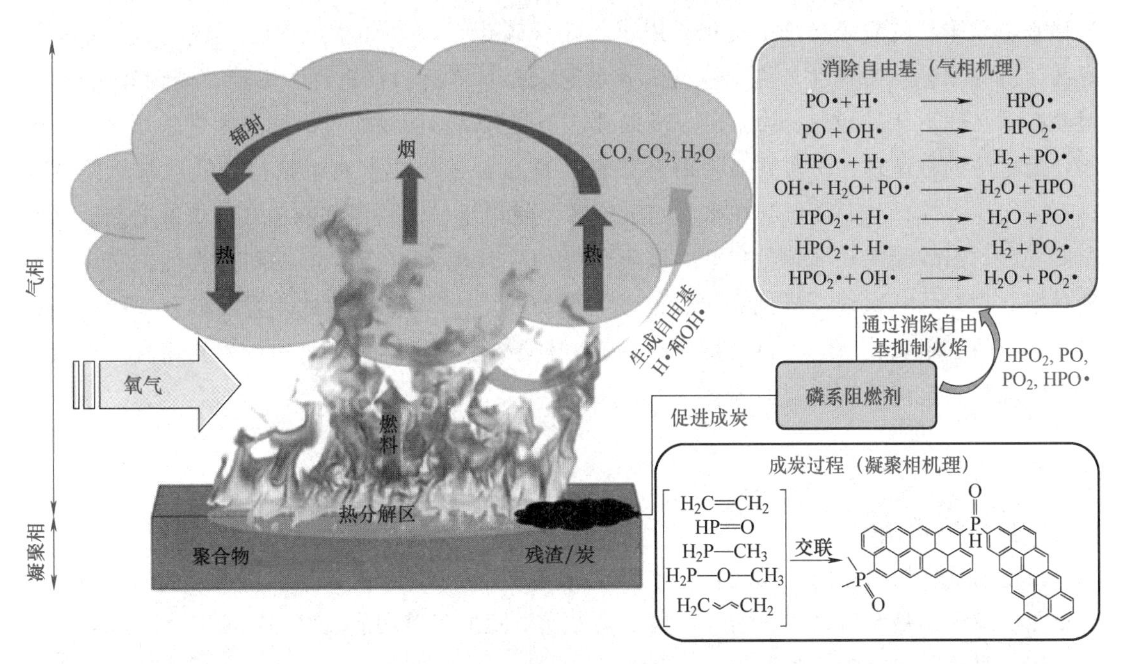

图 4-17　磷系阻燃剂的作用机理

4.3.1　红磷

磷为易燃性元素，但这种易燃性元素也可用作阻燃剂。黄（白）磷由于具有毒性和自燃性而不能使用，但它们的同素异形体红磷在450℃下是稳定的，不会自燃且大体上无毒。商业上生产的红磷阻燃剂多经过包覆稳定化处理，并分散到不同聚合物中制备成阻燃母料。红磷被广泛应用于塑模尼龙电器制品和环氧树脂电子制品的阻燃处理，它主要通过固相阻燃作用减少热解和热氧化降解并增加成炭量。

4.3.2 聚磷酸铵

聚磷酸铵（APP）是一种无机聚合物，是由磷酸通过分子间缩合后磷原子和氧原子以共价键连接而成的直链型结构分子，主要作为微米尺度的固体粒子阻燃剂，应用于防火涂料和阻燃聚合物领域，它的分子结构如图4-18所示。APP的聚合度有低有高，最低聚合度可以在5~10，最高聚合度可以在1000以上。通常APP聚合度高，其水溶性相对较小，而热稳定性相对较高。APP有多种结晶形态存在，以Ⅰ型和Ⅱ型APP应用较多，其中，Ⅱ型APP具有聚合度大、水溶性小、分解温度高等特点。APP及其改性制品主要用于防火涂料、PA6、PAN、PMMA、ABS、聚氨酯、丁苯橡胶、EVA弹性体等的阻燃。此外，APP还可用作灭火剂和肥料等。

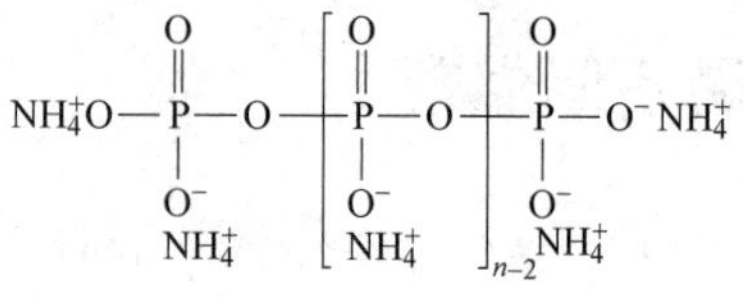

$$NH_4^+O^- - \overset{O}{\overset{\|}{P}}(O^- NH_4^+) - O - \left[\overset{O}{\overset{\|}{P}}(O^- NH_4^+) - O \right]_{n-2} - \overset{O}{\overset{\|}{P}}(O^- NH_4^+) - O^- NH_4^+$$

图4-18 聚磷酸铵的分子结构

低水溶性的聚磷酸铵最初用于膨胀型防火涂料，用来替代磷酸二氢铵和磷酸氢二铵，作为膨胀阻燃体系的酸源和气源使用，用于催化含碳化合物（如季戊四醇）成炭，并促进发泡剂（如三聚氰胺）产生气泡。这些膨胀型防火涂料广泛用在钢梁、墙壁、储罐和舱壁中，但存在耐水性不佳的问题。为了进一步提升这类防火涂料的耐水性，商业上常采用表面改性和胶囊化两种方法改性聚磷酸铵。APP表面改性通常选用具有两亲结构的偶联剂，使APP具有一定疏水性，从而降低其在水中的溶解度，使用量最大的偶联剂包括硅烷偶联剂、钛酸酯偶联剂、铝酸酯偶联剂等。APP微胶囊化处理可改善APP的水溶性和相容性，减少和消除对聚合物制品的物理、机械和热性能的不利影响。APP包覆囊材种类很多，一般选用耐热性较高的三聚氰胺甲醛树脂（蜜胺树脂）、脲醛树脂、聚脲、环氧树脂、异氰酸酯、聚吡咯、纤维素、有机硅、聚氨酯等。

4.3.3 有机磷系阻燃剂

1. 磷酸酯

根据分子结构的不同，磷酸酯可分为直链脂肪族、芳香族磷酸酯、环状磷酸酯和缩合型磷酸酯。磷酸酯具有阻燃和增塑双重功效，卤代磷酸酯阻燃功能较好，而非含卤磷酸酯的增塑作用更明显。直链脂肪族磷酸酯的链越长，增塑作用越明显，阻燃作用越弱，这是由于长链脂肪族酯基受热时同样会热解释放出可燃性碎片。

芳香族磷酸酯的典型代表是磷酸三苯酯（TPP）。TPP属于单磷酸酯，同时具有阻燃和增塑作用，它的分子结构如图4-19所示。TPP为白色针状结晶，熔点为50.5℃，常压沸点高于370℃，开口闪点温度高于220℃，分解温度约为270℃，着火点高于300℃，不溶于水，微溶于醇，溶于苯、氯仿、丙酮，易溶于乙醚。TPP 可用于阻燃 PC、PC/ABS、乙烯基树脂、纤维素及橡胶等，但在加工时挥发性大易于从阻燃基材结晶析出，因此其应用受到很大程度的限制。

环状磷酸酯具体又分为单环磷酸酯、笼形磷酸酯和螺环磷酸酯。环状磷酸酯的热稳定性和成炭性较直链脂肪族磷酸酯有明显提高，这主要与环状结构在受热时易形成交联炭层有关。二硫代环状磷酸酯是单环磷酸酯的典型代表，其磷含量为 17.89%，熔点约为 228℃，可用于制备透明聚乙烯薄膜，它的分子结构如图 4-20 所示。

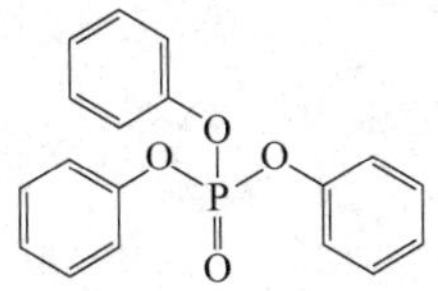

图 4-19 TPP 的分子结构

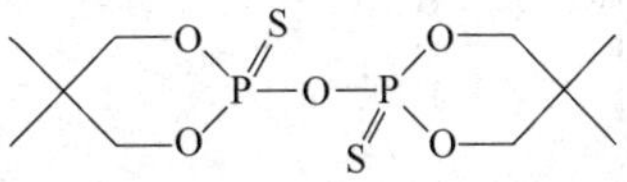

图 4-20 二硫代环状磷酸酯的分子结构

笼形磷酸酯阻燃剂的典型代表是季戊四醇磷酸酯，又称 1-氧基磷杂-4-羟甲基-2,6,7-三氧杂双环［2.2.2］辛烷（PEPA）。PEPA 的分子具有高度对称的刚性笼状结构，末端带有较高活性的羟基，可以与多种酸和酰氯发生酯化反应，生成相应的双环笼状磷酸酯衍生物。PEPA 的分子式为 $C_5H_9O_5P$，相对分子质量为 180，理论磷含量为 17.2%，一般要与 APP 复配使用。PEPA 可由季戊四醇和三氯氧磷反应制得，它的合成路线如图 4-21 所示。

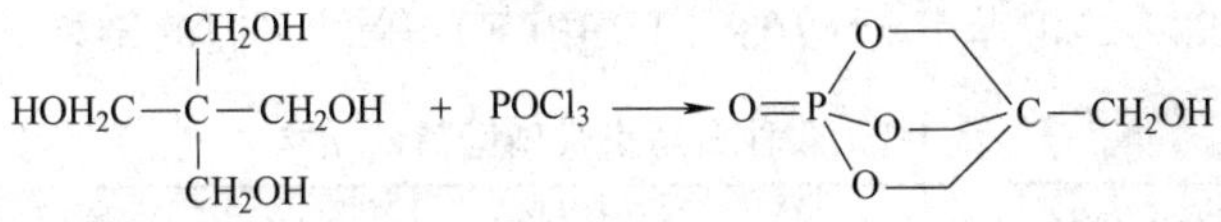

图 4-21 PEPA 的合成路线图

三（1-氧代-1-磷杂-2,6,7-三氧杂双环［2.2.2］辛烷-4-亚甲基）磷酸酯（Trimer）是由 PEPA 和三氯氧磷合成的新型笼形磷酸酯阻燃剂，其合成路线如图 4-22 所示。Trimer 具有高度对称性的结构，分子式为 $C_{15}H_{24}O_{16}P_4$，相对分子质量为 584.24，理论磷含量为 21.21%，初始分解温度达到 316℃，可以满足几乎所有阻燃工程塑料的加工要求。

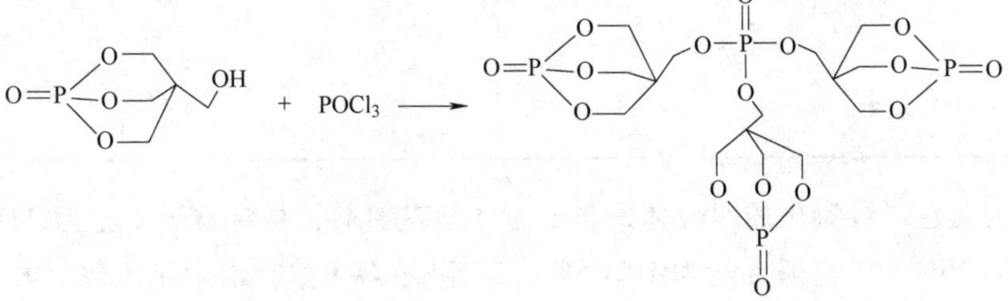

图 4-22 Trimer 的合成路线图

间苯二酚双（二苯基磷酸酯）（RDP）和双酚 A-双（二苯基磷酸酯）（BDP）作为分子

量相对较大且不易挥发的磷酸酯低聚物，应用范围更广，它们的分子结构如图 4-23 所示。RDP 属于缩合型磷酸酯，其低聚物含量为 20%～30%，单体含量为 70%～80%，具有热稳定性高、挥发性低、迁移性小等特点。RDP 为无色或淡黄色液体，不溶于水，与二氯甲烷、甲苯、甲醇及甲乙酮互溶。BDP 也是一种缩合型磷酸酯阻燃剂，为无色或淡黄色液体，黏度比 RDP 略高，热稳定性也更好，溶于丙酮、甲苯等。RDP 和 BDP 可用于 PP、ABS 等聚合物的阻燃。RDP 的生产原料间苯二酚价格高且产量低，所以 RDP 的价格一直比 BDP 高，工业产量也远远低于 BDP。

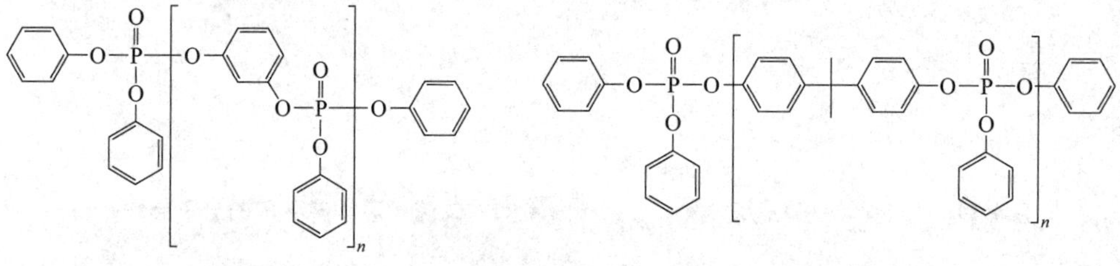

a) RDP　　b) BDP

图 4-23　RDP 和 BDP 的分子结构

2. 卤代磷酸酯

卤代磷酸酯由于磷/卤的协效作用，阻燃效果往往更好。典型的卤代磷酸酯有磷酸三（β-氯乙基）酯（TCEP）、磷酸三（2-氯丙基）酯（TCPP）、磷酸三（1,3-二氯异丙基）酯（TDCPP）、三（2,4-二溴苯）磷酸酯（TDBPPE）等，它们的结构式见表 4-2。

表 4-1　几种典型卤代磷酸酯的结构式

卤代磷酸酯	结构式
TCEP	$O=P(CH_2CH_2Cl)_3$
TCPP	$O=P(CHCH_3CH_2Cl)_3$
TDCPP	$O=P[CH(CH_2Cl)_2]_3$
TDBPPE	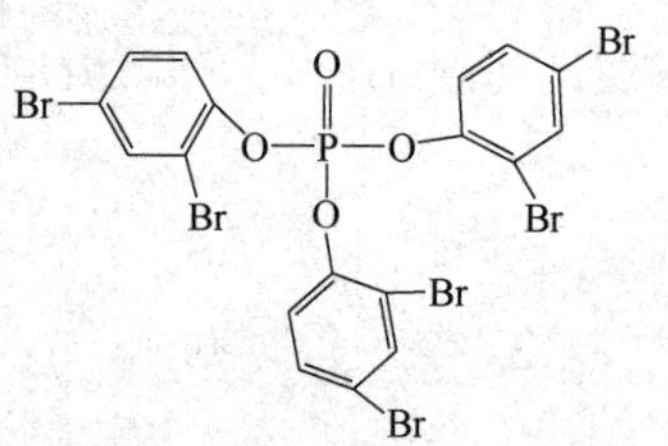

TCEP 为无色或浅黄色透明液体，属于添加型阻燃剂，相对分子质量为 285.48，理论氯含量为 37.25%，理论磷含量为 10.85%。TCEP 不溶于水，能溶于乙醇、丙酮、芳烃和氯仿等有机溶剂，常用于阻燃 UP、PU、PF、丙烯酸酯及硝酸纤维和醋酸纤维为基材的油漆等。

TCPP 为无色或浅黄色液体，属于添加型阻燃剂，相对分子质量为 327.55，理论氯含量为 32.47%，理论磷含量为 9.46%，TCPP 水解稳定性好，不溶于水，能溶于乙醇、丙酮、酯类、芳烃和氯仿等有机溶剂，具有良好的抗紫外线能力。TCPP 在异氰酸酯或聚醚与催化剂混合物中的储存稳定性甚佳，特别适用于阻燃聚氨酯泡沫，也适用于低烟的包覆泡沫塑料、低脆性异氰酸酯泡沫塑料、软质模塑泡沫塑料、UP 和 PF 等阻燃。

TDCPP 为无色透明黏稠液体，属于添加型阻燃剂，相对分子质量为 430.88，理论氯含量为 49.38%，理论磷含量为 7.18%，初始分解温度为 230℃。TDCPP 不溶于水，能溶于乙醇、苯、四氯化碳等有机溶剂，适用于阻燃软质 PU、硬质 PU、PVC、EP、UP、PF、PS、合成橡胶等。

TDBPPE 为白色结晶状粉末，属于添加型阻燃剂，相对分子质量为 799.66，理论溴含量为 59.95%，理论磷含量为 3.87%，熔点约为 110℃。TDBPPE 能溶于芳烃、酯、酮等有机溶剂，不溶于水、醇及烷烃。TDBPPE 可用于阻燃工程塑料 PC、PBT、PET 及它们的合金，在 PC/PET、PC/PBT 及 PC/ABS 合金中表现出明显的溴-磷协效效应，其阻燃效率高于只含有溴或磷元素的阻燃剂。

3. 膦酸酯

膦酸酯和磷酸酯是磷系阻燃剂的两种主要类别，二者在结构上的本质区别是膦酸酯中含磷氧键和磷碳键，而磷酸酯只含有磷氧键。膦酸酯中 P—C 键的键能远高于 P—O 键的键能，具有热稳定性较高、耐水性、耐溶剂性等特点。由于膦酸酯分子中 P—C 键代替了 P—O 键，导致膦酸酯成炭性不佳，只适用于含氧聚合物的阻燃，如 PET、PBT、PC、PA 等。甲基膦酸二甲酯（DMMP）和乙基膦酸二乙酯（DEEP）作为典型的膦酸酯阻燃剂，它们的分子结构如图 4-24 所示。DMMP 是一种低黏度无色或淡黄色透明液体，磷含量高达 25%，能与水及多种有机溶剂互溶，不仅阻燃效率高，而且能降低系统黏度及表面附着性。DMMP 广泛应用于 PU、EP、UP 的添加型阻燃改性。

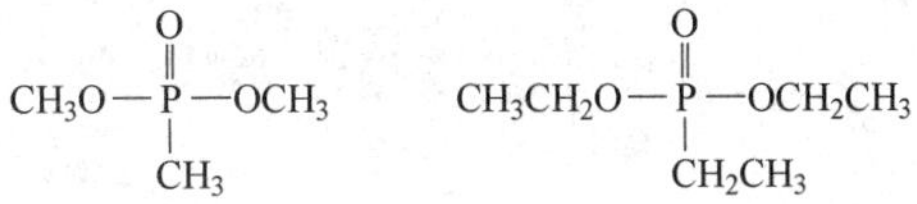

$$CH_3O-\overset{\overset{\displaystyle O}{\|}}{\underset{\underset{\displaystyle CH_3}{|}}{P}}-OCH_3 \qquad CH_3CH_2O-\overset{\overset{\displaystyle O}{\|}}{\underset{\underset{\displaystyle CH_2CH_3}{|}}{P}}-OCH_2CH_3$$

a) DMMP　　b) DEEP

图 4-24　DMMP 和 DEEP 的分子结构

4. 次膦酸酯阻燃剂

9,10-二氢-9-氧杂-10-磷杂菲-10-氧化物（DOPO）是次膦酸酯阻燃剂的典型代表，呈白色粉状/片状固体，磷含量为 14.4%，熔点为 116~119℃，溶于甲醇、乙醇、四氢呋喃、氯苯和二甲苯等。由于 DOPO 分子上拥有活泼的 P—H 键，非常容易与双键、羰基和环氧基发生加成反应，生成衍生物，从而可以非常简单、快捷地将磷酰杂菲结构引入化合物中，使新生成的化合物具有优良的阻燃性能和有机溶解性能。例如，DOPO 与对苯二醌发生加成反应（图 4-25），生成含磷二元醇（DOPO-BQ），再与含环氧端基的双酚 A 型环氧树脂反应，可制得含磷环氧树脂，具有良好的本质阻燃性。

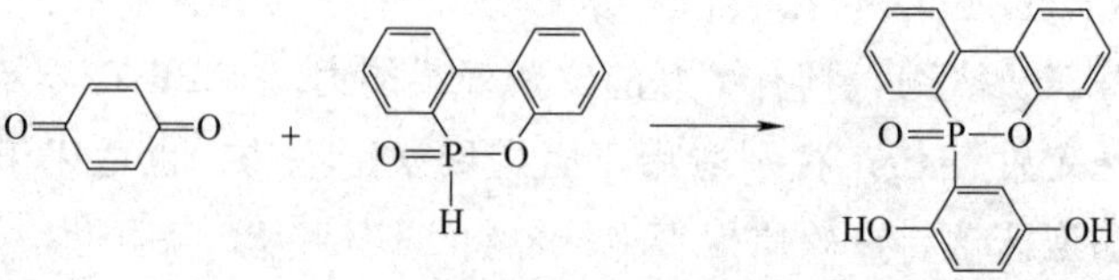

DOPO

DOPO-BQ

图 4-25 **DOPO-BQ 的合成路线图**

DOPO 作为反应型阻燃剂主要用于阻燃 EP，可以通过与 EP 的环氧基团直接进行加成反应将 DOPO 基团引入 EP 中，也可以采用 DOPO 衍生物的酚羟基与 EP 通过加成反应制备含磷环氧树脂。此外，含 DOPO 的氨基化合物可作为 EP 的固化剂和阻燃剂。除了 EP 外，DOPO 及其衍生物还可用于聚酯、PU、PP 等阻燃。

5. 次膦酸盐阻燃剂

次膦酸盐结构式为（$R_1R_2P(O)O—)_nM^{n+}$，其中 R_1 及 R_2 为 C_1 ~ C_6 的烷基或芳基，M 为金属元素，如锌、钙、铝等。二乙基次膦酸铝（ADP）是最具代表性的次膦酸盐阻燃剂，它的分子结构如图 4-26 所示。ADP 为白色粉末状固体，磷含量为 23%，初始分解温度高于 350℃，在 EP、PA、聚酯、热塑性弹性体中表现出较好的阻燃效果且对基体的力学性能影响较小。

6. 氧化膦

氧化膦是一类很稳定的有机磷化物，磷含量较高，既有添加型又有反应型氧化膦。添加型氧化膦如三正丁基氧化膦（TBPO）可应用于 PC 和 EP 的阻燃，反应型氧化膦中的二元醇或胺类可应用于阻燃 PC、PU 和 EP 等。氧化膦也是聚苯醚有效阻燃剂，它可与磷酸酯类阻燃剂媲美，由于氧化膦的含磷量更高，所以达到相同阻燃级别所需的阻燃剂添加量更少。TBPO 的分子结构如图 4-27 所示。

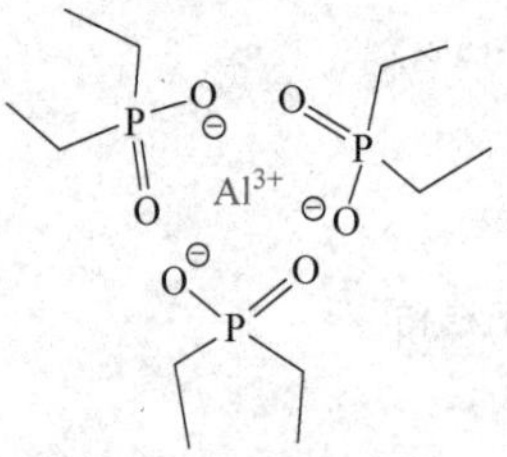

图 4-26 二乙基次膦酸铝的分子结构

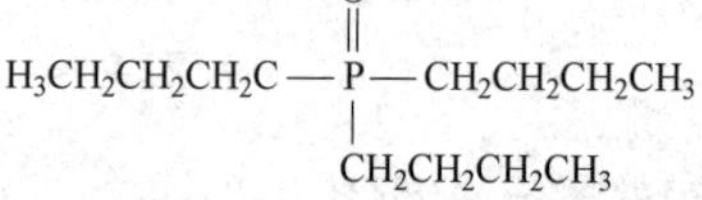

图 4-27 **TBPO 的分子结构**

7. 聚磷腈

聚磷腈是一类全磷氮杂环非共轭化合物，具有由 P、N 原子交替组成的骨架主链，每个 P 原子上连有两个侧基。聚磷腈有线型多聚体和环状三聚体、四聚体之分，其中环三磷腈类阻燃剂应用最为广泛。环三磷腈为磷氮六元环结构，具有很高的耐热等级，在高温下容易形成致密的炭层，能发挥多种阻燃作用。六氯环三磷腈是聚磷腈的基础化合物，呈白色粉末状晶体，熔点为 112~115℃，易于水解并释放出氯化氢，可溶解于大多数有机溶剂中，它的分子结构如图 4-28 所示。由于磷氯键非常活泼，氯元素很容易被取代，以六氯环三磷腈为起始反应物，通过取代反应可以制备多种类型的磷腈类化合物。六苯甲基环三磷腈是用苯酚完全取代六氯环三磷腈上的氯原子得到的产物，是目前磷腈化合物中最为成熟和可应用于阻燃 EP 的材料。

图 4-28　六氯环三磷腈的分子结构

4.3.4　膨胀型阻燃剂

膨胀型阻燃剂（IFR）在受热或火焰作用下可以生成具有隔热、隔氧、防熔滴等作用的多孔膨胀炭层，以有效保护聚合物基体，达到阻燃目的。IFR 具有高效、低毒、低烟、环境污染小等优点，已成为阻燃研究领域最活跃的研究方向之一，越来越受到人们的重视。

1. 膨胀型阻燃剂的种类和组成

膨胀型阻燃剂

IFR 可分为物理膨胀型阻燃剂和化学膨胀型阻燃剂两大类。物理膨胀型阻燃剂主要以可膨胀石墨（EG）为主，受热后自身发生物理膨胀（而不是组分之间的化学反应），在材料表面形成膨胀层发挥阻燃作用；化学膨胀型阻燃剂是在高温或火焰作用下，不同组分间发生化学反应，生成膨胀炭层，发挥阻燃作用。因此，二者的本质区别在于膨胀炭层的形成是否需要不同组分之间发生化学反应，而通常所说的膨胀阻燃剂多指化学膨胀型阻燃剂。

化学膨胀型阻燃剂通常有多组分型及单组分型两类。多组分化学膨胀型阻燃剂由酸源（脱水催化剂）、碳源（成炭剂）、气源（发泡剂）三种组分按一定比例混合而成。酸源通常为无机酸或无机酸化物，可促进碳源脱水形成炭化物，如聚磷酸铵（APP）、磷酸铵、硫酸铵等。碳源主要为一些含碳量较高的多羟基化合物或碳水化合物，其在反应过程中能被酸源脱水炭化，如季戊四醇（PER）、山梨醇、淀粉等。碳源是化学膨胀型阻燃剂中非常重要的组分，碳源的优良直接决定阻燃效果的好坏。气源在受热分解时可释放出大量不燃性气体，促进泡沫炭层的形成，增强阻燃作用，多为三聚氰胺、尿素、双氰胺等含氮类化合物。对于不同的 IFR，有些化合物并不是作为其中的某一源起作用，如常用的膨胀阻燃组分 APP 兼有酸源和气源的作用，三嗪类化合物兼有碳源和气源的作用。而对于特定的膨胀阻燃聚合物体系，有时并不需要上述三个组分同时存在，有时聚合物本身可以充当其中的某一作用组分。部分酸源、碳源的分子式及其物理化学性质分别见表 4-2 和表 4-3，部分气源的分解温度和不燃性热解气体产物见表 4-4。

表 4-2　部分酸源的分子式及其物理化学性质

名称	分子式	相对分子质量	磷含量（%）	分解温度/℃	溶解度/（g/100g 水）
磷酸氢二铵	$(NH_4)_2HPO_4$	132	23.5	87	40.8
磷酸尿素	$CO(NH_2)_2 \cdot H_3PO_4$	156	19.6	130	52.0
磷酸二氢铵	$(NH_4)H_2PO_4$	115	26.9	150	27.2

（续）

名称	分子式	相对分子质量	磷含量（%）	分解温度/℃	溶解度/（g/100g 水）
磷酸胍尿素	$C_2H_6N_4O \cdot H_3PO_4$	200	15.5	191	—
聚磷酸铵	$(NH_4)_{n+2}P_nO_{3n+1}$	97	32	212	1.5
磷酸三聚氰胺	$C_3H_6N_6 \cdot H_3PO_4$	224	—	300	—
焦磷酸三聚氰胺	$(C_3H_6N_6) \cdot H_4P_2O_7$	430	—	—	—

表 4-3　部分碳源的分子式及其物理化学性质

名称	分子式	相对分子质量	碳含量（%）	羟基含量（%）	反应指数/（g/100g）
蔗糖	$C_6H_6(OH)_6$	180	40	56	2.3
山梨醇	$C_6H_{10}(OH)_6$	184	40	55	3.08
淀粉	$(C_6H_{10}O_5)_n$	162	44	52.4	2.1
季戊四醇	$C(CH_2OH)_4$	136	44	50	—
二季戊四醇	$C_{10}H_{16}(OH)_6$	127	50	42.8	2.5

表 4-4　部分气源的分解温度和不燃性热解气体产物

项目	双氰胺	三聚氰胺	胍	甘氨酸	尿素	氯化石蜡
分解温度/℃	210	250	160	233	130	190
不燃性气体	NH_3、CO_2、H_2O				HCl、CO_2、H_2O	

大多数典型 IFR 在受热或火焰作用下是由无机酸和多羟基化合物反应而成炭，其中工业上广泛应用的 APP 与 PER 之间的化学反应如图 4-29 所示。首先，APP 在 210℃温度左右分解产生高能磷酸及多聚磷酸，并与季戊四醇进行酯化反应，形成熔融态的酯化物，三聚氰胺等气源则可作为酯化反应的催化剂加速反应进行；随着温度升高至 280~350℃，季戊四醇和酯进一步脱水炭化，形成无机物和炭化物，并在反应过程中产生的水蒸气和气源分解产生不燃性气体共同作用下膨胀发泡；最后，反应体系经过复杂的聚合反应、Diels-Alder 缩合、芳香化等反应后逐渐胶化和固化，并最终形成具有石墨结构的多孔膨胀炭层。

单组分膨胀型阻燃剂是将酸源、碳源、气源结合于同一分子内的阻燃剂。与多组分膨胀型阻燃剂相比，单组分膨胀型阻燃剂具有更好的热稳定性、抗吸湿性、基体相容性、抗表面迁移性和阻燃效率。但目前单组分膨胀型阻燃剂多处于实验室研究阶段，投入实际应用的种类还不是很多。前面介绍的笼状磷酸酯阻燃剂 PEPA 具有高度对称的刚性笼状结构，集碳源、酸源和气源于一体，属于单组分膨胀型阻燃剂。

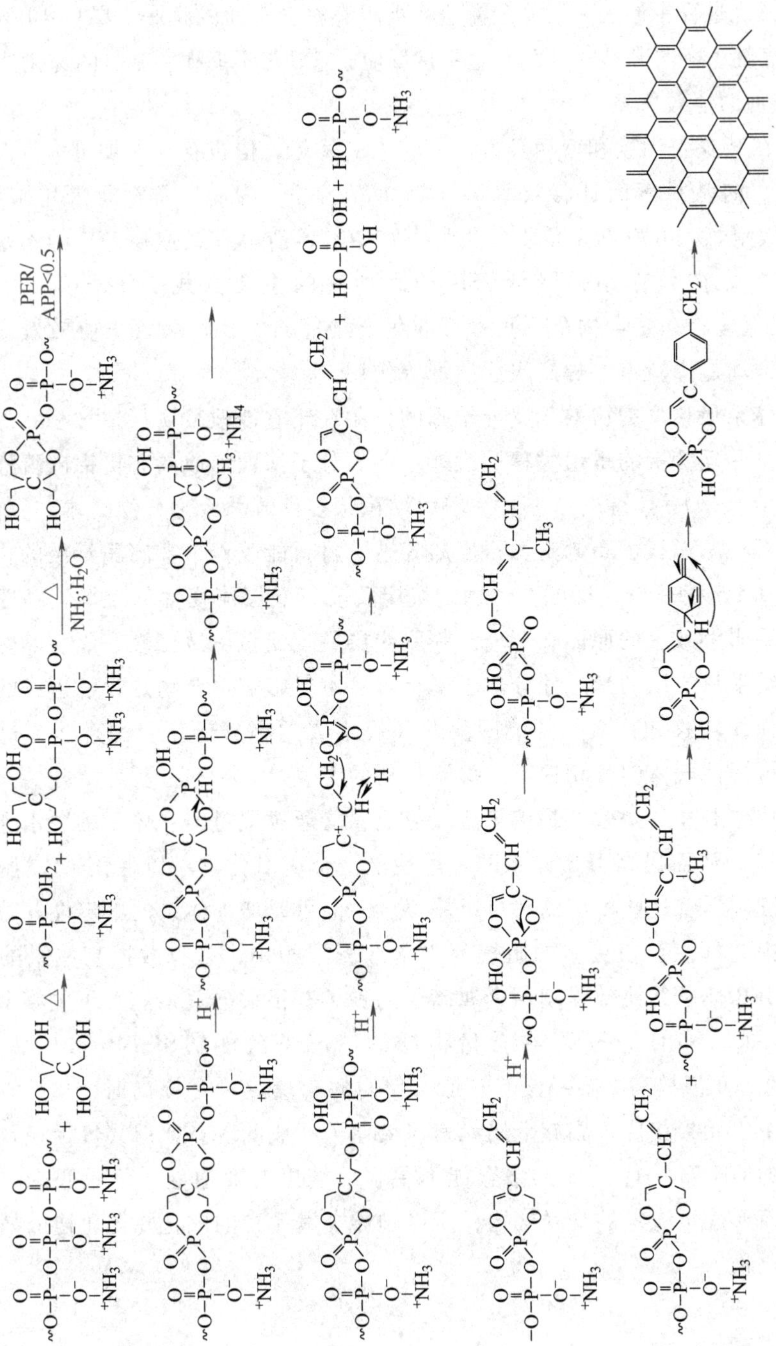

图 4-29 APP 与 PER 之间的化学反应

2. 膨胀型阻燃剂的使用要求

膨胀型阻燃剂添加到聚合物材料中必须具备以下条件：①热稳定性好，能经受聚合物加工过程中200℃以上高温；②热解成炭过程不应对膨胀发泡过程产生不良影响；③IFR能均匀分散到基材中，并在燃烧过程中形成一层完全覆盖在被阻燃材料表面的膨胀炭层；④IFR与被阻燃基材有良好的相容性，不与其他添加剂产生不良反应；⑤IFR不能损害基材的物化性能。

3. 膨胀型阻燃剂的协效体系

尽管IFR体系在减少生烟量和熔滴等方面有较大的优势，但也存在添加量大、阻燃效率较低、热稳定性差、向基材表面迁移及水溶性较高等问题。为此，常需要采用碳源改进、IFR表面改性、协效阻燃、开发新型单组分化学膨胀型阻燃剂等方式弥补IFR的不足，其中IFR与其他物质的阻燃协效作用是降低IFR的添加量的主要方式。分子筛、有机蒙脱土（OMMT）、金属氧化物、螯合物及一些含硼的化合物等与IFR均表现出协效效应，具有催化阻燃体系反应、增加产炭量、提高炭层质量等作用。

分子筛是IFR体系最典型的协效剂，分子筛的作用在于它能改变炭层中堆积状的多环芳香族化合物的组织，并延缓炭的重组过程。此外，加入分子筛而形成的有机铝硅磷酸酯复合物能稳定炭层，减少P—O—C键的断裂，并增大堆积状多环芳香族化合物的体积。

蒙脱土、水滑石、海泡石、高岭土、石墨烯等纳米材料能改善IFR膨胀炭层的物理及化学性能，用量只需0.1%~1.0%，即能发挥稳定炭层及改善炭层流变性的效果。一般认为纳米材料提高IFR体系阻燃效率的原因在于增强膨胀炭层的生成量、致密性、隔质隔热效果和热稳定性。同时，纳米材料以纳米尺寸分散于基材中，不仅影响聚合物热裂解生成的可燃性产物向燃烧材料表面的转移和挥发，还能阻隔热裂解生成的小分子化合物直接穿过纳米片层，以延缓和阻碍可燃性气体向气相逸出，抑制材料的燃烧。

金属氧化物可用作IFR的协效剂是由于金属氧化物能通过促进IFR体系的脱水和氧化作用促进交联成炭反应，从而提高IFR体系的阻燃性能。金属氧化物可以催化APP脱氨脱水的交联反应形成桥键，尽管这些桥键的数目可能很少，但可以增加体系的稳定性并减少磷氧化合物在燃烧过程中的挥发，使更多的阻燃元素留在凝聚相中，以有效提高体系的阻燃性能。金属氧化物对IFR体系的协效作用与金属离子的种类有很大的关系。对于主族金属元素的氧化物而言，Bi_2O_3、Sb_2O_3、SnO_2在含量很低的情况下就能够将PP/APP/双季戊四醇（DPER）体系的LOI值提高2%~3%，但是当它们的含量进一步提高时，LOI值却又呈现下降的趋势。与主族元素相比，副族金属元素与氧原子形成的M—O键共价半径及离子半径更小，与体系中的OH和NH_4^+基团的络合能力更强，能更有效地催化体系脱水、脱NH_3及磷酸化过程，从而形成更稳定的交联结构，所以副族金属元素的氧化物催化协效效果优于主族金属元素的氧化物。

4.4 氮系阻燃剂

氮系阻燃剂主要通过分解形成氨等不燃性气体，以稀释和冲淡可燃性气体或覆盖于材料表面而起阻燃作用。此种阻燃剂具有无色、无卤、低毒、低烟及不产生腐蚀性气体等优点。

氮系阻燃剂单独使用时须采用较大的添加量才能满足材料的阻燃设计要求，易导致聚合物加工性能及力学性能劣化的问题。氮系阻燃剂与磷系、卤系等阻燃剂共用则可以发挥磷-氮和卤-氮协效效应，增强阻燃效果。目前使用的氮系阻燃剂主要有双氰胺、联二脲、三聚氰胺及其盐、胍盐。此外，部分其他类型的阻燃剂中也包括一些含氮的阻燃剂，如聚磷酸铵及一些磷氮、卤氮阻燃化合物。

4.4.1　双氰胺

双氰胺又称二氰二胺，含氮量为66%，结晶固体，熔点为207~209℃，微溶于冷水，溶于热水，它的分子结构如图 4-30 所示。双氰胺可用于制备防火涂料、阻燃胶粘剂、阻燃木材及阻燃聚酰胺。此外，双氰胺还是制备三聚氰胺和胍盐的基本原料。

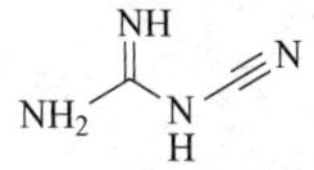

图 4-30　双氰胺的分子结构

4.4.2　三聚氰胺及其盐

三聚氰胺（MEL）及其盐是用于聚合物材料的最重要氮系阻燃剂。MEL 又称蜜胺，氮含量为 66.7%，熔点为 354℃，它的分子结构如图 4-31 所示。MEL 的分解温度区间与大部分聚合物的热分解温度区间匹配，在 250~450℃吸热分解释放出氨气并形成多种缩聚物，促进聚合物成炭。MEL 很少单独使用，往往与其他阻燃剂配合，例如可将其作为化学膨胀型阻燃剂的“气源”。MEL 与聚氨酯类聚合物在结构上存在某些相似性，因此在聚氨酯类聚合物中具有较好的阻燃效果。MEL 用于 PA66、PA6、PPO、乙烯-醋酸乙烯酯共聚物（EVA）、低密度聚乙烯（LDPE）、聚丙烯等其他聚合物的阻燃改性时，多作为膨胀阻燃体系的发泡剂。

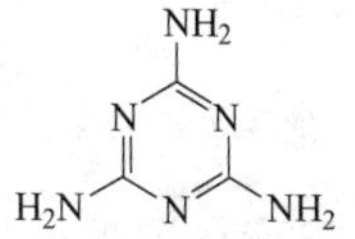

图 4-31　三聚氰胺的分子结构

三聚氰胺氰尿酸盐是由 MEL 和氰尿酸反应制得，简称 MCA。MCA 的生产工艺可分为氰尿酸法和尿素法，合成路线图如图 4-32 所示。MCA 是一种白色结晶粉末，氮含量为 49.4%，有滑腻感，无臭，无味，难溶于水，在 320℃以下能保持热稳定，440℃左右开始升华。MCA 高温时升华或分解吸热，释放出氮气稀释氧和聚合物分解产生的可燃气浓度，同时分解产生的氰尿酸还可以促进 PA6 等材料分解成为低聚物熔滴并脱离燃烧区。MCA 与基体树脂相容性好、阻燃效率高，可用于多种聚合物材料中，尤其适用于聚酰胺类的阻燃改性。

三聚氰胺磷酸盐类阻燃剂同时含有磷和氮两种阻燃元素，在材料燃烧时可以发挥协效作用，具有很好的阻燃效果。三聚氰胺磷酸盐和三聚氰胺聚磷酸盐是这类阻燃剂的典型代表。三聚氰胺磷酸盐（MP）是一种白色固体粉末，理论氮含量为 37.5%，理论磷含量为 13.8%。MP 的起始分解温度约为 250℃，700℃残炭量约为 30%。MP 常用于阻燃聚烯烃、线型聚酯、不饱和聚酯、涂料、乳胶、纸张及纺织品等，由于其初始分解温度不高而难以应用于需要高温加工的材料中。MP 的生产工艺可分为直接法和间接法，其中直接法使用三聚氰胺和磷酸直接反应制得，间接法使用三聚氰胺和磷酸二氢铵作为原料制得，其合成路线如

图 4-33 所示。

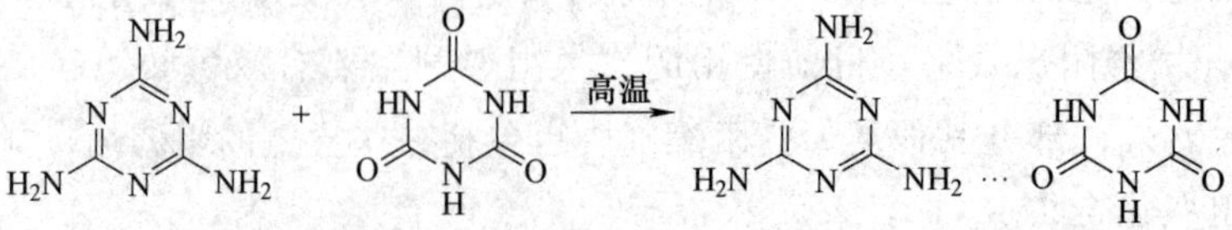

a) 氰尿酸法

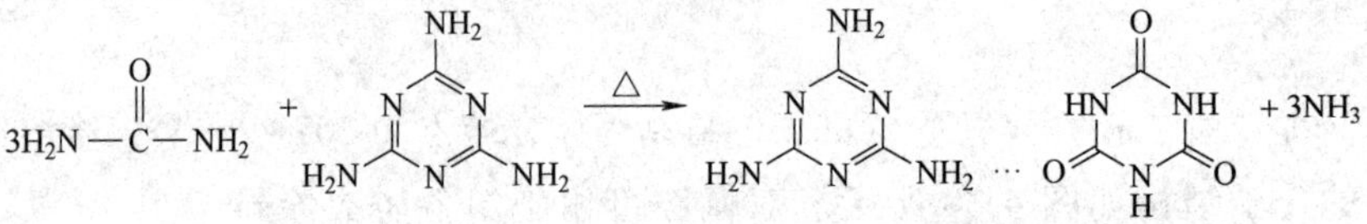

b) 尿素法

图 4-32 三聚氰胺氰尿酸盐的合成路线图

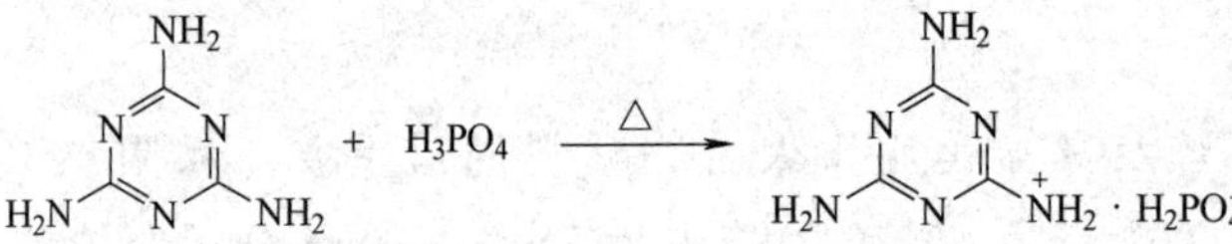

a) 直接法

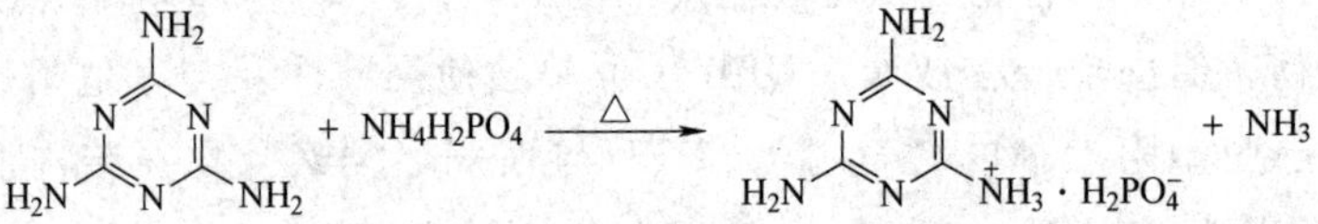

b) 间接法

图 4-33 三聚氰胺和磷酸盐的合成路线图

三聚氰胺聚磷酸盐（MPP）又称为聚磷酸三聚氰胺盐，分子结构如图 4-34 所示。MPP 可由 MP 脱水制得，呈白色固体粉末，理论氮含量为 40.8%，理论磷含量为 15.0%。MPP 热稳定性好，质量损失 1%时的热分解温度为 320～350℃，600℃时的残炭率为 40%。MPP 广泛应用于各种热塑性和热固性塑料，更适用于玻璃纤维增强尼龙等，在某些条件下可以替换 APP 应用。

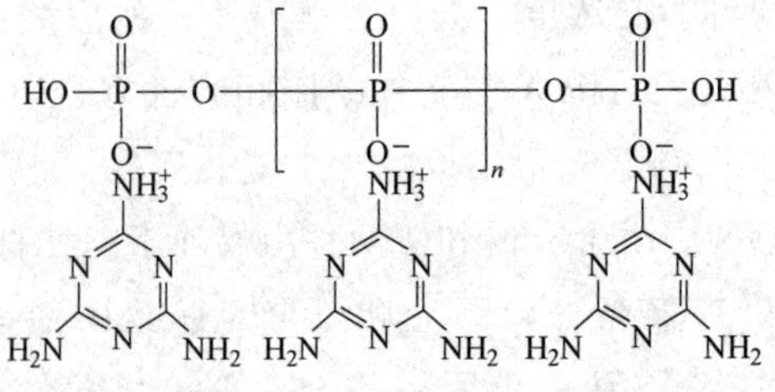

图 4-34 三聚氰胺聚磷酸盐的分子结构

4.4.3 胍盐

胍又称亚氨基脲，是一种有机强碱，其与许多无机酸或有机酸作用生成的盐可作为阻燃剂。常用的胍盐阻燃剂有磷酸胍、碳酸胍、氨基磺酸胍、硝酸胍、硫酸胍、双胍磷酸盐等。几种典型胍盐的分子结构如图 4-35 所示。

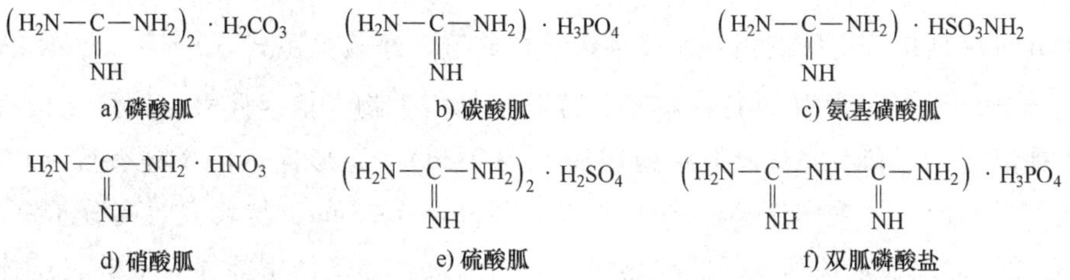

$(H_2N-C(=NH)-NH_2)_2 \cdot H_2CO_3$

a) 磷酸胍

$(H_2N-C(=NH)-NH_2) \cdot H_3PO_4$

b) 碳酸胍

$(H_2N-C(=NH)-NH_2) \cdot HSO_3NH_2$

c) 氨基磺酸胍

$H_2N-C(=NH)-NH_2 \cdot HNO_3$

d) 硝酸胍

$(H_2N-C(=NH)-NH_2)_2 \cdot H_2SO_4$

e) 硫酸胍

$(H_2N-C(=NH)-NH-C(=NH)-NH_2) \cdot H_3PO_4$

f) 双胍磷酸盐

图 4-35 几种典型胍盐的分子结构

磷酸胍通常是指磷酸二氢胍，分子式为 $(CH_5N_3) \cdot H_3PO_4$，氮含量为 26.75%，磷含量为 17.75%。磷酸氢二胍的分子式为 $(CH_5N_3)_2 \cdot H_3PO_4$，氮含量为 38.98%，磷含量为 14.35%。磷酸胍主要用于棉布、木材、人造板、纸的阻燃，其装饰性和使用性较好。

碳酸胍的分子式为 $(CH_5N_3)_2 \cdot H_2CO_3$，氮含量为 46.7%，是一种碱性物质，可单独用作木材阻燃剂，也可与磷酸铵合用。

氨基磺酸胍的分子式为 $CH_5N_3 \cdot HSO_3NH_2$，熔点为 127℃，分解温度为 230~245℃，接近中性，易溶于水，几乎不溶于有机溶剂，氮含量为 35.9%。氨基磺酸胍不影响纸的白度和强度，主要用作纸的阻燃。

4.5 硅系阻燃剂

含硅阻燃剂的开发晚于卤系和含磷阻燃剂，但由于具有良好的阻燃性能和环境友好性，并可赋予被阻燃材料良好的加工性能和力学性能（尤其是低温冲击强度）而受到重视。含硅阻燃剂可分为无机和有机两大类，前者主要有硅酸盐、硅胶、二氧化硅等；后者主要是聚硅氧烷，包括硅油、硅树脂、倍半硅氧烷及多种硅氧烷共聚物。一般认为含硅阻燃剂主要在凝聚相中发挥阻燃作用，将其添加到聚合物中可以促进形成高质量炭层结构，以有效隔热、隔氧和抑制可燃性气体逸出。

4.5.1 二氧化硅

二氧化硅（SiO_2）作为一种无机物，其与聚合物基材的相容性很差，简单的物理共混会降低基材的力学性能和加工性能。通过气相法和溶胶凝胶法等超细化工艺制备纳米 SiO_2，则可赋予 SiO_2 显著的纳米效应。纳米 SiO_2 具有三维网状微结构，均匀分散的 SiO_2 与聚合物基体之间具有极大的接触表面积，能提高基体的热稳定性。添加一定量的纳米 SiO_2 后可以提高基体的韧性和强度，但纳米 SiO_2 单独用作阻燃剂的时候很少，更多的是作为阻燃协效剂使用。据报道，在膨胀型透明防火涂料中添加少量的纳米 SiO_2 可以有效增强涂层的成炭、阻燃和抑烟性能，这主要与纳米 SiO_2 能促进体系形成更加致密和膨胀炭层结构有关。此外，在间苯二酚双（二苯基磷酸酯）（RDP）阻燃 PC/ABS 体系中，将纳米 SiO_2 用作协效剂后可使 PC/ABS 阻燃体系达到 UL94 V-0 级，LOI 值提高至 29%以上。

4.5.2 倍半硅氧烷

倍半硅氧烷是指 Si—O 键相互连接且化学组成符合经验关系式（$RSiO_{1.5}$）$_n$ 的一类有机-无机杂化分子，其中 R 为 H 或各种烷基、芳基及其衍生物。倍半硅氧烷按照结构特点可分为无规、梯形、笼形和不完整笼形结构四种（图 4-36）。笼形低聚倍半硅氧烷（POSS）作为一种新型阻燃剂，可看作最小的 SiO_2 颗粒，粒径为 1~3nm，与大多数高分子链段接近。POSS 具有优异的热稳定性和良好的耐热性，添加到聚合物基体中能够有效改善熔体黏度和提高基体的力学性能，还可减少燃烧过程中的热释放速率。POSS 的阻燃机理一般认为是 POSS 在燃烧过程中逐渐迁移到聚合物表面形成一种类陶瓷层，该陶瓷层可以隔离外界氧气和热量扩散到受热聚合物，从而有效地保护下层聚合物基体。由于 POSS 及其衍生物可以在燃烧过程中形成热稳定的类陶瓷物质，所以它们也被称为陶瓷前驱体物质。

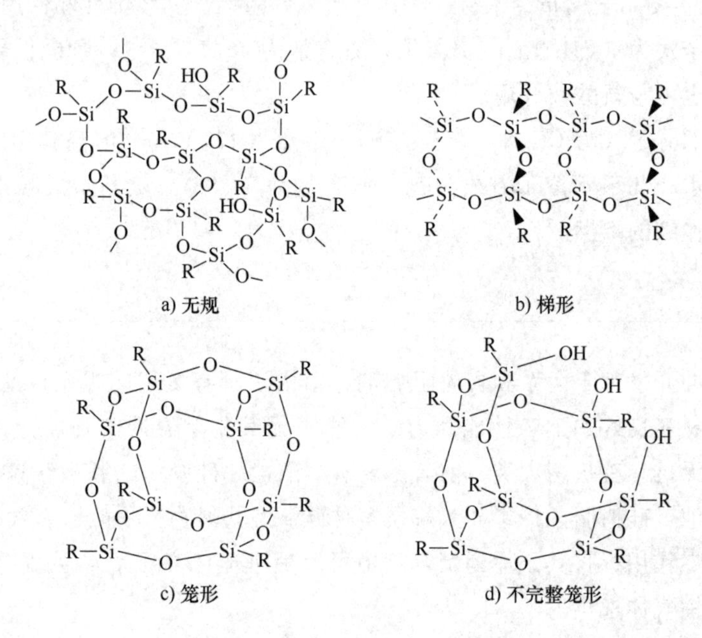

a) 无规　b) 梯形　c) 笼形　d) 不完整笼形

图 4-36 倍半硅氧烷的结构类型

POSS 及其衍生物最主要的制备方法包括三种：一是通过单体完全缩合反应；二是将不完全缩合产物进行封角反应；三是通过 POSS 化合物中 Si—H 基团与双键进行的加成反应。POSS 及其衍生物既可以作为添加型阻燃剂，也可以通过接枝或共聚的方式对聚合物材料改性。POSS 及其衍生物在聚丙烯、聚乳酸（PLA）、聚碳酸酯、PET、TPU、EP 等材料中展现出良好的阻燃作用。

4.5.3 层状硅酸盐

层状硅酸盐属于黏土矿物，是由若干硅氧四面体和铝氧八面体按照不同规律连接起来的结构层堆垛而成。四面体是由底部的三个氧分别与其相邻的三个四面体以共角顶氧的方式相连，这种连接向二维空间延伸，形成上、下面都具有六角形网孔的硅氧四面体片。铝氧八面体的结构即铝与氧、镁与氧形成的六配位八面体结构，相邻的两个八面体通过共棱边的两个—OH 相连形成八面体片，片层厚度约为 0.5nm。

聚合物/层状硅酸盐纳米复合材料（PLSN）的制备过程中经常使用插层剂扩张片层间距，改善层间的微环境。例如，离子交换剂通过离子交换的原理进入黏土片层之间，使蒙脱土的内外表面由亲水性转变为疏水性，从而增强蒙脱土片层与聚合物分子链之间的亲和力，同时降低层状硅酸盐的表面能，使聚合物单体或分子链较容易地插层进入蒙脱土片层之间形成 PLS 纳米复合材料。层状硅酸盐常用的有机改性方法包括长链烷基季铵盐改性、硅烷偶联剂改性、有机酸改性和聚合物单体改性等。

PLSN 的制备方法统称为插层复合法，按照复合的过程可分为原位聚合法、溶液插层法和熔融插层法。原位聚合法是将经过表面改性的层状硅酸盐用单体溶液或者液态单体膨胀，将聚合物单体转移进入经过有机处理的层状硅酸盐片层之间，然后通过加热、辐射或引发剂等手段进行聚合。聚合过程中利用聚合反应释放的热来克服硅酸盐片层间的静电力，使其剥离，从而实现硅酸盐片层与聚合物基体纳米尺度的复合。聚合物溶液插层法是聚合物大分子链在溶液中借助溶剂插层进入硅酸盐片层之间，然后脱出溶剂。溶液插层法包括三个步骤：第一步是选择适宜的溶剂，一般使用极性溶剂如甲苯、N,N-二甲基甲酰胺等促使硅酸盐膨胀，使溶剂插层进入硅酸盐层间；第二步是加入已溶于有机溶剂的聚合物，利用聚合物与溶剂之间进行交换，使聚合物分子链进入硅酸盐的片层间；第三步是利用真空蒸馏除去有机溶剂。熔融插层法是将熔融状态的聚合物分子链直接插层进入硅酸盐片层的层间，它不需使用有机溶剂，可大大降低对环境的污染，是一种绿色高效、适用面广的加工方式。按聚合物链在硅酸盐层间渗透扩散程度的不同，聚合物分子链从熔融本体中扩散到硅酸盐片层间的缝隙中可以形成插层结构或者剥离型结构的纳米复合材料或者二者共存的混合型纳米复合材料。相比于原位聚合法和溶液插层法，熔融插层法不用溶剂，对环境友好，且工艺简单，成本低，非常适于工业化生产。

根据层状硅酸盐在聚合物基体中的分散状态不同，PLSN 可以划分为插层型、剥离型及相分离型三种结构类型。严格地说，只有插层型和剥离型结构的复合物才属于 PLSN。插层型是聚合物插入层状硅酸盐片层之间，片层间距扩大，但片层仍具有一定的有序性，插层型 PLSN 为各向异性材料。剥离型是层状硅酸盐片层完全剥离并均匀地分散在聚合物基体中，剥离型 PLSN 可作为强韧性材料。

PLSN 的阻燃性能提高主要表现为在很少的硅酸盐添加量下可大幅降低聚合物的热释放速率，并且燃烧过程中伴随大体积炭渣的形成。一般而言，有机材料在燃烧过程中如果能够形成炭渣，就会有一定的阻燃作用，因为炭渣的形成必然减少可燃气体的挥发量，同时表面形成的炭层还会有阻隔热传递、减缓分解的作用。对于 PLSN 也有相似的观点，即认为 PLSN 在燃烧过程中形成的炭渣是其阻燃性能提高的主要原因。目前普遍认为层状硅酸盐对于聚合物的阻燃作用发生在凝聚相，阻燃的根本原理可从物理作用和化学作用两个方面来分析。物理作用主要是指有一定长径比的片状硅酸盐可以在聚合物受热燃烧过程中形成类氧化硅组分并向材料表面聚集，形成一个有利于抑制传热和传质的屏障，也有助于减少聚合物燃烧过程中的熔滴。化学作用主要是指层状硅酸盐本身及有机化处理过程中所使用的改性剂可以促进聚合物的降解成炭，从而发挥凝聚相阻燃作用。

根据晶体结构类型的不同，层状硅酸盐主要分为2∶1型层状结构，如蒙脱土族（蒙脱土）、海泡石族（海泡石、凹凸棒土）、云母石族（伊利石）、滑石族（滑石粉）等，以及1∶1型层状结构，如高岭土族（高岭土、埃洛石）和蛇纹石族（蛇纹石）等。

1. 高岭土

高岭土是一种典型的1∶1型层状晶体结构的硅酸盐黏土矿物（图4-37），其结构单元由一个硅氧四面体片层和一个铝氧八面体片层通过共用氧原子结合构成，化学组成和实际结构与埃洛石、珍珠石相似。高岭土有多种形态，主要有细长的小管状、短管状、球状和片状等，高岭土化学式为$2SiO_2 \cdot Al_2O_3 \cdot 2H_2O$，层间距为0.72nm。由于高岭土属于非膨胀型黏土，层间无交换的粒子，相邻的层间通过氢键连接起来，且每一层中的铝氧八面体和硅氧四面体之间的不对称结构导致高岭土极性很强，因此很难直接通过简单粒子插层其中，其插层难度远远高于蒙脱土。

2. 蒙脱土

蒙脱土属于2∶1型层状硅酸盐，即每个单位晶层由两个硅氧四面体中间夹着一层铝氧八面体构成的“三明治”结构，晶层之内硅铝之间共用氧原子，而单位晶层两面都是氧原子（图4-38）。蒙脱土晶层之间不易形成氢键，而只有范德瓦耳斯力作用，每个晶层的厚度约为1nm，由于Al^{3+}可以被Mg^{2+}、Fe^{2+}等离子同晶置换，因此单位晶层表面产生较多负电荷并通过吸附阳离子来保持电中性。蒙脱土中的负电荷主要来自八面体中的同晶置换，当一部分位于中心层的Al^{3+}被低价的金属离子同心置换时，会导致蒙脱土片层呈现出弱的电负性，所以在片层表面往往吸附着某些金属阳离子（如Na^+、K^+、Ca^{2+}、Mg^{2+}等）来维持整个矿物结构的电中性。由于这些金属阳离子是被很弱的电场作用力吸附在片层表面的，很容易被有机阳离子型表面活性剂、无机金属离子及阳离子染料等交换出来，属于可交换阳离子。

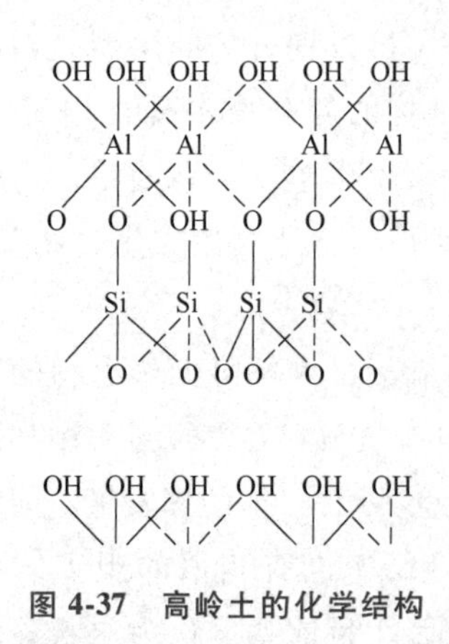

图4-37 高岭土的化学结构

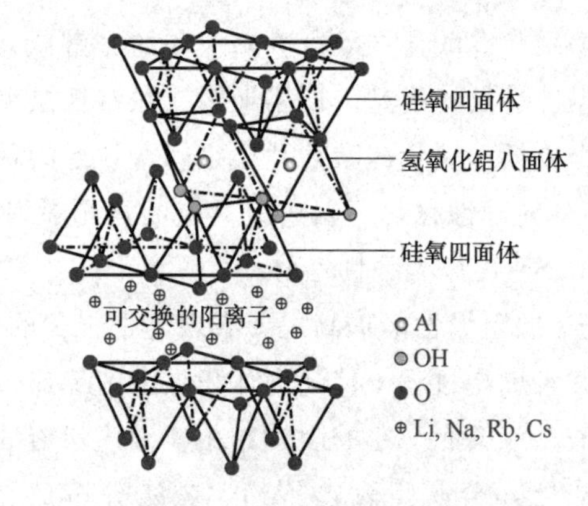

图4-38 蒙脱土的化学结构

3. 滑石粉

滑石粉的主要成分为水合硅酸镁，分子式是$Mg_3Si_4O_{10}(OH)_2$，外观呈灰白色，常含有少量的钙、铝、铁、钠等成分。滑石粉是一种具有层状结构的无机填料，其结构由 1 层水镁石夹于 2 层二氧化硅构成（图 4-39）。由于滑石粉的表面活性基团很少，因此传统的有机改性效果不明显。

滑石粉主要用作塑料、橡胶及涂料等材料的无机增强填料。滑石粉作为阻燃填料，所含结晶水在燃烧的时候会释放出来，起到降温和抑制燃烧的作用。滑石粉单独作为阻燃剂添加到聚合物材料中阻燃效果不佳，通常作为含磷阻燃剂的协效剂使用。

4. 云母粉

云母也属于层状硅酸盐矿物的一种，化学式为 $KM(AlSi_3O_{10})(OH)_2$，其中，M 可以是铝、铁、镁或这些金属的组合，它的化学结构如图 4-40 所示。云母粉具有化学性质稳定、耐热性能好，并且能够阻隔、屏蔽紫外线，被广泛应用于涂料、橡胶、塑料、化妆品等领域。然而云母粉的亲水性较强，表面自由能大，与聚合物混合时相容性较差，常需要采用偶联剂表面改性法与插层改性法对云母粉进行改性处理。此外，云母粉很少单独用作阻燃剂，一般与其他阻燃剂复配使用。

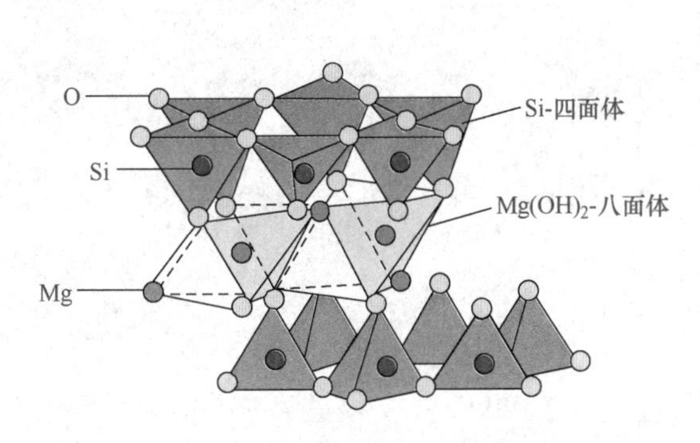

图 4-39 滑石粉的化学结构

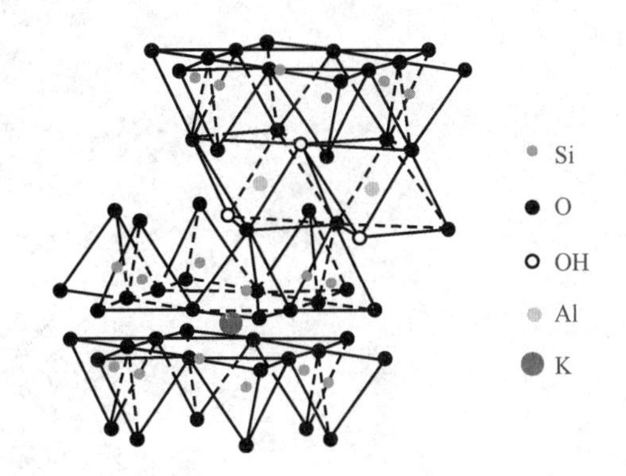

图 4-40 云母粉的化学结构

5. 海泡石

海泡石兼具层状结构与沸石隧道结构特征的共同特性，具有极高的比表面积（最大可达 $300m^2/g$）和高长径比。它的化学结构如图 4-41 所示。海泡石的化学组成为 $Si_{12}O_{30}Mg_8(OH)_4(H_2O)_4 \cdot nH_2O$，结晶水数目 n 达 2~12 个，属于 2∶1 型层状硅酸盐黏土，为薄片状水合硅酸镁。海泡石具有脱色、隔热、绝缘、抗腐蚀、抗辐射及热稳定等性能，是工业界广泛应用的层状纳米填料。海泡石的簇状纤维结构中含有大量的纳米级孔道，由于孔道空气导热系数远小于固体导热系数而具有良好的阻热效果，用作聚合物纳米填料有助于提高材料的阻燃性能。海泡石单独使用时阻燃作用不佳，一般与含磷阻燃剂复配使用。

6. 凹凸棒土

凹凸棒土又名坡缕石，理论化学式为 $Si_8Mg_5O_{20}(OH)_2(H_2O)_4 \cdot 4H_2O$，它的化学结构如图 4-42 所示。凹凸棒土是一种具有纳米层状结构的黏土，具有滑感、质轻、吸水性强、遇水不膨胀、湿时具有黏性和可塑性等特性。凹凸棒土的阻燃机理与蒙脱土类似，其受热分解后的残留物形成阻隔层，阻止材料中可燃性小分子气体挥发和火焰气体扩散，减少火焰传递到基材的热量，以及隔断燃烧时氧气的运输途径，起到隔离阻燃的作用。凹凸棒土一般用作阻燃协效剂，可以与IFR、氢氧化物等复配后用于PP、PS等聚合物的阻燃改性，能同时提高材料的阻燃性能和力学性能。

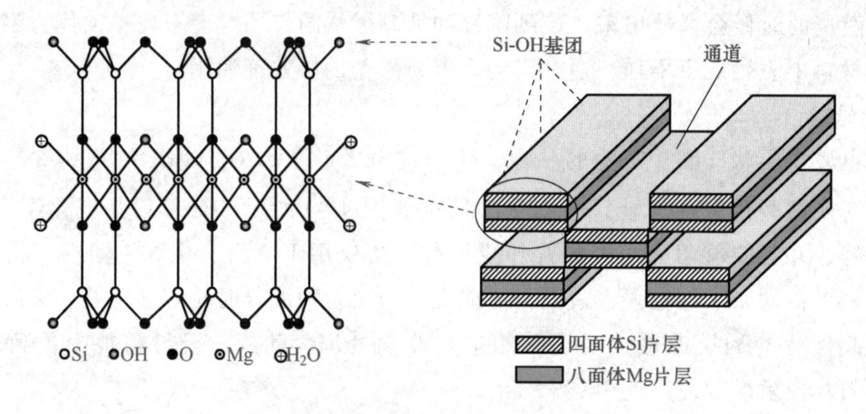

图4-41　海泡石的化学结构

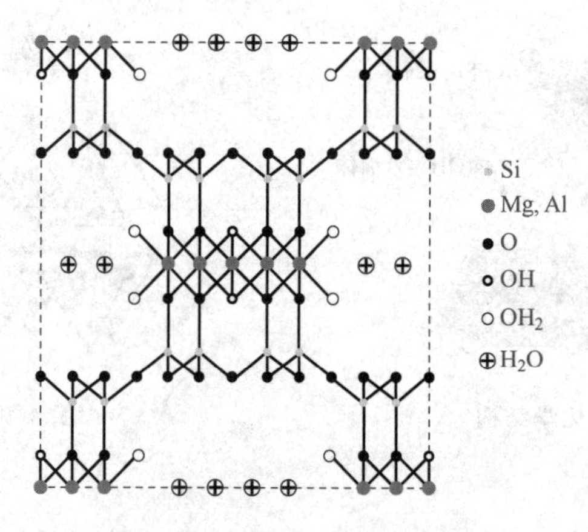

图4-42　凹凸棒土的化学结构

4.6 填料型阻燃剂

4.6.1 氢氧化铝

氢氧化铝（ATH）作为金属氢氧化物阻燃剂，是无卤阻燃剂中用量最大的品种，特别是在阻燃电线电缆、聚烯烃等产品中应用非常广泛。

ATH是一种白色至浅白色的粉末，不溶于水和乙醇，溶于酸和碱类。ATH的工业制备方法有拜耳法、烧结法和二者的结合法等。ATH在220℃以上时发生分解，主要用于加工温度在220℃以下的聚合物，不仅可单独使用，也常与其他阻燃剂并用。ATH适用于丁苯橡胶、氯丁橡胶、三元乙丙橡胶、EP、PF、UP、PVC、EVA、PS、LDPE、PP等聚合物的阻燃。

ATH 受热发生分解，通过吸收燃烧区域大量的热，起到降低体系温度的作用；它分解产生的水蒸气可以稀释可燃物的浓度，同时其分解产生极耐热的氧化铝覆盖在聚合物表面可起到隔热、隔氧和抑烟的作用。氢氧化铝的优点是价格便宜，不产生有毒有害气体，具有一定的抑烟作用；缺点是阻燃效率不高，需高添加量才能达到阻燃要求，对基材的机械性能影响大。氢氧化铝的热解反应式如下：

$$2Al(OH)_3 \rightarrow Al_2O_3+3H_2O(1050kJ/kg)$$

$$Al_2O_3 \cdot 3H_2O \xrightarrow{\triangle} -O-Al^+-O-\underset{\underset{O-}{|}}{Al}-O-$$

由于微米级 ATH 的填充量大（多为 60%以上），阻燃效率不高，且 ATH 与聚合物基材的相容性差，会给复合材料的加工成型及产品性能都带来严重影响。通过降低 ATH 颗粒的尺寸和表面改性等方法可以有效改善 ATH 应用中遇到的问题。将 ATH 的粒径减小到纳米级，不但可以减少用量，提高阻燃效率，还可以改善与聚合物基体的相容性。目前制备纳米 ATH 的主要方法有水热合成法、碳分法、超重力碳分法和溶胶-凝胶水热偶合法等。ATH 表面改性的处理工艺分别为湿法和干法，常用的表面改性剂为硬脂酸、硅烷偶联剂和钛酸酯偶联剂等。湿法就是把改性剂直接加入氢氧化铝悬浮液中进行表面处理。干法是用适量的惰性溶剂将改性剂稀释后，喷淋于氢氧化铝粉末上，并利用搅拌机将其搅拌混合均匀而完成改性处理。由于改性用的大多数偶联剂耐水性差，只能在惰性有机溶剂中溶解并稀释使用，所以 ATH 一般采用干法改性。

4.6.2　氢氧化镁

氢氧化镁（MDH）是一种白色至浅白色晶体粉末，是使用量仅次于氢氧化铝的金属氢氧化物阻燃剂。MDH 的阻燃机理与 ATH 类似，但是热稳定性比 ATH 好，热解初始分解温度接近 330℃。MDH 可用于塑料、橡胶、纤维及涂料等聚合物的阻燃，并具有显著抑烟作用，但一般不能用于热塑性聚酯树脂，原因在于它会催化树脂分解。MDH 抑烟能力比 ATH 更加优异，并能抑制 HCl 的生产能力。MDH 可以从各种含镁矿物中提取，也可以从镁含量较高的盐水或海水中获得。氢氧化镁的热解反应式如下：

$$2Mg(OH)_2 \rightarrow 2MgO+2H_2O(1300kJ/kg)$$

在实际应用中，MDH 存在分散性差、填充量大、会降低基材力学性能等问题，目前主要通过表面吸附、表面包覆、表面接枝等表面改性方法来解决此问题。此外，MDH 的超细化、多晶型 MDH 的制备和应用是该类阻燃剂的研究重点与发展方向。

4.6.3　硼酸锌

含硼化合物早在 16 世纪就被用于阻燃织物，包括硼酸锌、五硼酸铵、偏硼酸钠、氟硼酸铵和偏硼酸钡等。硼酸锌是最重要的含硼化合物，它具有抑烟、阻燃、抑阴燃、防止生成熔滴等多种功能，并且具有低毒、价廉、透明度高和不易沉淀等特性。硼酸锌的化学结构符合通式 $x\mathrm{ZnO}\cdot y\mathrm{B_2O_3}\cdot z\mathrm{H_2O}$，其中最常见的品种是 $2\mathrm{ZnO}\cdot 3\mathrm{B_2O_3}\cdot 3.5\mathrm{H_2O}$，外观为白色结晶形粉末，熔点为980℃，相对密度为2.8，折射率为1.58，不溶于水和一般的有机溶剂，可溶于氨水生成络合盐，在300℃以上开始失去结晶水。硼酸锌的生产方法主要有硼砂法和硼酸法，前者是把硼砂和硫酸锌按一定配比溶于水中，一定温度下进行反应，反应结束后经漂洗去除硫酸钠，然后压滤、干燥、粉碎即得产品；后者是将硼酸、氧化锌按一定配比溶于水中，在一定温度下进行反应，反应结束后漂洗、压滤、干燥、粉碎即得产品。

硼酸锌的阻燃机理可归纳为吸热作用、稀释作用、覆盖作用和抑制链反应等几个方面。当温度高于300℃时，硼酸锌发生热分解并失去结晶水，结晶水蒸发能起到吸热冷却和稀释空气中氧气的作用。硼酸锌分解生成 $\mathrm{B_2O_3}$ 固体，附着于基材表面形成一层覆盖层，能够有效抑制可燃气体逸出并阻止氧化及热分解作用的进一步进行。此外，硼酸锌与卤素化合物并用时，高温环境下会生成 $\mathrm{BX_3}$ 可进一步与水蒸气作用生成HX，能有效阻止自由基间链反应的卤素原子，从而起到阻燃作用。硼酸锌多数情况下与其他阻燃剂并用，以发挥协效作用和抑烟功能，可用于UP、EP、PA、PPO、EVA、PE、PVC、聚砜、丙烯酸酯和硅橡胶等。硼酸锌在聚氯乙烯（PVC）中的阻燃抑烟机理如图4-43所示。

4.6.4 碱式碳酸镁

碱式碳酸镁（简称HM）的分子式为 $x\mathrm{MgCO_3}\cdot y\mathrm{Mg(OH)_2}\cdot z\mathrm{H_2O}$，其中 $x=1\sim4$，$y=0\sim1$，$z=0\sim8$，为白色单斜结晶或无定型粉末，无毒、无味，微溶于水，易溶于酸，遇酸即发生反应，生成二氧化碳。碱式碳酸镁具有较好的耐热性，热分解温度介于氢氧化铝和氢氧化镁之间，燃烧时产生极少的烟，质地轻且松散，被广泛应用于阻燃行业。碱式碳酸镁可由水菱镁石煅烧合成，也可以利用溶液法进行合成。水菱镁石具有含镁量高、含杂质低等特点，工业上经常使用煅烧制成氧化镁，再进一步合成碱式碳酸镁。

碱式碳酸镁在高温下的分解历程可分为两步：第一步是热分解失去水，水汽化成水蒸气，带走热量；第二步是分解生成二氧化碳，降低周围空气的助燃性，同时生成致密的氧化镁保护膜以保护基体和隔绝氧气。碱式碳酸镁的整个分解过程为吸热过程，可以带走热量和降低温度，达到阻燃的效果。碱式碳酸镁单独用于聚合物材料也存在阻燃效率不高及与聚合物材料基体相容性差等问题，故一般采用超细化、表面改性、与其他阻燃剂（如可膨胀石墨、蒙脱土、ATH等）协效复配使用等措施。

4.6.5 碳酸钙

碳酸钙（$\mathrm{CaCO_3}$）是塑料和橡胶工业用量最多的填充剂，它原料易得，价格低廉，可大量填充，客观上起着对聚合物的阻燃效果。碳酸钙添加到塑料、橡胶等聚合物材料中，能起到稀释聚合物含量，降低体系可燃性的作用。此外，碳酸钙作为阻燃协效剂，可以与膨胀型阻燃剂、锡酸锌、氢氧化镁等复配使用，可用于PVC、EP、PP、PS等材料的阻燃。

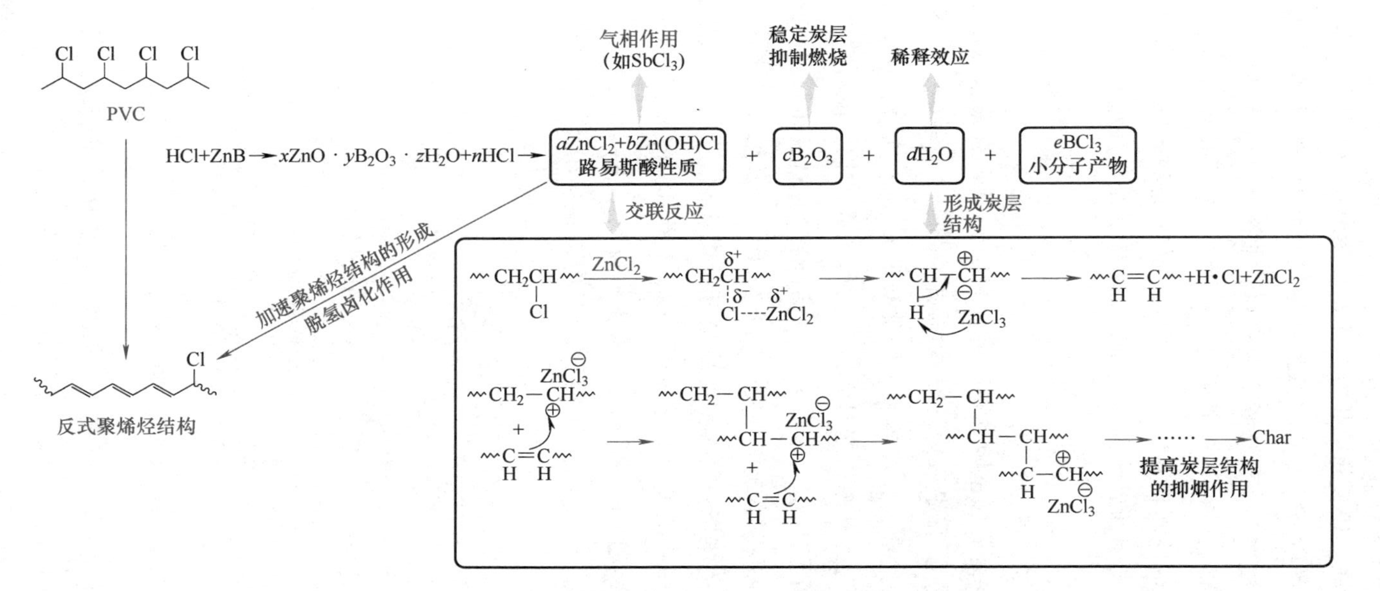

图 4-43　硼酸锌在聚氯乙烯中的阻燃抑烟机理

碳酸钙为无毒、无味、无刺激性的白色粉末，主要分为重质（天然）碳酸钙、轻质（沉淀）碳酸钙和超细（活化）碳酸钙三大类。重质碳酸钙因其价格相对便宜，并能赋予聚合物良好加工性能和物性而得到广泛应用。轻质碳酸钙能有效改善天然橡胶、丁苯橡胶、氯丁橡胶等橡胶的拉伸强度、撕裂强度和耐磨性，还能通过调整加工过程中塑料混合物的黏度以使塑料易于成型。纳米碳酸钙是20世纪80年代兴起的一种新型超细化固体材料，它无刺激性、无毒、白度高、色泽好、粒径较小，具有普通碳酸钙所不具有的纳米效应，且随着大规模的工业化生产，价格已经可被普遍接受，应用已经非常广泛。为了进一步提高纳米碳酸钙在聚合物材料中的分散性和相容性，还往往需要对其进行表面改性。由于成本与易操作性的原因，纳米碳酸钙最常用的表面改性是偶联剂改性和脂肪酸盐改性。

4.6.6 可膨胀石墨

可膨胀石墨（EG）属于物理膨胀型阻燃剂，是经特殊处理后遇高温时石墨片层可卷曲并瞬间膨胀成蠕虫状的天然晶质石墨，化学结构如图4-44所示。EG的初始膨胀温度在200℃左右，在500℃之前可达到最大膨胀容积，膨胀体积可达几百倍，并形成大量彼此镶嵌的蠕虫状膨胀层，该蠕虫状层为孔隙均匀且孔隙率大的微孔结构，能有效降低导热系数。EG用于聚合物阻燃时，受热后形成的蠕虫状隔热层起到隔热、隔氧和抑制火焰传播等阻燃作用。EG与被阻燃聚合物之间不发生或很少发生化学作用，主要靠自身体积膨胀形成的膨胀隔热层来延缓或抑制聚合物的燃烧，是典型的凝聚相阻燃机理。EG之所以受热膨胀是因为插入层间的硫酸与石墨碳原子之间发生氧化还原反应，产生 H_2O、CO_2 和 SO_2 等大量不燃性气体而导致膨胀。EG在阻燃应用中往往和其他阻燃剂协效使用，以发挥更显著的阻燃作用。例如，EG和三乙基磷酸酯（TEP）在用于阻燃PU时表现出明显的协效效应。

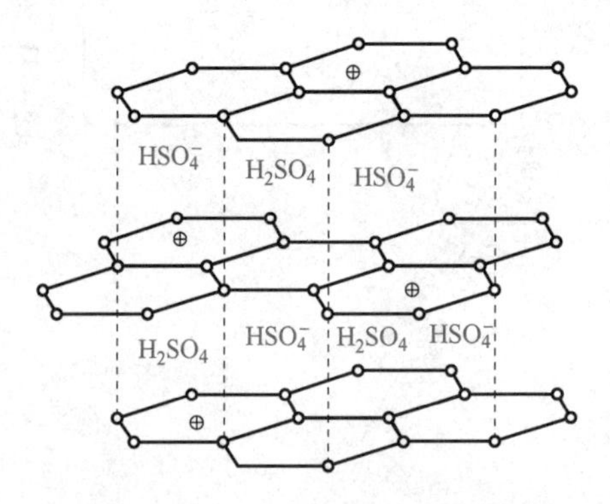

图 4-44 可膨胀石墨的化学结构

EG可以看作一种石墨层间化合物，它主要由天然晶状鳞片石墨制得，制备方法包括化学氧化法和电化学法，后者是目前生产EG的主要方法。不同的制备方法导致EG具有不同的结构，即使在插层物质相同的情况下，由于氧化程度及反应条件的差异，往往可以形成不同插层阶数的EG。插层阶数越小，说明EG插层越充分。工业生产的EG一般是不同阶数或多阶产物的混合物，而插层阶数不同的EG往往具有不同的膨胀倍率，对其阻燃作用产生重要影响。另外，初始膨胀温度、粒度、表面酸性和含硫量等都会对其阻燃作用的发挥产生重要影响，因此要根据聚合物的性质选择适用的 EG。

4.6.7 其他填料型阻燃剂

1. 含锑阻燃剂

含锑阻燃剂单独使用时通常阻燃作用小，但与卤系阻燃剂并用时可大大提高卤系阻燃剂的效能，这是阻燃领域典型的协效效应。无机锑系阻燃剂主要包括三氧化二锑、五氧化二锑胶体及锑酸钠，其中最重要和应用最广泛的是三氧化二锑，它是几乎所有卤系阻燃剂不可缺少的协效剂。

三氧化二锑（Sb_2O_3）外观为白色晶体粉末，受热时显黄色，熔点为 656℃，沸点为 1425℃，溶于浓硫酸、浓盐酸、氢氧化钠、草酸等，不溶于水和有机溶剂。卤素与 Sb_2O_3 的最佳摩尔比一般为 3∶1～2∶1，卤锑体系广泛应用于聚烯烃、苯乙烯系列、聚氨酯泡沫塑料、环氧树脂及酚醛树脂等高分子树脂的阻燃。

2. 钼化合物

钼化合物在阻燃领域主要用作抑烟剂，主要有氧化钼、八钼酸铵（AOM）、钼酸钙和钼酸锌等。氧化钼（MoO_3）为灰蓝色的粉末，微溶于水。由于钼化合物的氧化状态和配位数容易改变，使其拥有阻燃和抑烟的效果，特别是应用于聚氯乙烯。通过纳米化等技术手段可以提高氧化钼在聚合物基体中的分散性并提升抑烟效能。此外，氧化钼与氧化铜、氧化铁或氧化镉混合物的抑烟作用比单一的氧化钼更好。

八钼酸铵的分子式为 $NH_4Mo_8O_{26}$，存在多种异构体。α-AOM 通常用作抑烟剂，外观为白色粉末，250℃左右开始分解。AOM 与 MoO_3 的抑烟功能相近，但 AOM 能赋予制品以较佳的颜色稳定性。

3. 铁化合物

铁化合物在阻燃领域也主要用作抑烟剂，主要有二茂铁、氧化铁、羟基氧化铁（FeOOH）等。二茂铁是亚铁与环戊二烯的配合物，外观为橙色结晶，熔点为 174℃，沸点约为 249℃，能升华，不溶于水，溶于苯、乙醚、石油醚。二茂铁特别适合用作 PVC 的抑烟剂，100 质量份 PVC 采用 0.5 质量份二茂铁（质量份是指每 100 质量份橡胶或树脂中其他配合剂的质量份），便可使硬质 PVC 的燃烧生烟量降低 30%～70%。尽管二茂铁抑烟效果明显，但由于其呈橙红色，因而只能用于对颜色没有要求的地方，且不能与含磷阻燃剂并用。

具有抑烟功能的氧化铁主要是 α-Fe_2O_3，属于六方晶系，其外观为砖红色粉末，不溶于水，溶于盐酸和硫酸，具有高热稳定性。α-Fe_2O_3 可用于 EP、PVC、膨胀型防火涂料等材料的抑烟。此外，通过纳米化、表面修饰和微胶囊包覆等方式可改善 α-Fe_2O_3 在聚合物基体中的分散性并提升抑烟效能。

4. 锡酸锌

锡酸锌（ZS）的分子式为 $ZnSnO_3$，主要用作抑烟剂，其耐热温度可达 600℃，且基本无毒。ZS 可用于 PVC 的抑烟，在软质 PVC 中以 5 质量份的 ZS 代替等量的 Sb_2O_3，材料的燃烧产物中 CO 含量和烟密度等级显著降低。此外，ZS 用于包覆 ATH 和 MDH，可显著提高二者的抑烟性能并显著降低 ATH 和 MDH 的添加量，从而可改善被阻燃聚合物材料的加工性能及物理-机械性能。

4.7 纳米阻燃剂

纳米阻燃体系作为一种新型聚合物阻燃体系，极具发展潜力。纳米阻燃剂按照维度可分为三种：①一维纳米材料：碳纳米管及各种晶须，如镁盐和硫酸钙晶须等；②二维纳米材料：层状黏土，如蒙脱土、高岭土、氧化石墨、层状双金属氢氧化物等；③三维纳米材料，如纳米氢氧化铝、氢氧化镁、二氧化钛、二氧化硅、聚倍半硅氧烷、富勒烯等。层状硅酸盐、纳米氢氧化物、纳米二氧化硅、聚倍半硅氧烷之前已经介绍，本节重点介绍碳纳米材料、金属纳米氧化物、层状双金属氢氧化物等几种具有代表性的纳米阻燃剂。

4.7.1 碳纳米材料

在纳米阻燃剂中，碳纳米管、富勒烯、石墨烯、纳米炭黑等纳米碳材料在改善聚合物的成炭质量，提高聚合物的热稳定性、力学性能等方面有着不凡的表现。

1. 碳纳米管

碳纳米管（CNTs）不仅具有一般纳米粒子的量子效应，还具有优异的力学、电学、光学性能和热稳定性，使其在复合材料、纳米器件、储能、吸波及催化等领域展现出广阔的应用前景，受到科学界的广泛关注。碳纳米管可以看作由单层或多层石墨片卷曲而成的中空无缝管状纳米碳材料，每一个碳原子均通过 sp^2 杂化轨道与其周围的三个碳原子键合形成一种无缝的圆筒。碳纳米管主要由六边形排列的碳原子构成数层到数十层的同轴圆管，层与层之间保持约 0.34nm 的固定距离，直径一般为 2~20nm。根据管壁层数的多少，CNTs 可分为单壁碳纳米管和多壁碳纳米管，具体的化学结构如图 4-45 所示。由于碳纳米管基本上不具有极性，因此与热塑性聚合物尤其是 PP、PE 等具有较好的相容性。

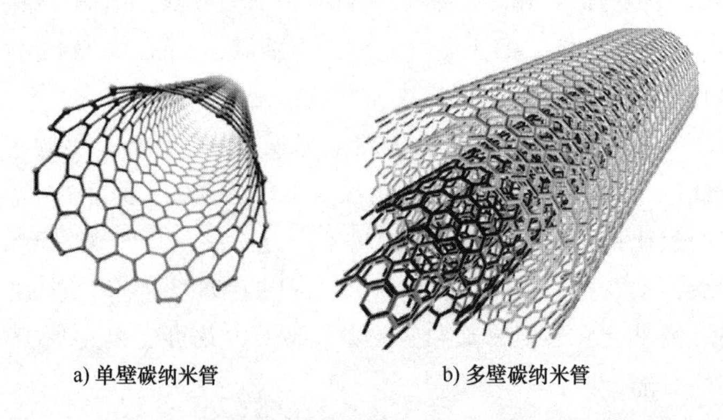

a) 单壁碳纳米管　　b) 多壁碳纳米管

图 4-45　单壁碳纳米管和多壁碳纳米管的化学结构

CNTs 既可以直接单独用作添加型阻燃剂，也可以经改性后作为添加型阻燃剂使用，还可以用作阻燃协效剂。CNTs 单独用作添加型阻燃剂时，会使聚合物熔体黏度增加，燃烧时不再产生熔滴，但阻碍了挥发性物质的逸出，致使材料可以维持稳定燃烧，故不能通过UL94 测试。由于 CNTs 之间存在很强的范德瓦耳斯力，容易产生缠绕团聚，使其在聚合物基体中难以实现有效分散。另外，CNTs 的化学活性低，很难与聚合物基体形成有效结合，相容性差，使其应用受到很大限制。通过对 CNTs 进行表面改性可以改善其与聚合物之间的相容性和在聚合物基体中的分散性，这不但可以提高聚合物/CNTs 复合材料的阻燃性能，而且对于复合材料其他性能的提高也是非常有利的。例如，将含有阻燃元素的功能性基团接枝到 CNTs 上，不仅可以提高分散性和相容性，还可以使阻燃性能得到提升。此外，CNTs 与层状硅酸盐、Ni_2O_3、MDH、含溴阻燃剂及碳纤维之间具有协效作用，但并不适用于膨胀阻燃体系，主要是因为 CNTs 的网状结构具有“笼蔽”作用，会限制膨胀阻燃剂的膨胀发泡，进而导致泡沫炭层的隔热作用下降。

2. 石墨烯

石墨烯是二维拓扑结构的纳米碳材料，具有独特的结构和优异的物理化学性能，它的化学结构如图 4-46 所示。与富勒烯和 CNTs 相比，石墨烯原料易得、价格便宜，是继 CNTs 之后又一种具有广阔应用前景的新型纳米碳材料。由于石墨烯的独特结构和众多优异性能，很适合制备石墨烯纳米复合材料。当石墨烯在聚合物基体中达到良好分散状态时，纳米复合材料不仅在力学性能和导热、导电性能等方面均出现显著提高，而且燃烧时的峰值热释放速率也出现明显降低。与 CNTs 类似，石墨烯既可以直接单独用作添加型阻燃剂，也可以经改性后作为添加型阻燃剂使用，还可以用作阻燃协效剂。

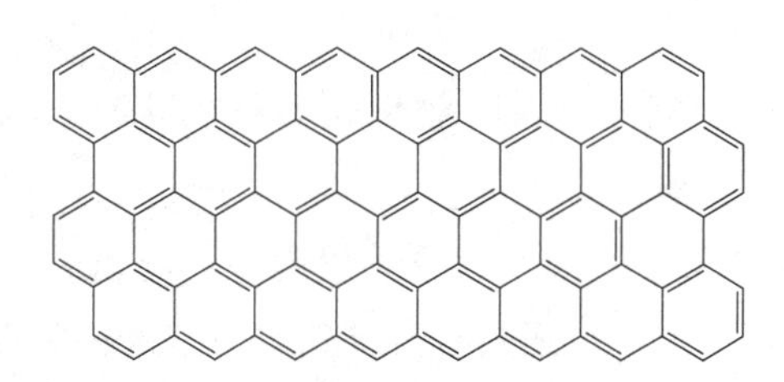

图 4-46 石墨烯的化学结构

石墨烯在用作添加型阻燃剂时，同样面临分散性和基体相容性问题。氧化石墨烯（GO）是以天然石墨为原料，经系列氧化过程得到的，其表面含有一定量的羟基、羧基、环氧基等基团，可以看作石墨烯的衍生物。以 GO 为基础，容易通过接枝反应实现对石墨烯功能化改性，进而用于聚合物阻燃。例如，利用聚磷腈、3-氨丙基三乙氧基硅烷、聚磷酰胺、八氨基苯基笼形聚倍半硅氧烷、DOPO、聚哌嗪季戊四醇双磷酸酯等对石墨烯进行修饰，并用于EP、PU、PS、PE、EVA 等聚合物的阻燃。此外，石墨烯作为阻燃协效剂，与磷酸三聚氰胺、MMT、LDHs、CNTs 及 IFR 等组成二元或三元阻燃剂对聚合物进行阻燃，协效阻燃效果明显。

3. 富勒烯

富勒烯是由碳原子构成的具有封闭型笼状结构的分子，其可以看作零维纳米碳材料，它的化学结构如图 4-47 所示。富勒烯其实是一大类物质，可以由不同数目碳原子组成的，确切地说应该称之为富勒烯族。富勒烯族中以 C_{60} 的研究最为深入，这是由于 C_{60} 的稳定性最高。C_{60} 的阻燃作用主要是由于其可以捕捉聚合物降解时产生的自由基并形成交联的凝胶网络，从而增大体系熔体黏度，延缓聚合物基体的燃烧。为了进一步提高 C_{60} 的阻燃作用，还可以利用其他具有阻燃作用的基团对其进行修饰，例如碳纳米管、含磷化合物等。

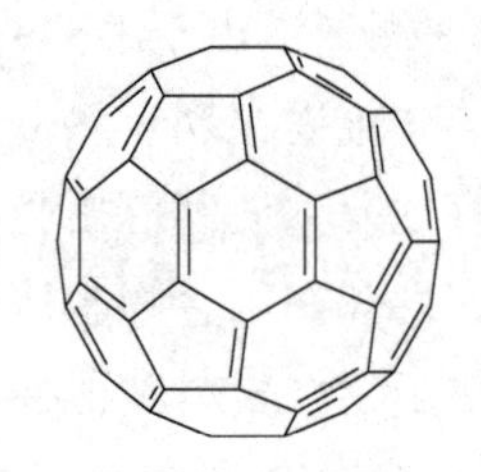

图 4-47　富勒烯的化学结构

4.7.2　金属纳米氧化物

纳米金属氧化物在阻燃体系中主要用作阻燃协效剂，能够促进体系成炭，提高阻燃效率；也可用作抑烟剂，能够抑制聚合物材料燃烧中烟气的释放量。除了前文介绍过的 α-Fe_2O_3、MoO_3 外，二氧化锡（SnO_2）、二氧化钛（TiO_2）、氧化锌（ZnO）、氧化亚铜（Cu_2O）等纳米金属氧化物也在聚合物阻燃方面有较多的应用。

1. 二氧化锡

SnO_2 具有三种晶体结构，分别为四方、六方和斜方晶系。目前的研究主要以四方晶系金红石结构的 SnO_2 为主。SnO_2 具有优异的光通透性和良好的化学稳定性，在光电器件、气敏元件、透明导电电极等领域得到了广泛的应用。纳米 SnO_2 的制备方法主要有化学法和物理法两大类。最常用的化学制备方法有溶胶-凝胶法、水热合成法、均匀沉淀法、遗态转化法等。最常用的物理制备方法有高能球磨法、直流电弧等离子法等。

2. 二氧化钛

TiO_2 属于两性（偏酸性）氧化物，一般呈现为白色的粉末状，又称为钛白粉，无毒、不透明、洁净，常被人们用来制备白色的颜料。TiO_2 的表面积相对较大，密度相对较小，黏附力较强、性质稳定、熔点高，抗紫外线能力极强，广泛地应用在涂料、纸张、橡胶、塑料、化妆品等领域。此外，纳米 TiO_2 还具有光催化效应、抗菌防毒性、耐热耐候性等特性，常作为协效剂用于增强膨胀型防火涂料的耐候、抗菌、防火和抑烟性能。TiO_2 在自然条件下主要以三种晶体形式存在：金红石型、锐钛矿型和板钛矿型。在环境压力和温度下，金红石型 TiO_2 是最稳定的晶型，其结构致密，比其他晶型具有更高的折射率、相对密度，在工业上应用价值很高。纳米 TiO_2 的制备方法主要有气相法、液相法和固相法。因气相法和固相法制备纳米二氧化钛有着一定的局限性，目前二氧化钛应用最广泛的制备方法为液相法。

3. 氧化锌

ZnO 外观为白色粉末，无嗅无味，难溶于水，可溶于酸和强碱。纳米氧化锌具有光催化活性、紫外屏蔽效果、抗菌性能、耐候性等优异性能，已成为最有前景的增效剂之一，普遍应用于塑料、硅酸盐制品、合成橡胶、润滑油、油漆涂料、药膏、胶粘剂、食品、电池、阻燃剂等产品。纳米 ZnO 的制备方法大致可分为物理方法和化学方法两大类。物理方法通常有脉冲激光沉积、分子束外延、磁控溅射、喷雾热解、球磨合成、等离子体合成、热蒸镀等。化学方法通常有气相沉积法、沉淀法、溶胶-凝胶法、固相法等。不同制备工艺所得纳米 ZnO 的形貌可以是不同的，通常有棒状、片状、球状等。

4. 氧化亚铜

Cu_2O 外观为黄色乃至红色的结晶粉末，其颜色的差异是由粒子的大小引起的。Cu_2O 有毒，不溶于水和乙醇，溶于盐酸、氯化铵、氨水、三氯化铁等溶液中，暴露于空气中容易被氧化成黑色的氧化铜。Cu_2O 是一种重要的新型无机化工原料，在海洋防污、光电转化、催化降解、传感器等领域应用广泛。纳米 Cu_2O 制备方法主要有低温固相法、电解法、化学沉淀法、机械化学法、水热法、溶剂热法等，通过这些方法可以制备具有结晶粉体、线状、多面体及空心球状等多种形貌的纳米 Cu_2O。

由于纳米微粒在聚合物基体中的分散性是影响其纳米效应发挥的关键因素，因此纳米金属氧化物在阻燃应用中需要重点考虑其在聚合物基体中的分散性。由于纳米微粒表面能大，通过直接物理共混的方式将纳米金属氧化物应用于聚合物阻燃时，容易在聚合物基体中团聚，无法达到真正意义上的纳米级分散，会影响其功能的发挥。为了提高纳米金属氧化物的分散性，通过将其与其他物质杂化可阻止金属氧化物纳米微粒团聚，但存在制备工艺复杂和生产成本高的问题。发展简单高效的方法以实现纳米金属氧化物在聚合物基体中良好分散是目前该方向研究的重点问题之一。

4.7.3 层状双金属氢氧化物

层状双金属氢氧化物（LDHs）是水滑石（HT）和类水滑石化合物（HTLCs）的统称，属于具有层状结构的阴离子型无机填料，其中水滑石的化学结构如图 4-48 所示。LDHs 由带正电的片层、层间分布的阴离子及水分子组成，其结构通式为 $[M_x^{2+}M^{3+}(OH)_{2x+2}]^+A_{1/m}^{m-}\cdot nH_2O$，其中，$M^{2+}$ 为二价金属阳离子，M^{3+} 为三价金属阳离子；x 为 M^{2+} 和 M^{3+} 的摩尔比；A^{m-} 为层间阴离子；n 为层间水分子数。水滑石的组成为 $Mg_6Al_2(OH)_{16}CO_3\cdot 4H_2O$，可通过共沉淀法、尿素水解均相沉淀法、水热结晶法、离子交换法、焙烧复原法和微波辅助合成法等人工合成法制备。

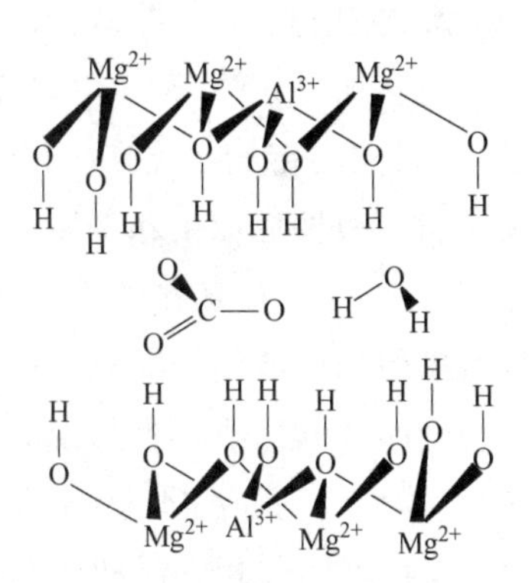

图 4-48 水滑石的化学结构

与阳离子型的层状硅酸盐相比，LDHs 片层电荷密度很高，片层上的—OH 基团使得片层表面具有很强的极性，导致 LDHs 层与层之间的相互作用很强，进而致使无机 LDHs 的层间空隙很小，远小于高分子链的回转半径，高分子链很难插入 LDHs 片层之间。另外，LDHs 片层表面有很强的亲水性，与亲油性的聚合物基体相容很差。因此，利用 LDHs 对聚合物材料阻燃改性前，通常需要借助 LDHs 层间离子的可交换性，对其进行有机改性，扩大层间空隙，并使表面具有亲油性。

LDHs 在 50~200℃ 失去层间水，300℃ 以上时层间的碳酸根与羟基脱出，吸收大量热量，起到阻燃的作用；分解后的固体产物有很大的比表面积和较强的碱性，能及时地吸收材料热分解释放的酸性气体和烟雾而起到抑烟消烟的作用。LDHs 已广泛应用于聚甲基丙烯酸甲酯（PMMA）、聚酰亚胺（PI）、EVA、EP、PLA 等纳米复合材料中。LDHs 也可与聚磷酸铵（APP）复配使用，其层板上的羟基可以与聚磷酸铵作用，促进交联成炭，分解产生的水蒸气，还可起到膨胀阻燃体系气源的作用。LDHs 与 APP 复配体系可用于 PP、PS、PVA 等聚合物材料的阻燃。

4.7.4 其他纳米阻燃体系

1. α-磷酸锆

α-磷酸锆（α-ZrP）是一种具有二维层状结构的纳米阻燃剂，层间距约为 0.76nm，层间以较弱的范德瓦耳斯力连接，其层间羟基易与胺类物质发生插层反应，化学结构如图 4-49 所示。α-ZrP 层间拥有大量的勃朗斯特酸酸点（H^+）和路易斯酸酸点（Zr^{4+}），具有突出的固体酸催化成炭效应，在高温过程中会催化聚合物交联成炭以形成致密的保护层，而且具有片层阻隔效应，能阻隔氧气和热量的传递。但 α-ZrP 单独使用时阻燃效率不高，难以满足聚合物材料的阻燃要求，常通过将其与其他阻燃剂协效阻燃来提高聚合物材料的阻燃性能。例如，通过有机插层剂或大分子阻燃剂修饰后的 α-ZrP 可显著提高 IFR 阻燃体系的阻燃性能。α-ZrP 可作为 PP、ABS、EVA、PVA、PET 等聚合物材料的阻燃剂或阻燃协效剂。

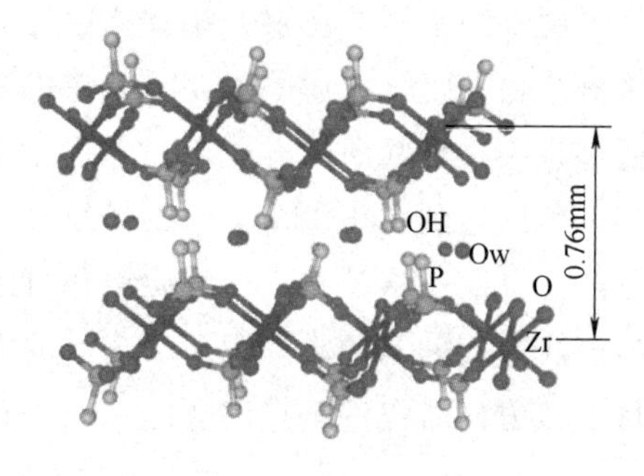

图 4-49 α-ZrP 的化学结构

2. 氮化硼

氮化硼（BN）是由等量硼原子和氮原子组成的晶体，它具有高机械强度（与石墨烯相当）、较宽的带隙、优良的化学稳定性和热稳定性等特点，是理想的耐高温、高导热和高绝缘材料。根据氮原子和硼原子杂化方式的不同，氮化硼可分为六方氮化硼（h-BN）、立方氮化硼（c-BN）和菱方氮化硼（r-BN）等。h-BN 与石墨具有类似的层状结构和相同的杂化方式，具有彼此紧密结合的闭合六边形环，外观为白色，被称为“白色石墨烯”，化学结构如图 4-50 所示。h-BN 主要通过片层阻隔效应发挥阻燃作用，因此使其在基体中具有良好的分散性非常重要。为提高 h-BN 在聚合物基体和溶剂中的分散性，通常需要对 h-BN 进行功能化改性。利用球磨和超声等手段可为 h-BN 修饰上—OH、醚键（—OR）、$—NH_2$、烷基、卤素和杂原子（C 和 O）等基团，这些改性基团可以促进 h-BN 在基体中分散，也可以作为反应活性基团进行后续接枝改性。h-BN 可用作 PVA、PP、EP、防火涂料等的阻燃剂或阻燃协效剂。

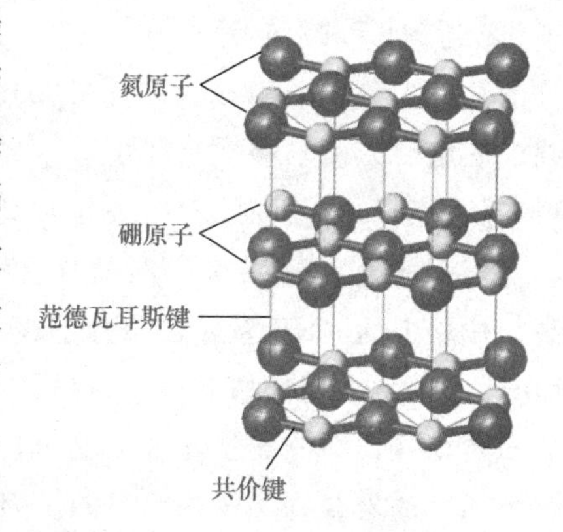

图 4-50 h-BN 的化学结构

3. 黑磷

黑磷（BP）是一种磷单质，特定条件下可与红磷和白磷相互转换，它具有与石墨烯类似的层状结构，每个磷原子通过范德瓦耳斯力与相邻的 3 个磷原子以共价键结合，层与层之间相互堆叠形成一个褶皱的蜂窝结构，化学结构如图 4-51 所示。通过超声剥离等方法可以打破黑磷层间范德瓦耳斯力，形成单层或少层黑磷，故黑磷也称磷烯。BP 由于含磷量高、比表面积大且与聚合物相容好等优点，在阻燃领域引起了广泛关注。研究表明，添加质量分数 0.2% 的 BP，可使水性聚氨酯（WPU）的 LOI 值提高 2.6%、总热释放量和峰值热释放速率分别下降 34.7% 和 10.3%，并且能够有效地抑制 WPU 的热降解及熔滴。除了 WPU 外，BP 还可用于 PU、EP、PLA、PP 等聚合物材料的阻燃。

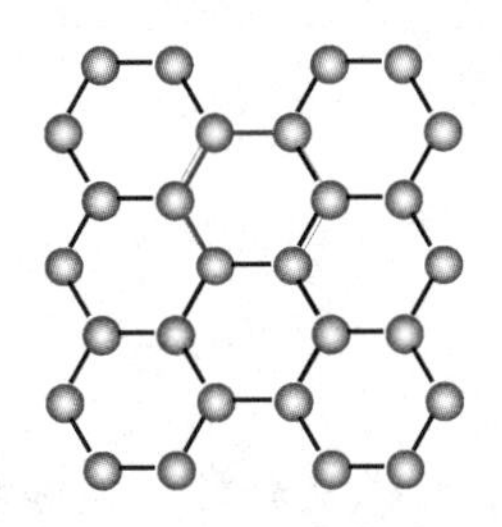
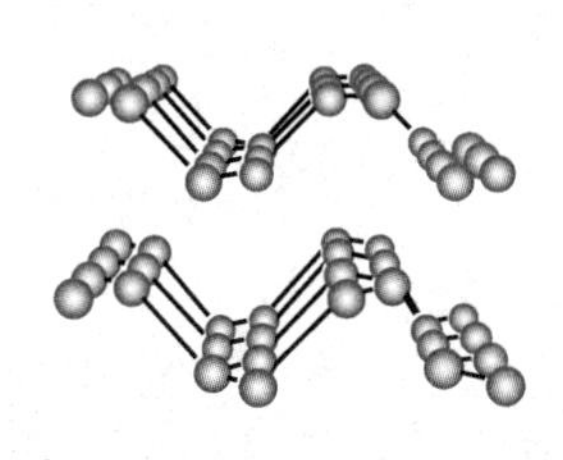

图 4-51　黑磷的化学结构

单独添加 BP 对聚合物材料的阻燃性能和机械性能的提升都是比较有限的，添加量过大会降低聚合物材料的机械性能，同时 BP 还存在稳定性差的问题。通过氨基、单宁酸、十六烷基三甲基溴化铵、植酸等对 BP 进行修饰，以及将 BP 与石墨烯、六方氮化硼、石墨相氮化碳等阻燃剂复合使用，可在改善 BP 稳定性的同时实现协效阻燃，进一步提升聚合物材料的阻燃性能。由于 BP 的理论比容量高、导电性好，将其用于储能器件，不仅可发挥其高理论比容量的优势，还有望对电池进行阻燃，提升电池的安全性能，这对高容量、高安全性储能器件的研究与开发具有重要意义。

复习思考题

1. 阐述阻燃剂的选取原则。
2. 元素周期表中具有阻燃作用的元素有哪些？
3. 阐述添加型阻燃剂和反应型阻燃剂的优缺点。
4. 阻燃剂需要满足哪些基本要求？
5. 溴系阻燃剂的优点有哪些？
6. 常用的无机磷系阻燃剂有哪些？
7. 阐述有机磷阻燃剂的主要种类和作用机理。
8. 阐述膨胀型阻燃剂的种类和基本组成。
9. 常用膨胀阻燃体系的酸源、碳源和气源有哪些？
10. 阐述膨胀型阻燃剂的主要协效体系。
11. 阐述聚磷酸铵和季戊四醇的膨胀反应历程。
12. 常用的硅系阻燃剂有哪些？
13. 常用的填料型阻燃剂有哪些？
14. 常用的层状纳米阻燃剂有哪些？

第5章 阻燃塑料材料

教学要求

了解典型聚烯烃塑料、热塑性工程塑料与热固性塑料的分类和特点，掌握不同类型阻燃塑料材料的燃烧性能、阻燃方式与阻燃机理。

重点与难点

典型阻燃塑料材料的分子结构、热解特性、燃烧性能和阻燃方法。

按照材料的物理、力学性能的差异和在国民经济建设中的主要用途，高分子材料大致可以分为塑料、橡胶、纤维、薄膜、黏结剂、涂料等类型，其中塑料品种繁多、产量近乎占到了合成聚合物的2/3。塑料是指在使用条件（常温常压）下材料的凝聚态处于玻璃态或结晶态的一类高分子材料，主要利用其刚性、强度、韧性作结构材料。按照分子链结构不同，塑料分为线型、支链型和交联型聚合物，如图5-1所示。按照受热时性能的变化情况，塑料可以分为热塑性塑料和热固性塑料两类。热塑性塑料的分子链呈线型或支链型结构，加热软化和冷却成型过程中分子链之间无化学键产生，代表性材料包括聚乙烯、聚丙烯、聚氯乙烯、聚苯乙烯、聚甲醛、聚碳酸酯等。热固性塑料是指固化前分子链呈线型或支链型结构，而固化后分子链之间形成化学键交联型结构，该类物质不能再熔融也不能溶于溶剂，代表性材料包括酚醛树脂、环氧树脂、氨基树脂、不饱和聚酯树脂等。按照使用性质不同，塑料还可以分为通用塑料、工程塑料和特种塑料，其中通用塑料主要包括聚乙烯、聚丙烯、聚氯乙烯等聚烯烃，工程塑料主要包括聚甲醛、聚碳酸酯、聚砜、聚苯醚等，特种塑料主要包括氟塑料、芳族聚酰胺、聚酰亚胺、液晶高分子等。

高分子材料是由许多相同的、结构简单的含碳、氢、氧等元素的单元通过共价键重复键接而成相对分子质量很大的化合物，极易发生分解和燃烧并释放出大量的烟气和热量，通常需要对其进行阻燃处理以降低火灾危险性。就全球范围而言，阻燃高分子材料中阻燃塑料制品占80%、阻燃纺织品占5%、阻燃橡胶制品占10%、防火涂料占3%、阻燃纸张和木材占2%左右。阻燃塑料制品主要用于电子电气、精密机械、建材、运输（飞机、汽车、高速列车等）、家具、纺织品等行业，其中聚酰胺、聚碳酸酯、聚酯、聚甲醛和改性聚苯醚等五大工程塑料中约 30%为阻燃产品。

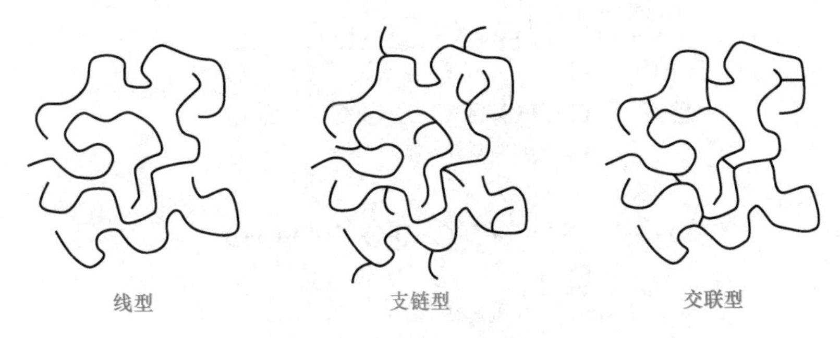

图 5-1 线型、支链型和交联型聚合物的分子结构

5.1 阻燃聚烯烃塑料

聚烯烃是一类价格低廉、力学性能优异、化学稳定性优良、耐蚀性好、成本低的热塑性塑料，是消费量最大的高分子材料品种，大约占热塑性塑料消费量的 65%。聚乙烯和聚丙烯是使用最为广泛的聚烯烃材料。聚烯烃作为一种由烯烃小分子聚合而成的高分子碳氢化合物，分子链中仅含碳和氢元素，着火后猛烈燃烧并生成大量有毒气体，严重制约了其在电子电器、通信器材、汽车及电线电缆等特殊场所的应用，通常需要对其进行阻燃处理。阻燃聚烯烃主要通过熔融共混的方法将卤素阻燃剂、磷系阻燃剂、氮系阻燃剂、膨胀型阻燃剂、氢氧化物阻燃剂和纳米阻燃剂等添加型阻燃剂引入聚烯烃基体内，以提升聚烯烃复合材料的阻燃性能。

5.1.1 阻燃聚丙烯

聚丙烯（PP）是产量仅次于聚氯乙烯和聚乙烯的通用塑料，具有易加工、综合力学性能优异、耐蚀性好和成本低廉等优点，在服饰、家居建材、医疗卫生、汽车工业和食品包装等领域应用十分广泛。根据分子链立体构型不同，聚丙烯可以分为等规聚丙烯、间规聚丙烯和无规聚丙烯（图 5-2），其中等规和无规聚丙烯为刚性热塑性塑料，而间规聚丙烯为低模量、无结晶性和难成型塑料。

聚丙烯分子结构中含有与叔碳原子相连的高活泼性的原子，属于易燃材料，极限氧指数仅为 18%左右，成炭率低且在燃烧过程中易出现熔滴和流淌起火现象。PP 在 260℃左右开始氧化变黄，并在 300℃左右开始发生分解，氧对 PP 分解反应的机理、速度和产物有显著影响，其中有氧环境下的分解温度显著降低。PP 在惰性气氛中的裂解产物主要有丙烷、戊烷、2-甲基-1-戊烯、2,4-二甲基-1-庚烯等小分子；PP 在空气中的热氧分解产物主要为短链烯烃、醛类和酮类化合物，其燃烧产物主要有醛类、酮类化合物。引发聚丙烯断链分解的反应有很多，包括碳自由基和氧自由基的单分子 β-断链反应（图 5-3）。

PP 燃烧过程遵循高分子材料燃烧的一般规律，主要分为四个阶段：第一阶段为受热熔融阶段，该阶段 PP 在热源的影响下发生表面熔融并释放一部分气体；第二阶段为热降解和

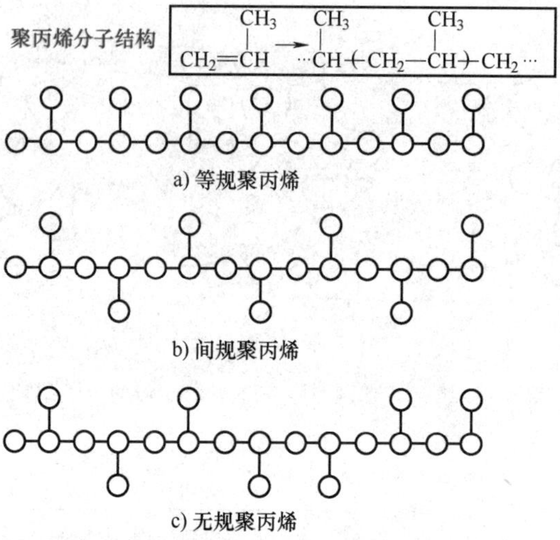

聚丙烯分子结构

a) 等规聚丙烯

b) 间规聚丙烯

c) 无规聚丙烯

图 5-2　聚丙烯分子链立体构型的示意图

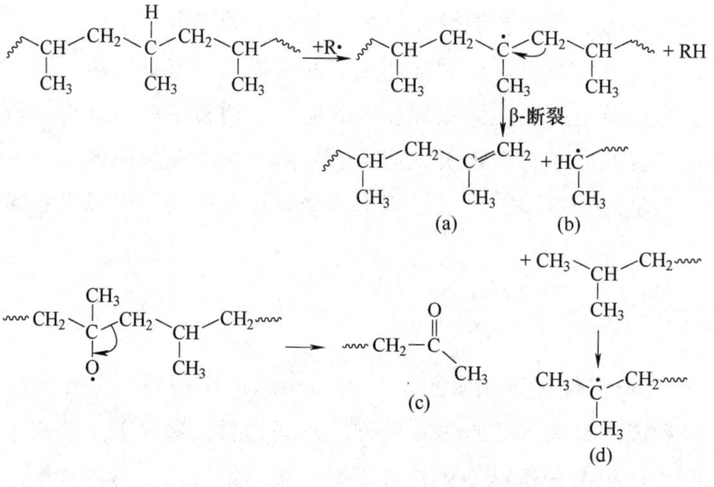

图 5-3　聚丙烯链上碳自由基和氧自由基的 β-断链反应

注：图中（a）~（d）表示反应顺序。

热分解阶段，该阶段聚丙烯分子结构中的共价键发生断裂并伴随着可燃性物质的释放，其中可燃性物质是材料进一步燃烧的基础；第三阶段为燃烧阶段，该阶段中 PP 热解产生的可燃性挥发物质在获得充足的氧气和热量时会持续燃烧；第四阶段为火焰传播阶段，该阶段中 PP 燃烧区域会向邻近的区域传播火焰，而当火焰周围有其他可燃物质时，点燃的物质又再次成为热源，引发更多的燃烧反应。

阻燃 PP 多采用添加型阻燃剂，主要有两种添加方式：一种是将阻燃剂及其他助剂在混炼过程中直接加入，经混合、挤出造粒，制成阻燃 PP 材料；另一种是将载体树脂、阻燃剂及其他助剂先行混合、挤出造粒，制成高浓度阻燃剂的阻燃母料，然后以一定比例加入 PP 中。常用的添加型阻燃剂可分为含卤阻燃型和无卤阻燃型。含卤阻燃型绝大部分是采用八溴醚、十溴二苯乙烷、四溴双酚 A 等含溴阻燃剂，并以三氧化二锑为协效剂。八溴醚是阻燃 PP 应用最多的溴系阻燃剂，这是由于八溴醚受热后在 200～300℃ 时很快分解释放溴化氢，正好处于 PP 热分解前和开始分解的温度阶段，能在较低添加量发挥较好的阻燃作用。十溴二苯乙烷作为一种代替十溴二苯醚的新型环保型阻燃剂，具有和十溴二苯醚相媲美的阻燃性能，在阻燃 PP 中应用也较为广泛。例如，八溴醚与三氧化二锑以质量比 3∶1 的复配阻燃剂用于阻燃 PP，当阻燃剂添加量达到 14%（质量分数，下同）时，阻燃 PP 可以通过 UL94 V-0 级，LOI 可达 29.3%。

阻燃 PP 常用的无卤阻燃剂包括化学膨胀型阻燃剂和填充型阻燃剂。化学膨胀型阻燃剂（IFR）主要组分为磷化合物、季戊四醇和三聚氰胺等，填充型阻燃剂主要是氢氧化铝、氢氧化镁等。在 PP 中采用化学膨胀型阻燃剂或无卤填充型阻燃剂，可降低 PP 裂解或燃烧时生成的烟和腐蚀性气体及有毒产物量，对环境友好，是阻燃剂的一个发展方向。但这类阻燃剂的用量往往很高、热稳定性较低，因而会严重恶化 PP 的物理机械性能和加工性能。

在现有的 PP 无卤阻燃方法中，膨胀阻燃方案是最成熟且高效的方法之一。膨胀阻燃 PP 通过在凝聚相中发生的成炭机理发挥阻燃作用，燃烧或裂解时产生的烟和有毒气体量较卤-锑系阻燃 PP 大为减少。例如，以 25%～30%IFR 阻燃 PP 的 LOI 可达到 30%以上，并通过 UL94 V-0 级测试。由于 IFR 的添加量一般要在 25%或 30%以上才能达到阻燃要求，导致使用成本较高，且对 PP 基体的物理机械性能有负面影响，因而使用上受到一定限制。为了降低 IFR 的添加量，通常采用在 IFR/PP 阻燃体系中添加少量协效剂，如分子筛、CeO_2、MnO_2、TiO_2、ZnO 等，促进燃烧过程中形成更稳定和膨胀的炭层结构。

氢氧化镁和氢氧化铝的添加量一般需要 50%～60%才能达到较好的阻燃效果，这会造成 PP 物理机械性能的恶化。例如，添加 60%氢氧化镁阻燃 PP 的 LOI 可达 26.7%，并通过 UL94 V-0 级测试，峰值热释放速率下降 61%，但拉伸强度下降 41.9%。目前，通过将 ATH、MDH 进行超细化、纳米化处理可以提高二者的阻燃效率并减少添加量。此外，通过对 ATH、MDH 进行表面改性或微胶囊包覆，可改善二者的加工性能及与 PP 基体的相容性。例如，利用钛酸酯类、硅烷类、稀土类偶联剂对 MDH 进行表面改性可有效地减少 MDH 粒子在 PP 基体中的团聚现象，进而有效改善 PP 的加工性能、力学性能和阻燃性能。

5.1.2 阻燃聚乙烯

聚乙烯（PE）是产量及用量最大的通用塑料之一，具有优良的电绝缘性、耐低温性、易加工性和力学强度，广泛应用于线缆、薄膜、管材、包装、容器、医疗用具等制品。聚乙烯分为低压聚合而成的高密度聚乙烯（HDPE）、高压聚合而成的低密度聚乙烯（LDPE）和线性低密度聚乙烯（LLDPE），分子链结构如图 5-4 所示。HDPE 强度较高、加工性较差，主要用于吹塑瓶、中空件、注塑产品和管道等领域；LDPE 强度较低、加工性较好，主要用于薄膜产品、注塑制品、医疗器具和食品包装材料等。聚乙烯分子链间经过化学方法或辐射交联可形成交联聚乙烯，可提高聚乙烯的强度、耐热性、耐磨性等，比较适合用作电线电缆的包覆层。由于聚乙烯为乙烯加聚而成的热塑性树脂，主要由碳元素和氢元素组成，极易燃烧且着火后燃烧速度快、熔融流滴严重、热释放和生烟量大，LOI 仅为 17.4%左右。许多情况下对 PE 的阻燃性大都有一定的要求，特别是电线电缆领域要求更严，因此对 PE 进行阻燃改性是很必要的。

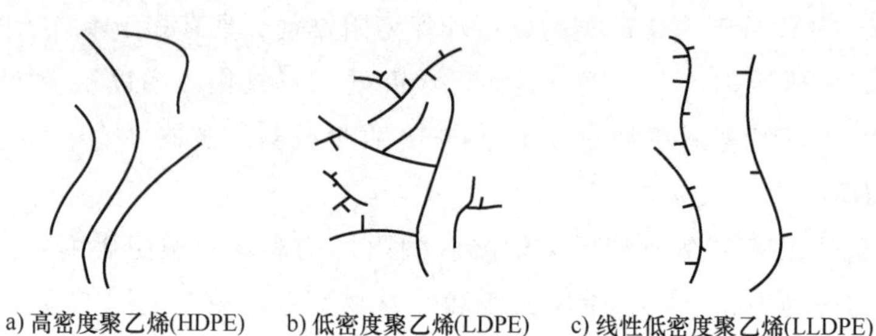

a) 高密度聚乙烯(HDPE)　b) 低密度聚乙烯(LDPE)　c) 线性低密度聚乙烯(LLDPE)

图 5-4　聚乙烯分子链结构

PE 在 335~450℃发生分解。在惰性气氛中，PE 在 202℃下发生交联，到 292℃时分子量开始有所下降并出现降解，但在 372℃之前不会发生显著的分解。PE 的热降解是无规断链及分子内和分子间转移反应，其中聚乙烯支链化能促进分子间氢转移反应并降低热稳定性。在较低温度下，聚乙烯分子量降低主要是由于弱链断裂，如在主链上结合的杂质氧，但无挥发物产生；在较高温度下，分解反应主要是与叔碳键或相对于叔碳原子 β 位置的 C—C 键的断裂（β 位断裂）。聚乙烯主要分解产物有乙烷、乙烯、丙烷、丙烯、丁烯、戊烯、1-己烯、己烷、1-庚烯、正庚烷、1-辛烯、正辛烷、1-壬烯。在空气气氛中，聚乙烯的热氧分解产物还有丙醛、戊烯、正戊烷、丁醛、戊醛。燃烧过程中聚乙烯的分解产物主要有戊烯、丁醛、1-己烯、正己烷、苯、戊醛等。

通过化学改性方法是提升 PE 阻燃性的途径之一，例如，通过辐射交联、有机过氧化物交联等提高 PE 的成炭率，使其在燃烧初期形成炭保护层，起到阻燃作用。HDPE 部分氢原子被氯原子取代后成为氯化聚乙烯（CPE），其柔顺性、韧性及氧指数都得到提高。但由于 PE 的结构中没有活性基团，阻燃 PE 主要采用添加阻燃剂的方法制备，常用的阻燃体系有含卤阻燃体系、含磷阻燃体系及无机填料阻燃体系。

含卤阻燃体系仍然是 PE 最有效的阻燃体系，工业上常用于阻燃 PE 的含卤阻燃剂有氯化石蜡（CP）、得克隆（DCRP）、双（四溴邻苯二甲酰亚胺）乙烷、十溴二苯乙烷（DBDPE）、六溴环十二烷等，这些含卤阻燃剂一般与三氧化二锑并用效果更好。CP 的价格低廉，对 LDPE 的阻燃效率比较高，但其分解温度较低，热稳定性较差，只能用于加工温度比较低的薄膜类制品。此外，CP 和三氧化二锑体系阻燃 LDPE 薄膜不透明，且 CP 在 PE 中易迁移渗出表面，导致其在 PE 中的应用受到一定限制。DBDPE 对于 PE 的阻燃也很有效，DBDPE 与三氧化二锑协效体系可显著减小 PE 的热释放速率，并有效抑制燃烧过程中的熔融滴落现象。

阻燃 PE 常用无机阻燃剂主要是 ATH 和 MDH。由于 PE 分子链上缺乏极性基团，其与 ATH、MDH 等无机阻燃剂的相容性差，填充体系界面难以形成良好的结合及牢固的粘接，会严重破坏 PE 基体的规整性和结晶性，从而影响 PE 材料的物理机械性能，这在很大程度上限制了 PE 的使用范围。为了改善这些问题，一方面通过减小 ATH 和 MDH 的粒径，并进行表面改性或微胶囊包覆，改善阻燃剂与 PE 基体的相容性，减小其对基体的力学性能等带来的负面影响；另一方面，将 ATH、MDH 与磷系或卤系阻燃剂并用，也能收到好的效果，特别是对通过与熔融流滴有关的燃烧试验（如垂直燃烧试验）效果较好。例如，以硬脂酸钠和聚乙二醇为改性剂对 MDH 进行表面改性，可以有效提升 MDH 在 HDPE 中的相容性和阻燃性。此外，含磷阻燃剂对 PE 也有不错的阻燃效果，其中常用的含磷阻燃剂有聚磷酸铵、红磷及有机磷阻燃剂。几种典型阻燃剂阻燃 HDPE 的热释放速率曲线如图 5-5 所示。

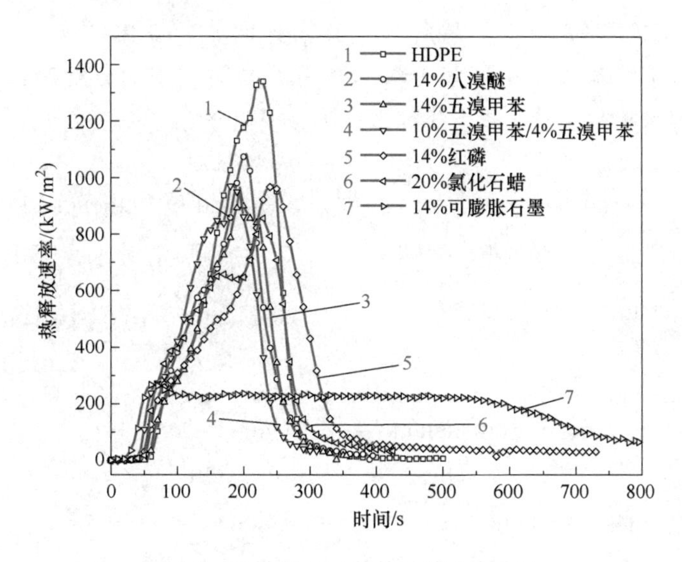

图 5-5 阻燃 HDPE 的热释放速率曲线

5.1.3 阻燃聚苯乙烯

聚苯乙烯（PS）是以苯乙烯为重复结构单元的热塑性聚合物，它的分子结构式如图 5-6 所示。PS 主要包括通用型聚苯乙烯（GPPS）、发泡聚苯乙烯（EPS）和高抗冲聚苯乙烯（HIPS）。PS 原料易得，成本低廉，具有良好的力学性能、电绝缘性能和加工性能，且尺寸稳定性好、易着色，在装饰、照明、光学仪器、保温材料方面用途广泛，特别是 PS 泡沫材料具有隔电、隔声、防振等功能，广泛用于包装材料和建筑材料。作为一种有机碳化合物，PS 的 LOI 值只有 18%，属于易燃材料，移走火源仍能继续燃烧。

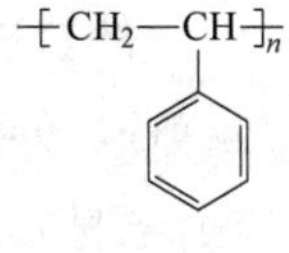

$$\left[CH_2-CH \right]_n$$

图 5-6 聚苯乙烯（PS）的分子结构

PS 泡沫材料根据成型方式不同可分为挤塑聚苯乙烯（XPS）和模塑聚苯乙烯（EPS）。这两种泡沫材料都为闭孔蜂窝状结构，具有导热系数低、吸水率低及抗压性能高的特点。

PS泡沫的蜂窝状结构决定其燃烧时与氧气的接触面积大，并导致燃烧速率大、热释放量大、融滴严重、发烟量大、不易自熄等问题。因此，聚苯乙烯必须进行阻燃处理才能满足建筑外墙保温材料的防火设计要求。

PS分子链的链端断裂过程是按解聚和无规断裂两种历程进行的，如图5-7所示。聚苯乙烯的降解行为与温度是否超过300℃有很大关系。在200~300℃，聚合物的相对分子质量降低，但没有挥发性产物，该阶段中PS分子链均裂后生成的自由基A和B由于笼蔽效应发生歧化终止，不发生解聚反应，而产物C和D直到300℃都是稳定的。当温度高于300℃时，PS开始降解，其引发过程可以是分子链的无规均裂，即图5-7所示的反应（a），或者是接近C型或D型链端的均裂。PS的裂解产物有多种低分子量化合物，主要是单体、二聚体、三聚体以及少量甲苯和α-甲基苯乙烯。PS在燃烧过程中的分解产物有乙醛、苯乙酮、乙炔、丙烯醛、丙烯基苯、苯、苯甲酸等多种小分子化合物。

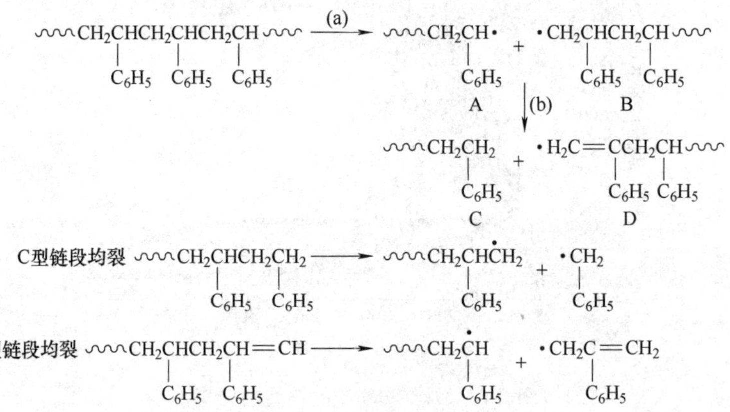

$$\sim CH_2\underset{C_6H_5}{CH}CH_2\underset{C_6H_5}{CH}CH_2\underset{C_6H_5}{CH}\sim \xrightarrow{(a)} \underset{A}{\sim CH_2\underset{C_6H_5}{CH}\cdot} + \underset{B}{\cdot CH_2\underset{C_6H_5}{CH}CH_2\underset{C_6H_5}{CH}\sim}$$

$$\xrightarrow{(b)} \underset{C}{\sim CH_2\underset{C_6H_5}{CH_2}} + \underset{D}{\cdot H_2C{=}\underset{C_6H_5}{C}CH_2\underset{C_6H_5}{CH}\sim}$$

C型链段均裂 $\sim CH_2\underset{C_6H_5}{CH}CH_2\underset{C_6H_5}{CH_2} \longrightarrow \sim CH_2\underset{C_6H_5}{CH}\dot{C}H_2 + \cdot\underset{C_6H_5}{CH_2}$

D型链段均裂 $\sim CH_2\underset{C_6H_5}{CH}CH_2\underset{C_6H_5}{CH}{=}CH \longrightarrow \sim CH_2\underset{C_6H_5}{\dot{C}H} + \cdot CH_2\underset{C_6H_5}{C}{=}CH_2$

图5-7 PS分子链的链端断裂过程

PS原材料一般可通过添加阻燃剂的方法进行阻燃改性，常用的阻燃剂为含卤阻燃剂。PS泡沫的加工温度较低，可采用阻燃效率高但热稳定性较低的脂肪族或脂环族含溴阻燃剂阻燃。对GPS和HIPS而言，由于加工温度较高（200℃左右），因此要求阻燃剂有较高的分解温度。脂肪族或脂环族含卤阻燃剂的热稳定性较低，难以承受GPS的较高加工温度，需要经过稳定化处理，以提高其热稳定性，或选用十溴二苯乙烷、溴代三嗪等热稳定性较高的阻燃剂。例如，在HIPS中添加15%十溴二苯乙烷和4% Sb_2O_3 后，复合材料的LOI可达28%，并通过UL94 V-0级测试，且基本保持原有HIPS的物理机械性能。

PS的无卤阻燃剂主要包括ATH、MDH、磷系阻燃剂、膨胀型阻燃剂及一些含硅、硼等元素的无机物，且往往是上述阻燃剂两种或两种以上复配使用以发挥协效阻燃作用。此外，层状硅酸盐、碳纳米管和石墨烯等纳米材料还能在较小添加量下显著降低HIPS的热释放速率（HRR）和质量损失速率（MLR），并形成明显的固体炭渣层，提高复合材料的阻燃性能。HIPS和纳米阻燃HIPS的燃烧性能参数见表5-1，热释放速率曲线如图5-8所示。

表 5-1 HIPS 和纳米阻燃 HIPS 的燃烧性能参数

样品	TTI/s	PHRR/(kW/m^2)	PMLR/(g/s)	THR/(MJ/m^2)	EHC/(MJ/kg)	残炭量(%)
HIPS	30	1129.3	0.30	148.8	36.1	0
HIPS/5%有机蒙脱土	23	508.5	0.17	142.7	36.1	4.9
HIPS/5%碳纳米管	19	676.3	0.19	146.5	36.1	5.0
HIPS/5%纳米 SiO_2	20	884.8	0.26	147.1	36.1	4.9

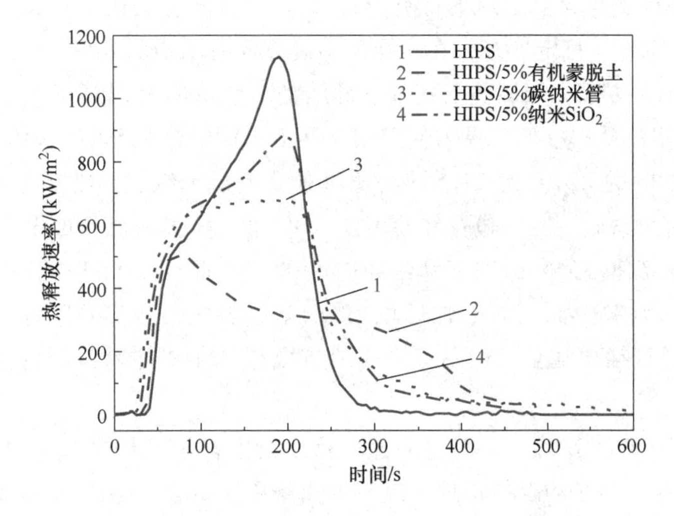

图 5-8 HIPS 和纳米阻燃 HIPS 的热释放速率曲线

对于 EPS 而言，在苯乙烯聚合前加入阻燃剂可制备出具有阻燃性的 EPS 颗粒。例如，将可膨胀石墨用 NaOH、HNO_3、无水乙醇和硅烷偶联剂 KH550 进行表面处理，使石墨可以在苯乙烯中分散良好，并采用两体系分散聚合的方法得到石墨/EPS 颗粒。此外，以阻燃剂为包覆介质将 EPS 颗粒包裹起来也可达到较好的阻燃目的。例如，利用热固性酚醛树脂和聚磷酸铵混合物与预发泡的 EPS 颗粒搅拌后加入固化剂形成包覆层，最后在发泡模具中于 130℃模压发泡成型，制备出 LOI 值高达 34.1%的 EPS 泡沫。

5.1.4 阻燃丙烯腈-丁二烯-苯乙烯共聚物

丙烯腈-丁二烯-苯乙烯塑料（ABS）是 20 世纪 40 年代开发的一种通用热塑性工程塑料，它是丙烯腈（AN）、丁二烯和苯乙烯的三元共聚物。ABS 综合了丙烯腈的耐热性、强度和耐化学性，丁二烯的高冲击强度、韧性、维持低温性能和柔性，苯乙烯的刚性、光泽饰面和易加工性能，具有较高的冲击强度、良好的加工性能和化学稳定性，易于模塑成型，制品光泽度好且兼具韧性和柔性。ABS 由于其独特的物理性能和外观特性，被广泛应用于家用电器、办公设备、通信设备、汽车工业和机械工业等领域。但未经阻燃处理的 ABS 的 LOI 仅为 19.0%，易燃且在燃烧过程中会释放出大量有毒气体，还存在着熔融滴落现象，有很大的安全隐患。因此，对 ABS 树脂进行阻燃改性具有十分重要的现实意义。

ABS 树脂在 300℃左右开始分解，当温度超过 380℃时发生剧烈分解，至 650℃左右时基本完全分解，不具有成炭性。ABS 的裂解和燃烧的产物有丙酮、丙烯酮、丙烯腈、甲酚、苯甲酚、二甲基苯、乙醛、乙基苯、乙基甲基苯、氰化氢、异丙基苯、α-甲基苯乙烯、β-甲基苯乙烯、氧化氮、二氧化氮、苯基环己烷、2-苯基-2-丙醇、2-苯基-1-丙烯、正丙基苯、苯乙烯、4-乙烯基-1-环己烯。

卤素阻燃剂是 ABS 比较有效的阻燃剂，工业上常用的有溴代三嗪、溴化环氧树脂和四溴双酚 A 等。例如，溴化环氧树脂阻燃剂对 ABS 阻燃的综合性能比较好，具有良好的 UV 稳定性，且无起霜问题。含氯阻燃剂得克隆对 ABS 也有较好的阻燃效果，由于得克隆分子中不含芳香结构，对 UV 稳定性好，在热变形温度方面有不错的表现。

在无卤阻燃 ABS 方面，金属氢氧化物、硅酸盐及含磷阻燃剂等可应用于 ABS 阻燃。由于 ATH、MDH 的阻燃效率极低，单独使用很难达到 UL94 V-0 级阻燃等级。例如，添加 5%有机蒙脱土阻燃 ABS 的 LOI 仅为 21.5%、UL94 燃烧测试无级别，通常将其作为协效剂与其他阻燃剂复配使用。添加 30.0%包覆红磷可使 ABS 通过垂直燃烧测试 V-0 级，但 ABS 的拉伸强度和悬臂梁缺口冲击强度分别下降约 40%和 80%。此外，ABS 与这类无机物质相容性极差，会造成 ABS 力学性能、外观和流动性能的急剧劣化，即使采用有机修饰后的纳米层状无机物对 ABS 进行插层复合，仍不可避免地造成最终注塑件表面的粉体聚集，从而形成注塑行业所称的“麻点”。

有机磷系阻燃剂中的磷酸三苯酯（TPP）及其衍生物是多种聚合物的高效无卤阻燃剂，但 TPP 在 ABS 中却无明显的阻燃作用。这一方面是由于 ABS 结构中不含氧官能团，不利于含磷阻燃剂燃烧时形成炭化膜；另一方面是由于 TPP 的挥发温度远低于 ABS 的加工温度，造成 TPP 在 ABS 加工过程中的大量挥发渗出，无法达到预期的阻燃效果。而在 ABS/TPP 体系中引入成炭协效剂或选用比 TPP 挥发温度高很多的低聚磷酸酯与成炭剂联用，可有效地提高材料的阻燃性能。

膨胀型阻燃剂作为聚丙烯常用的阻燃剂，但却不适于 ABS 体系。ABS 中添加质量分数为 10%左右的 IFR 不仅达不到 UL94 V-1 级以上的阻燃等级，对力学性能和外观也会造成严重影响。另外，可膨胀石墨在 ABS 体系中的应用也会面临和红磷类似的颜色限制、力学性能严重降低等问题。因此，目前并没有前景较好的膨胀型无卤阻燃 ABS 能够实现市场化。一般来说，将多种类型的阻燃剂复配使用效果更好，如添加 8%MDH、12%红磷、4%硅酮粉、5%石墨、1%硬脂酸镁及 5%SBS 等多组分阻燃 ABS 的垂直燃烧等级达 V-0 级，拉伸强度、冲击强度、弯曲强度、弯曲模量和熔融指数分别达到 30.6MPa、5.5kJ/m^2、27.8MPa、2219MPa 和 2.6g/10min。但红磷、石墨的颜色较深会严重影响材料的表观性能，大大限制了其在某些领域的应用。总体来说，ABS 的无卤化阻燃的大多研究仍停留在试验阶段，距离产业化尚有较大差距，更难以全方位地取代含卤阻燃体系。

5.1.5 阻燃乙烯-乙酸乙烯酯共聚物

乙烯-乙酸乙烯酯共聚物（EVA）是由乙烯和乙酸乙烯酯（VA）两种单体按不同比例经

过共聚反应制得的高分子材料，分子结构式如图 5-9 所示。它是最主要的乙烯共聚物之一。根据乙酸乙烯酯含量的不同，可以将 EVA 分为热塑性塑料（VA 含量<40%）、热塑性弹性体（VA 含量 40%~80%）和热固性塑料（VA 含量>80%）。相比于聚乙烯，EVA 由于分子链引入了短支链的乙酸乙烯基团，打乱了原来的结晶状态，使得 EVA 趋向“塑化效应”而降低了聚合物的结晶度，提高了其柔韧性、热密封性、抗冲击性、高弹性和耐应力开裂性，同时与填料、阻燃剂有较好的相容性，被广泛应用于电线电缆、绝缘薄膜、管材、建材、电气配件、发泡鞋料及玩具等领域。一般来说，EVA 树脂的性能主要取决于分子量上 VA 的含量。VA 含量低的 EVA 类似于低密度聚乙烯，抗冲击性能好，适合制造复合包装袋和复合材料。VA 含量为 10%~20%的 EVA 透明性好，适合制备农用薄膜。VA 含量更大的 EVA 可以用作黏结剂、涂层等。在电线电缆工业中，EVA 常用来改性低密度聚乙烯树脂，以提高耐环境应力开裂性能。高 VA 含量低熔融指数的 EVA 也可用作半导电屏蔽材料和阻燃基料，高 VA 含量高熔融指数的 EVA 可用于制造电缆附件或电缆护套的黏结剂。由于 EVA 广泛用于电线电缆产品，故对其阻燃性要求较高。但与其他大多数高分子聚合物一样，EVA 容易燃烧，LOI 为 17%~19%，而且生烟量和放热量大，对其进行阻燃改性非常必要。

EVA 在氮气和空气气氛中都出现两个清晰的分解阶段（图 5-10）。在氮气气氛中，热分解的第一阶段为 350~430℃，第二阶段为 430~500℃；在空气气氛中，热氧分解的第一阶段为 345~415℃，第二阶段为 415~480℃。热解第一阶段主要是乙酸乙烯酯的分解，第二阶段主要是多烯结构的分解。由于 EVA 结构中的醋酸乙烯热稳定性较差，首先会分解产生醋酸乙烯单体和热稳定性较高的多烯结构主链，并伴随生成一部分 CO、CO_2、酮和 H_2O 等成分。在燃烧释放热量方面，随 EVA 共聚物中 VA 含量的增加，燃烧热逐渐降低，说明 VA 成分有利于减少 EVA 的燃烧放热量。

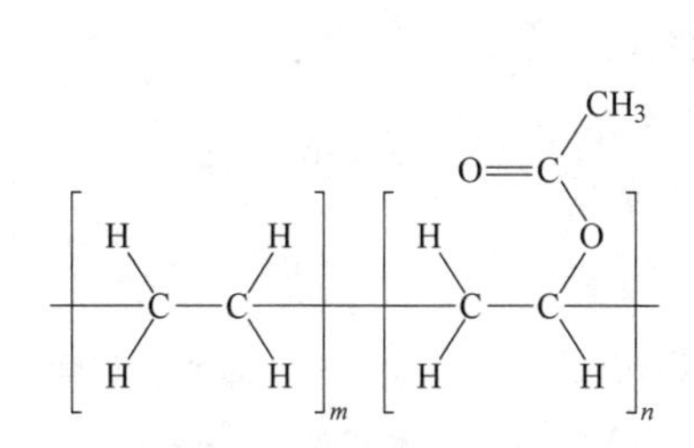

图 5-9　乙烯-乙酸乙烯酯共聚物的分子结构

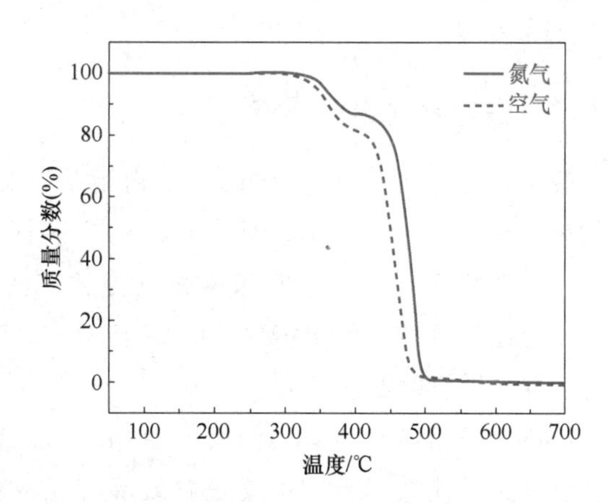

图 5-10　乙烯-乙酸乙烯酯共聚物的热重曲线

卤素阻燃剂对降低 EVA 的火灾危险性很有效，特别是卤素阻燃剂与三氧化二锑复配时能够获得较好的阻燃效果，但是由于含溴阻燃剂会产生有毒气体及浓烟，较少用于电线电缆绝缘材料 EVA 的阻燃改性。

阻燃 EVA 多用于制造电线电缆，对低烟无卤要求较高，所以一般采用填充量较大且具有一定抑烟作用的无机填料阻燃剂阻燃。MDH 和 ATH 是 EVA 比较适合的阻燃剂，但是 ATH 的阻燃效果不及 MDH。例如，用 MDH 和 ATH 分别阻燃 EVA，在 800℃时 MDH 阻燃 EVA 的残留物量大于氢氧化镁的添加量，表明 MDH 对 EVA 有催化成炭作用；而 ATH 则没有使填充 EVA 的残留物量超过氢氧化铝的添加量，表明没有催化成炭作用。MDH 和 ATH 都能显著降低 EVA 的热释放速率，在高填充量下 ATH 比 MDH 更为有效，但 MDH 能延迟点燃时间，而 ATH 则不能。对 MDH 和 ATH 进行表面改性或超细化处理后，可进一步提升二者对 EVA 的阻燃改性的效果。

化学膨胀型阻燃剂是阻燃改性 EVA 有效的阻燃剂。例如，以聚磷酸铵与三嗪类低聚物碳源质量比为 3∶1 复配组成的 IFR 对 EVA 阻燃效果明显，在阻燃剂总添加量为 40%时，EVA 的 LOI 可达 43%，垂直燃烧等级达到 V-0 级。此外，以尼龙 6（PA6）为碳源、聚磷酸铵为酸源以质量比为 25∶5 复配阻燃 EVA，在总添加量为 30%时，材料的 LOI 值可达 26%、垂直燃烧等级达到 V-0 级、点燃时间（TTI）延长了 25s。

层状硅酸盐、碳纳米材料等纳米阻燃剂能在较低添加量下显著降低 EVA 的热释放速率和质量损失速率，并形成明显的固体炭渣层，提高复合材料的阻燃性能。例如，将多壁碳纳米管添加到 EVA 基体中可以有效降低 EVA 复合材料的峰值热释放速率，并促进材料表面炭层的生成，还可以降低复合材料燃烧后残余物表面的裂缝密度以有效阻止可燃性降解气体的逸出。

有机磷系阻燃剂也能提升 EVA 的阻燃性能，但通常需要与其他无机阻燃剂复配使用，其中红磷和可膨胀石墨（EG）在阻燃 EVA 领域主要作为阻燃协效剂使用。例如，EG 和 APP 复配体系表现出较好的协效阻燃效应，其中，添加 30%EG 和 30%EG/APP 分别阻燃 EVA 的 LOI 值为 28.5%和 30.7%。

5.1.6 阻燃聚甲基丙烯酸甲酯

聚甲基丙烯酸甲酯（PMMA）是由甲基丙烯酸甲酯聚合而成的热塑性塑料（图 5-11），又称为有机玻璃、亚克力，具有较高的透明性、光亮度、化学稳定性、力学性能、加工性能和耐候性能，广泛应用在照明电气、通信、交通等领域。但 PMMA 的 LOI 值只有 17.0%左右，容易被点燃，并且燃烧时放热量大。

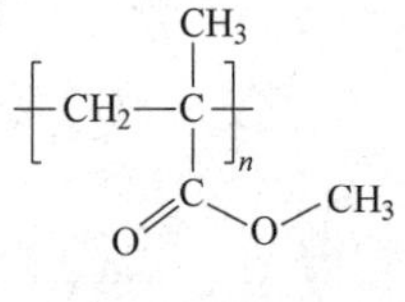

图 5-11 聚甲基丙烯酸甲酯（PMMA）的分子结构

PMMA 的易燃性与其热解机理密切相关。PMMA 的热分解过程和机理相对比较简单，主要是解聚反应生成单体甲基丙烯酸甲酯（MMA），解聚的单体产量可达 90%以上。通过自由基聚合得到的 PMMA 的分子链段存在链端双键，当加热到 270℃左右，解聚即首先从链端双键开始；当升温至 350℃时，解聚出现第二个高峰，此时主链的无规断裂也开始发生。因此，PMMA 在高温下燃烧表现为表面直接汽化燃烧，特别是 PMMA 在样品垂直取向燃烧时表现出迅速的表面火焰传播，而没有明显的熔融滴落显现，这同大多数热塑性聚合物的燃烧熔融滴落有很大不同。PMMA 因其分解机理简单，燃烧特性可重复性好，在聚合物火灾研究中是一种很理想的标准试验材料。由于 PMMA 各种燃烧参数的重复性很好，锥形量热仪测试中常将含 5%炭黑的 PMMA 选作标准标定样品。

PMMA 的阻燃改性可分为添加型和反应型两种阻燃方法，无论哪种方法，必须重点考虑阻燃剂对其透明度的影响。添加型阻燃剂中，十溴二苯乙烷、溴化苯乙烯、红磷、聚磷酸铵、氢氧化物、膨胀型阻燃剂、OMMT、碳纳米管、碳纳米纤维、POSS 类阻燃剂等对 PMMA 都具有不错的阻燃效果，但对 PMMA 透明性有较大的负面影响，无法满足透明 PMMA 制品的应用要求。一般而言，选用与 PMMA 折射率相近的阻燃剂是有效降低光散射现象并提升基材阻燃性能的关键。例如，添加 10%的纳米 SiO_2 表面接枝含磷阻燃剂（SiO_2-g-DOPO）可使 PMMA 的 LOI 值提升到 25.6%、PHRR 值下降 52.2%，并保持 78.7%的高透光率。PMMA 纳米复合材料高透光率是由于 PMMA 的折射率（1.49）与纳米 SiO_2 折射率（1.46）相近，且纳米 SiO_2 在 PMMA 基材中均匀分布。

反应型阻燃剂中，乙烯基磷酸、二烷基乙烯磷酸酯等含磷乙烯基类化合物和含磷丙烯酸类化合物常与甲基丙烯酸甲酯共聚制备出良好阻燃性和高透光率的 PMMA 共聚物。例如，将 2-羟乙基甲基丙烯酸酯磷酸酯（HEMAP）与 MMA 单体进行自由基共聚反应制备 P(MMA-co-HEMAP）共聚物，添加 30%HEMAP 可使共聚物的 LOI 值提升至 24.0%，PHRR 和 THR 相比于纯 PMMA 分别降低 40.0%和 36.2%，且透光率保持在 90.0%以上。总之，如何有效均衡 PMMA 复合材料的阻燃性与透明性是当前阻燃领域面临的一个挑战性课题。

5.1.7　阻燃聚氯乙烯

聚氯乙烯（PVC）是第二大合成树脂，它由氯乙烯经自由基加聚反应制备而成，分子主链结构上垂挂着大量的氯原子。由于氯原子质量大于碳、氢原子，PVC 中氯原子的质量比例接近 57%，因此 PVC 具有较好的阻燃作用。聚氯乙烯具有耐化学性、阻燃性、耐磨性，强度较高、电绝缘性好且价格低廉等优点，广泛应用于电线电缆、管材、地面板材、门窗及矿山运输带等。

PVC 可分为硬质 PVC 和增塑 PVC（即软质 PVC）。硬质 PVC 是一种未改性的刚性聚合物，具有很好的阻燃效果，它的强度和硬度比 PE 和 PP 大，常用于制备室内隔板、管道、信用卡、热成型和注射成型制品。软质 PVC 是在 PVC 中加入低分子量增塑剂，使 PVC 的玻璃化转变温度降低并变得柔软，可用于制作软管、地板、胶管、收缩膜和瓶子等。PVC 常用的增塑剂有邻苯二甲酸二辛酯、邻苯二甲酸二异辛酯、邻苯二甲酸二丁酯等。软质 PVC 由于添加大量的可燃性增塑剂而导致阻燃性能下降，一般需要进行阻燃处理。此外，硬质 PVC 和软质 PVC 均含有大量的 Cl 原子，燃烧过程中会产生大量的烟雾、毒性气体及腐蚀性气体，因此常需要对 PVC 进行抑烟减毒处理。

PVC 的热降解过程主要分为两个阶段，即 PVC 热降解脱 HCl 的阶段和共轭多烯链段的热降解阶段。纯 PVC 在 150~230℃开始热降解，脱掉 HCl 并且变色，该阶段脱 HCl 的速度很慢，热失重很少。在 230~340℃时，PVC 脱 HCl 速度很快，几乎完全脱掉 HCl，生成共轭多烯结构，并伴有少量的苯生成。当温度高于 340℃时，共轭多烯结构开始发生异构化、四中心聚合［又称第尔斯-阿尔德（Diels-Alder）聚合］、芳化和降解等反应，生成甲苯等有取代基的芳烃和各种氯代芳烃，在更高温时则发生交联生成残炭。氧的存在会加速 PVC 脱 HCl 的过程并发生主链断裂反应，一定程度上减少交联反应。PVC 热分解最终会形成少量炭渣，具有一定的成炭能力。

PVC 分解过程中主要裂解产物有氯甲烷、苯、甲苯、1,4-二氧六环（又称二噁烷）、二甲苯、茚、萘、氯苯、二乙烯基苯、氯化氢。而热氧分解产物有苯、甲苯、氯苯、二乙烯基苯、氯化氢。PVC 在燃烧过程中放热量较低，燃烧热（ΔH_c）为 16.43 MJ/kg。PVC 热解与燃烧过程如图 5-12 所示。

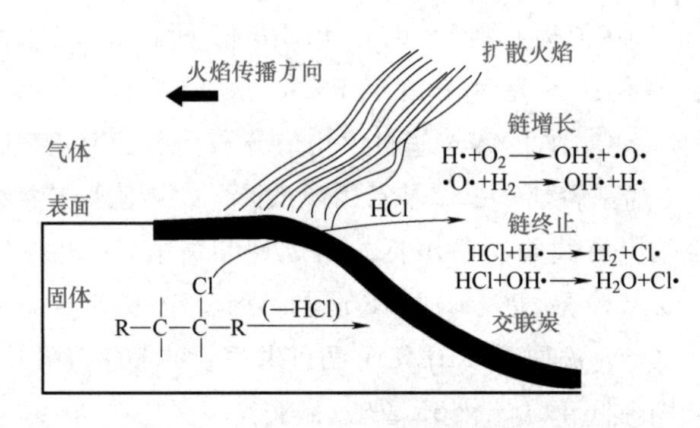

图 5-12 PVC 热解与燃烧过程示意图

PVC 阻燃主要是针对软质 PVC 而言，最常用的方法还是添加阻燃剂。对软质 PVC 阻燃首先要考虑的是增塑剂的选用。为了使软质 PVC 的阻燃性不至降低太多，在选用增塑剂时应考虑采用既能起到增塑作用又较少降低阻燃性的增塑剂。目前广泛使用的此类增塑剂有磷酸酯类、氯化石蜡和氯化脂肪酸酯类。磷酸酯类增塑剂阻燃性强，而氯化石蜡价廉。

磷酸酯阻燃剂作为 PVC 最常用的阻燃剂和增塑剂，主要有磷酸三甲苯酯（TCP）、磷酸三苯酯（TPP）、磷酸三辛酯（TOP）、磷酸二苯辛酯（DPOP）、磷酸二苯异癸酯（IDDP）、磷酸三芳基酯、磷酸三（二甲苯）酯、磷酸三（2,3-氯丙基）酯、磷酸叔丁基苯二苯酯、磷酸二苯基异丙苯酯、磷酸二苯异辛酯等。磷酸三甲苯酯的挥发性较低，室温下为液体，对机械性能要求高的 PVC 制品有良好的阻燃性，耐水性、耐久性、耐菌性良好，但赋予制品的柔软性比邻苯二甲酸二辛酯（DOP）低。磷酸三苯酯挥发性小，有较好的阻燃性，但易于从 PVC 中结晶，且它的邻位异构体有毒性，限制了它的使用。用芳基磷酸酯或氯化磷酸酯代替传统的增塑剂 DOP 或邻苯二甲酸二异癸酯（DIDP），可明显改善软质 PVC 的阻燃性。磷酸酯的阻燃作用被认为是在 PVC 热解过程中产生的 HCl，可以催化磷酸三异丙基苯酯分解，形成磷酸和对异丙基苯酚，然后磷酸在更高的温度下脱水缩合生成多磷酸，而起到阻燃作用。硼酸锌、八钼酸铵、锡酸锌与磷酸酯复配使用还表现出一定的协效阻燃作用。

由于卤-锑之间存在协效作用，在 PVC 中仅加入三氧化二锑即可对 PVC 产生较好的阻燃作用。在软质 PVC 中，用硼酸锌取代一部分三氧化二锑能起到协效剂的作用，提高阻燃性并降低生烟量，如果再与氢氧化铝并用，效果更加显著。硼酸锌同氧化锑或氢氧化铝都有协效作用，它可以部分或全部取代三氧化二锑在 PVC 阻燃过程中起到协效剂作用，不仅能降低成本，有较好的阻燃作用，而且能显著降低生烟量。

无机阻燃填料也是 PVC 阻燃的重要选择之一，特别是氢氧化铝和氢氧化镁对软质 PVC 都有很好的阻燃效果。这些无机填料使用量一般很大，在降低热释放速率的同时降低生烟量；缺点是对制品的加工性能和力学性能有负面影响。就阻燃程度而言，添加量越大，效果越好，几乎可以达到任意要求的阻燃程度，但问题是大量使用填料后如何能满足加工性能要求及保持制品的原有的力学性能。因此，在实际使用这些无机阻燃填料时，主要需要解决填料对加工和力学性能影响的问题，而不是阻燃性的问题。无机填料的粒径和粒径分布对 PVC 的阻燃性能和力学性能都有影响，通过无机填料的超细化处理可以提高阻燃 PVC 的力学性能和阻燃效率。一般而言，无机填料的粒径小，与 PVC 相互作用强，有利于改善力学性能，但会相应产生分散困难的问题。无机填料的表面改性和包覆处理可以提高无机填料与 PVC 的相互作用，有利于分散性，进而可降低填料用量并提高力学性能和阻燃效率。

对 PVC 而言，阻燃性要求一般比较容易达到，但生烟量大使其在阻燃领域的应用受到了很大限制，因此 PVC 的抑烟技术显得尤为重要。目前 PVC 的抑烟剂有铜化合物、钼化合物、铁化合物、锡化合物、锌化合物和铅化合物，其中三氧化钼、八钼酸铵、钼酸钙和钼酸锌等钼化合物应用较为广泛。钼化合物对软、硬质 PVC 的抑烟效果非常显著，一般在 5%的添加量下即可使 PVC 的生烟量降低 50%。一般认为，钼化合物的抑烟机理是在固相通过路易斯酸机理形成反式多烯结构和芳香族环状结构，促进炭化，进而减少生烟量。常用的 PVC 抑烟剂还有锡酸锌，它在气相和固相中都有抑烟作用，对燃烧过程中脱氯化氢阶段的抑烟作用非常有效。此外，无机填料型阻燃剂，如氢氧化铝、氢氧化镁、硼酸锌等都有抑烟的作用，可以用于 PVC 的抑烟处理。

5.2　阻燃热塑性工程塑料

5.2.1　阻燃聚对苯二甲酸乙二醇酯

聚对苯二甲酸乙二醇酯（PET）是对苯二甲酸与乙二醇的缩聚物（图 5-13），是热塑性聚酯中最主要的品种之一，俗称涤纶树脂，是继尼龙、聚碳酸酯、聚甲醛、聚苯醚之后的第五大工程塑料。PET 在较宽的温度范围内能够保持优良的物理性能和力学性能，它具有优异的耐疲劳性、耐摩擦性、耐老化性、电绝缘性和加工性能，对大多数有机溶剂和无机酸稳定，而且生产能耗低，被广泛用于塑料包装瓶、薄膜及合成纤维。PET 的 LOI 值为 20%～22%，燃烧过程中会产生伴有火焰的滴落物，极易点燃周围的易燃物，所以需要对其进行阻燃处理，

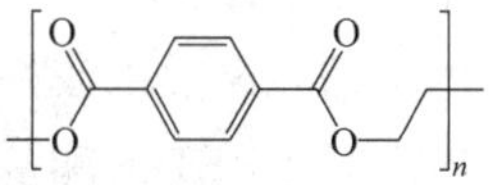

图 5-13　聚对苯二甲酸乙二醇酯（PET）的分子结构

以满足某些领域的应用要求。

PET的燃烧起始于PET分子链段在高温下发生裂解断裂，产生挥发性燃烧产物。PET是发生无规断裂的典型杂链聚合物，高温下其大分子中的酯键断裂生成羧酸和乙烯基酯，而发生断裂的酯键的位置是随机的。PET在250～350℃开始降解，但在350℃以上才会明显释放出挥发性产物。PET的热裂解是自由基降解的过程，其酯链中β-甲基在高温时发生热裂解，如图5-14所示。PET链的主要断裂方式为β-甲基上的氢原子与羰基上的氧原子发生反应生成一个稳定的六元环过渡态，并生成羧酸和乙烯基酯。同时，羧酸和乙烯基酯进一步降解成酸酐和乙醛，乙烯基酯能够生成如酮、羧酸、乙烯、一氧化碳和二氧化碳等小分子。羧酸能够通过β-氢转移反应生成对苯二甲酸和乙烯基酯，随后对苯二甲酸能够分解生成苯甲酸、一氧化碳和二氧化碳。

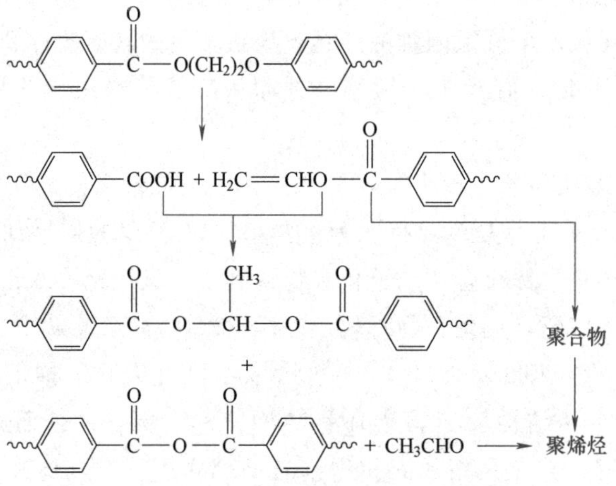

图5-14　PET的热裂解过程

PET阻燃复合材料的制备方法主要分为共混阻燃和共聚阻燃改性。共混阻燃PET复合材料通常是添加一种高效阻燃剂，并通过对其表面进行处理等方法，改善其在聚合物基体中的相容性等，最终制得高效阻燃复合材料，或是添加一种主阻燃剂，再添加其他辅阻燃剂与PET熔融共混，通过多种组分间的协效作用，综合提高PET复合材料的阻燃性能。PET的添加型阻燃剂可分为无机添加型阻燃剂和有机添加型阻燃剂。含卤阻燃剂是PET的有效阻燃剂，例如溴化环氧树脂对PET有较好阻燃作用。

磷系阻燃剂也是PET的有效阻燃剂，其中红磷、三苯基膦、三苯基氧化膦和磷酸三苯酯对PET的阻燃效果较好，它们在低于PET热分解温度下即能蒸发进入气相中。三苯基膦阻燃PET时，PET的酯基氧将三苯基膦氧化为三苯基氧化膦，真正的活性阻燃组分是三苯基氧化膦。PET/磷酸三苯酯或PET/三苯基氧化膦阻燃体系燃烧时，THR均随体系中磷含量的增加而降低。对于PET/磷酸三苯酯体系，THR降低是由于材料燃烧时固体残余物增多所致，属于凝聚相阻燃机理。对于PET/三苯基氧化膦阻燃体系，THR降低是由于燃烧时气相产物含PO·捕获剂可以有效吸收火焰中的H·，属于气相阻燃机理。

共聚阻燃改性PET是以反应型阻燃剂作为第三单体参与到PET聚合反应过程中制备而

成的。由于阻燃单体固定在 PET 大分子链上，在使用过程中不会发生溶解或渗析现象，具有阻燃性持久和毒性较低的特点。例如，在 PET 分子链上引入磷酸苯酯或苯基氧化膦，能够提高 PET 的 LOI 值和成炭率。双（4-羧苯基）苯基氧化膦（BCPPO）是一种典型的阻燃 PET 共聚阻燃单体，它不仅具有优异的阻燃性能，而且能改善阻燃 PET 的加工和力学性能。BCPPO 为有机氧化膦类化合物，具有热稳定性高和成炭性好的优点，其初始热分解温度在 350℃以上，峰值分解温度在 450℃以上，在 650℃时的残炭量达 40%。因此，BCPPO 作为 PET 的共聚阻燃单体在聚合温度下不会分解，所得的阻燃 PET 具有持久的阻燃性能。此外，BCPPO 含有双官能团，能与乙二醇和对苯二甲酸共聚合成共聚阻燃 PET。

2-羧乙基苯基次磷酸（CEPPA）具有较高的热稳定性和氧化稳定性，作为反应型阻燃剂在 PET 阻燃中有较多应用。例如，将 CEPPA 与乙二醇反应合成 2-羧乙基苯基次膦酸乙二醇酯，再加入对苯二甲酸乙二醇酯的缩聚体系中可最终获得含磷阻燃聚酯。随着 CEPPA 添加量增加，阻燃聚酯的玻璃化转变温度（T_g）和熔点（T_m）下降，而结晶温度（T_c）和残炭量则呈上升趋势。[（6-氧-6 氢-二苯并-（c,e）（1,2）-氧磷杂己环-6-酮）-甲基]-丁二酸（DDP）是用于 PET 阻燃的新型共聚型阻燃第三单体。DDP 分子结构中的磷酸酯与联苯形成稳定的环状结构，且处于侧链位置，具有良好的热稳定性和抗水解性。而将 DDP 与 PET 共聚后，可以克服阻燃 PET 易水解的缺点，并保持 PET 原有的加工性能，具有广阔的应用前景。

5.2.2 阻燃聚对苯二甲酸丁二醇酯

聚对苯二甲酸丁二醇酯（PBT）是由 1,4-丁二醇与对苯二甲酸或者对苯二甲酸酯经直接酯化法或酯交换法缩合，后经混炼制成的乳白色半透明到不透明、线性结晶型热塑性聚酯树脂，分子结构式如图 5-15 所示。PBT 是热塑性聚酯中最主要的品种之一，具有优良的机械性能、高结晶速率及良好的耐蚀性和耐热性，被广泛应用于汽车、电子器件和机械零部件等领域。PBT 的 LOI 值为 20%～22%，在空气中易燃且极易产生可燃性滴落，造成火灾的蔓延。因此，提高 PBT 的阻燃性是保障其广泛应用的一个必要环节。

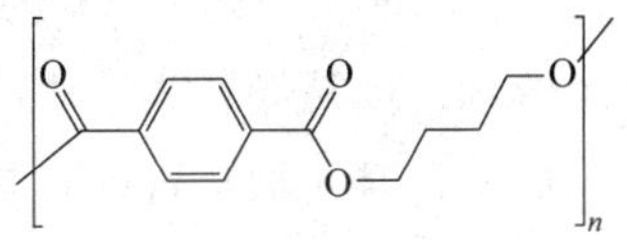

图 5-15 聚对苯二甲酸丁二醇酯的分子结构

PBT 受热降解产生自由基和游离的氢原子，自由基与氧气作用产生更多的自由基。而游离的氢原子可以使链段形成稳定的两个分子，其中一个是反应活性较高的含碳碳双键的分子，该活性分子易发生氧化反应加速 PBT 基体降解并生成挥发性的可燃小分子气体。PBT 热降解有两种途径：一是 PBT 分子链由过渡的六元环经过酰氧键断裂形成端羧基和端羟基的对苯二甲酸和 1,4-丁二醇，之后进一步降解形成丁二烯、四氢呋喃、苯甲酸丁酯、苯甲酸、二氧化碳和一氧化碳等挥发性产物；二是 PBT 分子链由过渡六元环直接经分子内或分子间的 β-CH 的转移进行降解形成丁二烯等上述挥发性产物。

含溴阻燃剂是 PBT 的一类有效阻燃剂，包括十溴二苯乙烷、四溴双酚 A、溴化聚苯乙烯、溴化环氧树脂、溴化聚碳酸酯、聚二溴苯乙烯等。含溴磷酸酯三（2,4-二溴苯）磷酸酯（TDBPPE）是一种 PBT 常用阻燃剂，其在同一分子内含有 Br 和 P，具有卤-磷协效效应。TDBPPE 既可单独阻燃 PBT，也可与 Sb_2O_3 复配使用以发挥较好的协效阻燃作用。

PET 常用磷系阻燃剂包括红磷、聚磷酸铵、金属有机次膦酸盐以及磷酸三苯酯（TPP）、间苯二酚双（二苯基磷酸酯）和双酚 A 双（磷酸二苯酯）等。磷系阻燃剂用于 PBT 阻燃改性，常采用协效阻燃体系的方式以达到更好的阻燃效果。例如，添加 20%TPP 与 10%三聚氰胺（MA）协效阻燃 PBT 的 LOI 值从 20.9%增加到 26.6%，并通过 UL94 V-0 级测试。添加 13.3%二乙基次膦酸铝（AlPi）与 6.7%三聚氰胺氰尿酸盐（MCA）复配阻燃玻璃纤维增强 PBT 的 LOI 值可达 43.5%，并通过 UL94 V-0 级测试。AlPi 与 MCA 阻燃体系的协效阻燃效应主要是通过二者受热分解释放出的二乙基次膦酸、HOCN 和 CO_2 等产物的共同作用来实现，这些分解产物能够在气相中起到自由基捕捉剂和稀释剂的作用。

纳米阻燃剂在降低 PBT 热释放速率方面具有明显优势。例如，无机酸改性碳纳米管可促进碳纳米管颗粒均匀地分散在 PBT 基体材料中，极少量的改性碳纳米管能显著提高 PBT 的结晶温度和热稳定性能。

5.2.3 阻燃聚酰胺

聚酰胺（PA）又称尼龙，是一类分子主链上含有重复酰胺基团（—NHCO—）的热塑性工程塑料的总称，具有优异的力学性能、自润滑性、耐蚀性、耐油性和加工性能，被广泛应用在电子电器、汽车部件、电动工具等领域。PA 的主要品种有 PA6、PA66、PA610、PA12、PA1010、PA43 等，其中 PA6 和 PA66 是产量最大、用途最广的两个品种。但是脂肪族聚酰胺材料由于含有大量的亚甲基结构，易于燃烧，LOI 值为 23%~26%，燃烧过程中熔融现象明显。特别是玻璃纤维增强 PA 材料，存在“烛芯效应”，更容易被点燃。例如，30%玻璃纤维增强的 PA66 的 LOI 仅为 23%，垂直燃烧测试无级别，放热量和产烟量大，并产生熔滴，极易导致火灾事故的发生和扩大。

尼龙材料在加热过程中首先熔融，其中 PA6 的熔融温度约为 220℃，PA66 的熔融温度为 256~259℃。一般尼龙材料在 342℃以下的温度内不会出现剧烈的分解。在氮气气氛下，PA66 和 PA6 的分解温度分别为 411℃和 424℃，峰值分解温度分别为 448℃和 454℃。PA66 的裂解产物主要有碳五以下的碳氢化合物、环戊酮；PA6 的裂解产物主要有已内酰胺、苯、乙腈、碳五以下的碳氢化合物。

聚酰胺的阻燃途径主要有共混阻燃改性法和原位聚合阻燃改性法。共混阻燃改性法通过机械混合的方法将阻燃剂均匀地混入到聚酰胺中，使其获得阻燃性，这是聚酰胺主要的阻燃方法。原位聚合阻燃改性法则是通过原位聚合方法在聚酰胺的主链或侧链上接枝具有阻燃效果的反应单体，达到分子级的阻燃效果。此方法具有毒性小、稳定性好、产物基本无挥发物，以及对材料的使用性能影响很小等优点，尤其适用于薄膜等高端应用领域。但反应型阻燃方法要求对聚合物的分子结构进行改造，涉及上游聚合工艺的变动，因此在实际应用中较为少见。在原位聚合阻燃改性方面，通过共聚的方法在聚酰胺的分子链上引入三芳基氧化膦是一个有效的方法，可制备耐久型阻燃材料。

在共混阻燃改性方面，由于 PA 的加工温度较高，添加型阻燃剂主要为十溴二苯乙烷、溴化聚苯乙烯、聚二溴苯乙烯、溴化环氧树脂等芳香族溴系阻燃剂。溴化聚苯乙烯是用于阻燃 PA 最典型的溴系阻燃剂，是目前最主要的玻璃纤维增强 PA6、PA66 的商用阻燃剂品种。但溴系阻燃剂阻燃 PA 燃烧时生烟量大，通常需要添加部分无机金属化合物，如锡酸锌等进行抑烟处理。此外，氯系阻燃剂中的得克隆也可以用于 PA 的阻燃。

磷系阻燃剂中的微胶囊化红磷，氮系阻燃剂中的三聚氰胺、三聚氰酸盐也是 PA 的有效阻燃剂。含磷阻燃剂中红磷对尼龙的阻燃效果较好，添加 5%～7%的红磷可使尼龙达到 UL94 V-0 级，但红磷本身带有颜色，只能用于暗色制品，使用范围受限制。二乙基次膦酸铝（ADP）作为次膦酸盐阻燃剂中的典型代表，初始分解温度大于 350℃，可在气相与凝聚相同时发挥阻燃作用。例如，添加 15%的 ADP 能够使阻燃 PA6 通过 UL94 V-0 级别，LOI 值可达到 29.5%，且表现出良好的热稳定性。此外，三聚氰胺聚磷酸盐（MPP）对玻璃纤维增强 PA66 具有良好的阻燃效果。与溴/锑系统阻燃体系相比，MPP 阻燃 PA66 的烟密度更低，但 MPP 对 PA66 的伸长率及冲击强度有较大的影响，常需采用抗冲改性剂以弥补相应的机械性能损失。

相比于 ATH，MDH 具有较高的分解温度，在 340℃左右发生吸热分解反应并释放出大量的水蒸气，能够降低材料表层的温度，还可以稀释氧气和可燃性气体的浓度。MDH 分解产生的氧化镁覆盖在基材表面，还能够起到阻隔和抑烟的作用，可用于 PA 的阻燃。此外，颗粒尺寸越小的 MDH 在 PA66 基体中可发挥出更好的阻燃作用，并且力学性能也更出色。

纳米阻燃剂在 PA 中的应用也比较多，例如碳纳米管能够增强 PA6 的熔体黏度，促使其形成交联网状结构以增强凝聚相阻燃作用。石墨烯片层能够有效降低 PA6 的峰值热释放速率和总热释放量，还能够改善其电性能。而蒙脱土和有机蒙脱土在 PA6 燃烧时能够在基材表面形成一个隔热隔氧的保护层，明显降低其峰值热释放速率（图 5-16）。

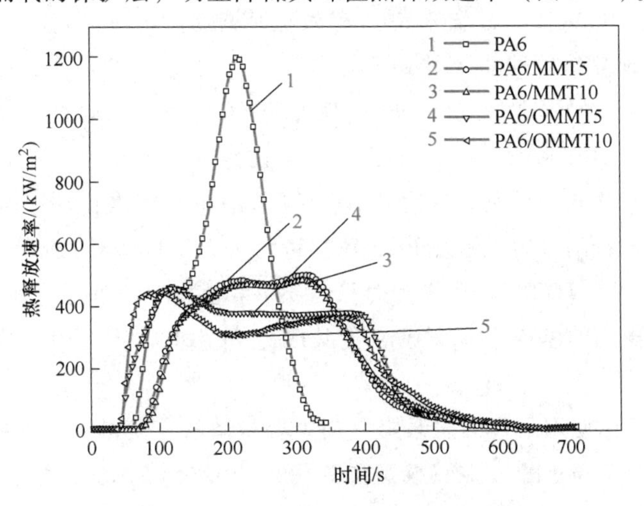

图 5-16 PA6/蒙脱土复合材料的热释放速率曲线

5.2.4 阻燃聚碳酸酯

聚碳酸酯（PC）是指分子链中含有碳酸酯基的一类聚合物，根据酯基结构的不同可分为脂肪族、芳香族、脂肪族-芳香族等多种类型。脂肪族和脂肪族-芳香族聚碳酸酯的机械强度不足，仅芳香族PC获得工业化生产，其中最为普遍的是双酚A型PC，分子结构如图5-17所示。PC作为一种通用工程塑料，具有高抗冲击强度、较高的耐热性、优异电绝缘性、良好的透明性和尺寸稳定性等优点，被广泛应用于电子电器、汽车零部件、建筑材料、医疗器械和食品包装等领域。PC的LOI值一般在22%~26%、垂直燃烧级别可达V-2级，本身具有一定的抗氧化性和阻燃性。此外，PC具有熔体黏度大、加工性差、制品易开裂、不耐磨和耐溶剂性差等缺点，常需与其他聚合物共混制成合金。

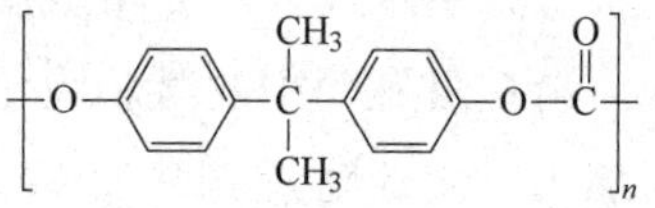

图5-17　聚碳酸酯（PC）**的分子结构**

PC具有比较高的热稳定性，在300℃之前非常稳定，它的加工温度通常在240~280℃。PC热分解和燃烧过程非常复杂，其端基及降解条件不同也会导致降解机理和降解产物的不同。在热的作用下，PC分子链中的碳酸酯基发生科尔贝-施密特反应，形成侧羧基，然后与PC分子链发生酯交换反应，从而形成交联结构，此过程中重排生成的中间体也将发生脱羧和酯化反应，并放出CO和H_2O。也有学者认为PC的热降解途径主要是发生弗莱斯重排反应，生成酚羟基和芳族酯基。还有一种观点是，PC热降解发生的是自由基反应，它导致了异丙基的断裂，在PC分解刚开始时就产生少量的甲烷气体。PC热降解中产生的小分子产物主要为双酚A和CO_2，其次是苯酚、CO、H_2O、甲烷、双酚A衍生物等。

PC燃烧时火焰呈淡黄色，会产生较浓的烟气。PC的熔体黏度较大，在燃烧过程中基本不显熔融流动。PC燃烧过程中会发泡并成炭，热释放速率比较低，离开火源后火焰自熄。但PC在燃烧时会发生熔融滴落并释放出大量的有毒有害烟气，无法满足特殊领域的阻燃要求，常需要通过引入阻燃剂来提高其阻燃性能。

含卤阻燃剂对PC或PC合金来说是有效的阻燃剂，包括四溴双酚A、聚二溴苯乙烯、三（2,4-二溴苯基）磷酸酯（TDBPPE）等。工业上常用的是溴化环氧树脂低聚物，添加量（以质量分数计，下同）为6%~9%时就能使PC达到垂直燃烧V-0级别，对热变形温度影响很小，甚至对冲击强度有一定的提升。需注意的是，在PC基体中使用含溴阻燃剂时，不宜使用Sb_2O_3作为协效剂，因为Sb_2O_3对PC有催化解聚作用，但可以使用锑酸钠作为协效剂。TDBPPE特别适用于阻燃PC，添加量为7.5%时（不需加Sb_2O_3），可使PC垂直燃烧级别达到V-0级。TDBPPE在模塑时可与PC熔融共混，可同时作为PC的加工助剂。此外，TDBPPE分子内的溴-磷协效效应，使其成为PC/PET、PC/PBT及PC/ABS的良好阻燃剂。

工业化PC产品中使用最多的磷系阻燃剂主要是磷酸三苯酯（TPP）、间苯二酚双（二苯基磷酸酯）（RDP）和双酚A双（磷酸二苯酯）（BDP）。磷酸酯类阻燃剂具有价格低廉、添加量少、阻燃效果好、对PC力学性能影响较小等优点，在阻燃PC领域得到较为广泛的应用，但存在耐水解性能较差的缺陷。此外，次膦酸酯（盐）、磷腈类阻燃剂阻燃 PC 的研究也有较多报道。

磺酸盐类阻燃剂对阻燃 PC 来说是一种高效的阻燃剂，主要是指含有硫元素的一类阻燃剂，包括有机和无机芳香族磺酸盐（酯）。二苯砜磺酸钾（KSS）、三氯苯磺酸钠（STB）及全氟丁基磺酸钾在 PC 中阻燃效果非常明显，添加 0.05%~0.1%就能够使 PC 达到 UL94 V-0 级，但会对 PC 的透明性产生较大的影响。而添加一些协效剂，如八苯基环四硅氧烷、聚甲基硅氧烷或者聚甲基苯基硅氧烷，可在提升 PC 阻燃性同时增强透明性。此外，KSS 经常被单独用于制备透明阻燃 PC 材料，STB 通常与溴代聚碳酸酯低聚物配合使用。

硅系阻燃剂用于 PC 阻燃也很有效，适用的硅系阻燃剂有聚硅氧烷、笼形聚倍半硅氧烷（POSS）和聚硅烷。例如，添加 5%的支链型聚硅氧烷与聚四氟乙烯联用，可使 PC 的 LOI 值提高到 33%~40%，并达到 UL94 V-0 级。POSS 不仅对 PC 具有良好阻燃效果，还可以提升 PC 流动性和成型加工性能。此外，添加 5%苯基聚有机硅氧烷（PPSDS）时，PC 可通过 UL94 V-0 级测试；当 PPSDS 与磺酸盐共用时，仅质量分数为 0.8%的 PPSDS 和 0.03%的磺酸盐就可使 PC 达到 UL94 V-0 级。PPSDS 的分子结构式如图 5-18 所示。

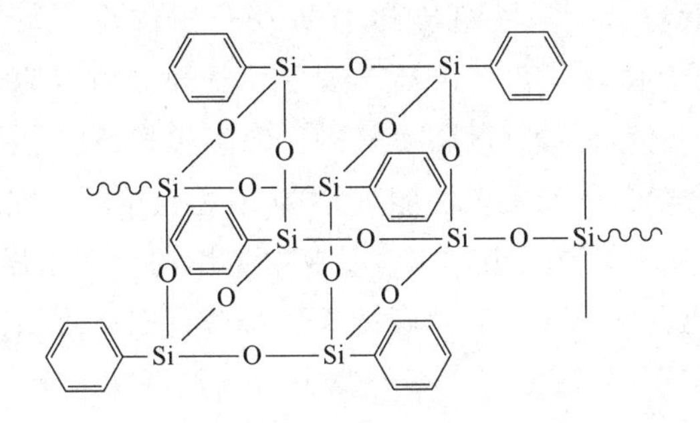

图 5-18 聚有机硅氧烷的分子结构

5.2.5 阻燃聚甲醛

聚甲醛（POM）是一种高结晶性、无侧链的线性热塑性聚合物（图 5-19），具有良好的耐蚀性、耐油性、耐化学性、低吸水性、耐磨自润滑性、耐蠕变性，以及突出的耐疲劳性能。POM 是用量仅次于聚酰胺和聚碳酸酯的第三大通用工程塑料，是所有塑料中比强度和比刚度与金属较为接近的树脂品种之一，广泛应用于汽车、电子电器、机械加工、医疗器械、日用品等诸多领域。

$$\left[CH_2O \right]_n$$

图 5-19 聚甲醛的分子结构式

POM 的分子链中含氧量高达 53%（质量分数），燃烧过程中对氧气需求量少，LOI 值仅为 15%左右，极易燃烧，是最难阻燃的高分子材料之一。POM 热稳定性差，极易在热和氧的作用下发生“解链式”分解反应并释放出大量甲醛气体及其氧化产物甲酸，其中甲酸可以促进聚甲醛进一步分解并产生大量高温熔滴，增大火灾危害。

POM 的热降解过程可以用端基解聚理论解释。该理论认为，POM 的热降解过程分为以下五步：

1）POM 链端的“解链式”解聚：POM 链端的半缩醛在 100℃左右不断受热分解出甲醛气体并生成新的半缩醛端基。

2）自动氧化降解：在 170℃左右的有氧环境下，POM 分子链断裂并生成氢过氧化物，导致 POM 的分子链按照 β 断裂机理开始解聚。

3）聚甲醛的氧化产物引起的降解：在有氧环境中聚甲醛受热分解产生甲醛，甲醛与氧气反应生成甲酸，而甲酸可以促进聚甲醛的分解反应并导致聚甲醛的分子量迅速降低。

4）酸解：聚甲醛生产过程中残留的酸和甲醛氧化生成的甲酸都能够导致聚甲醛发生酸解。

5）热裂解：聚甲醛分子链中的化学键在 270℃左右被破坏，产生大量自由基。

对于 POM 的阻燃主要从以下两个方面进行：一是从 POM 分子结构入手，通过使用新型共聚单体或采用各种不同的封端剂来提高 POM 的热稳定；二是通过添加阻燃剂来提高其阻燃性能。前者虽然能在一定程度上提高 POM 的热分解温度，但所得产品还远远达不到阻燃设计要求；后者作为一种提高材料阻燃性最简单的方法，在 POM 阻燃研究中面临不少难以解决的问题。如 POM 分子链对酸性或碱性物质比较敏感，很多添加型阻燃剂会加剧 POM 在加工过程中的分解；一般填料或阻燃剂与 POM 的相容性较差，既会恶化材料的力学性能，又容易使阻燃 POM 出现“起霜”和“出汗”现象，从而导致其阻燃性能降低。POM 通常需要添加大量的阻燃剂才能获得较好的阻燃效果，而高添加量阻燃剂会极大影响 POM 本身的理化性能，如何兼具力学性能和阻燃性能是 POM 阻燃领域的研究难点。

由于 POM 对酸和碱非常敏感且极性强，工业中常用的卤系阻燃剂在加工过程和燃烧过程中产生的酸性气体会诱发聚甲醛发生“解链式”分解，因此难以满足 POM 的阻燃改性需求。ATH 或 MDH 在降低 POM 热释放速率和减少烟气产生方面有一定优势，其中 ATH 在 POM 中的阻燃效果优于 MDH。例如，加入 40%ATH 时，POM 的燃烧速率下降一半；而添加 60%的 ATH 时，POM 则完全不燃。但添加 ATH 对 POM 力学性能影响较大，而利用铝偶联剂改性 ATH 能明显改善 POM 的力学性能。此外，将铝偶联剂改性 ATH 与硬脂酸锌并用还可明显增加 POM 的强度及流动性。

磷系阻燃剂及其复配体系是 POM 阻燃改性的常用阻燃剂。例如，以 APP 为主阻燃剂、三聚氰胺与双磷酸季戊四醇酯三聚氰胺盐为辅助阻燃剂，配以高分子吸醛剂共同组成阻燃体系，通过塑炼方式制备的阻燃 POM 的 LOI 值可以达到 50%、UL94 等级达到 V-0 级，且加工条件与普通 POM 相同，可以满足使用要求。

5.3 阻燃热固性塑料

5.3.1 阻燃环氧树脂

环氧树脂（EP）是泛指含有两个或两个以上环氧基团，以脂肪族、脂环族或芳香族链段为主链的高分子预聚物，是一种热固性聚合物。EP 的种类众多，总体可以分为缩水甘油醚型、线型脂肪族型、缩水甘油胺型、脂环族型和缩水甘油酯型这五个品种。双酚 A 型环氧树脂是最典型的环氧树脂，化学名称为双酚 A 二缩水甘油醚，化学结构如图 5-20 所示。

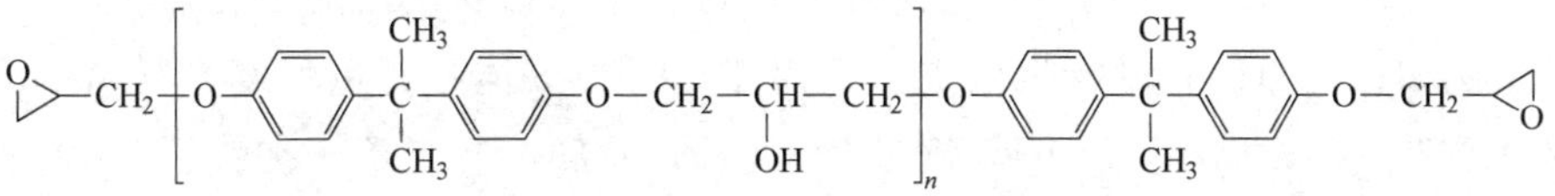

图 5-20　双酚 A 型 EP 的化学结构

双酚 A 型 EP 在固化前性质稳定，即使加热到 200℃也不发生化学变化，但它的反应活性很大，能在酸或碱等的作用下发生固化反应。固化前的 EP 是黏稠状液体，没有实用价值，只有与固化剂进行反应生成三维交联网络结构后才能使用。EP 的固化剂种类很多，常用的有甲基四氢苯酐、4,4′-二氨基二苯甲烷（DDM）、4,4′-二氨基二苯砜（DDS）、间苯二胺（m-PDA）、聚酰胺等。

EP 具有优异的黏结强度、力学性能、电绝缘性和化学稳定性，以及收缩率低、加工成型容易、成本低廉等优点，在电子、宇航、汽车、军工等领域得到广泛应用。然而，EP 的 LOI 值仅有 19.8%左右，极易燃烧，而开发阻燃 EP 则是扩大其应用领域的关键。EP 的热解和燃烧特性与其结构和组成有关，普通双酚 A 型 EP 一般比脂肪族 EP 的阻燃性略高，而酚醛环氧树脂又比双酚 A 型 EP 的阻燃性高。双酚 A 型 EP 在有氧环境下的初始分解温度一般为 300℃左右，3mm 厚样品在 $35kW/m^2$ 的热辐射强度下的 PHRR 值可达 $1135kW/m^2$，并产生大量黑烟。

EP 阻燃改性主要有反应型和添加型两种途径。反应型阻燃改性主要是通过设计阻燃性环氧单体、阻燃性环氧固化剂或使用反应型阻燃剂等实现阻燃。添加型阻燃改性主要使用卤系阻燃剂、磷系阻燃剂、膨胀型阻燃剂、金属化合物及纳米阻燃剂等。

卤系阻燃剂在阻燃 EP 中占有重要地位，常用的有溴化环氧树脂、四溴双酚 A、十溴二苯乙烷、四溴邻苯二甲酸酐、二溴新戊二醇等。例如，溴化环氧树脂就是以四溴双酚 A 为原料，在一定反应条件下进行反应制得的，其不但具有一般 EP 的优良电气绝缘性和黏结性，还具有优异的自阻燃性，被广泛用于各种阻燃电子元件上。溴化环氧树脂在分子量、热稳定性和溴含量上都与十溴二苯醚相当，具有较高的阻燃效率、优良的热稳定性和光稳定性，而且燃烧过程中不会产生多溴代二苯并二噁英和多溴代二苯并呋喃等致癌物。溴化环氧树脂用作阻燃剂时还能赋予被阻燃基材良好的物理机械性能，广泛应用于 PBT、PET、ABS、PA66、热塑性聚氨酯等热塑性塑料及 PC/ABS 塑料合金的阻燃改性。

9,10-二氢-9-氧杂-10-磷杂菲-10-氧化物（DOPO）及其衍生物、磷腈类化合物、磷酸酯、磷酸盐和次磷酸盐等磷系阻燃剂被广泛应用于阻燃 EP，其中 DOPO 类和磷腈类化合物应用最为广泛。DOPO 的 P—H 键可与 EP 中的环氧基发生开环反应，进而被引入 EP 的主链或侧链中形成 DOPO 型 EP。此外，DOPO 还可与含醛或酮结构的化合物反应，制备含氨基、酸酐或酚羟基类的化合物或聚合物后作为 EP 的固化剂，通过固化反应将 DOPO 引入 EP。例如，以二氨基二苯砜（DDS）为固化剂固化后的阻燃 EP（DOPO-EP/DDS）体系的磷含量达到 1.6%时，垂直燃烧级别可达 V-0 级，LOI 值可提高至 28%。除了 DOPO 及其衍生物可作为 EP 反应型阻燃剂外，以 DOPO 为基础制备非反应型阻燃剂也可用于 EP 的阻燃改性。

以六苯氧基环三磷腈（HPCP）为代表的磷腈类化合物和次磷酸盐在 EP 阻燃中也有较好的表现。例如，将 HPCP 以物理添加方式用于 EP/DDS 体系，可使复合材料的 LOI 值由 22.5%提升至 29.4%、PHRR 值下降 47.8%。此外，添加 15%二乙基次膦酸铝和甲基乙基次膦酸铝阻燃 EP 的 LOI 值分别达到 32.2%和 29.8%，并均达到 UL94 V-0 级。

ATH、MDH、可膨胀石墨、红磷、IFR 等传统添加型阻燃剂也可用于 EP 阻燃，但阻燃效率偏低，大多与其他阻燃剂进行复配后用于 EP 的阻燃。例如，利用三聚氰胺聚磷酸铵（MPP）与季戊四醇（PER）复配后组成的膨胀阻燃体系对双酚 A 型 EP 的阻燃改性，当 MPP 和 PER 的添加量分别达到 40 质量份和 10 质量份时，阻燃 EP 的 LOI 值可达 32.2%，并通过 UL94 V-0 级。添加质量分数 5.73%DOPO、20.00%超细 ATH 和 8.28%三聚氰胺氰尿酸盐（MCA）可使 E44 型 EP 材料的 LOI 值达 31.2%，拉伸强度为 28.2MPa。

纳米阻燃剂是 EP 阻燃改性研究的热点之一，但存在分散性不佳的问题。通过对纳米阻燃剂进行表面修饰和改性是提高其分散性与阻燃性的有效方法。例如，以铈（Ce）掺杂二氧化锰（MnO_2）修饰的石墨烯纳米片层（GNS）制备出性能优异的阻燃 Ce-MnO_2-GNS-EP 复合材料。当 Ce-MnO_2-GNS 质量分数为 2%时，阻燃 EP 的 PHRR、THR 和总产烟量（TSP）分别降低 53.7%、35.5%和 41.2%，表现出优异的阻燃和抑烟作用。

5.3.2 阻燃硬质聚氨酯泡沫

聚氨酯是指主链上含有氨基甲酸酯（—NHCOO—）重复单元的一类高分子材料，一般由多元有机异氰酸酯和多元醇反应制备，被广泛用作泡沫材料、弹性体、涂料、纤维和胶粘剂的生产原料。聚氨酯泡沫材料可分为软质聚氨酯泡沫（FPUF）和硬质聚氨酯泡沫（RPUF）两种。RPUF 也简称为聚氨酯硬泡，具有强度高、密度低、导热系数低、防水性好、耐蚀性好、施工方便等一系列优点，作为隔热保温、结构或装饰材料被广泛应用于建筑物外墙保温、交通运输、制冷、石油化工等领域。然而，未经阻燃处理的 RPUF 属于易燃材料，不仅燃点低、火焰传播迅速，而且燃烧时会分解产生大量的氰化氢、一氧化碳等有毒烟气，火灾危险性很大。建筑中使用的 RPUF 一旦发生火灾，会给火场逃生和灭火带来很大的困难，最终可能导致重大的人员伤亡和财产损失。例如，2014 年 11 月 16 日，山东寿光市龙源食品有限公司制冷风机供电线路接头过热短路，引燃墙面 RPUF 保温材料，火灾造成 18 人死亡，13 人受伤。2017 年 11 月 18 日，北京市大兴区西红门镇新建村聚福缘公寓发生火灾，造成 19 人死亡，8 人受伤，原因是埋在 RPUF 保温材料内的电气线路发生故障导致其燃烧。

RPUF 的燃烧过程主要分为以下三个阶段：第一阶段为 RPUF 的氨基甲酸酯基团的分解阶段，氨基甲酸酯基团在 150~200℃下分解生成异氰酸酯和醇类，并在 200~250℃下分解成胺类、烯烃和 CO_2，其中氨基甲酸酯基团脱去一分子 CO_2 会生成相应的仲胺结构；第二阶段为异氰酸酯和醇类分解生成甲烷、乙烷、乙烯等并形成炭层的阶段，温度在 400℃以上；第三阶段为炭层中不稳定结构分解的阶段，主要包括含氧结构分解形成 CO 等。燃烧过程中产生的热量还会进一步加速泡沫材料的分解，如此循环，直到泡沫材料燃烧完全。由此可见，RPUF 燃烧是典型的由聚合物受热分解—可燃气体的释放—燃烧—热量反馈—聚合物受热分解这样的循环过程构成的，其中每个阶段都是相互联系的。

RPUF 阻燃改性主要通过添加型阻燃、反应型阻燃及表面处理阻燃三种方法实现。利用添加型阻燃剂对 RPUF 进行阻燃处理是目前应用较为广泛的一种方式。此方式具有操作简便、高效的优点，但需要考虑阻燃剂与基材之间的相容性问题，以及阻燃剂对基材力学性能、导热系数的影响。添加型阻燃剂一般需要两种或两种以上阻燃剂复配使用，以便发挥不同阻燃剂的优点，提高阻燃效率。RPUF 的无机添加型阻燃剂主要有 ATH、APP、可膨胀石墨、蒙脱土等；有机添加型阻燃剂主要有四溴双酚 A、磷酸三（2-氯乙基）酯、三（2,3-二氯丙基）磷酸酯、磷酸三（1-氯-2-丙基）酯等卤系阻燃剂，甲基膦酸二甲酯、乙基膦酸二乙酯、磷酸三乙酯、磷酸三苯酯等有机磷系阻燃剂。

通过反应型阻燃方法对 RPUF 进行阻燃改性主要是在多元醇结构中引入阻燃元素，如氮、磷等，即合成阻燃多元醇。例如，利用蓖麻油、大豆油、菜籽油、棕榈油、葵花油等植物油与含有丰富芳香羟基和脂肪羟基的木质素为基础可制备含阻燃元素的多元醇，进而制备反应型阻燃 RPUF。此外，可再生资源磷酸化多元醇具有良好的阻燃性能，且不会恶化 RPUF 的物理力学性能，其中磷酸化的大豆油多元醇作为一种生物基阻燃剂具有很大的应用潜力。例如，以甘油蓖麻油、双氧水（过氧化氢）、磷酸二乙酯和催化剂通过三步法合成的蓖麻油磷酸酯盐阻燃多元醇在磷元素含量仅为 3%时，阻燃 RPUF 的 LOI 值可达 24.3%。通过反应型阻燃方法制备 RPUF 的稳定性好、阻燃剂迁移率低，但也存在成本高的问题。

表面处理阻燃方式（如防火涂料）具有应用方便、成本低、防火效率高及对被防护基材原有应用性能损害小的特点，尤其以低导热系数的二氧化硅（SiO_2）气凝胶与膨胀型防火涂料优势显著。例如，以硅丙乳液为成膜聚合物，聚磷酸铵、季戊四醇和三聚氰胺为膨胀体系制备的膨胀型防火涂料能够显著提高 RPUF 的防火性能，当表面涂层厚度从 0.25mm 增至 1mm 时，RPUF 的点燃时间由 13s 延长至 41s，PHRR 降低到 $70kW/m^2$。SiO_2 气凝胶表面处理阻燃 RPUF 也显示了优异的综合性能。例如，采用正硅酸乙酯（TEOS）水解液浸渍 RPUF，TEOS 附着在泡孔表面形成凝胶，经冷冻干燥后在 RPUF 泡孔表面形成了纳米孔气凝胶泡沫（$RPUF/SiO_2$）。相比于 RPUF，$RPUF/SiO_2$ 的表观密度从 $28.5kg/m^3$ 增至 $37.9kg/m^3$，导热系数从 0.0309 W/(m·K) 降低到 0.0282W/(m·K)，峰值热释放速率和峰值生烟速率分别降低了 40.4%和 45.6%。

5.3.3 阻燃软质聚氨酯泡沫

软质聚氨酯泡沫（FPUF）简称聚氨酯软泡，是聚氨酯材料的主要产品之一。FPUF 具有质轻、柔软、透气、耐老化、耐有机溶剂、回弹性好、压缩变形小、隔声、保温等多种优良特性，是一种性能优良的缓冲材料，被广泛应用于家具家装、汽车内饰和包装等领域。FPUF 内部泡孔多为开孔结构，极易燃烧，在一定条件下还会发生阴燃。FPUF 燃烧时不仅释放出大量热量，还会释放出易使人窒息死亡的有毒气体，如 CO、HCN、NO 等。

FPUF 常用的阻燃改性方法包括引入反应型阻燃剂、添加型阻燃剂和层层自组装涂层阻燃法。用于 FPUF 的反应型阻燃剂主要是含磷、含氮及含磷氮的阻燃多元醇，此类阻燃剂克服了非反应型阻燃剂易从材料中迁出的缺点，对泡沫力学性能影响较小。例如，利用甲基磷酸二甲酯与二乙醇胺反应得到聚酯型多元醇 DMOP（图 5-21），将其与异氰酸酯反应制备 FPUF，仅添加 10%DMOP 可使 FPUF 的峰值热释放速率降低 39.4%。同时，DMOP 作为聚氨酯主链中的软段部分，还可提高 FPUF 的拉伸强度和断裂伸长率。

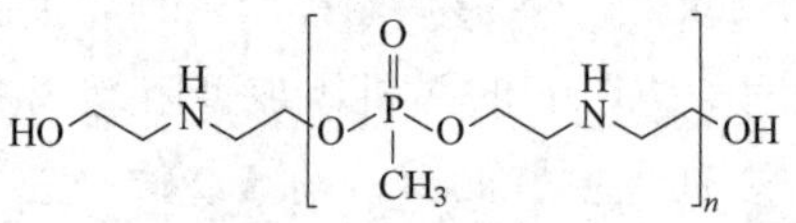

图 5-21　聚酯型多元醇 DMOP 的分子结构

FPUF 的添加型阻燃剂主要包括卤代磷酸酯、磷系阻燃剂、氮系阻燃剂、可膨胀石墨和无机阻燃剂。卤代磷酸酯类阻燃剂具有挥发性低、耐水解性好、易于加工及对材料外观影响小等优点，是工业上应用最多的 FPUF 添加型阻燃剂。磷酸三（2-氯乙基）酯、三（2,3-二氯丙基）磷酸酯、磷酸三（1-氯-2-丙基）酯等卤代磷酸酯都可以用于阻燃 FPUF，但阻燃持久性因 FPUF 开孔结构多而不如在 RPUF 中的效果好。

阻燃 FPUF 的磷系阻燃剂主要是磷酸酯、膦酸酯、次膦酸酯、氧化磷、有机磷盐及磷杂环化合物等有机磷系阻燃剂，以环状磷酸酯应用较多。环状磷酸酯阻燃 FPUF 产品具有阻燃效果好、抗老化、抗阴燃等特点。此外，一些具有特殊结构的含磷化合物，如二膦结构、双膦酸酯也可用于阻燃 FPUF。有机磷系阻燃剂多为液体，具有使用方便、与基体材料相容性好和对 FPUF 力学性能影响较小等优点，但存在热稳定性差、易挥发、易迁移等问题。

阻燃 FPUF 的氮系阻燃剂主要是三聚氰胺（MEL）及其盐类物质（氰尿酸盐、双氰胺盐、胍盐）。这类阻燃剂单独用于 FPUF 阻燃时效率不高，一般与其他阻燃剂复配使用。例如，添加 5%MEL 可以使 FPUF/15%含磷阻燃剂卤代磷酸酯（TDCP）体系的残炭量由 5.3% 提高到 12.2%，而 LOI 值由 24%提高到 25.5%。

膨胀阻燃 FPUF 的研究中主要集中在可膨胀石墨（EG），而化学膨胀型阻燃剂在 FPUF 中的应用不多。单独添加可膨胀石墨阻燃 FPUF 的 PHRR 显著降低，无熔滴现象且残炭量大幅提高，但形成的炭层较为疏松。通过对 EG 进行改性或与其他阻燃剂协效使用，可以获得更好的阻燃效果。例如，甲基膦酸二甲酯（DMMP）和 EG 在阻燃 FPUF 中具有协效阻燃作用；乙基亚乙基磷酸酯低聚物（PNX）和 EG 复配阻燃 FPUF 的热稳定性及阻燃性也较添加单一阻燃剂的 FPUF 有所提高，且对材料力学性能影响不大。

硼酸锌、蒙脱土、聚倍半硅氧烷（POSS）、碳纳米管、石墨烯、ATH 等无机阻燃剂用于 FPUF 阻燃时，大多作为协效剂与其他阻燃剂复配使用，以更好地发挥阻燃作用。由于这类阻燃剂普遍与 FPUF 基体的相容性不佳，需要采取改性或包覆等手段改善其与基体的相容性。

层层自组装（LBL）涂层阻燃法作为近些年日益受到重视的阻燃技术，是将基材在相反电荷的聚电解质溶液或悬浮液中交替沉浸或喷涂以形成阻燃涂层的方法，其工艺路线如图 5-22 所示。在 FPUF 基体表面沉积 1 个双层涂层，需要四个步骤：步骤 1 和 3 为聚阳离子和聚阴离子的吸附过程，步骤 2 和 4 为漂洗过程，此四个步骤构成一个完整的组装循环。借助于 LBL 涂层阻燃法，像 FPUF 这类具有开放孔结构的材料只需要经过若干次循环，即可生成若干层阻燃涂层，具有简单高效的优点。例如，以聚乙烯亚胺和碳纳米纤维为阳离子层、聚丙烯酸为阴离子层，通过 LBL 涂层阻燃法在 FPUF 表面沉积 4 个双层膜，在涂层厚度约为 350nm 时可使 FPUF 的 PHRR 降低 40%。借助于 LBL 技术，蒙脱土、层状双氢氧化物、多壁碳纳米管等纳米粒子也可被组装在 FPUF 表面，实现对 FPUF 阻燃改性。随着离子在基材表面组装速度的提高和制备工艺的进一步简化，LBL 涂层阻燃法会在阻燃 FPUF 领域获得更广泛的应用。

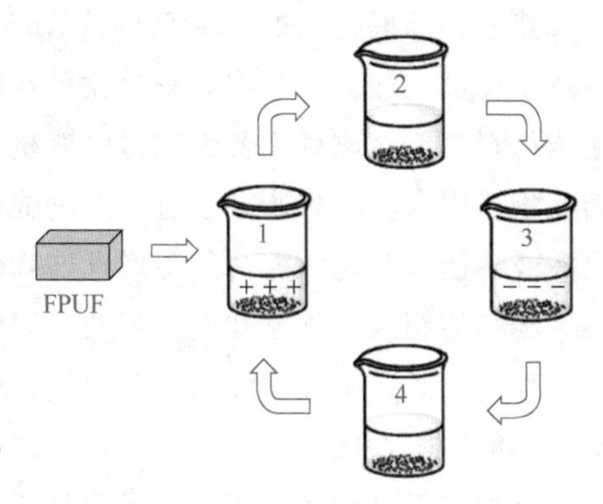

图 5-22 LBL 涂层阻燃法工艺路线

5.3.4 阻燃酚醛树脂

酚醛树脂由酚类和醛类化合物缩聚反应而成，是合成树脂中最早发现和最先实现工业化的一个品种，其中由苯酚和甲醛为原料合成的酚醛树脂最为重要。酚醛树脂具有优良的耐热性、电绝缘性、尺寸稳定性、成型加工性及生烟性低等优点，广泛用于模压材料、层压材料、摩擦材料、绝缘材料和泡沫保温材料等。酚醛泡沫比常见的聚苯乙烯泡沫、聚氨酯泡沫的耐热性好、生烟量低、阻燃性好，适用于制造建筑隔热保温材料。此外，酚醛树脂还常用于制造纤维增强复合材料，包括玻璃纤维、芳香族尼龙纤维、石墨纤维等。酚醛树脂根据选用的催化剂及醛、酚配比可分为热塑性和热固性两类。热塑性酚醛树脂主要用于制作模塑粉，热固性酚醛树脂主要用于制造层压塑料、浸渍成型材料、涂料及黏结剂等。

酚醛树脂一般在 200℃ 以下能长期稳定使用，若超过 200℃，便明显发生氧化。在 300℃ 左右，酚醛树脂进一步交联，未参与固化交联的羟甲基被氧化脱除，醚键断裂；450℃ 左右酚羟基与苯环之间的亚甲基桥断裂，热解产物为苯和酚类同系物，并出现热解中间体氧杂蒽类物质；同时亚甲基被氧化成羧基，高温下脱氢成炭。酚醛树脂在高温下同时产生热分解和氧化分解，以氧化分解尤为显著。酚醛树脂在氮气和空气气氛下的热重曲线如图 5-23 所示。由图 5-23 可以看出，氮气气氛下酚醛树脂热解产生大量的多芳香环炭，约占原树脂质量的

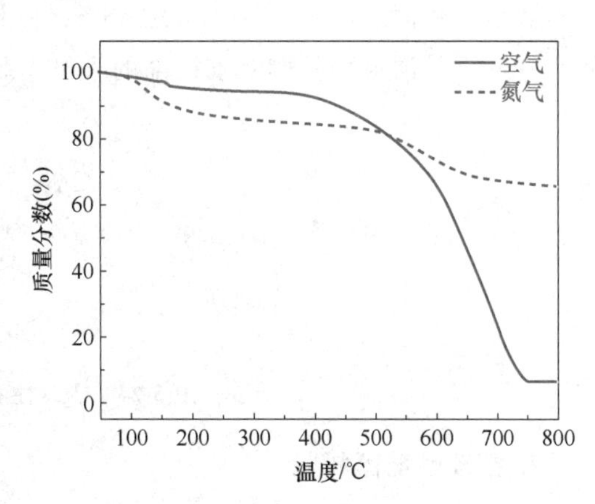

图 5-23 酚醛树脂在氮气和空气气氛下的热重曲线

60%；而在空气气氛中由于热解形成的多芳香环炭在有氧气环境中被点燃，导致成炭量显著下降。

热固性酚醛树脂的 LOI 值约为 28%，不易燃烧，离开火源后即可自熄。由于酚醛树脂存在硬度高、脆性大、泡沫易分化等严重缺陷，因此需要对其进行增韧改性。酚醛树脂及其泡沫材料的增韧改性主要是通过将有机或无机增韧剂与其进行物理共混，或通过化学反应将韧性物质引入酚醛树脂分子链上。酚醛树脂增韧所用的改性剂通常都是易燃物质，往往会导致酚醛树脂及其泡沫材料的阻燃性能降低，因此仍需对其进行阻燃处理。

酚醛树脂有添加型和反应型两种阻燃改性方法。前者是通过物理添加阻燃剂方式提高其阻燃性能；后者是在酚醛树脂合成过程中引入具有阻燃性能的分子链段或结构，赋予酚醛树脂永久的阻燃性能。

添加型阻燃改性常用的阻燃剂是含磷阻燃剂，一般含磷量达到 6%就可使树脂达到很好的自熄性。常用的含磷阻燃剂有三（2,3-二溴丙基）磷酸酯、三氯乙基磷酸酯、含环氧基磷酸酯等。低分子量的酚醛低聚物与三苯基磷酸酯或多环膦酸酯一起使用，具有很好的阻燃性。酚醛树脂中加入无机填料也能有效降低可燃性，其中 ATH、蒙脱土、纳米二氧化硅、碳化硅等均有不错的阻燃效果。例如，添加 0.5%的亲水性钠基蒙脱土可有效提升酚醛树脂的力学性能和阻燃性能。

酚醛树脂的反应型阻燃法根据阻燃元素不同可以分为硼改性酚醛树脂、钼改性酚醛树脂、磷改性酚醛树脂和硅改性酚醛树脂等。

1. 硼改性酚醛树脂

在酚醛树脂结构中引入硼元素，使酚醛树脂结构中生成键能较高的硼氧键，可以让酚醛树脂在热稳定性、瞬时耐高温性能和力学性能方面都有明显的提升，合成路线如图 5-24 所示。硼改性酚醛树脂主要有两种途径：一种是硼酸酯法，即利用硼酸与苯酚反应生成硼酸苯酯中间体，再与多聚甲醛反应生成硼改性酚醛树脂；另一种是水杨酸法，即先用酚类与甲醛溶液反应生成水杨醇，再和硼酸进行反应。目前已商业化生产的耐高温硼酚醛树脂主要通过水杨酸法制备而成，其 LOI 值可达 48%，而且其生烟量、热释放量及 CO 等毒性气体生成量都非常低，是清洁型阻燃要求极高的飞机内装饰的理想材料。

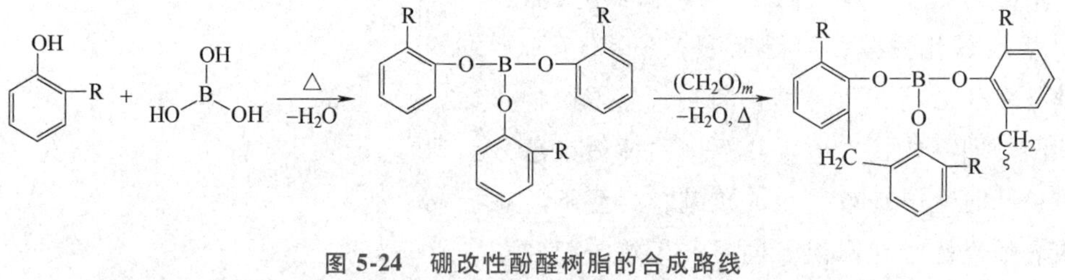

图 5-24　硼改性酚醛树脂的合成路线

2. 钼改性酚醛树脂

在酚醛树脂结构中引入钼元素可以大幅提高酚醛树脂的热稳定性和成炭率，可用于火箭、航空等对耐烧蚀材料有需求的领域。钼改性酚醛树脂是利用钼酸与苯酚在催化剂作用下进行反应生成钼酸苯酯，然后与甲醛反应生成，合成路线如图 5-25 所示。

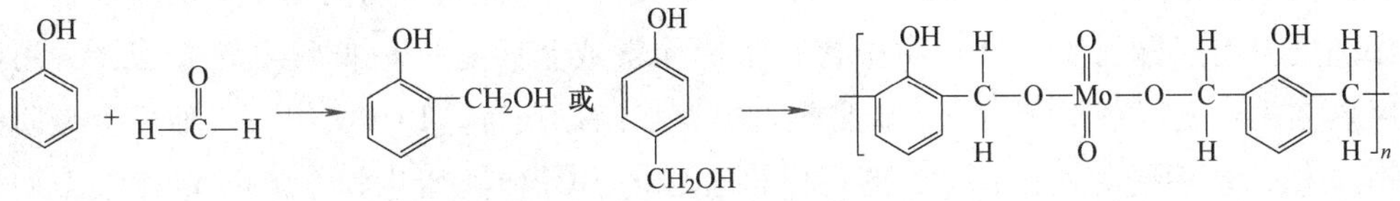

图 5-25 钼改性酚醛树脂的合成路线

3. 磷改性酚醛树脂

含磷化合物引入酚醛树脂反应体系中，合成分子链中含有磷元素的含磷酚醛树脂，表现出良好的耐热性、阻燃性能和优异的抗火焰性能。例如，用磷酸对酚醛树脂进行改性，可以得到一种含磷酚醛树脂，其耐热性和力学性能均得到改善。此外，将 DOPO、亚膦酸酯等引入酚醛树脂的结构中，可提高酚醛树脂的阻燃性。

4. 硅改性酚醛树脂

硅改性酚醛树脂是利用酚醛树脂中的酚羟基或者羟甲基与有机硅化合物反应，形成含硅氧键的具有立体网状结构的高分子物质。硅改性酚醛树脂具有耐热性能好、阻燃性好等特点，而且硅元素的引入可以减少树脂中端羟基的含量及提高树脂交联密度，有助于提高树脂的热稳定性。有机硅改性酚醛树脂的方法主要有两种：一种是用含有烷氧基的有机硅化合物与酚醛树脂进行反应，形成 Si—O 键的立体网络结构；另一种是用有机硅化合物与烯丙基化的酚醛树脂进行反应。改性酚醛树脂常用的有机硅单体有 $CH_3Si(OR)_3$、$CH_3Si(OR)_2$、$C_2H_5Si(OR)_3$、$(C_2H_5)_2Si(OR)_2$ 等。

5.3.5 阻燃双马来酰亚胺树脂

双马来酰亚胺树脂（BMI）是以马来酰亚胺（MI）为活性端基的双官能团化合物（图 5-26）。BMI 兼具聚酰亚胺（PI）树脂优良的耐高温、耐湿性能和环氧树脂相似的成型工艺性，且来源广泛和成本低廉，广泛应用于航空航天、交通运输、电工电子等领域。尽管 BMI 树脂含有氮元素，燃烧时会产生 N_2、NO 等不燃性气体，能起到一定的自熄作用，但由于其固化物交联密度高而呈现质脆的弱点，一般需要进行增韧改性。经过增韧改性后，BMI 树脂的 LOI 往往会下降，可燃性增加，因此仍需对其进行阻燃改性。特别是在航空航天、电子电器、交通运输等领域中应用的辐射固化 BMI 树脂、泡沫 BMI 树脂、高频印制电路板用基体树脂、电动机用绝缘胶等对材料的阻燃性能有较高要求。

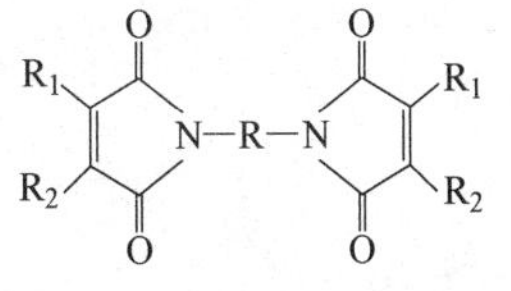

图 5-26 BMI 的分子结构

BMI 阻燃改性方法主要有绿色阻燃剂改性、大分子阻燃剂改性、有机-无机杂化阻燃剂改性、阻燃元素阻燃剂改性等，主要通过引入添加型阻燃剂和反应型阻燃剂实现 BMI 树脂阻燃性的提升。添加型阻燃剂中卤系阻燃剂的阻燃效果虽较好，但由于燃烧过程中会产生二噁英、呋喃等致癌物质及腐蚀性的卤化氢气体，在 BMI 阻燃改性中较少使用。磷系阻燃剂、有机硅类物质、POSS 类物质、六方氮化硼、石墨烯等添加型阻燃剂对 BMI 具有较好的阻燃效果。无机填料型阻燃剂一般需进行有机改性后使用，以提高其与树脂基体的相容性。

添加反应型阻燃剂使 BMI 树脂中含有阻燃元素或基团是一种长效阻燃方法，常用的反应型阻燃剂主要有卤系阻燃剂、含磷阻燃剂、含氮阻燃剂等。DOPO 作为一种反应型阻燃剂在 BMI 阻燃改性中受关注比较多，既可以将合成的 DOPO 类衍生物与 BMI 单体聚合固化从而使主链含有磷元素，又可以将侧链含 DOPO 类基团的改性体与 BMI 聚合从而使 BMI 侧链上含有磷元素。例如，将 4,4′-双马来酰亚胺基二苯基甲烷(BDM) 和 DOPO 溶解于二甲苯中进行溶液预聚合，然后浇板固化后可以得到热稳定性较高的含磷 BMI，当磷含量从 0 增加到 1.0%时，BMI 的 LOI 值从 32%增加至 38%。

复习思考题

1. 塑料可以分为哪些类型？它们的区别有哪些？
2. 简要概述聚烯烃塑料的燃烧特性及阻燃方式。
3. PVC 常用的抑烟途径有哪些？
4. 常用的热塑性工程塑料有哪些？为什么要对其进行阻燃处理？
5. 热塑性塑料具有哪些特点？常用于哪些领域？
6. 如何均衡 PC 和 PMMA 等透明塑料制品的透明性和阻燃性？
7. 热固性塑料具有哪些特点？常用于哪些领域？
8. EP 的阻燃途径有哪些？
9. 简述共混阻燃改性法和原位聚合阻燃改性法的区别和适用范围。
10. 添加型阻燃聚氨酯泡沫、反应型阻燃聚氨酯泡沫及表面处理阻燃聚氨酯泡沫的区别及优缺点是什么？
11. 简述 LBL 涂层阻燃法的步骤。

第6章 阻燃纤维及织物

教学要求

认识纤维的基本物理结构和化学组成，了解常见纤维的热解和燃烧过程；掌握纤维的阻燃改性方法及纤维织物的阻燃整理技术。

重点与难点

纤维的阻燃改性方法和纤维织物的阻燃整理技术。

纤维是天然或人工合成连续或不连续的细丝状物质，被广泛应用于纺织、军事、医疗和建筑等领域。作为离人体最近的高分子材料，纤维织物在实际火灾中对人体的烧伤、烫伤及死亡有着重要的影响。随着纤维和织物的大量生产和使用，由织物着火引起的火灾数量也在不断增加，每年因织物火灾造成的人员伤亡和经济损失巨大。为此，世界各国对地毯、窗帘和床垫等织物的阻燃性能提出了要求，制定了相应的阻燃标准和消防法规，极大促进了阻燃织物的研究、开发和应用。

6.1 概述

长期以来，人类所用的纤维主要来源于植物（如棉、麻等）和动物（如羊毛、蚕丝等），后来经化学加工将植物纤维素纺丝成再生纤维。20世纪30年代末，聚酰胺纤维（锦纶）的出现奠定了合成纤维的基础，目前合成纤维已占据纤维的主要市场。目前，纤维的用途不仅是服装、家纺、家具等生产生活用品，还应用到航天航空、交通运输、工程建设和医疗卫生等众多行业领域，已成为国民经济建设不可缺少的重要材料。纤维及织物的应用领域如图6-1所示。

纤维根据来源和结构可分为天然纤维和化学纤维。天然纤维是自然界存在的、可以直接获得的纤维，包括植物纤维、动物纤维和矿物纤维。棉、麻等属于植物纤维，羊毛、蚕丝等属于动物纤维，石棉属于矿物纤维。化学纤维是以天然或合成的高分子化合物为原料，经过纺丝而成的纤维，主要包括人造纤维和合成纤维。人造纤维是以木材、棉短绒、甘蔗和海藻等天然植物纤维为原料，通过化学和机械方法加工制成的再生性纤维。合成纤维是目前应用

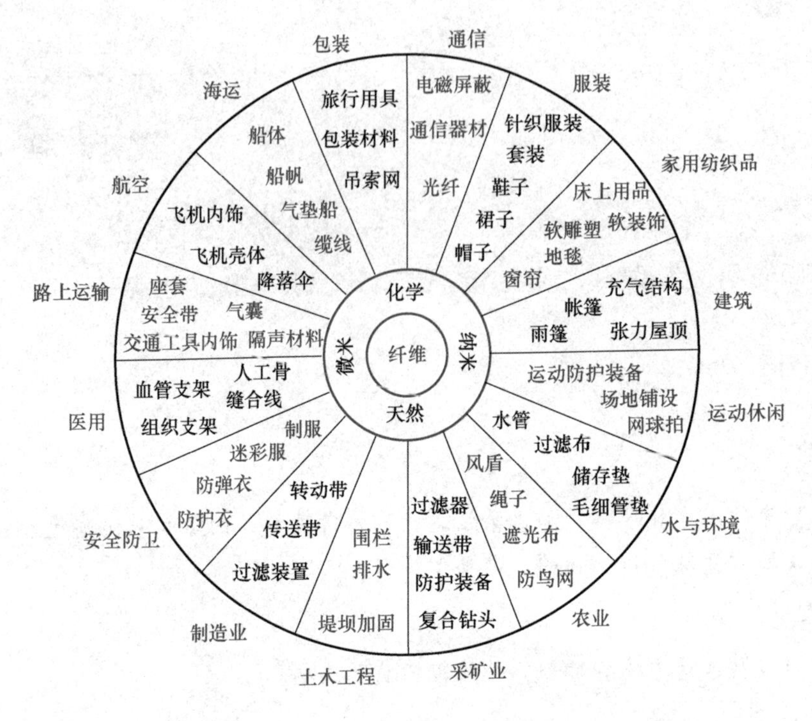

图 6-1 纤维及织物的应用领域

最广、发展最迅速、产量最大的纤维材料，主要包括聚酯纤维、聚酰胺纤维（尼龙 6 和尼龙 66 等）和聚丙烯纤维三大品种。常见合成纤维的结构、特征和用途见表 6-1。

表 6-1 常见合成纤维的结构、特征和用途

类别	化学名称	单体	商品名称	性质及主要用途
聚酯纤维	聚对苯二甲酸乙二醇酯	对苯二甲酸、乙二醇	涤纶	高压缩弹性、抗皱、耐热、耐光，适用于纯纺或混纺制备织物、轮胎、帘子布和绳索等
	聚对苯二甲酸丙二醇酯	对苯二甲酸、丙二醇	—	具有尼龙的柔软性、腈纶的蓬松性及涤纶的抗污性，织物手感柔软、弹性好、色泽艳丽，适合生产针织和机织物，一般与棉花、莫代尔等混纺制备服装、装饰布和地毯等
	聚对苯二甲酸丁二醇酯	对苯二甲酸、丁二醇	—	弹性良好、柔软、易染色，适用于制作高档运动服装和紧身衣等
聚酰胺纤维	聚酰胺 6	己内酰胺	锦纶 6、尼龙 6	耐磨性高、回弹性好，适用于织造袜子、衬衫等，也用于渔网、降落伞和帘子布等
	聚酰胺 66	己二胺、己二酸	尼龙 66	用于制针织物、轮胎帘子线、渔网和滤布等，特别适用于制袜

（续）

类别	化学名称	单体	商品名称	性质及主要用途
聚酰胺纤维	聚间苯二甲酰间苯二胺	间苯二胺、间苯二甲酸	芳纶 1313	耐酸、耐碱、耐老化、耐磨和抗辐射，适用于防辐射、耐高温和航天衣料等
	聚对苯二甲酰对苯二胺	对苯二胺、对苯二甲酸	芳纶 1414	强度和弹性模量高、耐高温，适用于制造帘子布和发动机外壳等
聚烯烃纤维	聚丙烯纤维	丙烯	丙纶	强度高、耐腐蚀和蓬松性好，适用于织造衣料、渔网、地毯和工作服等
聚丙烯腈纤维	聚丙烯腈纤维	丙烯腈及第二、第三单体	腈纶、奥纶	吸湿率小、手感柔软、弹性好、耐光性及耐候性优良，适用于制作纺织品、毛毯、帐篷和窗帘等
	改性聚丙烯腈纤维	丙烯腈、氯乙烯或偏氯乙烯	卡耐、卡纶	吸湿率小、耐光性及耐候性特别优良，适用于制作防护性纺织品
聚乙烯醇纤维	聚乙烯醇缩甲醛纤维	乙酸乙烯酯	维纶、维尼纶	可与棉花混纺生产内衣、外套、窗帘布、床单和线毯等，在工业方面可用于制作工作服、帆布、渔网及包装材料等

6.2 纤维及织物的热解和燃烧特性

6.2.1 纤维及织物的热解特性

纤维材料大多数由碳、氢及氧元素组成，受热容易发生变形、熔融、分解或炭化等行为。纤维的热解特性与纤维及织物的用途密切相关，也影响着纤维的燃烧性能和阻燃改性方法。因此，需要充分掌握各种纤维的热解特性之后，才能采用合适的方法对纤维进行阻燃改性。

大多数天然纤维及人造纤维在热解时没有明显的玻璃化转变温度和熔点，遇火不熔融，受热分解产生可燃气体的同时发生炭化，如棉纤维、粘胶纤维等。相比之下，合成纤维大多是热塑性纤维材料，热解时有明显的玻璃化转变温度、熔点和热分解温度，受热后熔融分解，产生可燃性物质并生成一定量的燃烧残余物。纤维的燃烧性能与其玻璃化转变温度、熔点、分解温度等热解特征参数有关。表 6-2 列举了常用纤维热解和燃烧关键特征参数，包括玻璃化转变温度（T_g）、熔点（T_m）、裂解温度（T_p）、点燃温度（T_{ign}）及燃烧热（HOC）。

表 6-2 常用纤维热解和燃烧关键特征参数

纤维名称	T_g/℃	T_m/℃	T_p/℃	T_{ign}/℃	HOC/(kJ/g)
羊毛	—	—	245	600	27
棉	—	—	350	350	19

（续）

纤维名称	T_g/℃	T_m/℃	T_p/℃	T_{ign}/℃	HOC/(kJ/g)
粘胶纤维	—	—	350	420	19
尼龙 6	50	215	431	450	39
尼龙 66	50	265	403	530	32
聚酯纤维	80~90	255	420	480	24
丙纶	-20	165	470	550	44
改性丙烯	<80	>240	273	690	—
腈纶	<80	>180	>180	450	21
聚氯乙烯	—	—	>640	—	45
氧化丙烯	275	375	410	>500	30

6.2.2 纤维及织物的燃烧特性

纤维及织物具有比一般聚合物大得多的比表面积，燃烧过程中氧气和热解产物极易扩散，火焰中的热量也容易通过对流传递到材料表面，使其燃烧更充分、燃烧速度更快。此外，纤维及织物受热分解和燃烧过程中通常会产生烟雾，影响人们呼吸并遮蔽视线，对逃生造成不利影响。纤维及织物的燃烧特性受纤维的化学组成、结构及物理状态的影响，主要影响因素包括纤维的熔点、热解温度、着火温度、物理和化学结构，纱线形状，织物的厚度及编织方法等。纤维根据燃烧特性可分为不燃性纤维、难燃纤维、可燃纤维和易燃纤维四大类，见表 6-3。

表 6-3 纤维根据燃烧特性的分类

分类	燃烧特性	典型纤维名称
不燃性纤维	无法被点燃	玻璃纤维、金属纤维、石棉、碳纤维、硅纤维
难燃纤维	难以点燃、燃烧速度慢	氟纤维、聚氯乙烯、聚偏氯乙烯、丙烯腈纤维
可燃纤维	遇火燃烧、离开火源自行熄灭	聚酯、聚酰胺、维纶、乙酸纤维、羊毛、丝
易燃纤维	容易点燃、燃烧速度快	聚丙烯、聚丙烯腈、棉麻、粘胶纤维

纤维与织物的燃烧性能测试标准不同于其他聚合物，且不同用途的纤维与织物也不一样。纤维和织物的燃烧性能参数主要包括点燃性、火焰表面传播速度、热量传播速度、烟气消光性、燃烧产物毒性和腐蚀性等。极限氧指数是表征聚合物材料燃烧性能的常用指标，常见纤维的极限氧指数见表 6-4。

表 6-4　常见纤维的极限氧指数

纤维名称	LOI（%）	纤维名称	LOI（%）
醋酸纤维	18.6	聚酰胺 66	20.1
腈氯纶	26.7	腈纶	18.2
芳族聚酰亚胺纤维	31.9	改性腈纶	27.0
酚醛纤维	34.0	维纶	19.7
氯纶	37.1	粘胶纤维	25.2
三醋酸纤维	18.4	羊毛	19.7
丙纶	19~20	涤/毛混纺	23.8
涤纶	20.6	氯纶/毛混纺	28.9
芳纶 1313	28.2	棉纤维	18.4

6.3 纤维及织物阻燃剂

大多数纤维及织物本身不具备阻燃性能，需要进行阻燃改性才能获得一定的阻燃能力。为了不影响纤维的物理机械性能，纤维阻燃剂的添加量一般不超过 10%，这使得纤维的阻燃改性比一般聚合物的阻燃改性难度更高。要生产出理想的阻燃纤维和阻燃织物，阻燃剂应满足如下要求：

1）对纤维或织物有显著的阻燃作用，阻燃性能应达到各类阻燃标准的要求。

2）要有良好的阻燃耐久性，包括耐水洗、耐干洗和耐候性等。

3）不影响或较少影响纤维及织物的色泽、外观、手感和力学性能。

4）无毒、无刺激性，具有生物可降解性，燃烧后发烟量少、烟雾无毒。

5）纤维用阻燃剂应有较高的热分解温度。

6）价格低廉，应用工艺简单。

纤维阻燃剂种类繁多，常使用以元素周期表中第ⅢA 的硼和铝，ⅤA 的氮、磷、锑等，ⅥA 的硫，ⅦA 的氟、氯、溴等元素为基础的化合物和部分过渡金属化合物，在实际应用中主要以磷系和溴系阻燃剂为主。根据化合物类型不同，纤维阻燃剂可以分为无机阻燃剂和有机阻燃剂两大类。

6.3.1　无机阻燃剂

无机阻燃剂具有热稳定性好、不挥发、发烟少、不产生有毒和腐蚀性气体、价格低廉等优点，受到普遍青睐。无机阻燃剂按阻燃性能不同可分为单独使用就有阻燃效果的独效阻燃剂、与卤素等阻燃剂协效使用的协效剂，以及需要大量填充才能产生阻燃效果的填充剂，如图 6-2 所示。

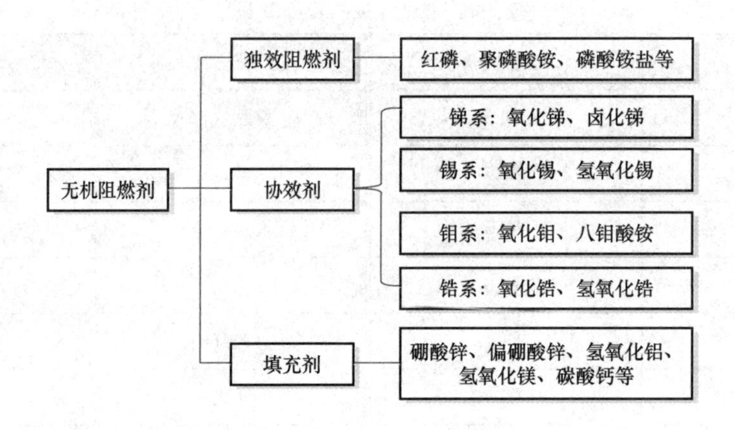

图 6-2　无机阻燃剂的分类

无机阻燃剂改性织物往往不耐水洗，更适于对耐水洗性能要求较低的装饰织物，如贴墙布、幕布、电褥套及部分非织造布。目前，织物阻燃改性所用的无机阻燃剂主要有红磷、磷酸、聚磷酸铵、磷酸二氢铵、磷酸氢二铵、硼砂、硼酸、五氧化二锑和纳米无机阻燃剂等。

6.3.2　有机阻燃剂

有机阻燃剂按所含阻燃元素可分为磷系、卤系、硫系和硼系阻燃剂。卤系阻燃剂品种多、应用范围广，几乎全部是烃的卤素衍生物。按烃基结构不同，卤系阻燃剂可分为脂肪族、脂环族和芳香族三类，其中芳香族卤系阻燃剂产量最大、用量最多。按阻燃元素不同，卤素阻燃剂分为氯系、溴系等，以溴系阻燃剂最为重要。卤系阻燃剂在应用过程中常与氧化锑并用产生协效作用，以提升阻燃效果。由于卤系阻燃剂在燃烧过程中会产生氯化氢和溴化氢等刺激性有毒气体，故应用于织物阻燃整理的有机阻燃剂主要为磷系阻燃剂。例如，四羟甲基氯化膦和 *N*-羟甲基-3-(二甲氧基膦酰基）丙酰胺用于纤维素纤维阻燃，环膦酸酯用于涤纶阻燃，乙烯基膦酸酯低聚物用于涤棉混纺织物阻燃。

6.4　纤维及织物阻燃改性方法

纤维阻燃改性方法

纤维及织物阻燃改性方法分为制备本体功能性纤维和纺织物功能化表面处理两类。制备本体功能性纤维是将功能基团引入大分子链中或在合成及加工成形过程中将功能性助剂加入材料基体中，通过纺丝制得功能性纤维。用本体功能性纤维制得的纺织品具有优良的耐久性，在日常服装及军用品等高耐久性要求领域具有优势。考虑到成纤聚合物的设计制备要兼顾可纺性、力学性能、可染性、成本及工艺适配性等因素，共聚法本体阻燃纤维设计合成的限制性较大、步骤烦琐且适用基材单一，而以添加阻燃剂制得本体阻燃纤维较共聚法更加灵活。纺织物功能化表面处理是通过物理或化学的方式在纤维织物的表面引入功能结构或构筑功能涂层，将纺织品多功能化，使之具有阻燃、抗菌、疏水、疏油、抗紫外线和自清洁等性能。纺织物表面处理技术具有工艺简单、操作方便、适用性强等优点，但功能性织物往往存在耐久性、外观、手感和透气性不佳等问题。

根据生产过程和阻燃剂引入方式的不同，纤维与织物阻燃改性方法还可分为共聚阻燃改性法、共混阻燃改性法、皮芯型复合纺丝法、纤维接枝改性法、阻燃后整理法等，如图 6-3 所示。在生产过程中具体选用哪种改性方法或者组合哪几种改性方法取决于各种纤维的化学结构、产品的用途和需求量等因素。

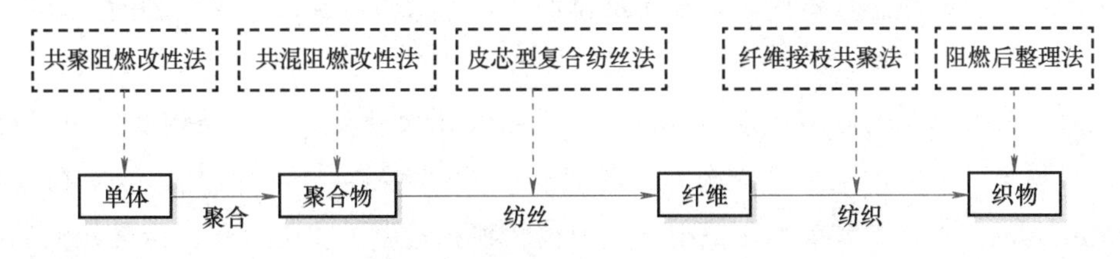

图 6-3　纤维与织物的阻燃方法

6.4.1　共聚阻燃改性法

共聚阻燃改性法（共聚法）是在纤维高聚物的合成过程中将含有磷、卤、硫等阻燃元素的化合物作为共聚单体（反应型阻燃剂）引入大分子链中，再将这种阻燃聚合物用熔融纺或湿纺制成阻燃纤维。这种方法适用于通用性广、消耗量大的纤维，目前生产的阻燃腈纶和涤纶大多采用共聚法。由于阻燃剂结合在大分子链上，故共聚法具有阻燃性能持久的优点。

6.4.2　共混阻燃改性法

共混阻燃改性法（共混法）与共聚法同属于原丝改性法，通过将阻燃剂加入纺丝熔体或浆液中纺制阻燃纤维，具有工艺简单、对纤维原有性能影响小和阻燃持久等特点。共混法要求添加型阻燃剂粒度小、相容性要好，能经受熔体的纺丝温度或在原液中有良好的稳定性，不发生凝聚，不溶于凝固浴。共混法适用于聚合物分子中没有极性基团的聚烯烃类纤维，如聚丙烯纤维。在工业生产上，常先把阻燃剂、添加剂与聚合体充分捏合，制成阻燃母粒，然后按一定比例加入聚合体混合纺丝，这种阻燃母粒工艺生产成本低，工艺简单，便于工业化推广。

6.4.3　皮芯型复合纺丝法

皮芯型复合纺丝法是以共聚型或共混型阻燃纤维为芯，普通纤维为皮，制成的皮芯复合纤维具有更佳的阻燃改性效果。一般卤化物阻燃剂热稳定性较差，在熔融纺丝温度下容易发生提前分解，不仅影响阻燃性能，还会使纤维变色、耐光性差。采用皮芯复合型纺丝法的阻燃剂位于纤维内部，既可以充分发挥阻燃剂的阻燃作用，又能保持纤维的光稳定性、白度和染色性等。

6.4.4 纤维接枝共聚法

纤维接枝共聚法是一种利用放射线、高能电子束或化学引发剂使纤维（或织物）与乙烯基型的阻燃单体发生接枝共聚的阻燃改性方法。相比于化学接枝和辐射接枝，紫外光接枝具有设备成本低、反应速度快、易于连续化操作以及易于控制接枝层厚度和反应深度等特点，可用于制备两侧性能不同的材料。紫外光接枝是在紫外光照射条件下，引发含阻燃元素的单体在聚合物表面接枝聚合，遵循自由基聚合机理。紫外光接枝作为一种化学方法，能够使纤维织物永久性阻燃，这有效地避免了纤维织物不耐水洗的缺陷，是一种耐久阻燃的有效手段。

接枝阻燃改性纤维的阻燃效果与接枝单体的阻燃元素种类、化学结构及接枝部位有关。接枝部位对阻燃效果的影响顺序依次为：芯部接枝>均匀接枝>表面接枝。除了在纤维上接枝阻燃剂外，也有将纤维或织物用放射线或电离辐射在室温下发生氯化。当含氯量达到一定比例时纤维具有自熄性，但氯化后的纤维热稳定性较差。

6.4.5 阻燃后整理法

阻燃后整理法应用简便、工艺流程简单，主要用于棉纤维等纤维素纤维及纤维素纤维与其他合成纤维组成的混纺织物。阻燃后整理法是指在后加工处理过程中，通过喷涂、浸轧、涂层技术对织物表面进行处理，具有工艺简单、成本低廉、适用面广等优点，能够满足不同程度的阻燃要求。后整理法主要包括两种类型，一种是将纤维或织物浸渍在阻燃剂的溶液一定时间后再进行轧液、烘干和焙烘处理的浸轧法，如浸渍烘燥法和浸轧焙烘法。另一种是通过黏结剂、交联剂或偶联剂将阻燃剂固定在纤维或织物的表面，如涂层法、喷雾法、纳米粒子吸附涂层法、溶胶-凝胶法和层层自组装法。

1. 浸渍烘燥法

浸渍烘燥法又称吸尽法，是将织物用含有卤代磷酸酯、环磷酸酯等阻燃剂的整理液浸渍一定时间后烘燥，使阻燃剂浸透于纤维，适用于疏水性合成纤维织物。阻燃剂与纤维分子间靠范德瓦耳斯力吸附，所获得的织物阻燃效果不耐久，水洗后阻燃剂易脱落并失去阻燃效果。为提高织物阻燃涂层的耐久性，通常在涂层与基材之间引入氢键、静电、共价键，以增强配位作用及多种协同作用。

2. 浸轧焙烘法

浸轧焙烘法（浸轧法）常用于纤维素纤维织物，织物经过浸轧、预烘、焙烘及水洗后处理等工艺获得阻燃效果。浸轧液一般由阻燃剂、交联剂、催化剂、添加剂和表面活性剂等组成，先配成水溶液或轧液再进行整理。轧余率根据织物种类和阻燃性能要求来确定，焙烘温度根据阻燃剂、交联剂和纤维种类确定，烘燥一般在100℃左右进行。水洗后处理主要是去除织物表面没有反应的阻燃剂及其他试剂，改善织物的手感。浸轧焙烘法获得的阻燃织物可耐多次水洗，属于耐久性整理工艺。

3. 涂层法

涂层法是一种将阻燃剂混入树脂内，依靠树脂的粘接作用将阻燃剂固着在织物上的整理方法。涂层法可分为刮刀法、浇铸法和压延法等。刮刀法是先将阻燃剂配制成溶液或乳液，再与树脂调成阻燃浆料，用刮刀直接涂布在织物上；浇铸法是将阻燃剂与树脂浇铸成薄膜加压附着在织物上，适用于需要高阻燃剂含量的大型帷幕和土木工程用的制品；压延法是将树脂在压延机上制成薄膜，再贴合在织物上。涂层法常用的树脂有阻燃性的聚氯乙烯、聚偏二氯乙烯和非阻燃性的聚丙烯酸酯、聚氨酯等。

4. 喷雾法

喷雾法包括手工喷雾法和机械连续喷雾法。对于不能在普通设备上加工的部分纺织品，如大型幕布、地毯等，可在其最后一道工序中用手工喷雾法做阻燃整理。对于表面蓬松的花纹、簇绒、绒头起毛的织物，若用浸轧法会使表面绒毛花纹受到损伤，一般采用连续喷雾法。

5. 纳米粒子吸附涂层法

纳米粒子吸附是一种利用纳米粒子进行表面改性的方法，将织物浸在纳米粒子的悬浮溶液中进行纤维表面吸附。纳米粒子的粒径小、比表面积大，可均匀吸附在纤维织物表面。纳米粒子吸附涂层可以吸收空气中的热和氧气，隔绝聚合物表面的氧气和热量转移，涂层可以包裹基体燃烧产生的挥发性物质，从而达到保护基体的目的，有利于提高阻燃性能。

6. 溶胶-凝胶法

溶胶-凝胶法是以金属有机化合物、金属无机化合物或上述二者为原料形成的混合物，在液相条件下水解成稳定的透明溶胶体系，经陈化后，胶粒间缓慢聚合形成三维空间网络结构凝胶的方法。通过调节前驱体比例、pH 值、反应温度或引入掺杂剂等，可获取性质或功能不同的溶胶凝胶体系。溶胶-凝胶法可控性强、条件温和、环境友好，且与不同基材之间都具有较强结合力，被广泛用于开发功能纺织品。

7. 层层自组装法

层层自组装法是一种功能可调且能够精确控制涂层厚度的表面处理技术，通过调控涂层中的物质结构及功能组分，可制备得到兼具多种功能的织物。该法通常借助分子间的静电吸引力、范德瓦耳斯力、氢键、共价键等作用力，使层与层之间能自驱动地形成结构和性能可控的分子簇团，被大量用于构筑功能多样的薄膜、涂层和块体材料。当构筑基元具备多功能性时，如锌、铜等金属离子兼具阻燃和抗菌性能，可制得阻燃多功能纺织品。但若将功能组分通过简单叠加，所得改性材料的性能往往不能达到最佳，还需考虑调控层与层之间的相互作用及功能适配性等。

层层自组装过程如图 6-4 所示。首先，基体经过化学处理后使其表面带有正电荷，并进行第一层组装，然后将其浸泡在带有负电荷的聚电解质溶液中，通过基体表面带有的正电荷与带负电荷的聚电解质通过静电吸引和物理吸附作用，基体表面聚集了大量的带负电的聚电解质（图 6-4a）；然后将基体于缓冲液中进行清洗，除去基体表面多余的带负电荷的聚电解质（图 6-4b）；重复上述操作，依次得到表面带正电荷与负电荷的基体材料（图 6-4c、d）；如此循环，可以得到多层复合膜的组装，直至所需组装层数。

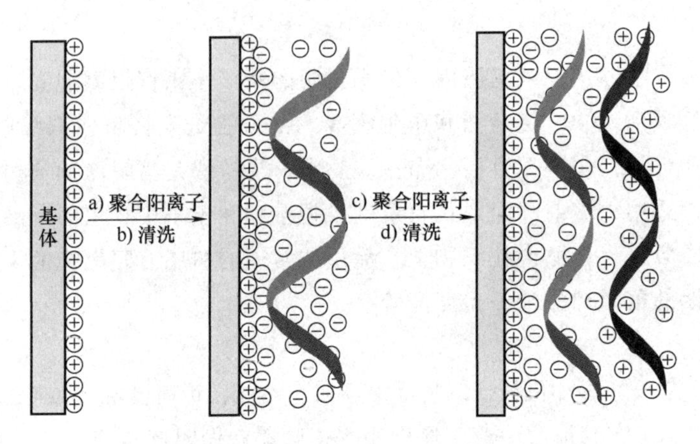

图 6-4　层层自组装过程

6.5　阻燃纤维的特性及生产要点

6.5.1　阻燃聚酯纤维

聚酯纤维具有较高强度和模量、抗皱挺括、易洗快干、易于加工等优异特性，是应用最为广泛的合成纤维材料之一。聚酯纤维包括聚对苯二甲酸乙二醇酯、聚对苯二甲酸丁二醇酯、聚对苯二甲酸丙二醇酯等聚酯合成纤维。涤纶作为化学纤维行业中产量最大的品种，是由聚对苯二甲酸乙二醇酯经熔融纺丝制成的，相对分子量在15000~22000，具有断裂强度大、弹性模量高、回弹性适中、抗皱性优异、耐热和耐光性好等优点。根据形态结构特征，涤纶可分为涤纶长丝和涤纶短纤两类，如图6-5所示。涤纶长丝根据制作工艺不同又可细分为初生丝、拉伸丝、变形丝等；短纤根据其后加工要求不同可细分为棉型、毛型、麻型及丝型涤纶短纤。涤纶纤维广泛用于衣料、床上用品、装饰布料、国防军工特殊织物等纺织品及其他工业用纤维制品，如过滤材料、绝缘材料、轮胎帘子线和运输带等。

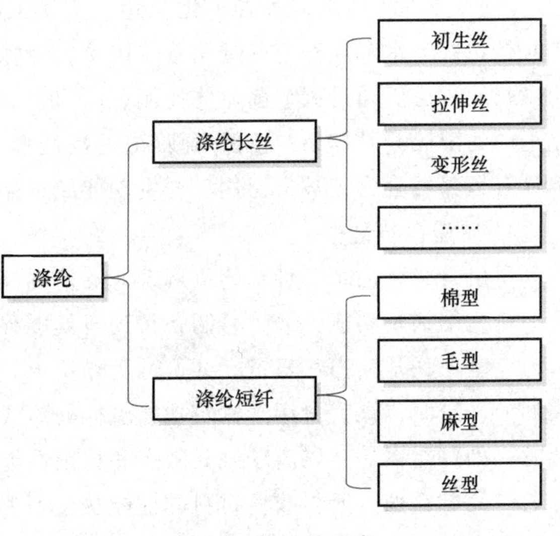

图 6-5　涤纶的分类

1. 聚酯纤维的结构与热性能

聚酯纤维和其他热塑性合成纤维材料一样，受热时依次发生熔融、分解、燃烧等行为，并且伴随熔融滴落等现象。表6-5展示了三种常用聚酯纤维的热性能参数和燃烧特性参数。聚酯纤维的熔点虽较高，但LOI值仅为21%左右，属于可燃纤维，在空气中点燃后能够持续燃烧并且伴生大量黑烟，无法满足阻燃要求。

表 6-5 三种常用聚酯纤维的热性能参数和燃烧特性参数

纤维名称	PET	PTT	PBT
分子名称	聚对苯二甲酸乙二醇酯	聚对苯二甲酸丙二醇酯	聚对苯二甲酸丁二醇酯
玻璃化转变温度/℃	80	45-75	25
热形变温度（1.8MPa）/℃	65	59	64
熔点/℃	255	225	228
分解温度/℃	420	—	—
燃烧热/(kJ/g)	24	—	—
极限氧指数（%）	21	21	20

2. 聚酯纤维的阻燃改性方法

阻燃聚酯纤维作为一种重要的功能纤维，在窗帘、地毯、沙发、睡衣等方面有广泛应用。而在聚酯纤维的整个生产过程中都可以采用一定的阻燃改性方法对聚酯纤维进行阻燃改性，如图 6-6 所示。例如，采用含有羧基、羟基或酸酐等反应基团的小分子阻燃剂单体与涤纶聚酯单体共聚，然后熔融纺丝，可以制备共聚型阻燃聚酯；通过共混的方法也可将非反应型阻燃剂加入聚酯熔体中熔融纺丝；聚酯纤维在后加工过程中或者织成织物后可以通过对纤维或织物表面接枝及阻燃后整理等工艺手段使其获得阻燃效果。

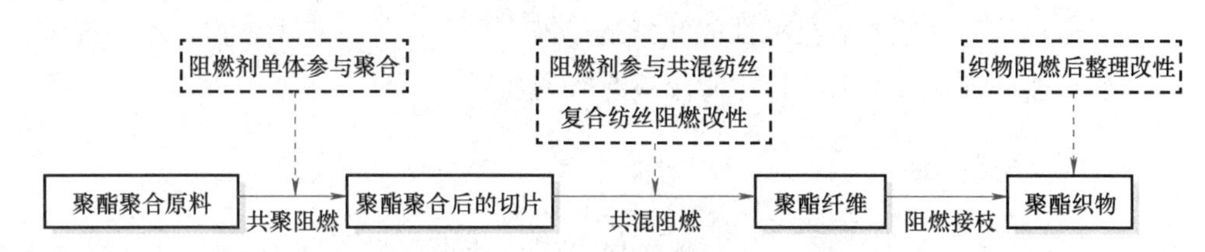

图 6-6 聚酯纤维的阻燃改性方法

根据制造工艺阶段的不同，聚酯纤维阻燃改性可分为聚合阶段、纺丝阶段、后整理阶段。

（1）聚合阶段阻燃改性

在聚合阶段主要通过共聚或原位复合对聚酯进行阻燃改性，通过阻燃剂与形成聚酯的单体共聚制备阻燃聚酯纤维，具有阻燃剂用量少、阻燃效果持久的特点。除了采用共聚模式也可在聚合阶段添加阻燃剂，采用原位复合的方法进行阻燃改性，得到的聚酯熔体可直接纺丝，或制成切片纺丝。在现有的聚酯阻燃剂类型中，通过原位复合添加膨胀型阻燃剂无疑是高效、无卤、环境友好型的阻燃改性方法，但膨胀型阻燃剂存在着组分之间容易发生醇解、添加量大、耐久性较差等缺点。

（2）纺丝阶段阻燃改性

纺丝阶段的阻燃改性是在纺丝成形之前，以普通聚酯与含有阻燃成分的聚酯进行复合纺丝，或将一定量的阻燃剂与聚酯熔体通过强烈的捏合作用，进行共混阻燃改性。复合纺丝一般为以阻燃聚酯为芯，以普通聚酯为皮的皮芯结构。共混改性是比较容易实施的阻燃改性方法，一般的方法是先将非反应性阻燃剂和常规聚酯共混制备阻燃母粒，然后与聚酯共混纺制成阻燃纤维。共混改性法可根据需要灵活改变阻燃产品种类，因而被广泛应用。

（3）后整理阶段阻燃改性

后整理阶段阻燃改性可分为阻燃接枝和阻燃后整理两类。阻燃接枝方法是先对聚酯纤维或织物进行表面处理，再将它与用于接枝的阻燃单体共聚，是用紫外线、高能电子束辐射或化学引发剂使乙烯基型的阻燃单体与聚酯发生接枝共聚，具有方法简单、产物单一、生产效率高、阻燃耐久性好等优点。织物后整理阻燃改性法是指在后加工处理过程中通过喷涂、浸轧、涂层技术对织物表面进行处理，具有工艺简单、成本低廉、适用面广等优点，能够满足不同程度的阻燃要求。

对聚酯纤维进行阻燃改性时不但要考虑最终的纤维和织物的燃烧性能，而且要对阻燃材料的着火特性、火蔓延速度、热释放特性、有毒烟气生成情况及生产成本等进行综合考虑，同时不能损害聚酯纤维物理性能及实用性等。聚酯纤维理想的阻燃改性方案及采用的阻燃剂体系应满足如下条件：

1）阻燃体系应能在聚酯聚合、熔融纺丝温度下（260~300℃）稳定存在，不发生分解。

2）阻燃体系在聚酯熔体中均匀分散，对熔体的黏度、流变性等参数影响较小。

3）阻燃剂在阻燃聚酯纤维的生产、后处理、染色、使用和洗涤等过程中不损失，保持较长久的阻燃效果。

4）不损害聚酯纤维的物理机械性能和舒适性等，在燃烧等过程中不产生有害气体。

5）阻燃聚酯纤维在废弃后不产生对环境有害的物质。

6.5.2 阻燃腈纶纤维

腈纶纤维一般是指聚丙烯腈纤维，是由聚丙烯腈或丙烯腈质量百分含量（质量分数）大于85%的丙烯腈共聚物制成的合成纤维，是三大合成纤维之一。腈纶蓬松、卷曲、柔软，性能与羊毛相似，具有类似羊毛的手感和保暖性，但强度和耐磨性能均优于羊毛。此外，腈纶织物易干，护理简单，具有优良的耐光性、耐候性、抗菌性和化学稳定性。

1. 腈纶纤维的结构与热性能

与涤纶、锦纶等结晶性纤维不同，腈纶具有准晶结构，但准晶结构不完整，侧序度较高。这种准晶结构对温度十分敏感，所以腈纶的热稳定性较差。腈纶的热解温度比涤纶、锦纶低得多，在空气中受热易氧化热解，生成小分子热解产物。这些热解产物着火温度低，燃烧热高，故腈纶属于易燃性纤维，LOI值约为18%。腈纶受热易收缩的特性降低了其偶然着火的可能性，但一旦着火就会发生剧烈燃烧并产生大量黑烟。腈纶在氧化过程中有很高的成环能力，在快速热解时也不会失去纤维形态，热解后残炭量可达45%~55%。利用腈纶的热解与炭化特性，可制得具有特殊用途的、耐高温和难燃的聚丙烯腈氧化纤维和碳纤维。

2. 腈纶纤维的阻燃改性方法

腈纶纤维的阻燃改性方法主要有共聚阻燃改性法、共混阻燃改性法、热氧化阻燃改性法和阻燃后整理法等。

（1）共聚阻燃改性法

共聚阻燃改性是将含卤素、磷等阻燃元素的乙烯基化合物作为共聚单体，与丙烯腈进行共聚实现阻燃的方法。目前已工业化的阻燃腈纶大多是采用共聚法制造的，丙烯腈阻燃的共聚单体有偏二氯乙烯、溴代乙（丙）烯、氯乙烯、二-(β-氯乙基）乙烯基膦酸酯、甲基膦酸酯等。共聚法生产的阻燃改性腈纶中丙烯腈的质量分数为 35%～85%，其纺丝工艺与常规腈纶相似。阻燃改性腈纶的共聚体均由自由基聚合制得，聚合方法包含乳液聚合、溶液聚合和水相聚合三种，其中以水相聚合较为常用。阻燃改性腈纶聚合方法优缺点见表 6-6。

表 6-6 阻燃改性腈纶聚合方法优缺点

聚合方法	优点	缺点
乳液聚合	产品组成均匀、共聚体在纺丝溶剂中有很大的溶解度	反应时间长、加乳化剂和破乳剂成本高，未反应单体难回收
溶液聚合	流程短、占地少	反应时间长、相对分子质量低且分布宽，需要溶剂回收装置
水相聚合	反应时间短、相对分子质量高且分布窄、转化率高	产品组成均匀性差、不能制得高浓度的纺丝溶液

乳液聚合是在乳化剂存在的水介质中进行的，常用的乳化剂有阴离子表面活性剂、非离子表面活性剂等。溶液聚合是在二甲基甲酰胺或二甲基亚砜等溶剂中进行的，单体与共聚体都能溶解于该溶剂内。水相聚合以水为介质，适用于大规模生产，但两种单体在水中有不同的溶解度和相对密度，会导致共聚体组成均匀性差。通过添加助溶剂、悬浮液稳定剂等方法可以改善水相聚合过程中共聚体的均匀性。

（2）共混阻燃改性法

阻燃腈纶的共混改性就是在纺丝原液中混入添加型阻燃剂，常用的添加型阻燃剂有无机化合物、有机化合物和高分子阻燃剂等。无机化合物有三氧化二锑、三氯化锑、钛酸钡、硼酸锌、磷酸锌、草酸锌等；有机化合物有卤代磷酸酯、四溴邻苯二甲酸酐、有机锡等；高分子阻燃剂有氯乙烯、聚氯乙烯和偏二氯乙烯的共聚物、丙烯腈和氯乙烯的共聚物、丙烯腈和偏二氯乙烯的共聚物等。共混法生产过程中存在纤维发黏、温度降低和收缩性增加等现象，要求添加的阻燃剂颗粒细且与基材相容性好，不溶于凝固浴和水，纺丝过程中无堵孔现象等。

（3）热氧化阻燃改性法

热氧化阻燃改性法以特殊聚丙烯腈纤维为原丝，在张力下连续通过 200～300℃的空气氧化炉处理几十分钟至几小时，工艺流程如图 6-7 所示。在高温及氧气的作用下，聚丙烯腈大分子上的氰基发生环化、氧化和脱氢等反应，形成一种多共轭体系的梯形结构，释放出氰化氢、水蒸气、氮气及焦油等物质，纤维外观从白色变成黑色。当纤维密度达到 1.38～1.40g/cm^3 时，即获得聚丙烯腈氧化纤维，俗称预氧化纤维。

热氧化阻燃纤维在火焰中不软化、不熔滴、不收缩，炭化后仍能保持原来的形状，LOI 值高达 55%～62%，具有自熄性。同时，热氧化阻燃纤维具有耐化学试剂和优良的纺织加工性能，可用于防火、隔热、化工劳保服和保温隔热材料。

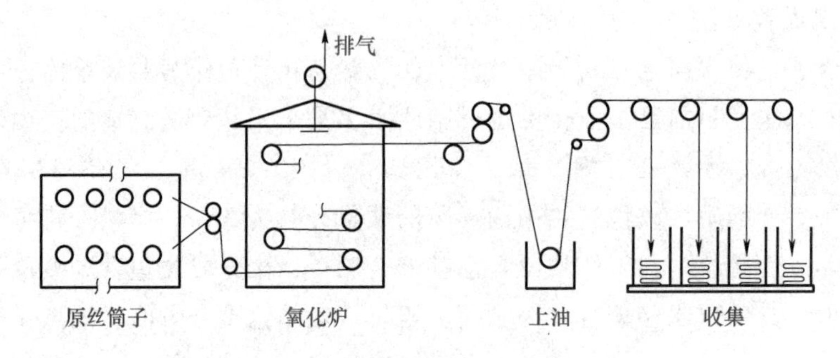

图 6-7　热氧化阻燃改性法工艺流程示意图

（4）阻燃后整理法

阻燃后整理是在纺丝成型过程中对初生纤维用阻燃剂处理，如缩甲醛与溴化铵的水溶液，羟甲基化三聚氰胺等阻燃剂。对腈纶纤维或织物进行表面涂覆是较早也是最方便的阻燃整理方法，但阻燃效果不易长久保持。

6.5.3　阻燃聚丙烯纤维

聚丙烯纤维是由丙烯聚合、纺丝得到的纤维，商品名为丙纶，广泛应用于装饰布料及纺织服装等方面，如地毯、装饰织物和服装等。聚丙烯纤维与羊毛或腈纶混合制成的手工针织线具有聚丙烯纤维独特风格，常用作地毯铺饰材料。丙纶的最大缺点是不耐热，属于易燃热塑性纤维，由丙纶制造的纺织品极易成为引发火灾的着火物。

1. 聚丙烯纤维的结构与热性能

聚丙烯纤维是由丙烯聚合得到的高分子纤维材料，纤维分子链中全部由碳、氢元素构成，聚丙烯纤维的 LOI 值为 19%~20%，属于易燃性纤维。聚丙烯纤维燃烧时不易炭化，热解时全部分解为可燃气体，气体燃烧时释放出大量热量。聚丙烯纤维的自燃温度为 570℃，热分解速率相比于纤维素纤维更加迅速。聚丙烯纤维的热解产物主要为甲烷、乙烷、丙烷和正庚烷等小分子饱和烷烃及乙烯、丙烯、异丁烯等不饱和烯烃。

聚丙烯纤维的热裂解包括纤维表面热裂解和纤维内部热裂解。在与氧接触的纤维表面，聚丙烯分子链中化学键比较弱的 C—H 键容易与吸附在表面的氧分子反应，生成活化自由基 R · 和 HO_2 · 。在纤维内部没有氧存在的部分，主链上—C—C—键断裂，生成分子链短的自由基~R · 和双自由基 · R~R · ，之后进一步氧化形成过氧化自由基~ROO · 。当温度大于 350℃时，聚丙烯自由基发生脱水反应，之后经过自由基引发和链增长后迅速氧化分解。

2. 聚丙烯纤维的阻燃改性方法

聚丙烯纤维聚合物是由丙烯按配位阴离子机理定向聚合而成的，它的大分子链中甲基分布呈高度规则性，结晶度达 65%~70%，这种等规聚丙烯具有成纤高的特性。如果引入阻燃单体与丙烯共聚，则完全破坏了原聚丙烯聚合体的等规结构而不能成纤。由于聚丙烯大分子链中缺乏反应性活性基团，阻燃剂分子难以通过常规的扩散方法进入纤维中或与纤维发生化学反应而结合。因此，聚丙烯纤维的阻燃改性方法主要为共混阻燃改性和阻燃后整理，很少采用共聚及表面接枝等阻燃改性方法，且不能采用原丝阻燃改性共聚法。

聚丙烯纤维的阻燃改性必须通过改变聚丙烯的热解反应或者通过抑制自由基在燃烧部分及周围的传播来实现。聚丙烯纤维阻燃改性须通过两种途径进行：第一种是气相阻燃，主要是指卤素阻燃体系及协效体系通过抑制气态的燃烧反应达到阻燃效果；第二种是固相阻燃，但由于聚丙烯受热分解不容易炭化，固相阻燃改性主要为红磷阻燃改性。

聚丙烯纤维的阻燃改性方法可分为共混阻燃改性、接枝阻燃改性、后整理改性和涂层阻燃改性等。

（1）聚丙烯纤维的共混阻燃改性

共混阻燃改性是通过在聚丙烯纤维原料中添加高浓度的阻燃剂及其他助剂，经共混制造阻燃母粒，然后与常规聚丙烯纤维粒料共混熔融纺丝成型，制备出阻燃聚丙烯纤维。常用阻燃剂包括卤-锑阻燃体系、氮系阻燃剂、膨胀型阻燃剂等。

（2）聚丙烯纤维的接枝阻燃改性

通过对聚丙烯纤维及其织物接枝改性可提高阻燃剂与聚丙烯的相容性。例如，聚丙烯与马来酸酐接枝改性后燃烧性能降低，并促进了聚丙烯成炭。此外，聚丙烯接枝马来酸酐作为偶联组分可增强界面相容性，明显提高聚丙烯与膨胀型阻燃剂的相容性。

（3）聚丙烯纤维的后整理改性

聚丙烯纤维的后整理改性是织物在后整理过程中使用阻燃剂进行物理或化学吸附，使阻燃剂附着于纤维上而达到阻燃目的的方法。物理吸附易引起吸湿、毒性等问题，化学吸附则会引起织物力学性能下降和手感变硬等问题。后整理改性更适合于天然纤维织物及天然纤维与合成纤维混纺织物的阻燃加工。对于表面没有活性反应基团的聚丙烯纤维，整理后改性的效果不稳定、耐久性比较差，应用不普遍。

（4）聚丙烯纤维的涂层阻燃改性

对聚丙烯纤维进行涂层阻燃改性是一种比较有效的阻燃改性方法，通常添加 5%的后整理阻燃成分就可以达到比较理想的阻燃效果。

6.5.4 阻燃聚酰胺纤维

聚酰胺纤维作为世界上最早实现工业化生产的合成纤维，具有优良的耐磨性、较高的强度、易染色、不易被虫蛀等优点。聚酰胺纤维主要包括尼龙 6、尼龙 11、尼龙 12、尼龙 66、尼龙 1010 等，聚酰胺纤维主要品种的结构式见表 6-7。

表 6-7 聚酰胺纤维主要品种的结构式

纤维名称	单体或原料	分子结构	通用名称
聚酰胺 4	丁内酰胺	$\left[NH(CH_2)_3CO \right]_n$	尼龙 4
聚酰胺 6	己内酰胺	$\left[NH(CH_2)_5CO \right]_n$	尼龙 6/锦纶

（续）

纤维名称	单体或原料	分子结构	通用名称
聚酰胺 7	7-氨基庚酸	$\left[NH(CH_2)_6CO \right]_n$	尼龙 7
聚酰胺 8	辛内酰胺	$\left[NH(CH_2)_7CO \right]_n$	尼龙 8
聚酰胺 9	9-氨基壬酸	$\left[NH(CH_2)_8CO \right]_n$	尼龙 9
聚酰胺 11	11-氨基十一酸	$\left[NH(CH_2)_{10}CO \right]_n$	尼龙 11
聚酰胺 12	十二内酰胺	$\left[NH(CH_2)_{11}CO \right]_n$	尼龙 12
聚酰胺 66	己二胺和己二酸	$\left[NH(CH_2)_6NHCO(CH_2)_4CO \right]_n$	尼龙 66
聚酰胺 1010	癸二胺和癸二酸	$\left[NH(CH_2)_{10}NHCO(CH_2)_8CO \right]_n$	尼龙 1010

聚酰胺纤维通常具有比较良好的回弹性和耐磨性，它的耐磨性为棉花的 20 倍，粘胶纤维的 50 倍。聚酰胺纤维的吸湿性比天然纤维和人造纤维都低，而且聚酰胺纤维的染色性能和耐微生物作用比较好，被广泛应用于衣料服装和装饰地毯等领域。

1. 聚酰胺纤维的结构与热性能

聚酰胺主链中含有氧、氮等杂元素，热解反应比较复杂，热解产物多样。惰性气氛下，聚酰胺在 300℃以上裂解生成的挥发性产物占 95%，主要为二氧化碳、一氧化碳、水蒸气、乙醇、苯、环戊酮、氨及其他脂肪族、芳香族碳氢化合物等。然而，在空气气氛下，聚酰胺在 200℃以下就开始热解，热解产物比例与惰性气氛完全不同，主要挥发性产物为 52%水蒸气、3%二氧化碳、12%一氧化碳、1%甲醇、1%甲醛和 1%乙醛等。

尼龙 6 和尼龙 66 占整个聚酰胺纤维产量的 98%以上，它们的热性能见表 6-8。聚酰胺纤维遇火燃烧比较缓慢，燃烧过程中因其熔融温度与着火温度相差较大而容易发生自熄现象。但聚酰胺纤维熔融温度比较低，熔融后黏度比较小，容易发生熔融滴落，引燃周围易燃材料，造成火灾蔓延，从而引起更大的灾害。当聚酰胺与其他非热塑性纤维共同使用时，非热塑性纤维起到的“支架”作用，使得聚酰胺燃烧比较剧烈。

表 6-8　尼龙 6 和尼龙 66 的热性能

名称	T_g/℃	T_m/℃	T_p/℃	T_{ign}/℃	HOC/(kJ/g)	LOI（%）
尼龙 6	50	215	431	450	39	21～22
尼龙 66	50	265	403	530	32	21～22

2. 聚酰胺纤维的阻燃改性方法

聚酰胺阻燃改性方法主要通过两种阻燃机理进行：①凝聚相阻燃机理，通过增强聚酰胺燃烧过程的成炭速率和残炭量，减少可燃气体的生成；②气相自由基捕获机理，阻燃剂分解产物与空气中的氧结合，减少活性较强的气相自由基，从而达到阻燃效果。

聚酰胺纤维的阻燃改性同聚酯纤维、聚丙烯腈纤维一样，可通过共聚阻燃改性、共混阻燃改性和阻燃后整理三种阻燃途径实现。共混及共聚阻燃改性后的阻燃效果通常具有耐久性，而阻燃后整理的阻燃效果耐久性稍差。

（1）共聚阻燃改性

共聚阻燃改性是在聚酰胺聚合过程中加入具有反应活性的含磷、卤素等阻燃元素的化合物，使阻燃剂通过参与聚合反应结合到聚酰胺分子中。尼龙 6 及尼龙 66 共聚阻燃改性的阻燃剂主要有红磷、芳基氧化膦衍生物、磷菲类磷酸酯等。而卤素阻燃剂及卤-锑阻燃体系在聚酰胺共聚阻燃方法中应用较少，这主要是由于卤素化合物在高温聚合过程中容易发生脱卤素或脱卤化氢等反应，而且在惰性条件下稳定性也不高。

（2）共混阻燃改性

共混阻燃改性是在纺丝前将热稳定性较高的阻燃剂加入纺丝熔体中直接纺丝，是一种比较经济的阻燃改性方法。阻燃剂的稳定性对纤维性能的影响也非常大，而大多数含磷化合物、无机盐及卤素等添加型阻燃剂的热稳定性不能满足聚酰胺的纺丝和机械性能要求。聚酰胺纤维阻燃处理必须选择既能使聚酰胺纤维具有良好阻燃性能，又对纤维物理机械性能造成有限影响的阻燃剂，如一定分子量的含磷、卤素的无机化合物。目前，聚酰胺共混阻燃剂主要包括低分子量的含磷化合物、氯代聚乙烯、溴代季戊四醇、三氧化二锑、纳米黏土、有机硅和无机硅阻燃剂等。

（3）阻燃后整理

阻燃后整理是对聚酰胺纤维进行表面接枝、涂覆，使其具有阻燃效果。对于聚酰胺纤维来说，通过在纺丝熔体中加入阻燃剂或者采用共聚的方法进行阻燃改性，阻燃剂容易在纺丝过程中受热分解而影响纺丝工艺或纤维性能。采用对纤维或织物表面整理的方法，使尼龙纤维获得阻燃性能则是一种较好的选择。

6.5.5　阻燃纤维素纤维

纤维素纤维是最早成为纺织纤维的化学纤维，它是以自然界可不断再生的天然纤维为原料的。棉纤维和粘胶纤维在人造纤维中历史悠久，用途广泛，具有完全生物降解、吸湿性优异、透气性好、衣着舒适、染色性良好等优点，在人造纤维的生产和应用中占有重要的地位。

1. 纤维素纤维的结构与热性能

纤维素是一种天然的有机高分子化合物，分子式为 $(CH_{10}O_5)_n$，化学结构如图 6-8 所示。纤维素是由许多个失水的 β-葡萄糖组成的多糖类，它常与木质素、半纤维

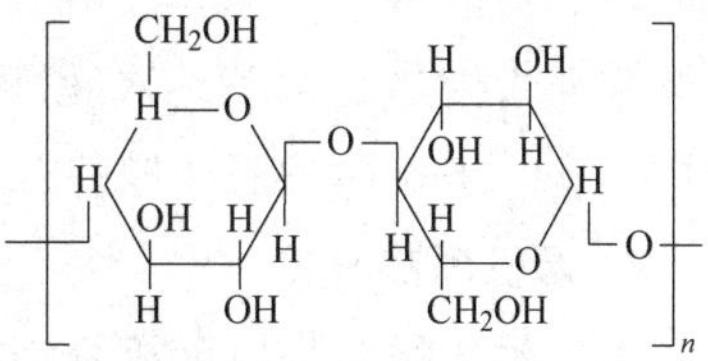

图 6-8　纤维素的化学结构

素及天然树脂混合在一起。在天然纤维中，棉花纤维产量最高，约占90%以上。

纤维素纤维受热后发生裂解，生成固体残炭、液体和气体产物。可燃性液体和可燃性气体遇到氧气发生着火和燃烧，生成水、一氧化碳和二氧化碳，同时发出大量的热和光作用于纤维，使裂解反应循环下去。纤维素纤维的热解涉及复杂的物理和化学变化，一方面纤维素纤维受热后脱水炭化，产生水、二氧化碳和固体残渣等产物；另一个方面，纤维素纤维通过解聚生成不挥发的液体左旋葡萄糖，左旋葡萄糖进一步裂解并产生低分子量裂解产物，并形成二次焦炭。在氧的作用下，左旋葡萄糖的裂解产物发生氧化和燃烧放出大量的热量，引起更多纤维素分子裂解。

2. 纤维素纤维的阻燃改性

纤维素纤维的阻燃改性可以从两方面进行：一方面是增大可燃性气体燃烧难度，减少热量的生成；另一方面是促进焦油的生成，即促进左旋葡萄糖的生成，并使其进一步炭化，生成固体残炭，从而减少燃烧过程中“燃料”的生成。通过气相阻燃（如添加卤-锑阻燃体系捕获活泼自由基）的方式，可以降低可燃性气体的燃烧程度，从而达到阻燃效果。欲使纤维素纤维燃烧时生成更多的固体残留物，则主要通过在纤维素纤维中加入合适的阻燃添加剂或填充剂以改变纤维素的热解过程，例如添加磷系阻燃剂可促进左旋葡萄糖的交联以形成更多的燃烧残余物。

纤维素纤维阻燃改性方法主要有添加共混法、涂层法和阻燃后整理法。添加共混法是在纤维素纤维纺丝过程中将一定量的阻燃剂加入粘胶原液中，通过纺丝获得阻燃纤维素纤维。添加共混法会对纤维素纤维的物理机械性能造成一定影响，对阻燃剂的要求比较高，阻燃剂不仅要耐酸、耐碱，还要在纤维素原液中有非常好的分散性。通过选择合适的阻燃剂，控制适当的纺丝工艺条件，仍可获得永久性的阻燃纤维素纤维。

6.5.6 其他特种阻燃纤维

阻燃织物按最终用途可分为装饰用织物、交通工具内饰用织物和阻燃防护服用织物，不同用途阻燃织物的燃烧性能要求也不同。通常，装饰用织物阻燃性能要求比较低，阻燃防护服用织物的阻燃及耐燃性能要求比较高，这些用于隔热防护服的高性能阻燃耐火纤维材料称为特种阻燃纤维材料。特种阻燃纤维材料的种类繁多，主要包括有机耐热纤维和无机耐热纤维。

1. 有机耐热纤维

有机耐热纤维主要包括对位芳纶、氟纶、聚苯并咪唑和聚对亚苯基苯并双噁唑纤维等，具有耐高温、耐化学药品侵蚀、优良的纺织加工性能和接触舒适感等特点，常用于降落伞、宇航服和消防服等。例如，聚酰胺-芳香族化合物被用于消防和军用防护服和配件；三聚氰胺纤维凭借受热后“就地炭化而不收缩”的特性，常被用于床垫、商用飞机座椅、消防员防护装备、工业防护服、摩擦部件和汽车绝缘材料等方面。

2. 无机耐热纤维

无机耐热纤维是以无机物为原料制得的化学纤维，可分为两大类：一是无机物和无机化合物纤维，如碳纤维、玻璃纤维、玄武岩纤维、石英纤维、碳化硅纤维、氮化硅纤维、石墨烯纤维等；二是金属纤维，如不锈钢纤维、铜合金纤维等。无机耐热纤维具有轻质耐火、耐高温、耐蚀性好、隔热性好等优异特性，在纺织加工、航空航天、交通通信、建筑、能源、催化、环境净化和生物医学等领域得到了广泛的应用。无机耐热纤维的制造方法主要有熔融纺丝法、前驱体法、溶胶-凝胶法、化学气相沉积法和晶体生长法等。无机纤维除了强度和模量比有机纤维高以外，更重要的是其优异的耐高温性。

（1）碳纤维

碳纤维作为一种含碳量在 95%以上、直径在微米级的纤维状无机非金属材料，是目前研究最多、工业化水平最高、应用最广泛的无机耐热纤维。碳纤维具有耐高温（空气中分解温度为 700℃，惰性气体中分解温度为 1500℃）、耐摩擦、力学性能优异、导电性良好、质量轻、耐蚀性好和耐磨损等优点。碳纤维外形柔软且沿着纤维轴的方向具有很高的刚性和强度，在宇宙飞船、人造卫星、航天飞机、导弹、原子能、航空及特殊行业均得到广泛应用。

碳纤维根据力学性能可分为高强度碳纤维、超高强度碳纤维、高模量碳纤维、超高模量碳纤维、高性能碳纤维和通用碳纤维。根据前驱体的不同，碳纤维可分为聚丙烯腈基碳纤维、沥青基碳纤维、纤维素基碳纤维、酚醛树脂基碳纤维和其他有机纤维基碳纤维等。聚丙烯腈基碳纤维的制造主要包括聚丙烯腈原丝的制备、原丝的预氧化、预氧化丝的碳化或进一步石墨化和碳纤维的后处理四个主要环节，生产工艺流程如图 6-9 所示。

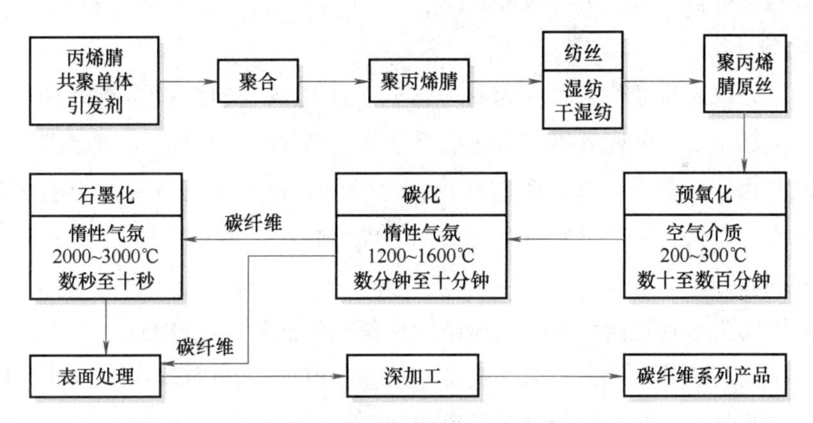

图 6-9 聚丙烯腈基碳纤维生产工艺流程

沥青是一种以缩合多环芳烃化合物为主要成分的低分子烃类混合物，一般含碳量在 70%以上，通过沥青生产的碳纤维制造成本相对较低。沥青基碳纤维生产的困难在于沥青属于热塑性物质，纺丝后在较高温度下一般难以维持丝状状态，从而给后续的碳化处理带来困难。通常需先对沥青进行热固性处理，然后熔融纺丝、碳化、石墨化得到纤维，生产工艺流程如图 6-10 所示。

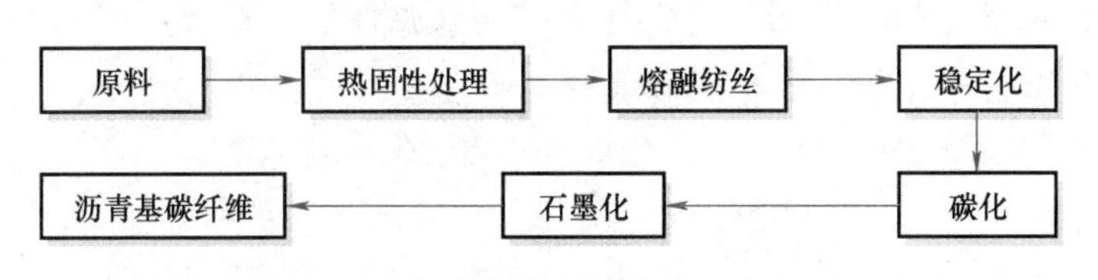

图 6-10 沥青基碳纤维生产工艺流程

(2) 玻璃纤维

玻璃纤维是以叶蜡石、石英砂、石灰石、白云石、硼钙石、硼镁石六种矿石为原料经高温熔制、拉丝、络纱、织布等工艺制造成的纤维材料，是全球用量最大的无机纤维材料之一。玻璃纤维的生产工艺分为两次成型的坩埚拉丝法和一次成型的池窑拉丝法，其中池窑拉丝法生产的玻璃纤维占全球总量的85%~90%。玻璃纤维具有比强度大、弹性模量高、伸长率低、电绝缘好、耐蚀性好等特点，被广泛应用于冶金、化工、通信、电子、建筑、航空航天、交通运输等领域。但玻璃纤维脆性大、耐磨性差，通常将玻璃纤维作为增强体与基体材料复配制备玻璃纤维增强复合材料，进而发挥出比原组成材料更大的性能优势，以满足生产生活的各种需要。例如，由细直径玻璃纤维制成的玻璃纤维织物常被用作家具和军事领域的屏障织物。

(3) 石英纤维

石英纤维是以高纯二氧化硅和天然石英晶体制成的纤维，具有介电常数低、介电损耗小、抗烧蚀性强、耐温性好、导热系数低等良好特性，可作为宽频透波增强材料。石英纤维广泛应用于航天、航空、兵器、电子等领域，以满足设计对材料的电性能、力学性能、耐环境性能等多方面的综合要求。石英纤维织物与树脂复合制成的先进宽频透波酯基复合材料可用于高马赫数的飞行器及雷达天线罩等物品上。

(4) 碳化硅纤维

碳化硅纤维是以有机硅化合物为原料经纺丝、碳化或气相沉积而制得具有β-碳化硅结构的无机纤维，属于金属陶瓷纤维。碳化硅纤维具有高强度、高模量、低热膨胀系数、电阻率可调节、抗氧化、热稳定性好、耐磨性优异等特性，已成为高性能复合材料的重要增强体，在现代航空、航天、军事等领域具有诱人的应用前景。

(5) 氮化硅纤维

氮化硅纤维作为一种性能优良的高温结构材料，不仅具有优越的力学性能，还具有良好的耐热冲击性、高耐氧化性、高绝缘性及良好的弹性模量。氮化硅纤维主要应用于金属陶瓷基复合材料的增强材料和防热功能复合材料的制备，在超高音速飞行器天线罩等航空航天高温透波材料中具有广泛的应用前景。

(6) 石墨烯纤维

石墨烯纤维是一种以天然石墨为最初原料的新型碳质纤维，由石墨烯或者功能化石墨烯纳米片的液晶原液经湿法纺丝一维有序组装而成。石墨烯纤维具有良好的机械性能、电学性能和导热性能，可用于导电织物、散热、储能等领域。此外，将聚合物加入石墨烯纤维得到结构精巧、力学性能良好的石墨烯仿贝壳纤维；加入磁性纳米粒子，得到磁性的石墨烯复合纤维。石墨烯纤维良好的柔韧性，使其在柔性器件如柔性超级电容器、传感器件、智能织物等领域得到应用。

6.6 织物阻燃整理

6.6.1 纤维素纤维织物阻燃整理

纤维素纤维织物品类繁多，不同织物的织造方法、使用场合、所选用的阻燃剂种类、添加方法各不相同。按照耐久程度，纤维素纤维织物的阻燃整理可分为非永久性、半永久性和永久性阻燃整理。通常，织物的成本会随着阻燃整理效果及耐久性的提高而增高。

1. 非永久性阻燃整理

非永久性阻燃整理的织物具有一定的阻燃性能但不耐水洗，所用的阻燃剂大部分为水溶性或乳液性阻燃剂。阻燃处理时将阻燃剂溶解于水中，然后将织物浸轧、烘干后即可使用，该方法处理方便、成本较低，对一些少洗或不洗的织物可用此法。所用阻燃剂主要为磷酸盐、磷酸铵盐、硼砂、硼酸等中一种或多种混合，通常多种阻燃剂混合的阻燃效果比单一阻燃剂要好得多。部分棉装饰织物及很少洗涤的棉织物产品可采用非永久性阻燃整理。

2. 半永久性阻燃整理

半永久性阻燃整理的织物一般能耐 1~15 次温和洗涤，但不耐高温皂洗，窗帘等室内装饰织物、床垫和电热毯等棉织物产品多要求进行半永久性阻燃整理。半永久性阻燃整理主要有磷酸-尿素法、磷酰胺法和磷化纤维素法，阻燃剂主要为磷酸、尿素等磷、氮系阻燃剂。一般采用浸轧、烘焙工艺进行整理的阻燃效果较好，但整理后织物力学性能有所下降。

3. 永久性阻燃整理

永久性阻燃整理的织物一般要耐洗 50 次以上，且要耐皂洗。服装、床单、被套和工作服等棉织物产品需进行永久性阻燃整理。

6.6.2 蛋白质纤维织物阻燃整理

蛋白质纤维作为自然界中广泛存在的一类天然高分子化合物，是动植物纤维的重要组成部分。根据分子结构形态可分为纤维状蛋白纤维（如羊毛和丝）和球状蛋白纤维（主要存在于花生蛋白、大豆蛋白等植物性蛋白中）。大量的动物蛋白纤维来源于动物身体上生长的毛发状纤维，其中羊毛纤维是产量最大、最重要的动物蛋白纤维。本节主要论述羊毛纤维的阻燃整理方法。

1. 羊毛纤维的结构与热性能

羊毛纤维中含有一定量的羊毛脂、羊毛蜡及其他杂质成分，在制成羊毛织物前通常经过除杂质、脱脂和脱蜡等过程。经处理的羊毛纤维中仍然含有 1%的脂肪类羊毛蜡成分。羊毛纤维含有等当量的氨基和羧基，以 $H_2N—W—COOH$ 形式表示。在水中氨基和羧基会发生离解，形成带正、负电荷的两性离子（$H_3N^+—W—COO^-$）。羊毛纤维具有比较高的含碳量（48%~50%）、含氮量（15%~16%）和含硫量（3%~4%），拥有高吸湿性、高着火温度、低燃烧热和低火焰温度，LOI 值达到 26%左右，属于难燃纤维。若要满足更高的阻燃标准，仍需要对羊毛纤维及其织物进行阻燃整理。

2. 羊毛纤维织物阻燃整理方法

羊毛纤维或织物的阻燃改性可分为非永久性、半永久性及永久性阻燃改性三种类型。

（1）非永久性阻燃整理

非永久性阻燃整理的羊毛纤维织物不耐水洗。例如，羊毛经正磷酸、偏磷酸、硫酸、氨基磺酸、硼酸等溶液浸渍烘干后能暂时获得阻燃性能，但阻燃效果会在水洗后丧失。目前，除少数地毯、剧院帷幕和飞机上的装饰用外，羊毛纤维织物的非永久性阻燃整理已很少应用。

（2）半永久性阻燃整理

半永久阻燃整理的羊毛纤维织物可耐几次洗涤，或在特定条件下可耐多次洗涤。代表性的阻燃整理方法有氨基磺酸和尿素处理、四羟甲基氯化磷处理、4-溴苯二甲酸酐处理等。

（3）永久性阻燃整理

羊毛纤维织物主要采用金属（钛、锆、钨）络合物进行永久性阻燃整理，一般方法有氟络合物整理、羧酸络合物整理等。六氟钛酸钾和六氟锆酸钾为常用的氟络合物阻燃剂，在处理液中可离解出带负电的阴性离子，并在酸性条件下被带正电的羊毛分子吸收。

6.6.3 合成纤维织物阻燃整理

1. 涤纶织物阻燃整理

涤纶织物的阻燃整理简单易行，主要采用环状膦酸酯、含锑化合物进行阻燃处理。环状膦酸酯阻燃整理主要通过阻燃液浸渍、烘干、焙烘和水洗工艺，将阻燃剂附着在织物表面，获得热稳定性高、挥发性低、耐久性和相容性优良的阻燃涤纶织物。含锑化合物阻燃整理通过在整理液中添加黏结剂，将阻燃剂黏附于织物上以获得耐久性，该方法整理的织物阻燃性较好，但存在手感硬、有白霜现象、产生色变、阻燃剂吸附性较差等问题。

2. 锦纶织物阻燃整理

其他纤维常用的磷、卤系阻燃剂对于锦纶阻燃改性效果不仅不理想，还会在低温时加速织物燃烧。硫系阻燃剂则能降低锦纶的熔点和熔体黏度，使熔滴脱离火源。常用硫系阻燃剂有硫脲、硫氰酸铵和氨基磺酸钠等。此外，将含硫阻燃剂与羟甲基脲树脂结合，脲和硫可通过促进锦纶燃烧时滴落达到更好阻燃效果。

3. 腈纶织物阻燃整理

腈纶织物是一种易燃纤维，它比涤纶和锦纶更容易燃烧，LOI 值为 18%左右，但腈纶燃烧后的残炭率达 58.5%，降低了腈纶的可燃性。目前，其他纤维中常用的阻燃剂用于腈纶后大多手感不好，整理后对织物风格也有影响。腈纶阻燃整理行之有效的方法不多，其中三氧化二锑的水乳液阻燃处理对腈纶阻燃效果提升较好。对于腈纶装饰布和毛绒玩具的阻燃处理则需通过添加阻燃纤维来解决。

4. 聚酯纤维织物阻燃整理

聚酯纤维织物可通过阻燃后整理达到永久或半永久性阻燃效果，满足一定的阻燃要求。

聚酯纤维材料后整理所采用的阻燃剂大多为含有氯、溴的化合物，如六溴代环十二烷等。该方法需要先将阻燃剂溶解到水中或者在分散剂作用下生成乳液，再与其他后整理剂一同采用涂覆、浸渍、喷涂等方法对聚酯纤维与织物进行后整理。由于卤素类阻燃剂整理的织物燃烧时产生有害气体，使用受到了一定限制。目前磷酸酯类化合物采用得比较多，但它对织物的阻燃效果不如卤素阻燃剂。此外，阻燃剂和染料容易在使用过程中析出到阻燃聚酯织物表面，降低织物的阻燃持久性和染色稳定性。

5. 聚丙烯纤维织物阻燃整理

聚丙烯纤维织物阻燃整理是通过在后整理过程中使用缩甲醛与溴化铵水溶液、羟甲基化三聚氰胺溶液等阻燃剂进行物理吸附或化学性结合，使阻燃剂附着于聚丙烯纤维上而达到阻燃目的。由于聚丙烯纤维表面没有活性反应基团，所以它阻燃整理后效果有限，耐久性较差。

6.6.4 混纺织物阻燃整理

对于混纺织物，当主纤维含量在 85% 以上时，它的可燃性便与主纤维基本相似，可根据主纤维的特性进行阻燃处理；若主纤维含量低于 85%，则需对主、副两种纤维分别选择合适的阻燃剂和阻燃工艺，一般可采用一浴法、二浴法或纤维先做阻燃处理后再混纺的方法。涤纶和棉纤维混纺织物（涤/棉织物）阻燃整理的阻燃剂可分为：磷-卤阻燃体系、磷-氮阻燃体系、磷-氮-卤阻燃体系及卤素-三氧化二锑体系。

涤纶和棉纤维混纺织物的燃烧过程非常复杂，棉纤维燃烧后炭化，而涤纶燃烧时熔融滴落。由于棉纤维成为支持体，能使熔融纤维集聚，并阻止它滴落，使熔融纤维燃烧更加剧烈，即“支架效应”。涤纶和棉两种纤维或它们的裂解产物相互热诱导，加速了裂解产物的逸出，造成涤/棉织物的着火速度比纯涤纶和纯棉要快得多，使涤/棉织物的阻燃更加困难。

要降低涤棉混纺织物的可燃性，至少要做到以下三点：①混纺织物中每一组分都进行阻燃化，即使用阻燃涤纶纤维与棉混纺的织物仍需进行阻燃整理；②混纺织物阻燃整理时，采用各自合适的阻燃剂，它们的作用最好能互补或互不干扰，不能产生对抗作用；③消除支架效应和两组分间的干扰作用。

复习思考题

1. 简述常见纤维的基本物理结构和商品名称。
2. 简述纤维的热解和燃烧过程，并列出重要特征参数。
3. 简述纤维与织物阻燃剂的基本性能要求。
4. 简述纤维阻燃剂的种类和主要应用场景。
5. 纤维阻燃改性方法的优缺点有哪些？
6. 聚合阶段的纤维阻燃改性方法有哪些？
7. 纺丝阶段的纤维阻燃改性方法有哪些？
8. 后整理阶段的纤维阻燃改性方法有哪些？

9. 织物表面阻燃中层层自组装法的原理是什么？
10. 阐述轧烘焙、溶胶-凝胶、层层自组装和喷涂/浸涂法的优缺点。
11. 阐述制备本体功能性纤维和纺织物功能化表面处理的优缺点。
12. 概括聚丙烯纤维的阻燃改性方法及各自特点。
13. 按照耐久性不同，纤维素纤维织物阻燃整理方法可以分为哪些类型？
14. 永久性纤维素纤维织物阻燃整理方法有哪些？

第7章 阻燃橡胶材料

教学要求

了解橡胶发展历程，掌握不同橡胶的分子结构、理化特性、热解特性与燃烧过程，掌握橡胶阻燃的途径及橡胶阻燃配方设计方法，了解阻燃橡胶制品制造方法及性能。

重点与难点

不同橡胶的分子结构和特性、橡胶的基本配合和加工工艺、橡胶的燃烧特性和阻燃技术。

橡胶与塑料、纤维被称为三大合成高分子材料，它具有高弹性、较好透气性、耐各种化学介质性和电绝缘性等特性。橡胶可作为减振、密封、耐磨、防腐、绝缘及黏结材料，被广泛应用于交通运输、建筑、电子、石油化工、农业、军事等各行各业。随着交通运输和建筑行业的快速发展，对橡胶材料的阻燃性要求越来越高，特别是矿井、电力管廊和地下轨道交通等特殊场所对橡胶制品的耐火性提出了较高要求。但无论是天然橡胶还是合成橡胶大多为可燃或易燃材料，难以满足日益严格的消防安全需求，对橡胶进行阻燃处理具有重要的现实意义。

7.1 概述

7.1.1 橡胶的发展简史与现状

1. 橡胶的发展简史

(1) 天然橡胶的发现和利用

考古发现南美洲印第安人在11世纪就开始使用橡胶。1493年—1496年，哥伦布发现美洲大陆时看到当地民众玩耍橡胶球并将其带回欧洲，欧洲人开始认识天然橡胶。1735年，法国科学家进一步研究和利用橡胶。1823年，英国建立了用苯溶解橡胶制造雨衣的橡胶厂，人们认为这就是橡胶工业的起点。1830年—1876年，英国人把橡胶树种和幼苗从伦敦皇家植物园移植到印尼、新加坡、马来西亚等地，完成了野生天然橡胶到人工栽培种植的艰难工作。1839 年，美国人固特异发明了橡胶硫化法，使橡胶在较大温度范围内具有塑性小、强度大、溶解度小、弹性高等优点，但纯硫磺硫化工艺存在硫磺用量多、时间长、性能低等缺点。1844 年，在固特异专利基础上添加碱式碳酸铅作为无机促进剂，开启了半个世纪的无机促进剂时代。1888 年，英国人发明了充气轮胎，于是大部分橡胶用于制作轮胎，这一发明标志着橡胶的广泛应用。1906 年，德国化学家发现苯胺有促进硫化的作用，由此开始了无机促进剂向有机促进剂过渡的重大演变，特别是 1919 年噻唑类促进剂开始被大量应用。20 世纪初，炭黑被发现可作为补强剂用于提升橡胶强度，成为橡胶补强的有效途径。

（2）合成橡胶的工业化发展历程

合成橡胶的历史一般认为从 1879 年布却特发现异戊二烯聚合试验开始，直到 1900 年人们了解了天然橡胶分子结构后，合成橡胶才真正成为可能。在高分子链状结构学说和橡胶弹性分子动力学理论指导下，德国在第一次世界大战期间生产了甲基橡胶，开启了合成橡胶生产的新纪元。1932 年，苏联大规模生产丁钠橡胶后相继生产了氯丁、丁苯及丁腈等合成橡胶。20 世纪 50 年代，齐格勒、纳塔发明了定向聚合立体规整橡胶，出现了乙丙、顺丁、异戊等橡胶。1965 年—1973 年，热塑性弹性体的出现是橡胶领域分子设计成功的一次尝试和近代橡胶的新突破。

（3）我国橡胶的发展历程

我国从 1904 年开始种植天然橡胶，并于 20 世纪 50 年代初将橡胶树北移并试种成功，在北纬 18°~24°的广西、云南等地大面积种植橡胶树并获得高产，我国成为天然橡胶的重要生产国之一。我国的橡胶工业是从 1915 年广州建立第一个规模甚小的胶鞋工厂开始的。20 世纪 30 年代，上海、天津、青岛等地相继营建了一批橡胶厂，早期以生产胶鞋为主。新中国成立后，橡胶工业建成了具有强大物质基础的完整工业体系。目前，我国已成为世界上轮胎和橡胶制品生产大国，其中合成橡胶的产量和消费量均居世界第一。

2. 橡胶的发展现状

天然橡胶是当今世界唯一一种大规模应用的直接由植物通过生物过程生产的高分子材料，它的最大特点是绿色和可拉伸结晶。当前，人们对天然橡胶生物合成过程已经基本清楚，也发现了天然橡胶大分子末端独特的化学结构以及由其与非橡胶组分产生的物理网络结构，天然橡胶乳胶粒子的内核和外层结构的描述也基本清晰。但对于这种物理网络结构和非橡胶组分与天然橡胶制造工艺间的关系，以及对最终天然橡胶的加工性能、应变诱导结晶性能和物理机械性能等的影响仍存在诸多不明之处。同时，全球气候变暖及化石资源危机的巨大压力驱动欧美国家、日本及我国相继开展第二天然橡胶的研究，最典型的代表是蒲公英橡胶、银胶菊橡胶及杜仲橡胶。当前，银胶菊橡胶已经有一定规模的生产，但它仅应用于高附加值的医疗橡胶制品上，其他两种橡胶还都在艰难发展阶段。对于通过基因工程、种质筛选、种植技术及绿色高效提取技术的研究，仍需加大研究投入，以便大幅度提高第二天然橡胶的产胶量，达到可与传统巴西三叶天然橡胶相竞争的水平。此外，天然橡胶的物理和化学改性是赋予天然橡胶性能多样性和拓展其应用领域的重要手段，如环氧化、卤化、氢化等。

合成橡胶虽然在应变诱导结晶性能、高抗撕、高弹性的兼顾上不如天然橡胶，但它丰富的物理化学结构、链结构和聚集态结构造就了多种商用合成橡胶，也赋予其天然橡胶所不能比拟的多种性能，如耐空气和臭氧老化、耐油和苛刻化学介质、耐超高温和超低温等。当前，合成橡胶最主要的几大主题是：节能/降耗/减排合成工艺、分子量/单体序列/空间立构/端基等精确可控合成方法、新型橡胶材料的设计与制备方法、生物基橡胶合成工艺、功能性弹性体材料的物理与化学构建方法。面向人类高速发展的多方面需求，设计和合成透声/吸声/反声弹性体材料、光响应的弹性体材料、导电/介电弹性体材料、磁响应弹性体材料、生物医用弹性体材料、防弹弹性体材料、仿生功能弹性体材料、自修复弹性体材料等很有价值，是当前橡胶材料科学前沿研究的热点。通过非化学键构建长链柔性大分子及其网络也引起关注，它在功能弹性体材料领域、自修复材料领域、生物医用材料领域乃至可回用材料领域等都有潜在应用。利用丰富的生物基化学品平台，设计制备新型生物基弹性体材料或转化为传统单体再制备传统的弹性体材料，是一个发展迅速的领域。

7.1.2 橡胶的分类

我国习惯上把生胶和硫化胶统称为橡胶。按交联方式不同，橡胶分为传统热硫化橡胶和热塑性弹性体。按外观形状不同，橡胶分为固态橡胶（又称干胶）、乳状橡胶（简称乳胶）、粉末状橡胶和液体状橡胶。目前主要按来源用途和化学结构对橡胶进行分类，如图 7-1 所示。

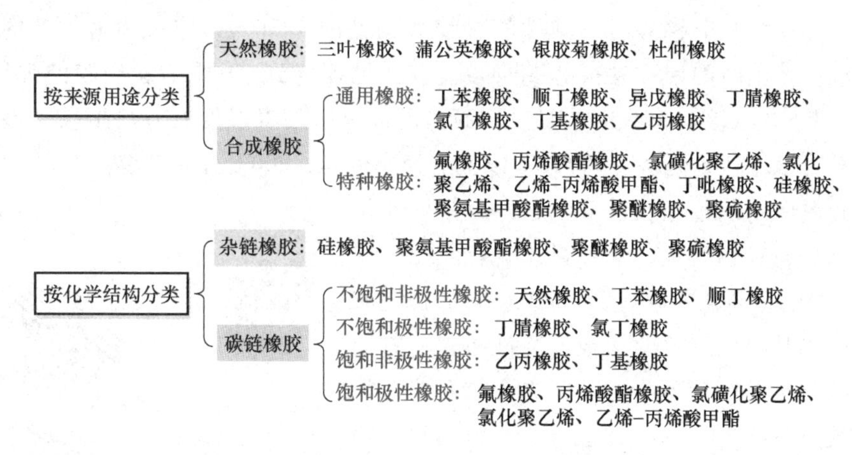

图 7-1 按来源用途和化学结构对橡胶分类方法

7.2 橡胶的结构与特性

7.2.1 天然橡胶

天然橡胶（Natural Rubber，NR）是从自然界的植物中采集的一种高弹性物质。自然界中含有橡胶成分的植物有 2000 多种，如生长在热带地区的橡胶树，温带地区的银胶菊和寒带地区的橡胶草等。它们的根、茎、叶、果实等细胞组织和树皮中都含有橡胶成分。

1. 天然橡胶的结构

天然橡胶主要由97%以上的顺-1,4-聚异戊二烯和2%~3%的3,4-键合结构构成，分子链上有少量的醛基，可与蛋白质的分解产物氨基酸反应，形成支化和交联结构，进而增大生胶黏度。天然橡胶大分子的端基一端是二甲基烯丙基，另一端是焦磷酸基。天然橡胶的平均分子量为10000左右，分子量分布指数（重均分子量与数均分子量之比）在2.8~10之间，分子量分布很宽，结构式如图7-2所示。图7-2中每个重复结构单元中都有一个双键，分子结构中的不饱和程度很高，双键的碳原子上都有一个侧甲基（—CH_3），这些都支配着天然橡胶的化学与物理性能。

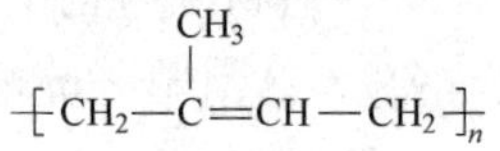

$$\left[CH_2-\overset{\overset{CH_3}{|}}{C}=CH-CH_2 \right]_n$$

图7-2 天然橡胶的结构式

NR中的顺-1,4-聚异戊二烯在低温、拉伸条件下均可发生结晶，NR结晶的温度范围为-50~10℃，结晶最快的温度为-25℃。NR的结晶对应变响应敏感，所以自补强性比较好。天然橡胶具有二烯类高分子化合物的一切化学反应特性，如反应速度慢，反应不完全、不均匀，并具有氧化裂解反应和交联结构化反应等多种反应并存的现象，还能进行氢化、氢卤化及卤化等加成反应。从工艺角度来看，天然橡胶最重要的化学反应是氧化裂解反应和结构化反应。氧化裂解反应是橡胶大分子的氧化裂解过程，它是生胶进行塑炼加工的基础，也是橡胶老化的重要原因；结构化反应是橡胶分子间发生化学交联，形成空间网状结构的过程，是橡胶硫化加工的理论基础。

2. 天然橡胶的特性

常温下天然橡胶具有高弹性，弹性模量仅为钢铁的1/3000，伸长率为钢铁的300倍，在0~100℃温度范围内的回弹率可达50%以上。当温度降到0℃左右，橡胶的弹性大大减小，至-72℃以下进入玻璃化状态，变为硬而脆的固体；随着温度的升高生胶会慢慢软化，到130~140℃时慢慢开始流动，至160℃以上变为黏流体，200℃开始分解。

天然橡胶属于结晶性橡胶，低温和外力拉伸作用都会产生结晶，自补强性大，未补强的硫化胶拉伸强度可达17~25MPa，补强的可达25~35MPa。未硫化胶的拉伸强度（格林强度）比合成橡胶高许多，一方面是它较好的拉伸结晶性，另一方面是它含有凝胶，特别是紧密凝胶（图7-3）。天然橡胶具有良好的耐屈挠疲劳性能、气密性、防水性、电绝缘性、隔热性及耐寒性，动态滞后损失小，生热量低。天然橡胶主要用于轮胎，特别是子午线轮胎、管带和胶鞋等各类橡胶制品，以及各种不要求耐油、耐热等特殊要求的橡胶制品。

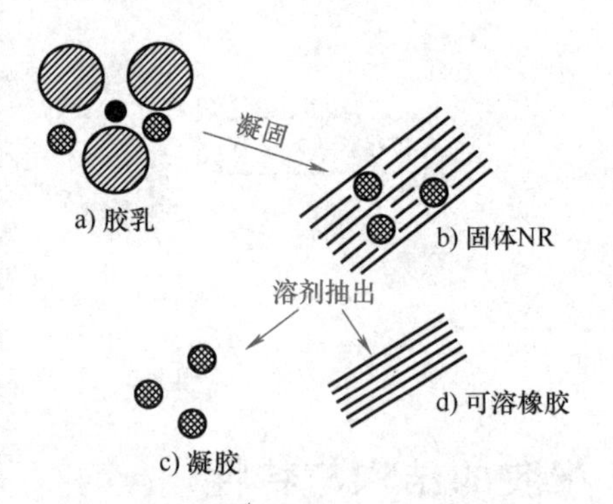

图7-3 天然橡胶中凝胶示意图

7.2.2 丁苯橡胶

1. 丁苯橡胶的结构

丁苯橡胶（SBR）是丁二烯（$CH_2=CH-CH=CH_2$）和苯乙烯的共聚物，是应用最广泛的合成橡胶，主要用于轮胎业。依据聚合方法不同，丁苯橡胶分为乳聚丁苯橡胶（ESBR）和溶聚丁苯橡胶（SSBR）两大类，以乳聚丁苯橡胶产量最多。乳聚丁苯橡胶是丁二烯和苯乙烯两种单体的无规共聚物，它的化学结构如图 7-4 所示。乳聚丁苯橡胶根据聚合时苯乙烯单体的投料质量分数不同分为丁苯-10、丁苯-30、丁苯-50 等品种，最常用的丁苯-30 中苯乙烯的质量含量为 23.5%。

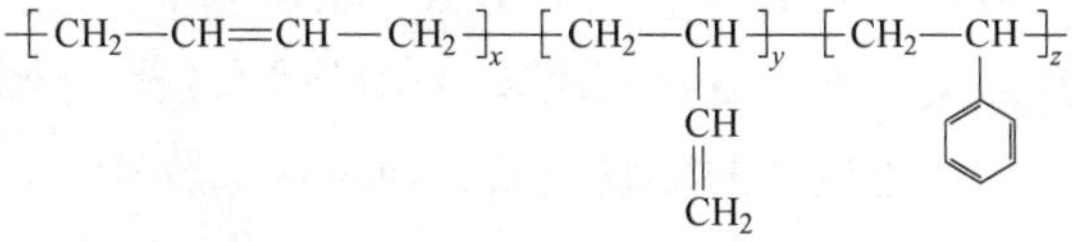

$$\left[CH_2-CH=CH-CH_2 \right]_x \left[CH_2-\underset{\underset{\underset{CH_2}{\|}}{CH}}{\overset{}{CH}} \right]_y \left[CH_2-\underset{C_6H_5}{CH} \right]_z$$

图 7-4 丁苯橡胶的化学结构

乳聚丁苯橡胶分子中两种单体之间的结合顺序存在多种形式，如丁二烯的加成位置既有 1,4 加成又有 1,2 加成，1,4 加成中又有顺、反两种结构存在。故乳聚丁苯橡胶的分子结构不规整，属于不能结晶的非极性橡胶。苯乙烯的存在降低了大分子链的不饱和程度，而体积庞大的苯侧基与丁二烯的侧乙烯基存在会导致大分子链的柔顺性降低。

2. 丁苯橡胶的特性

丁苯橡胶的不饱和程度比天然橡胶低，双键活性也比较低，硫化速度较慢，硫化曲线平坦，加工中不易焦烧和过硫。丁苯橡胶耐磨耗性、气密性、电绝缘性、耐热性、耐老化性比天然橡胶好，但其弹性、拉伸强度、抗屈挠性、耐撕裂及耐寒性不如天然橡胶。丁苯橡胶的加工性能较差，表现为混炼时不易吃粉、生热升温快、压型收缩率大、成型黏着性差等。丁苯橡胶的缺点可以通过调整配方、改进工艺条件或与天然橡胶并用的方式来弥补。丁苯橡胶的用途很广泛，在大多数场合可代替天然橡胶使用，可以制成各种要求性能好、拉伸强度高、弹性大及耐老化性好的橡胶制品，如轮胎、胶带、胶管、胶板、模型制品和胶鞋等。

7.2.3 顺丁橡胶

1. 顺丁橡胶的结构

顺丁橡胶（BR）是顺式-1,4-聚丁二烯橡胶的简称，是丁二烯单体在专门的催化剂作用下通过溶液聚合制得的高分子弹性体。依据所用催化剂类型不同，BR 可分为钴型、镍型、钛型和锂型四种。依据顺式-1,4 结构含量的多少，BR 又可分为高顺式（含量在 96%～98%）、中顺式（含量在 85%～95%）和低顺式（含量在 32%～40%）三种。目前生产和使用最多的是高顺式顺丁橡胶，其化学结构如图 7-5 所示。

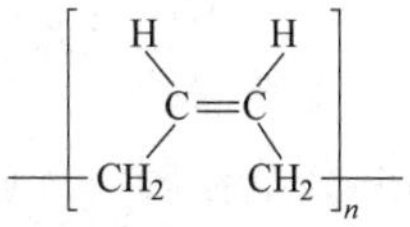

$$\left[\begin{matrix} H & & H \\ & C=C & \\ CH_2 & & CH_2 \end{matrix} \right]_n$$

图 7-5 高顺式顺丁橡胶的化学结构

顺丁橡胶的分子链结构规整且柔顺，无侧基，非极性，属于结晶性橡胶，分子链的每个链节中都有一个双键，不饱和度较高，但分子量分布较窄，平均分子量比天然橡胶小。

2. 顺丁橡胶的特性

顺丁橡胶分子中的双键活性比天然橡胶低，故硫化反应速度较慢，介于天然橡胶和丁苯橡胶之间，耐热耐老化性能稍优于天然橡胶。顺丁橡胶结晶温度比天然橡胶低，拉伸结晶速度也比天然橡胶慢，故纯橡胶硫化胶强度低，必须用炭黑进行补强。

顺丁橡胶的弹性和耐寒性优于天然橡胶（高顺式顺丁橡胶的玻璃化温度为-105℃），在通用橡胶中是最好的，且动态生热量少、滞后损失小、耐磨耗性能优异。顺丁橡胶的弹性、耐寒性与耐磨性优异，原料来源丰富，价格低廉，其性能上的缺点又可以通过调整配方、工艺条件或与天然橡胶并用的方式得到改善，主要用于轮胎制品。顺丁橡胶在路面条件较差、环境温度很低、车速较高的情况下可以显著改善轮胎的耐磨耗性能和使用寿命，还可广泛用于其他要求弹性、耐寒性和耐磨性高的橡胶制品，如胶带、胶管、胶辊、胶鞋等。目前顺丁橡胶的产量和消耗量在合成橡胶中居第二位，仅次于丁苯橡胶。

7.2.4 丁腈橡胶

1. 丁腈橡胶的结构

丁腈橡胶（NBR）是丁二烯（$CH_2=CH-CH=CH_2$）和丙烯腈（$CH_2=CH-CN$）的共聚物，化学结构如图7-6所示，其中丁二烯在分子链中主要以反式-1,4结构聚合。工业上使用的丁腈橡胶大多数为丁二烯与丙烯腈无规共聚的乳液共聚物，其聚合温度分高温（25~50℃）和低温（5~10℃）两种，以低温聚合物的工艺性能和硫化胶物理机械性能较好。

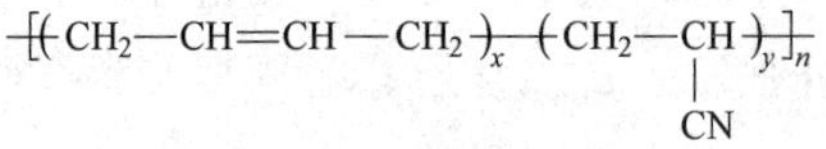

$$\left[\left(CH_2-CH=CH-CH_2\right)_x\left(CH_2-\underset{\underset{CN}{|}}{CH}\right)_y\right]_n$$

图7-6 丁腈橡胶的化学结构

丁腈橡胶是目前用量最大的一种特种合成橡胶，种类繁多，可按丙烯腈含量、用途、穆尼黏度等分类。按用途不同，丁腈橡胶可分为通用型和特种类型两大类。按丙烯腈含量不同，丁腈橡胶分为极高丙烯腈含量（43%以上）、高丙烯腈含量（36%~42%）、中高丙烯腈含量（31%~35%）、中丙烯腈含量（25%~30%）和低丙烯腈含量（24%以下）五个等级。

2. 丁腈橡胶的特性

丁腈橡胶是一种强极性的聚合物，其极性来源于拥有电负性腈基的强极性丙烯腈单元。随丙烯腈含量增大，分子极性、分子间作用力和内聚能密度增大，丁腈橡胶的分子链柔性、弹性、耐低温性、黏着性、绝缘性下降，而 T_g、密度、模量、硬度、气密性、强度、耐磨性、加工生热性、压缩永久变形性、抗静电性、耐非极性油的能力都会提高。

丁腈橡胶具有良好的耐油和非极性溶剂性能，在通用橡胶中仅次于聚硫橡胶、氟橡胶和丙烯酸酯橡胶。丁腈橡胶的耐热性能优于其他通用橡胶，其制品可在120℃条件下连续工作。丁腈橡胶在热油中能耐150℃高温，在191℃油中浸泡70h后仍有屈挠性，其耐油性还能随丙烯腈含量的增加而提高。丁腈橡胶具有耐磨性、耐老化性、气密性、导电性和抗静电性能等优点，但其弹性、耐寒性、电绝缘性、耐臭氧性、加工性能都较差。丁腈橡胶主要用于军工、汽车、航空工业，以油箱等耐油零部件为主，也用于密封件类、传动带类、软管及塑料改性材料等方面，还可用于航空、汽车、印刷、纺织和机械制造业等。

7.2.5　硅橡胶

1. 硅橡胶的结构

硅橡胶是指主链由硅和氧原子交替构成，硅原子上通常连有两个有机基团的橡胶，化学结构如图 7-7 所示。普通的硅橡胶主要由含甲基和少量乙烯基的硅氧链节组成。苯基的引入可提高硅橡胶的耐高、低温性能，三氟丙基及氰基的引入则可提高硅橡胶的耐温及耐油性能。

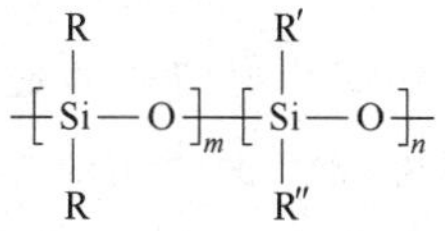

$$\left[\begin{matrix} R \\ | \\ Si \\ | \\ R \end{matrix} -O\right]_m \left[\begin{matrix} R' \\ | \\ Si \\ | \\ R'' \end{matrix} -O\right]_n$$

图 7-7　硅橡胶的化学结构

硅橡胶主链由—Si—O 组成，键能大，具有较好的耐热性能。两个甲基对称分布在 Si—O 的两边，硅原子的体积比碳原子的大以及 Si—O 键的键长比 C—C 键的大，使得两个甲基之间的距离增大、相互作用减弱，因此硅橡胶的柔顺性较好。硅橡胶作为一种既耐高温又耐严寒的合成橡胶，具有十分优异的耐臭氧老化性能、耐热老化性能、耐光老化性能和耐天候老化性能及良好的电绝缘性能，它的工作温度范围（-100~300℃）在各种橡胶中最广。

2. 硅橡胶的特性

硅橡胶可分为热硫化型（高温硫化硅胶 HTV）和室温硫化型（RTV），其中室温硫化型又分为缩聚反应型和加成反应型。高温硅橡胶主要用于制造各种硅橡胶制品，而室温硅橡胶则主要是作为黏结剂、灌封材料或模具使用。热硫化型用量最大，热硫化型又分甲基硅橡胶（MQ）、甲基乙烯基硅橡胶（VMQ，用量及产品牌号最多）、甲基乙烯基苯基硅橡胶（PVMQ，耐低温、耐辐射）、腈硅橡胶和氟硅橡胶等。

硅橡胶耐低温性能良好，一般在-55℃下仍能工作；引入苯基后，可达-73℃。硅橡胶的耐热性能也很突出，在 180℃下可长期工作，稍高于 200℃工作数周或更长时间仍有弹性，瞬时可耐 300℃以上的高温。硅橡胶因本身绝缘性好、不吸潮、燃烧产物为二氧化硅绝缘体，作为绝缘体非常可靠，其耐电晕寿命是聚四氟乙烯的 1000 倍，耐电弧寿命是氟橡胶的 20 倍。硅橡胶具有非常优异的耐候性和透气性，其氧气透过率在合成聚合物中是最高的。硅橡胶还具有生理惰性，以及不会导致凝血的突出特性，广泛用于植入人体的医用材料。

7.2.6　聚氨酯橡胶

1. 聚氨酯橡胶的结构

聚氨酯橡胶是聚合物主链上含有较多的氨基甲酸酯基团的系列弹性体材料，简称为聚氨酯橡胶或聚氨酯弹性体，代号 UR。聚氨酯橡胶通常由低聚物多元醇、多异氰酸酯和扩链剂反应而成，聚合物链除含有氨基甲酸酯基团外还含有酯基、醚基、脲基、芳基和脂肪链等。

聚氨酯橡胶分子主链由柔性链段和刚性链段镶嵌组成，柔性链段所占比例比刚性链段多。柔性链段又称软链段，由低聚物多元醇（如聚酯、聚醚、聚丁二烯等）构成；刚性链段又称硬链段，由二异氰酸酯（如 TDI、MDI 等）与小分子扩链剂（如二元胺和二元醇等）的反应产物构成。软、硬链段的极性强弱不同，硬链段极性较强，容易聚集在一起，形成许多微区，分布于软链段相中，称为微相分离结构，它的物理机械性能与微相分离程度有很大关系。此外，聚氨酯橡胶分子主链之间由于存在氢键作用力，因而具有高强高弹性。

2. 聚氨酯橡胶的特性

聚氨酯橡胶具有硬度高、强度好、高弹性、高耐磨性、耐撕裂、耐老化、耐臭氧及耐辐射等优点，广泛应用于运动场地、汽车工业和国防工业领域，如塑胶跑道、汽车零部件、航天系统绝缘材料等。聚氨酯橡胶耐磨性能是所有橡胶中最高的，实验室测定的 UR 耐磨性是天然橡胶的 3～5 倍，实际应用中往往高达 10 倍左右。UR 具有广泛的硬度范围，从邵氏 A10 到邵氏 A95，且在邵氏 A60 至邵氏 A70 硬度范围内强度高、弹性好。UR 缓冲减振性好，室温下 UR 减振元件能吸收 10%～20%振动能量，振动频率越高，能量吸收越大。UR 耐油性和耐药品性良好，与非极性矿物油的亲和性较小，在燃料油（如煤油、汽油）和机械油（如液压油、机油、润滑油等）中几乎不受侵蚀，可与丁腈橡胶媲美。UR 缺点是在醇、酯、酮类及芳烃中的溶胀性较大，摩擦系数高达 0.5 以上。

7.2.7 乙丙橡胶

1. 乙丙橡胶的结构

乙丙橡胶是以乙烯（$CH_2=CH_2$）和丙烯（$CH_3=C-CH_2$）为主要单体的定向共聚高分子弹性体，包括二元乙丙橡胶（EPM）和三元乙丙橡胶（EPDM）两类。二元乙丙橡胶是由乙烯和丙烯两种单体共聚而成。二元乙丙橡胶的分子结构完全饱和，不能用硫磺体系进行硫化，只能用过氧化物硫化，化学结构如图 7-8 所示。

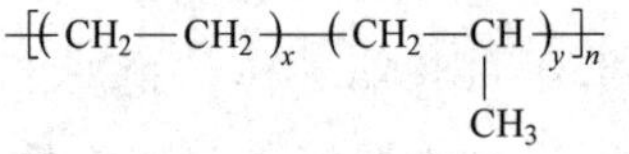

$$\left[\left(CH_2-CH_2\right)_x\left(CH_2-\underset{\displaystyle CH_3}{\underset{|}{CH}}\right)_y\right]_n$$

图 7-8 二元乙丙橡胶的化学结构

三元乙丙橡胶是在二元乙丙橡胶的分子结构中引入少量二烯烃类第三单体制得的低不饱和性三元共聚物。三元乙丙橡胶使用的第三单体种类主要有乙叉降冰片烯、双环戊二烯和 1,4-己二烯，化学结构如图 7-9 所示。

$=CH-CH_3$ 乙叉降冰片烯(ENB)　　双环戊二烯(DCPD)　　$H_3C-CH=CH-CH_2-CH=CH_2$ 1,4-己二烯(HD)

图 7-9 三元乙丙橡胶的第三单体的化学结构

三元乙丙橡胶分子中第三单体的含量很少，只有 2%～5%。依第三单体种类不同，三元乙丙橡胶又分为 E 型（乙叉型）、D 型（双环型）和 H 型（己二烯型）三种，化学结构如图 7-10 所示。三元乙丙橡胶的乙烯与丙烯共聚结构不规整，不能结晶；引入的不饱和基团不在大分子主链上，活性较低；分子链中没有极性取代基团，空间位阻小，分子链比较柔顺。

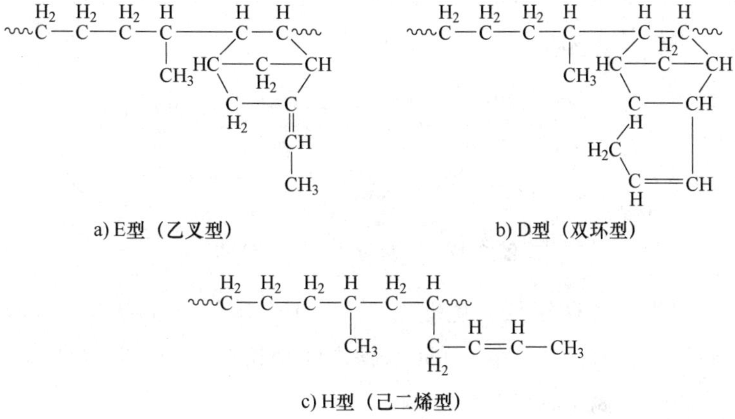

a) E型（乙叉型）

b) D型（双环型）

c) H型（己二烯型）

图 7-10 三元乙丙橡胶的化学结构

2. 乙丙橡胶的特性

乙丙橡胶是一种非常稳定的链烷烃，在常温下不与强氧化剂、还原剂、强酸、强碱反应，只有在某种必要的条件下才发生取代、氧化、裂解和异构化反应。乙丙橡胶属于饱和性和非极性橡胶，不易被极化，表现出优异的耐老化性、耐化学性、耐水性和电绝缘性，常用于防水卷材、密封件、垫圈、胶管、电线电缆和胶板等。

（1）耐老化性

乙丙橡胶具有优异的耐臭氧老化性和热稳定性，被誉为不龟裂的橡胶，对大气环境中氧、热、臭氧、紫外线、光、风、雨、雷电、雾等因素联合作用有很好的耐受性。乙丙橡胶的耐臭氧性能是通用橡胶中最好的，其中二元乙丙橡胶的耐臭氧性比三元更好。乙丙橡胶可在 120℃长期使用，150℃短期使用。耐热性能二元乙丙橡胶优于三元乙丙橡胶，三元乙丙橡胶的 H 型优于 E 型，E 型优于 D 型。

（2）耐化学性

乙丙橡胶具有特别好的稳定性，不易与其他物质反应和互溶，它耐强碱、动植物油、洗涤剂、醇、酮、甲酸、乙酸、某些酯、肼、过氧化氢等许多介质。

（3）耐水性

二元乙丙橡胶虽然耐高温最好，但耐水性能却不如三元乙丙橡胶。另外，四种典型橡胶的耐水蒸气性能如下：EPDM>丁基橡胶>SBR，NR>氯丁橡胶。

（4）电绝缘性

乙丙橡胶的体积电阻率为 $10^{16}\Omega \cdot cm$，比 NR 及 SBR 要大 1~2 个数量级。乙丙橡胶耐电晕达 2 个月，而丁基橡胶只有 2h，特别是它在浸水后仍保持良好的绝缘性能，其中二元乙丙橡胶的电绝缘性比三元乙丙橡胶更好。

7.2.8 丁基橡胶

1. 丁基橡胶的结构

丁基橡胶（IIR）是异丁烯与少量的硫化点单体异戊二烯的共聚物。IIR 是通过溶液聚合产生的，它的单体主要是异丁烯和异戊二烯。丁基橡胶具有密集的侧甲基，主链上每隔一个碳原子就有两个侧甲基，化学结构如图 7-11 所示。

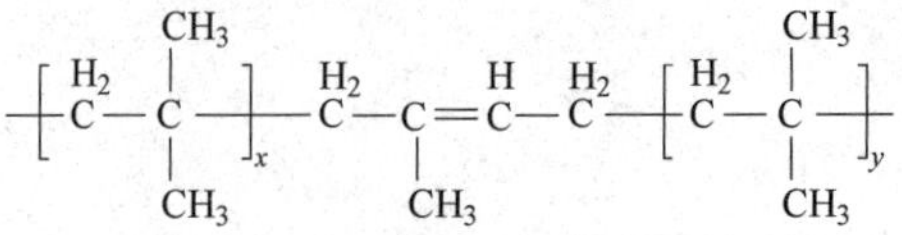

$$\left[\overset{H_2}{C} - \underset{CH_3}{\overset{CH_3}{C}} \right]_x - \overset{H_2}{C} - \underset{CH_3}{C} = \overset{H}{C} - \overset{H_2}{C} - \left[\overset{H_2}{C} - \underset{CH_3}{\overset{CH_3}{C}} \right]_y$$

图 7-11　丁基橡胶的化学结构

丁基橡胶的主链不饱和度很低，主链上 78~331 个碳原子才有一个双键，而 NR 和 BR 都是主链上四个碳原子就有一个双键。IIR 双键之间是长链烷烃，表现出链烷烃的特征，化学性质稳定且为非极性，属于饱和橡胶。

丁基橡胶属于可结晶的橡胶，与 NR、BR、氯丁橡胶的结晶中分子呈平面锯齿排列的结构不同，它的结晶中分子主链排列是螺旋状的，结晶对温度不太敏感，只有高度拉伸才有结晶。未补强的硫化胶拉伸强度为 14~21MPa，虽有相当的补强性，但自补强性低于天然橡胶。

2. 丁基橡胶的特性

丁基橡胶常用作各种轮胎的内胎、无内胎轮胎的气密层、各种密封垫圈，在化学工业中作盛放腐蚀性液体容器的衬里、管道和输送带，农业上用作防水材料。丁基橡胶和乙丙橡胶一样属于碳链饱和非极性橡胶，化学性质稳定，但密集的侧甲基赋予其优异的气密性、阻尼性、耐候性和耐化学性。

（1）气密性

丁基橡胶分子链中侧甲基排列紧密，限制了聚合物分子的热运动，因此透气率低、气密性好，可在 100℃或稍低温度下在空气中长期使用。

（2）阻尼性

丁基橡胶分子结构中缺少双键且侧链甲基分布密度较大，因此具有良好的吸收振动和冲击能量的特性，表现出较好的阻尼性。高分子阻尼材料通常以其玻璃化转变区为功能区，丁基橡胶玻璃化转变温度为-75~-60℃，其内耗峰可以从-70℃持续到 20℃，是一种有效功能区相当宽的阻尼材料。

（3）耐候性和耐化学性

丁基橡胶的高饱和结构使其具有很高的耐臭氧性、耐候性和化学稳定性，可暴露于动物油、植物油或可氧化的化学物中。IIR 的低温性能也很好，和乙丙橡胶一样耐某些极性油类，如抗燃性的磷酸酯油。

7.2.9　氯丁橡胶

1. 氯丁橡胶的结构

氯丁橡胶（CR）是 2-氯-1,3-丁二烯（$CH_2=CCl—CH=CH_2$）的乳液聚合物，其中 2-氯-1,3-丁二烯有四种键合方式，分别为反-1,4-聚合、顺-1,4-聚合、1,2-聚合和 3,4-聚合。

氯丁橡胶的化学结构如图 7-12 所示。

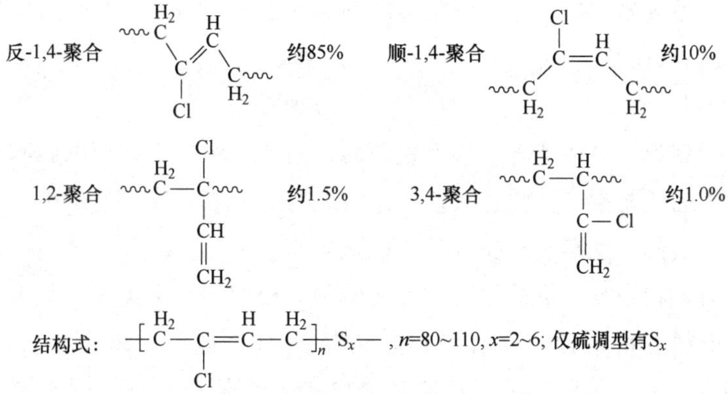

反-1,4-聚合 $\sim CH_2-C(Cl)=CH-CH_2\sim$ 约85%

顺-1,4-聚合 $\sim CH_2-C(Cl)=CH-CH_2\sim$ 约10%

1,2-聚合 $\sim CH_2-C(Cl)(CH=CH_2)\sim$ 约1.5%

3,4-聚合 $\sim CH_2-CH(C(Cl)=CH_2)\sim$ 约1.0%

结构式：$+\!\!\!\![CH_2-C(Cl)=CH-CH_2]_n-S_x-$，$n$=80~110，$x$=2~6；仅硫调型有$S_x$

图 7-12 氯丁橡胶的化学结构

氯丁橡胶主要是反-1,4-聚合链结晶，结晶性大于 NR，可结晶的温度为-35~32℃，硫化胶为-5~21℃，100℃下结晶完全熔化。随着聚合温度的降低，反-1,4-聚合结构增多，氯丁橡胶的规整性和结晶度提高，其中 CR 非结晶部分的 T_g 为-45℃。

2. 氯丁橡胶的特性

氯丁橡胶具有良好的物理机械性能、耐油、耐热、耐燃、耐日光、耐臭氧、耐酸碱、耐化学试剂，常被用作传送带、运输带、电线电缆、黏结剂、耐油胶板等产品。

（1）力学性能好

氯丁橡胶比 NR 容易结晶，有良好的自补强性，再加上它的极性分子间的作用力较大，所以 CR 的力学性能比较好。与 NR 相比，未补强 CR 的拉伸强度比 NR 高，补强 CR 则不如 NR。

（2）反应活性低、耐候性好

氯丁橡胶虽然属碳链不饱和橡胶，但 97%以上的氯原子是连在双键碳原子上的，为乙烯基氯的结构，这种氯不易被取代，双键也失活，致使 CR 的反应活性下降。所以 CR 不能像其他二烯类橡胶那样可用硫黄硫化系统硫化，但它的耐热老化性、耐臭氧老化性、耐候性比其他二烯类橡胶好。

（3）阻燃性好

氯丁橡胶因含有氯原子而具有阻燃性，接触火焰时能燃烧，离火自熄，其极限氧指数达到 38%~41%。

7.2.10 氟橡胶

1. 氟橡胶的结构

氟橡胶（FPM）是由含氟单体（通常是含氟烯烃）通过聚合或缩合而制成的。目前大量应用的氟橡胶是三氟氯乙烯与偏二氟乙烯在-20~-50℃聚合的共聚物，称为凯尔型氟橡胶，其含氟量一般不大于 50%，化学结构如图 7-13 所示。

$$+\!\!\!\![CF_2-CFCl-CH_2-CF_2]_n$$

图 7-13 氟橡胶的化学结构

从结构上看，凯尔型氟橡胶的分子结构规整且极性强，容易形成结晶，但分子链中引入氯原子后可减轻结晶倾向，提高分子链的柔顺性，从而改善橡胶的弹性。此外，氯原子容易被取代，硫化较易进行。

2. 氟橡胶的特性

氟橡胶属于碳链饱和极性橡胶，具有耐高温、耐油、耐真空、耐酸碱和耐多种化学药品的特点，广泛用于现代航空、导弹、火箭、宇宙航行、舰艇、原子能等尖端技术及汽车、造船、化学、石油、电信、仪器、机械等工业领域。

氟橡胶可分为氟碳橡胶、氟硅橡胶和氟化磷腈橡胶三种基本类型。氟橡胶是目前所有弹性体中耐介质性能最好的一种，常用类型主要为23型氟橡胶、26型氟橡胶和246型氟橡胶。23型氟橡胶是偏氟乙烯和三氟氯乙烯共聚物；26型氟橡胶是偏氟乙烯和六氟丙烯共聚物；246型氟橡胶是偏氟乙烯、四氟乙烯、六氟丙烯三元共聚物，氟含量高于26型氟橡胶，耐溶剂性能好。26型氟橡胶耐石油基油类、双酯类油、硅醚类油、硅酸类油，耐无机酸，耐多数的有机、无机溶剂、药品等，仅不耐低分子的酮、醚、酯，不耐胺、氨、氢氟酸、氯磺酸、磷酸类液压油。23型氟橡胶的介质性能与26型相似，但它更耐强氧化性的无机酸如发烟硝酸、浓硫酸，在98%硝酸中室温浸渍27天后体积膨胀仅为13%~15%。

氟橡胶的耐高温性能是目前弹性体中最好的。23型氟橡胶可以在200℃下长期使用，250℃下短期使用；26型氟橡胶在250℃下可长期使用，300℃下短期使用；246型氟橡胶在350℃热空气老化16h之后保持良好弹性，在400℃热空气老化110min之后保持良好弹性。对于含有喷雾炭黑、热裂法炭黑或碳纤维的246型氟橡胶在400℃热空气老化110min之后，断裂伸长率上升1/3~1/2，强度下降1/2左右。

7.2.11 杂链橡胶

杂链橡胶的分子链上有诸如—Si—O—、—C—O—、—C—N—O—、—C—S—的结构，主要有硅橡胶、聚氨基甲酸酯橡胶、聚醚橡胶和聚硫橡胶等。杂链橡胶往往用在苛刻或特殊条件下，它们虽被归为一类，但其性能却没有明显的共同规律。

1. 聚氨基甲酸酯橡胶

聚氨基甲酸酯橡胶分子链中含有—N—C—O—结构。按加工方法和形态不同分为浇注型、热塑性、混炼型，以浇注型使用最多。按分子结构不同分为聚醚型和聚酯型，前者耐低温优于后者。在众多橡胶类材料中，聚氨基甲酸酯橡胶具有最高的拉伸强度（28~42MPa）、优异的耐磨性、广泛的硬度范围及优异的黏着性和气密性，在胶粘剂领域和生物医学领域获得广泛应用，但却不耐水且滞后损失大。

2. 聚醚橡胶

聚醚橡胶分子链中有—C—O—结构，包括氯醚橡胶和环氧丙烷橡胶。氯醚橡胶中有环氧氯丙烷均聚物、环氧氯丙烷和环氧乙烷的共聚物，现在又含有少量硫化点单体共聚的、便于硫化的氯醚橡胶。氯醚橡胶老化后易变软，因此其加工性能和力学性能都不够好。

3. 聚硫橡胶

聚硫橡胶分子链上含有—C—S—键，有液体、固体、胶乳三种形式。液体聚硫橡胶使用得比较多，其耐溶剂及化学药品、气密性、耐候、耐臭氧性良好，主要应用于密封剂、腻子领域。

7.3 橡胶的基本配合与加工工艺

无论是天然橡胶还是合成橡胶，如果不添加适当的配合剂，则很难用于加工制备橡胶制品。橡胶需要添加一定量的配合剂来提高橡胶的使用性能，改善加工工艺性能或降低胶料成本等，这就涉及橡胶的配方设计与加工工艺。

橡胶的基本配合与加工工艺

7.3.1 橡胶的基本配合

橡胶的配合是指根据成品的性能要求，考虑加工工艺性能和成本等因素，将生胶与各种配合剂组合在一起的过程。橡胶的基本配合组分包括硫化体系、补强与填充体系、防护体系、增塑体系等。

1. 橡胶的硫化体系

硫化是指橡胶的线型大分子链通过化学交联作用而形成三维空间网状结构的化学变化过程。硫化后胶料的物理性能及其他性能都发生根本变化。完整的硫化体系由硫化剂、迟延剂、促进剂三部分组成。硫化剂是橡胶分子间交联的助剂，一般采用硫黄及含硫化合物，部分合成橡胶也采用金属氧化物、过氧化物、合成树脂、胺类及皂盐类等。硫化促进剂可加快硫化速度，缩短硫化时间，提高物理机械性能，一般按照硫化速度快慢分为氨基甲酸盐类、秋兰姆类、噻唑类、次磺酰胺类和胍类等。硫化促进剂也称为活性剂，常用的有氧化锌和脂肪酸等。硫化迟延剂又称为防焦剂，是防止胶料在加工和储存过程中产生焦烧的助剂，常用的防焦剂有芳香族有机酸及 *N*-环己基硫代邻苯二甲酰亚胺（CTP）等。

2. 橡胶的补强与填充体系

补强是指橡胶的拉伸强度、撕裂强度及耐磨耗性同时获得明显提高。补强剂通常也使橡胶其他性能发生变化，如硬度和定伸应力提高、弹性下降、滞后损失增大、压缩永久变形增大等。橡胶的主要补强剂有炭黑和白炭黑。炭黑作为橡胶制品不可缺少的补强材料，主要成分为碳的微小颗粒。炭黑粒子通过形成链状的聚集体结构，在氧等介质存在的情况下，与橡胶分子链形成二次交联键，起到补强作用。白炭黑为超微细粒子的二氧化硅，外观呈白色，可用于白色制品或浅色制品。白炭黑一般以含水硅酸钙、含水硅酸铝、高价无水硅酸盐等作原料进行制备。此外，还存在一些有机补强剂，如酚醛树脂、高苯乙烯树脂等。

填充剂可起到增大体积、降低成本、改善加工工艺性能的作用，如减少半成品收缩率、提高半成品表面平坦性、提高硫化胶硬度、定伸应力等。传统的填充剂主要为无机填料，包括硅酸盐类、硫酸盐类、金属氧化物及氢氧化物等。无机填料虽具有价格低、制造能耗低、颜色较浅等优点，但无机填料的亲水性使其与橡胶亲和性不好，无机填料不容易被橡胶大分子润湿，极易发生团聚现象，导致难以和橡胶形成相应的界面。橡胶与无机填料之间的界面若结合不良，则容易导致橡胶制品在使用过程中由于界面分离而断裂，故经常采用脂肪酸、钛酸酯及硅烷偶联剂等表面活性剂或偶联剂对无机填料进行表面改性。

3. 橡胶的防护体系

橡胶和橡胶制品在加工、储存或使用过程中，因受外部环境因素的影响和作用，出现性能逐渐劣化直至丧失使用价值的现象称为老化。橡胶老化形式可分为氧老化、热氧老化、臭氧老化、日光龟裂、屈挠龟裂及金属催化老化等。

防老剂是指具有能抑制各种老化因素作用、延缓橡胶使用寿命的化合物。按照防护时间的长短，防老剂可划分为普通防老剂和长效性防老剂。普通防老剂按防护功能可划分为抗氧剂、抗臭氧剂、抗屈挠-龟裂（或疲劳）剂、金属离子钝化剂、光稳定剂和防霉防蚁剂等六大类。长效性防老剂按制备方法可分为加工反应型、单体共聚型和高分子量防老剂。

4. 橡胶的增塑体系

橡胶的增塑体系能改善硫化胶的某些物理机械性能，如降低硫化胶的硬度和定伸应力，赋予硫化胶较高的弹性和较低的生热，提高其耐寒性。增塑剂通常是一类分子量较低的化合物，加入胶料中能降低橡胶分子链间的作用力，使粉末状配合剂与生胶更好地浸润，从而改善混炼工艺，使配合剂分散均匀、混炼时间缩短并降低混炼过程中的生热现象。同时，它还能增加胶料的可塑性、流动性、黏着性，便于压延、压出和成型等操作。

增塑剂按来源不同可分为五类：①石油系增塑剂，如石蜡烃（烷烃）、环烷烃及芳香烃类；②煤焦油系增塑剂，如古马隆及煤焦油；③松油系增塑剂，如松焦油、松香和妥尔油；④脂肪油系增塑剂，如硬脂酸和油膏；⑤合成增塑剂，如邻苯二甲酸脂类、脂肪酸脂类、脂肪族二元酸脂类、聚酯类、环氧类、含氯类和磷酸酯类增塑剂，后两种为阻燃型增塑剂。

7.3.2 橡胶的加工工艺过程

对于一般橡胶制品必须经过炼胶和硫化两个加工过程，大部分制品还需经过压延和压出这两个加工过程，生产工艺流程如图 7-14 所示。塑炼、混炼、压延、压出及硫化这五个工艺过程是橡胶加工中最基础、最重要的加工过程。

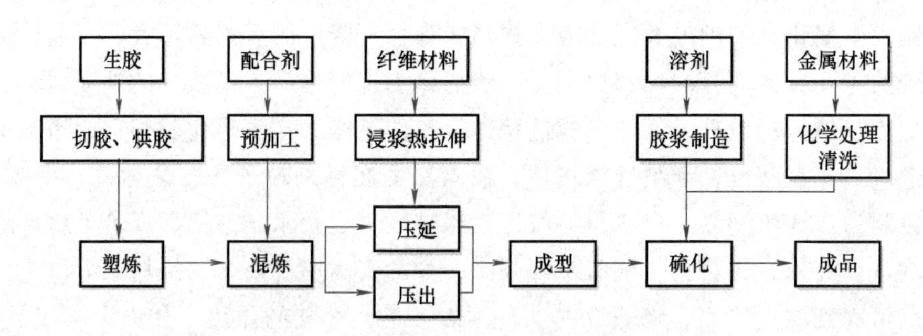

图 7-14 橡胶制品生产工艺流程图

（1）塑炼

塑炼是降低橡胶分子量、增加胶料塑性、提高加工性的工艺过程。塑炼过程不仅可以促进配合剂在混炼过程中均匀分散在生胶中，还有助于提升压延、成型过程中胶料的渗透性（渗入纤维织品内）和成型流动性。生胶塑炼有机械塑炼和热塑炼两种方法。机械塑炼是在不太高的温度下，通过塑炼机的机械挤压和摩擦力的作用，使长链橡胶分子降解变短，由高弹性状态转变为可塑状态。热塑炼是向生胶中通入灼热的压缩空气，在热和氧的作用下，弹性材料变为具有可塑性材料的工艺过程。塑炼过程实质上是使橡胶的大分子链断裂，大分子链由长变短的过程。

（2）混炼

混炼的基本任务就是把橡胶与配合剂混合，制造出性能符合要求的混炼胶，且保证成品具有良好的物理机械性能和工艺性能。开炼机混炼适用于配方变换频繁、胶料用量较少的生产、实验室的小配合试验及某些特殊配方的胶料混炼。密炼机混炼工艺是将配方的各种原材料按规定加料顺序依次投入密炼室中加压混炼，其混炼的胶体质量好坏除了与加料顺序有关外，还与混炼温度、装料容量、转子转速、混炼时间和上顶栓压力有关。

（3）压延

压延工艺是利用压延机辊筒之间的挤压力作用，使物料发生塑性流动变形，最终制成具有一定断面尺寸规格和规定断面几何形状的片状聚合物材料或薄膜状材料，或者将聚合物材料覆盖并附着于纺织物和纸张等基材的表面，制成具有一定断面厚度和断面几何形状要求的复合材料。

（4）压出

压出（挤出）是使高弹态的橡胶在挤出机的机筒及转动着的螺杆的相互作用下受到输送、剪切、混合、挤压。在此过程中，物料在外部加热及内摩擦剪切作用下逐步升温塑化或熔融成为黏流态流体，并在一定的压力和温度下连续均匀地通过机头口型成型出各类具有复杂断面形状的制品，如电线电缆、胶管、轮胎内胎、外胎胎面、胎侧胶等。

（5）硫化

硫化是橡胶加工的最后一道工序，在一定的温度、压力和时间的作用下，橡胶大分子发生化学反应，形成交联结构的工艺过程。绝大部分橡胶制品采用热硫化方法硫化，热硫化包括直接蒸汽硫化罐硫化、热空气硫化、过热水压力硫化和个体硫化机硫化。

7.4 橡胶的燃烧特性与阻燃技术

7.4.1 橡胶的热解与燃烧特性

1. 橡胶的热解特性

橡胶根据结构特性和易燃程度可分成烃类橡胶、含卤橡胶和杂链橡胶三大类。

（1）烃类橡胶

大多数情况下，烃类橡胶在300℃时开始受热分解，其热分解程度随橡胶的种类和热解条件变化而变化。一般条件下，烃类橡胶发生无规降解，聚合物主链发生断裂，橡胶分子量迅速下降，产生大量的链状化合物和少量单体。烃类橡胶中的丁基橡胶因主链上有季碳原子、无叔氢原子，难以发生链转移反应，故受热时易发生解聚行为，即热分解产物绝大多数是单体（异丁烯）分子。表 7-1 列出了典型烃类橡胶的热分解温度。

表 7-1　典型烃类橡胶的热分解温度

橡胶名称	T_d/℃	橡胶名称	T_d/℃
天然橡胶	260	丁基橡胶	260
顺丁橡胶	350	丁腈橡胶	380
丁苯橡胶	378	乙丙橡胶	415

（2）含卤橡胶

对于氯丁橡胶、氯化聚乙烯橡胶等含卤橡胶，加热到 200~400℃时主要发生脱卤化氢反应，放出大部分结合的卤素，该阶段的热失重较为缓慢。当升温至 400~500℃，橡胶发生急剧分解，橡胶主链迅速断裂，此时橡胶失重迅速，分解产生众多的可燃性小分子产物。当继续受热至 500℃以上时，主要生成石墨结构的炭质层。

含卤橡胶一般难燃，极限氧指数较高，热释放速率较低，一旦燃烧生烟量很大，且毒性与腐蚀性较强。在一定范围内，卤素含量越高的卤素橡胶，其极限氧指数越高。典型含卤橡胶的热分解温度和燃烧特性见表 7-2。

表 7-2　典型含卤橡胶的热分解温度和燃烧特性

橡胶种类	卤素含量（质量分数,%）	T_d/℃	主要分解产物	LOI（%）
氯丁橡胶	40	180	氯化氢、氯丁二烯、氯乙烯	38~41
氯磺化聚乙烯橡胶	28~40	200	氯化氢、乙烷、甲烷	26~30
氯化聚乙烯橡胶	30~40	200	氯化氢、低级碳化物芳香族化合物	26~30
氟橡胶	67	250	氟化氢、碳氟化物	65 以上

（3）杂链橡胶

硅橡胶是最为重要的杂链橡胶，其分子链中含有—Si—O 结构，在受热至 350℃时开始缓慢分解，至 600℃分解基本结束。硅橡胶的热解产物中除二氧化碳之外，其余都是可燃物质，硅橡胶的热解产物见表 7-3。

表 7-3　硅橡胶的热解产物

橡胶种类	热解产物	
	气体	液体/固体
硅橡胶	氢、一氧化碳、二氧化碳、乙烷、甲烷、乙烯、二甲基硅烷	环状硅化合物

2. 橡胶的燃烧过程

橡胶的燃烧过程可以分为四个阶段：升温阶段、点燃阶段、燃烧阶段和熄灭阶段。

（1）升温阶段

升温是通过热传导、热对流或热辐射的方式使橡胶温度升高的过程。温度上升的快慢通常取决于热传导的速度和橡胶材料的比热容，如部分填充剂（如氢氧化物类）在加热过程中会因吸热导致温度升高推迟。

（2）点燃阶段

当周围的环境温度达到特定橡胶的燃烧点（如天然橡胶为 350~400℃）后，橡胶首先开始变软、熔化，分解成低分子物。该阶段无明火，可视为燃烧的前奏。当升温到橡胶的分解温度后，就会分解出可燃气体，可燃气体生成量的多少决定了燃烧的速度和难易程度。当可燃气体达到一定数量时，若达到其可燃点，即刻会有火焰燃烧。橡胶受热后状态变化过程如图 7-15 所示。

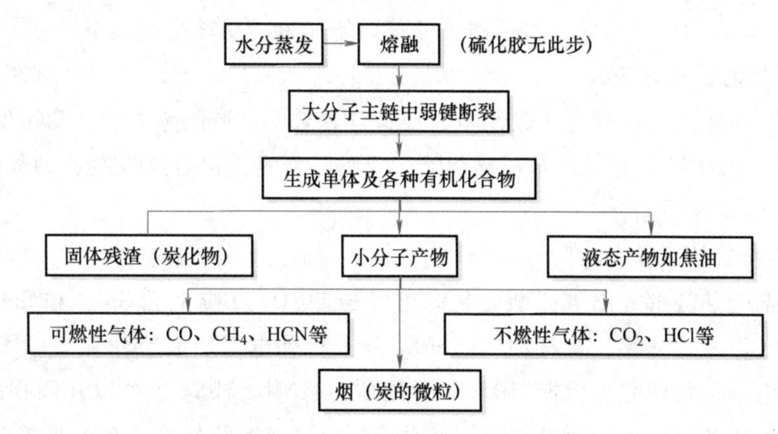

图 7-15 橡胶受热后状态变化过程

（3）燃烧阶段

橡胶热分解的产物与空气中的氧剧烈反应出现火焰，橡胶开始正式燃烧，并伴随着光和热的释放，形成小分子可燃物（如 CO、CH_4）和不燃物（如 CO_2、HCl）。橡胶点燃后，燃烧反应速度的大小取决于燃烧反应的热效应，而热效应又取决于燃烧产物及所产生的高能自由基的多少。

（4）熄灭阶段

熄灭阶段是指橡胶燃烧殆尽，或因燃烧中产生过多的卤化氢气体抑制燃烧，使燃烧无法继续而熄灭。

7.4.2 橡胶阻燃的主要途径和基本方法

1. 橡胶阻燃的主要途径

除了少数合成橡胶外，天然橡胶和大多数合成橡胶都是易燃材料或可燃材料，这些橡胶制品的极限氧指数和分解温度均较低，燃烧过程中发热量大、火焰传播速度快，并释放出大量的腐蚀性和毒害性气体。电线电缆、橡胶绳、输送带、胶管、导风管、橡胶带及电子电器工业使用的橡胶制品除了满足力学性能要求外，阻燃性能也需要符合相应的标准要求。随着橡胶制品阻燃性能的要求越来越高，阻燃橡胶的开发和应用变得尤为重要。

橡胶阻燃改性方法很多，通过加入阻燃剂或改善橡胶本身的燃烧性能是制备阻燃橡胶的主要途径，橡胶阻燃主要途径如下：

1）加入一种可以捕捉自由基 H· 和 HO· 的物质，迫使燃烧停止。

2）加入可改变橡胶热分解过程，促进形成三维空间炭质层，减少焦油、可燃气体释放的物质，从而降低橡胶的燃烧性能。

3）加入受热分解能吸收热量并产生不燃气体的物质。

4）加入受热分解能产生黏稠不燃性物质，均匀覆盖在橡胶表面，使橡胶与空气中的氧气隔离并起到中断燃烧、隔热保护作用。

5）加入可使橡胶线性大分子交联或增加其交联密度和结晶取向等，从而提高其热稳定性的物质。

6）橡胶聚合物主链上引入卤素、磷、氮等阻燃元素，从而提高其阻燃性。

2. 橡胶阻燃的基本方法

在橡胶材料中添加阻燃剂是比较简单、经济且有效的橡胶阻燃方法，常用的阻燃橡胶有卤-锑协效体系阻燃橡胶、有机磷系阻燃剂阻燃橡胶、氢氧化铝阻燃橡胶、硼酸锌阻燃橡胶、磷-卤协效阻燃橡胶等。

（1）卤-锑协效体系阻燃橡胶

卤素阻燃剂受热分解放出氢卤酸，它们可以与 Sb_2O_3 反应生成 SbX_3 和 SbOX，SbX_3 还可以进一步被还原成金属锑。在气相中，SbX_3 分子在外电子层有空轨道，可以接受其他原子、原子团的电子，从而起到捕捉 HO·的“陷阱”作用。SbX_3 还可以在固相起阻燃作用，促进不易燃炭质层和碳化物的生成，这一点对于制作阻燃橡胶运输带有重要意义。由于运输带吸收的热量与摩擦系数成正比，SbX_3 生成的炭质层能减少橡胶的摩擦系数，使橡胶基体升温速度减慢。另一方面，炭质层是有效的热稳定绝热层，它可以保护下层胶不被加热，并降低可燃气体产生的速率，保证运输带在运行过程中辊筒的表面温度不超过 300℃。

（2）有机磷系阻燃剂阻燃橡胶

商品化的有机磷系阻燃剂主要有卤代磷酸酯、磷酸三苯酯、磷酸三甲苯酯、磷酸甲基二甲苯酯、季磷盐、磷腈化合物及聚磷酸酯等。磷化合物在遇火受热时分解生成磷酸，之后磷酸进一步脱水生成偏磷酸，偏磷酸进一步缩合生成聚偏磷酸，促进橡胶等聚合物脱水而炭化形成炭化层，以隔绝空气和阻止可燃气体产生，从而发挥阻燃作用。含磷阻燃剂的阻燃过程如图 7-16 所示，其中 R 代表各种烷基、卤代烷基、卤代芳基、苯基、酚基等基团。

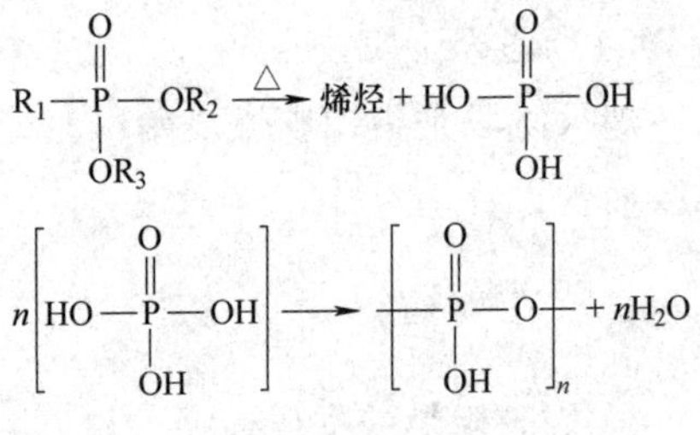

$$R_1-\underset{OR_3}{\overset{O}{\overset{\|}{\underset{|}{P}}}}-OR_2 \xrightarrow{\triangle} \text{烯烃} + HO-\underset{OH}{\overset{O}{\overset{\|}{\underset{|}{P}}}}-OH$$

$$n\left[HO-\underset{OH}{\overset{O}{\overset{\|}{\underset{|}{P}}}}-OH\right] \longrightarrow \left[-\underset{OH}{\overset{O}{\overset{\|}{\underset{|}{P}}}}-O-\right]_n + nH_2O$$

图 7-16 含磷阻燃剂的阻燃过程

含磷阻燃剂对含有羟基的纤维素（如棉、麻织品）、聚氨酯泡沫塑料的阻燃作用较大，而对不含羟基的聚合物阻燃作用较小。有机磷阻燃剂在橡胶中的阻燃作用主要在于受热分解产生的磷酸和偏磷酸的覆盖作用，并主要在火灾初期橡胶的热分解阶段起作用。

（3）氢氧化铝阻燃橡胶

氢氧化铝遇火受热达 300℃时就会失去结晶水，这个失水反应是一个吸热反应，该过程吸收大约 1.2MJ/kg 的热量。水蒸气是不燃的，它还可以稀释可燃气体的浓度。当温度低于 215℃时，氧化铝水合物放出结晶水的反应进行得很慢，这就保证了橡胶阻燃化处理加工过程中氧化铝水合物不会过早地分解。氢氧化铝阻燃作用主要是吸热作用和稀释效应。此外，氢氧化铝还具有抑烟功能，可以有效减少燃烧过程中 CO 的生成。

（4）硼酸锌阻燃橡胶

硼酸锌是橡胶中常用的无机阻燃剂，它在 300℃ 以上时能释放出大量的结晶水，起到吸热降温的作用。它与卤系阻燃剂和氧化锑并用时，有较为理想的阻燃协效效应。当它与卤系阻燃剂并用时，除释放出结晶水外，还能生成气态的卤化硼和卤化锌，卤化硼和卤化锌可以捕捉气相中的易燃自由基 HO·和 H·，干扰并中断燃烧的链锁反应。硼酸锌是较强的成炭促进剂，能在固相中促进生成致密而坚固的炭化层，既可隔热又能隔绝空气。硼酸锌还是阴燃（无焰燃烧）抑制剂，它与氢氧化铝并用有极强的协效阻燃效应。

（5）磷-卤协效阻燃橡胶

除添加 Sb_2O_3、含卤素阻燃剂和氢氧化铝外，在许多橡胶阻燃配方中还常加入一定量的有机磷酸酯或卤代磷酸酯，可以产生卤-锑和磷-卤协效阻燃作用。

7.4.3 橡胶阻燃的配方设计

由于橡胶与各种添加剂之间具有比塑料更好的相容性，因此添加各类阻燃剂和阻燃填料仍是目前橡胶阻燃化的主要手段。橡胶的阻燃工艺一般是根据橡胶种类及橡胶制品的用途，选择一种或多种阻燃剂，或选择合适的复合阻燃剂体系，与其他配合剂（硫化剂、硫化助剂、填料、润滑剂、补强剂、热稳定剂、着色剂、抗静电剂等）在混炼机上充分混炼而使之均匀分布，然后在一定温度、压力、时间下进行硫化而制得各种阻燃橡胶制品。此外，采用常规硫化和电子辐射交联相结合方式可用以提高阻燃橡胶制品的抗臭氧能力及其他性能，尤其在制造阻燃电缆护套及绝缘材料方面取得了良好的效果。下面分别以烃类橡胶、含卤橡胶、杂链橡胶来阐述阻燃技术的运用。

1. 烃类橡胶

下面分别按照几个体系的材料选择及用量来阐述烃类橡胶的阻燃配方设计方法。橡胶配方设计以质量份（简称“份”）来表示配方，规定生胶总质量为 100 份，其他配合剂用量都以生胶为 100 份的相应份数表示。

（1）生胶选择

选用穆尼黏度较大的生胶，因为分子量大的胶料耐热性能比较好。烃类橡胶可与含卤橡胶（如氯丁橡胶、氯化聚乙烯、氯磺化聚乙烯等）共混改性，上述含卤聚合物与乙丙橡胶、丁苯橡胶均有良好的相容性，含卤聚合物的添加量一般为 15%~40%。对于天然橡胶、顺丁橡胶，可以与氯丁橡胶进行并用，物性及加工工艺性均比较好；对于丁腈橡胶，则可以采用与其溶解度参数相近的聚氯乙烯相互并用。几种生胶并用不但可以保证胶料的各项物理机械性能，还能提高胶料的阻燃性能，同时改善胶料的加工性能和降低胶料的成本。

（2）硫化体系选择

硫化体系的选择应考虑提高胶料的耐热性，防止低分子可燃性物质的早期析出。随着交联剂用量的增加，胶料的交联密度增大，有利于提高胶料的阻燃性。例如，以过氧化二异丙苯作为硫化剂硫化的乙丙橡胶，加入共交联剂异氰脲酸三烯丙酯或者 N,N'-间亚苯基双马来酰亚胺，可显著提高乙丙橡胶的交联密度，从而提高阻燃性能。

（3）填充体系选择

添加氢氧化铝、氢氧化镁、碳酸钙、硫酸钡、滑石粉等无机填料，可以减少可燃有机物所占的比例。氢氧化铝和氢氧化镁是阻燃橡胶中常用的阻燃填料，它不仅具有受热分解放出结晶水、冷却并稀释可燃气体等阻燃作用，还有消烟、捕捉有害气体的作用。另外，用氢氧化物填充制作的阻燃橡胶运输带和阻燃胶板还具有抗打滑作用及减少余烬时间的作用。

对于乙丙橡胶的填充体系中，氢氧化铝的填充量一般可达 60~180 质量份。但在阻燃乙丙橡胶制品的配方中，单独选用氢氧化铝会影响制品的物理机械性能，通常将氢氧化铝与氧化锑、碳酸钙、含卤阻燃剂等共同充当填料。

（4）各种复合阻燃体系选择

烃类橡胶往往采用两种以上的复合阻燃剂，常用阻燃剂有卤素阻燃剂（如全氯戊环癸烷、十溴二苯醚等）与三氧化二锑复配体系、硼酸锌、氢氧化铝、磷酸酯类等。在实际使用时，不仅要考虑如何提高阻燃消烟性，还要考虑材料的机械强度、导电性和可加工性能等其他使用性能。特别是橡胶硫化的温度一般为 140~170℃，必须选用热稳定性高于这一温度的阻燃剂，否则阻燃剂在橡胶加工时便分解，过早地消耗掉它的阻燃效力，同时分解放出的卤化氢还会严重腐蚀加工设备。

2. 含卤橡胶

含卤橡胶的阻燃处理要比烃类橡胶容易些。含卤橡胶本身含有一定量的卤族元素，受热分解脱出的卤化氢具有隔绝氧气和稀释可燃性气体的作用，脱氯化氢后的聚合物向石墨结构转变可形成炭化层，起到隔氧和绝热作用。由于含有卤原子，含卤橡胶在燃烧时产生大量的黑烟，引发二次危害。

含卤橡胶的阻燃工艺过程中，必须注意它们受热分解出有害气体（如氯化氢等）的吸收或消除问题。故在含卤橡胶阻燃加工时，必须配合使用一些如碳酸钙、氢氧化铝等填料，这些无机阻燃填料能与氯化氢反应，生成稳定的氯化钙和三氯化铝，从而吸收或消除氯化氢，保护加工设备。例如，在氯磺化聚乙烯的阻燃工艺中，常以 ZnO、MgO、PbO 和 $CaCO_3$ 等作为氯化氢的捕捉剂，这些捕捉剂的化学反应式如下所示。

$$CaCO_3+2HCl \rightarrow CaCl_2+H_2O+CO_2$$

$$Al(OH)_3+3HCl \rightarrow AlCl_3+3H_2O$$

$$MgO+2HCl \rightarrow MgCl_2+H_2O$$

3. 杂链橡胶

杂链橡胶包括硅橡胶、氯醇橡胶、环氧丙烷橡胶和硝基橡胶等，以二甲基硅橡胶应用最多。现以二甲基硅橡胶为例来介绍这类橡胶的阻燃技术和工艺配方。实现硅橡胶阻燃化的主要手段是提高其热分解温度、增加热分解时残渣、减缓可燃气体的生成速度，通常采用反应型阻燃剂。例如，在甲基硅橡胶主链上引入对亚苯基，使其成为具有对亚苯基链节结构的热稳定性高的硅橡胶（图 7-17），以提高其热分解温度，赋予其阻燃性。

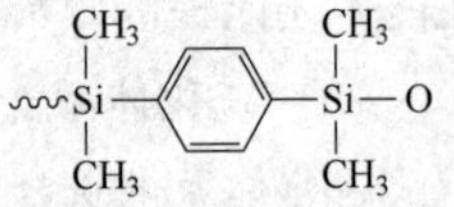

图 7-17　具有对亚苯基链节结构的硅橡胶

硅橡胶也可以通过加入添加型阻燃剂来实现其阻燃化，常用阻燃剂有铜及铜化合物、铂及铂化合物、硅酸铝、芳香族溴化物等。上述这些添加型阻燃剂起到的催化作用可以改变硅橡胶的热分解反应，提高燃烧残余物的生成量。

7.5 阻燃橡胶制品的制造方法

7.5.1 阻燃运输带

运输带是由多层挂胶帆布粘接在一起或用其他骨架材料作带芯，外贴覆盖胶层，经成型硫化而制成的橡胶制品。覆盖胶有上下之分，与被运物料接触的一面称为上覆盖胶，为运输带的工作面；另一面称为下覆盖胶，为运输带的非工作面，该面比上覆盖胶薄。覆盖胶除要求耐磨、耐撕和耐冲击外，还应根据物料的性质不同而要求耐酸、耐碱、耐热、耐寒和耐燃等。覆盖胶一般为光滑平面，有时为适应高倾角运输机的需要，在覆盖胶表面制出各种花纹。

阻燃橡胶运输带按用途可分为一般用途阻燃运输带和煤矿井下用阻燃运输带。阻燃橡胶运输带的常用阻燃体系包括无机阻燃剂、膨胀型阻燃剂（如芳香族磷酸酯和聚磷酸铵）和层状硅酸盐（如蒙脱土和高岭土）等。工业上通常采用粒径超细化、表面改性和微胶囊化等技术来增强无卤阻燃剂与橡胶的相容性，提升阻燃效果并降低阻燃剂使用量。此外，微胶囊化处理的阻燃剂还具有一定的补强作用，可提高胶料的物理性能。橡胶运输带的基本生产工艺流程如图 7-18 所示。

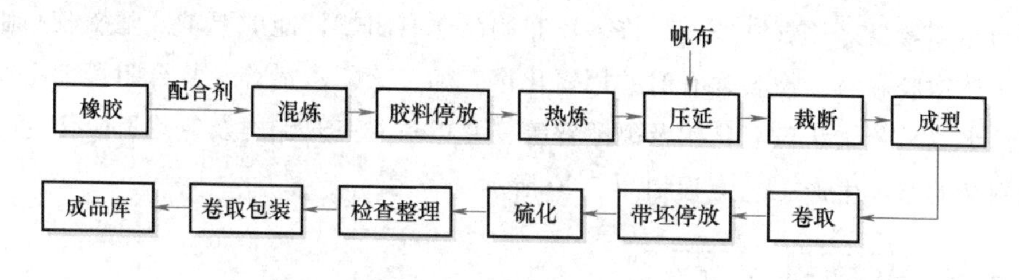

图 7-18 橡胶运输带的基本生产工艺流程

7.5.2 阻燃电线、电缆护套层和绝缘层

电线电缆按照用途大致划分为输送电力能源的电线、输送信息的高频同轴电缆和通信电缆，常见阻燃电缆包括单芯、双芯、三芯等，截面如图 7-19 所示。阻燃电缆主要由导体材料、绝缘材料及外层保护材料组成。绝缘和外层保护材料主要由二元乙丙橡胶、三元乙丙橡胶、氯丁橡胶、氯磺化聚乙烯、硅橡胶、天然橡胶、丁苯橡胶等可燃材料制造，通常需要选用溴-锑协效体系、磷-氮膨胀体系、氢氧化镁、氢氧化铝等进行阻燃处理。

以阻燃三元乙丙橡胶（EPDM）电缆为例，简单介绍阻燃电线电缆料的加工工艺。首先，使用开炼机将 EPDM 生胶塑炼均匀，薄通 3~5 次，之后加入磷-氮膨胀体系、氢氧化物等阻燃剂，混炼 20min；再加入硫化剂，混炼均匀，打三角包，薄通出片；放置 24h 后，返炼并薄通 5 次排出气体。最后，在温度为 160℃，压力为 25MPa 条件下利用平板硫化机将生胶硫化成片材待用，其中硫化时间可由无转子硫化仪测定。

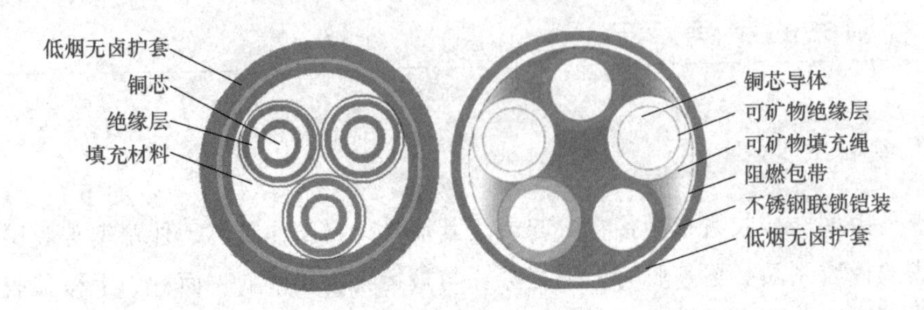

图 7-19　常见阻燃电缆的截面示意图

7.5.3　阻燃胶布制品

胶布是由单层或多层织物表面及中间有橡胶薄膜制成的橡胶薄型制品。胶布按性能和用途大体可分为防护类胶布（包括防水胶布和特殊性能的防护胶布）和工业类胶布两大类。防水胶布有雨衣、下水衣、水产衣、潜水衣、救生衣、篷盖布、垫布和生活用胶布等，特殊性能的防护胶布有耐油、耐化学腐蚀、防毒气、防射线、耐热、耐寒和耐燃等胶布。工业类胶布有橡胶船、救生筏、浮桥、浮筒、水坝、气枕、气囊、储气袋、饮水袋、导风筒、医疗衬垫、绝缘和其他工业配件等胶布。

胶布除了具备某些特殊性能外，均要求耐老化、厚度均匀、质地强韧柔软、表面平整光滑、胶层与布黏着良好、气密性好，许多胶布制品还有阻燃性能的要求。阻燃胶布制品的主要胶料为天然橡胶和氯丁橡胶，有时并用氯化聚乙烯、聚氯乙烯等，复合阻燃剂主要选用三氧化二锑、十溴二苯醚、氢氧化铝及硼酸锌等，并以磷酸三苯酯类及氯化石蜡作为阻燃增塑剂。胶布制品的基本生产工艺流程如图 7-20 所示。

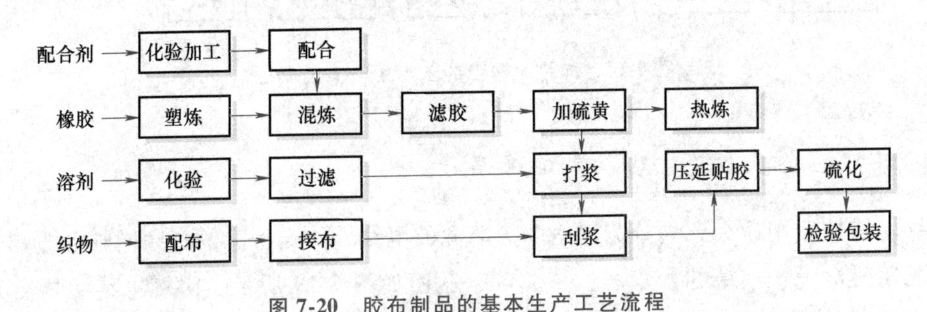

图 7-20　胶布制品的基本生产工艺流程

7.5.4　阻燃橡胶胶板

阻燃橡胶胶板根据用途可分为工业用胶板和橡胶地板两大类。工业用胶板是指衬垫、零件用胶板，主要用作机器设备衬垫、密封垫片、缓冲垫板，广泛用于工矿企业和交通运输部门。橡胶地板具有弹性、无音响且色彩鲜艳、花样多等优点，可用来代替木地板、大理石和水磨石等铺装地面，常用于公共活动场所和医院、图书馆、广播室等场所。胶板的基本生产工艺流程如图 7-21 所示。

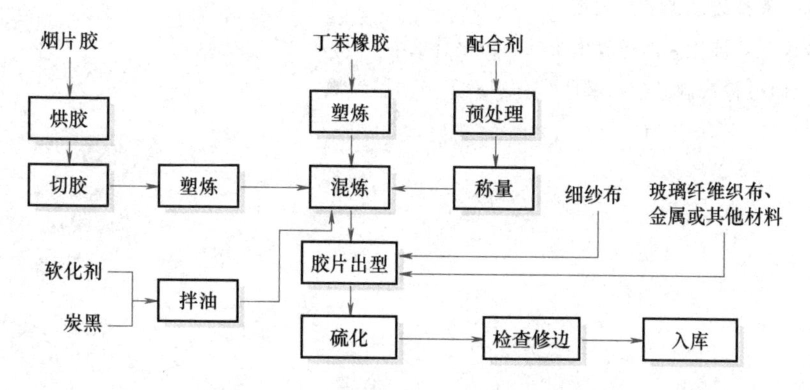

图 7-21 胶板的基本生产工艺流程

阻燃橡胶地板一般要求具有减振、耐磨、防滑和阻燃功能，通常以天然橡胶、丁苯橡胶、氯丁橡胶作为基料，有时可并用氯化聚乙烯、氯磺化聚乙烯和聚氯乙烯等。如果要求耐油则可选择丁腈橡胶；耐热氧老化则可选择乙丙橡胶；耐高温、耐油则可选择丙烯酸酯橡胶和氟橡胶；如要求既减振又隔声则可选择丁基橡胶。常用阻燃剂包括氢氧化铝、三氧化二锑、十溴二苯醚、硼酸锌磷酸三苯醋类及氯化石蜡等。

7.5.5 电气及电子零件阻燃橡胶制品

诸如电源插头、显像管用高压帽、绝缘子及电子辅助减振件等电气及电子零件上用的橡胶制品一般要求绝缘、耐热氧老化及物性好。为了防止橡胶在受热或有火星产生时燃烧造成损失，该类橡胶制品均有阻燃的要求。阻燃海绵橡胶制品多用于电气设备的配件，当电气开关产生弧光时，阻燃海绵橡胶可将其封闭，阻止电火蔓延，同时又起减振作用。

该类橡胶制品的常用阻燃剂为溴化合物与三氧化二锑的协效体系。如要求材料的物理机械性能尽量少受到阻燃体系的影响，宜采用十溴二苯醚；如要求材料具有良好的光稳定性和较高的热变形温度，宜采用 1,2-双（四溴邻苯二甲酰亚胺）乙烷；如要求材料具有较好的流动性能和较优的冲击强度，则宜采用四溴双酚 A。此外，氯系阻燃剂中的得克隆和氯化石蜡及膨胀型阻燃体系也可用于此类橡胶制品的阻燃。

复习思考题

1. 简述橡胶的分类方法。
2. 烃类橡胶包括哪些？各有什么特性？
3. 简述橡胶的热解特性和燃烧过程。
4. 橡胶阻燃的基本途径有哪些？

5. 简述烃类橡胶阻燃配方设计方法。

6. 简述橡胶配方中各种配合体系的作用。

7. 硫化前后橡胶的结构和性能发生了哪些变化?

8. 列出一般橡胶加工工艺过程。

9. 合成橡胶塑炼比天然橡胶困难的原因是什么?

10. 常见阻燃橡胶制品包括哪些?分别适用于哪些领域?

第8章 阻燃木质材料

教学要求

了解木材的物理结构与化学组成，掌握木材的热解与燃烧特性、阻燃基本方法和技术，熟悉阻燃纤维板、阻燃胶合板、阻燃刨花板和阻燃纸制品等木质材料的生产工艺和应用。

重点与难点

木材的热解和燃烧特性、阻燃木质材料的生产工艺。

木质材料是由纤维素为基础物质所构成的材料，通常包括木材、木制人造板、纸及纸制品，广泛应用于人类生产和生活之中。作为天然有机材料，木质材料具有可燃性，燃烧时释放大量热量，增大火灾荷载，加快火势蔓延。当木结构建筑发生火灾时，木材升温会产生热机械应力，诱导其表面起皱开裂和力学性能降低；当热机械应力达到一定条件时，会引发关键承重构件的破坏与失效。此外，木材燃烧过程中会产生大量的有害烟气，增加人员疏散和灭火救援难度。为了降低木质材料的火灾威胁，有必要对木质材料进行阻燃处理。

8.1 木材的物理结构与化学组成

天然木材主要由纤维素、半纤维素和木质素组成，具有层次分明、构造有序的多尺度分级结构。这种特殊的分级结构不仅为树木运输水分和营养，还起到支撑和承重作用，同时也为木材的功能化设计改性创造了良好的结构基础。

8.1.1 木材的物理结构

从宏观尺度到微观尺度，天然木材均呈现多孔的分级结构和明显的各向异性。宏观上，树木是由树皮、形成层、木质部（包括心材和边材）和髓心四大部分组成，如图 8-1 所示。树皮起保护树木的作用；形成层是位于树皮与木质部之间的薄层，形

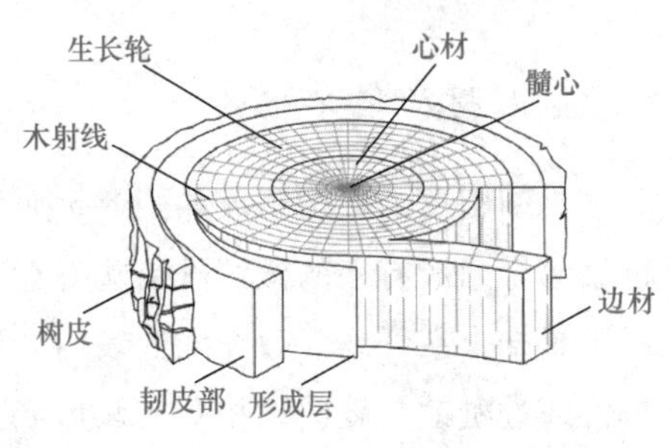

图 8-1 木材的结构

成层向外分生韧皮细胞形成树干，向内分生木质细胞构成木质部；木质部位于髓心和树皮之间，是木材的主要使用部分。在木质部的构造中，接近树干中心的深色部分称为心材，靠近树干外侧的浅色部分称为边材；髓心位于树干的中心，质地疏松脆弱，强度低，容易被腐蚀。

微观上，木材细胞壁呈现出分级结构，主要分为初生壁、次生壁（由 S_1、S_2 和 S_3 共同组成次生壁 S 层）及内腔，结构模型如图 8-2 所示。天然木材主要由轴向系统和径向系统的细胞组成。在径向系统中，存在许多颜色较浅、从树干中心向树皮方向呈辐射状排列的射线薄壁细胞构成的组织，这些组织被称为木射线。轴向系统主要是与树干中轴平行的细胞组成的垂直排列的微米级通道，该通道在传输水分、离子和养分同时，还赋予木材很高的孔隙率和较低的密度，这种与木材生长方向一致的孔道结构有利于增强木材的机械强度。此外，木材孔道细胞壁对木材的机械性能也起着至关重要的作用。在显微构造水平上，细胞是构成木材的基本形态单位，而木材细胞壁的结构往往与木材的力学性能及宏观表现的各向异性相关。木材的各向异性是由通道的定向分布和纤维素微纤丝束的排列决定的。宏观上，木材沿生长方向（纵向）存在各向异性的垂直排列通道，而微观上，木材纤维素链呈线性排布。

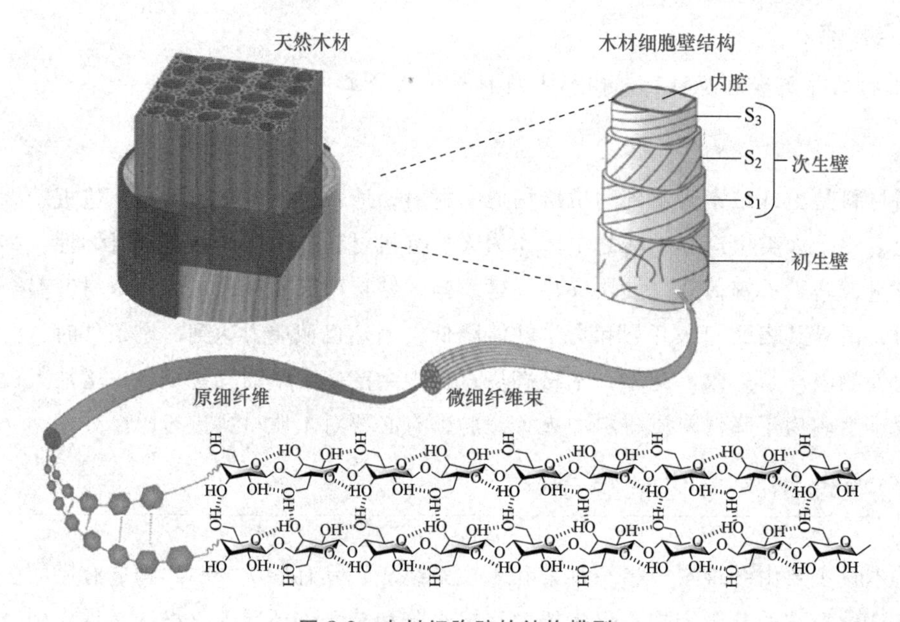

图 8-2　木材细胞壁的结构模型

8.1.2　木材的化学组成

木材细胞壁的结构组成如图 8-3 所示。纤维素具有大分子长链与丰富的羟基基团，以分子链聚集排列成有序的微纤丝束状态存在于细胞壁中，赋予木材抗拉强度，起着骨架作用；半纤维素结合在纤维素微纤维的表面，形成与木质素相互连接的网络；木质素是一种由苯丙烷单元通过醚键与碳碳键相互交联形成的无定形多酚聚合物，渗透在骨架物质之中，起到加固细胞壁的作用。细胞壁成分的物理作用特征使木材具有与钢筋-混凝土相似的结构，这进一步加强了孔道细胞壁抗压缩和弯曲的力学性能。

纤维素、半纤维素和木质素三种主要成分占木材总质量的 90%左右，其余约占总质量 10%的为一些浸提物和灰分等次要成分，木材的化学组成如图 8-4 所示。化学组成的差异性是木材的固有特点，通常因树种类型不同而呈现较大区别，部分常见树种的树木类型和基本组分含量分布见表 8-1。不同树种的纤维素在结构上相同，只是相对含量有差别；半纤维素和木质素在不同树种之间除了数量分布有差别外，组成结构也不同。例如，针叶树材和阔叶树材的半纤维素糖基组成和木质素的结构单位都存在实质性的差异。此外，浸提物的成分非常复杂，不同树种之间的差别更为显著。木材的主要成分决定木材在化学上的共性，而浸提物则在很大程度上表现为不同树种木材的个性。

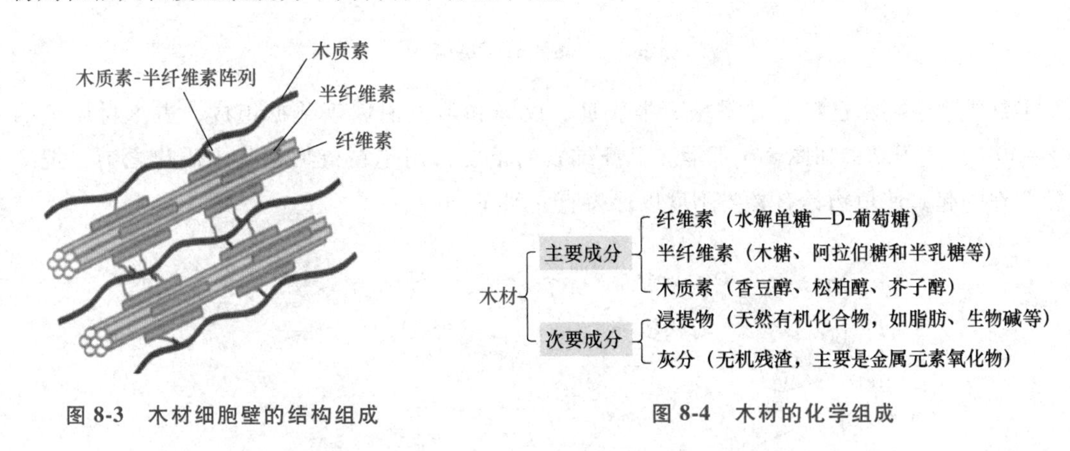

图 8-3　木材细胞壁的结构组成

图 8-4　木材的化学组成

表 8-1　部分常见树种的树木类型和基本组分含量分布　（单位：质量分数）

树种	树木种类	纤维素	半纤维素	木质素	浸提物	灰分
华山松	软木	48.4	17.8	24.1	9.5	0.2
松树	软木	46.9	20.3	27.3	5.2	0.3
云杉	软木	45.6	20.0	28.2	5.9	0.3
冷杉	软木	45.0	22.0	30.0	2.6	0.4
柳杉	软木	38.6	23.1	33.8	4.2	0.3
东红杉	软木	40.3	17.9	35.9	5.6	0.3
桤木	硬木	45.5	20.6	23.3	9.9	0.7
白杨	硬木	52.7	21.7	19.5	5.8	0.3
柳树	硬木	41.7	16.7	29.3	9.8	2.5
杨树	硬木	49.0	24.0	20.0	6.0	1.0
樱桃木	硬木	46.0	29.0	18.0	6.5	0.5
山毛榉	硬木	45.0	33.0	20.0	1.8	0.2
日本山毛榉	硬木	43.9	28.4	24.0	3.1	0.6

纤维素是地球上最丰富的天然聚合物，占木材质量的 40%～50%。纤维素是由许多 D-吡喃葡萄糖基以 β-1,4 糖苷键连接而成的线型高聚物，分子结构如图 8-5 所示。长链纤维素聚

合物通过氢键和范德瓦耳斯键连接，这些内部氢键使纤维素具有稳定结构，难溶于水及许多常见溶剂。

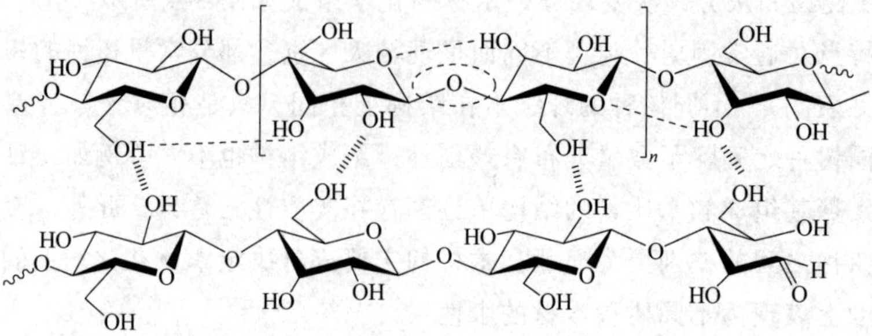

图 8-5　纤维素分子结构

半纤维素主要由己糖、甘露糖、半乳糖、戊糖和阿拉伯糖等单糖组成，占木材质量的20%～30%，分子结构如图 8-6 所示。半纤维素的重要作用是在植物细胞木质化之前，把纤丝黏合在一起，使植物具有必要刚度以保持直立状态。

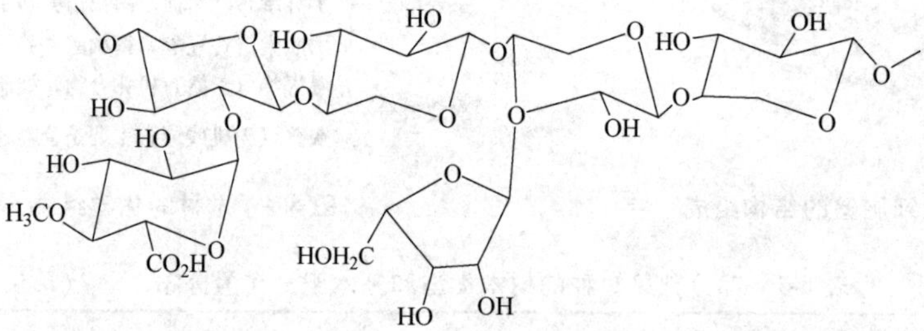

图 8-6　半纤维素分子结构

木质素是非常复杂的天然聚合物，是由木质素的结构基本单元按照连续脱氢聚合作用无规则连接形成的三维网状多酚聚合物。苯丙烷作为木质素的主体结构单元，共有三种基本结构，即愈创木基结构、紫丁香基结构和对羟苯基结构，如图 8-7 所示。木质素存在于原代细胞壁中，将细胞黏合在一起，同时渗透到细胞初生壁和次生壁内形成木材骨架的主要成分。木质素填充于纤维素构架中能增强植物体的机械强度，并有利于水分运输并抵抗来自外界环境的干扰。

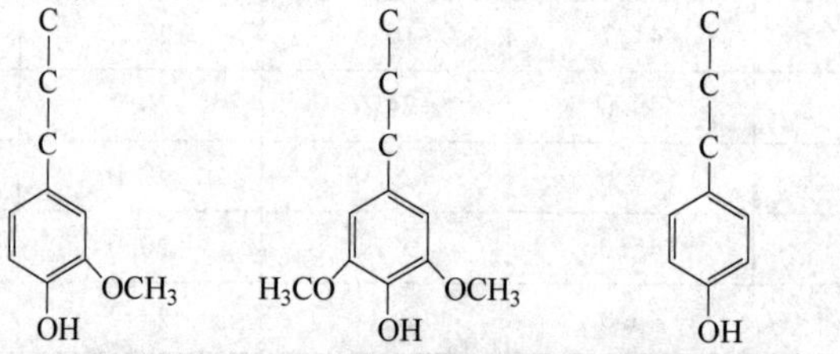

a) 愈创木基丙烷(G)　b) 紫丁香基丙烷(S)　c) 对羟苯基丙烷(H)

图 8-7　木质素结构单元的三种类型

8.2 木材热解、着火与燃烧特性

8.2.1　木材热解特性

木结构建筑火灾的发生过程通常包含木材热解炭化、明火燃烧、阴燃和火蔓延等复杂行为，其中热解是木材发生燃烧的第一步。木材热解过程通常看作纤维素、半纤维素和木质素三种主要组分各自热解过程的平行叠加，热解产物主要是焦油、炭、惰性气体和可燃气体。结合图 8-8 可以看出，木材热解过程可分为两个主要阶段，对应的温度区间分别是 100~200℃和 200~600℃。第一阶段是木材中自由水蒸发和不稳定小分子化合物分解的阶段，质量损失较少，主要产物为 CO_2、水蒸气和少量的可燃性气体。第二阶段为木材主要成分发生高温热解和炭化的阶段，该过程中纤维素、半纤维素和木质素存在不同分解温度区间。半纤维素在 220~350℃发生热解，主要热解产物包括 CO_2、CO、CH_4、C_2H_6、烯烃等气体。纤维素在 280~350℃发生热解，纤维素首先发生解聚和糖苷键的断裂，生成以焦油成分形式存在的左旋葡萄糖。木质素由于具有碳含量高（60%~66%）和稳定的苯环结构，相比于纤维素和半纤维素表现出更高的热稳定性和更宽的热解温度区间。当温度达到 300℃左右时，木质素苯环上的脂肪族侧链开始分解；在 370~400℃时，木质素基本结构单元苯丙烷之间的碳键断裂，生成木炭；当温度达到 500℃及以上时，木炭以生成 CO 和甲醛等形式脱除氢和氧，进一步芳构化。木材的成炭率与木质素的含量关系密切，针叶树材的成炭率一般高于阔叶树材。

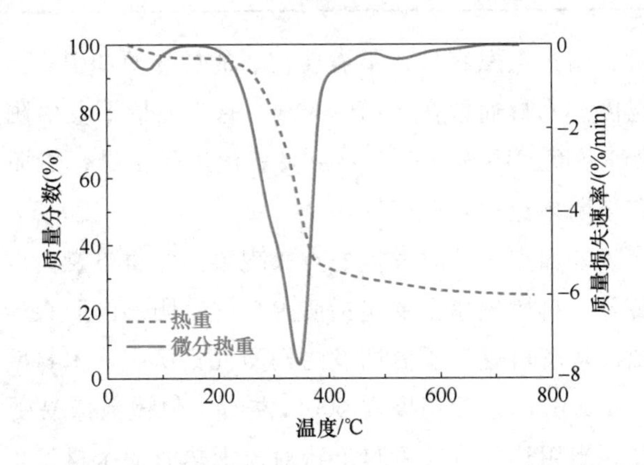

图 8-8　木材在氮气气氛下的热重和微分热重曲线

8.2.2　木材着火特性

着火是燃烧反应的起点，而临界着火条件是表征材料燃烧特性的重要参数。木材着火现象通常可分为明火引燃、阴燃着火和自燃。明火引燃是材料在火源加热作用下产生可燃热解气体，当热解气体与空气混合并达到一定浓度时，在外加点火源（电火花、火焰）的引燃下，发生连续的燃烧反应过程。明火引燃的临界条件通常用发生点燃所需的最低热通量和样品表面最低温度来定义，即临界点火热通量和点火温度。木材明火引燃的临界点火热通量一般为 10~13kW/m²，点火温度范围在 300~400℃。临界质量通量（点火时的气体燃料通量）是另一个描述明火引燃临界条件的特征参数，包含可燃气体与空气的混合状况，可用于区分瞬态点火（闪点）、持续点火（燃点）和熄火点。木材发生闪燃的临界质量通量［0.9~3.4g/(m²·s)］通常略低于其点火临界质量通量［1.1~4.9g/(m²·s)］，并随含水率不同而变化。此外，明火引燃时间是描述材料可燃性的另一个重要参数。低热通量热源加热时，木材引燃所需时间较长，点火时的表面温度会更高。表 8-2 列出了典型木材点火温度和部分主要热物性参数。

表 8-2 典型木材点火温度和部分主要热物性参数

树种	厚度/mm	密度/(kg/m³)	含水率(%)	发射率	点火温度/K	热惯性/(m²/s×10⁷)	热扩散率/[kJ²/(m⁴·K²·s)]
花旗松（道格拉斯冷杉）	12	563	9.48	0.9	647	1.37	0.26
橡木胶合板	13	479	6.85	0.9	563	1.77	0.41
花旗松胶合板	12	537	9.88	0.85	605	1.37	0.22
南方松胶合板	11	605	7.45	0.88	620	1.38	0.29
南方松阻燃胶合板	11	606	8.38	0.9	672	2.26	0.55
木屑板	13	794	6.69	0.88	563	2.72	0.76
红木	19	421	7.05	0.86	638	1.67	0.17
白云杉	17	479	7.68	0.82	621	1.67	0.20
南方松板	18	537	7.82	0.88	644	1.63	0.26

木材阴燃点燃通常比明火点燃容易，不需要较强的加热源和引火源，只需要相对较小的点火能或较低的点火温度。木材通常在 5~10kW/m² 的热通量下发生阴燃，点火时表面温度略高于 200℃或特征热解温度。阴燃点火主要由炭氧化过程主导，然而很难通过该过程直接定义点火的起点，并获得阴燃点火延滞时间。

自燃现象泛指无明确外加点火源时发生的点火现象。木材自燃温度主要取决于木材的尺寸、环境温度及热量传导。自燃现象主要包括明火自燃、阴燃向明火转变、热自燃等。明火自燃是指无外加点火源，热解可燃气预混诱发的剧烈气相反应。木材明火自燃需要的临界辐射热通量是 25~37kW/m²，样品表面温度在 600℃左右，但该数值易受环境条件及样品几何特征等因素影响。例如，当用热气流对木材进行对流加热时，木材发生自燃的表面温度仅为 270~470℃。木材受热后表面炭层氧化诱发炽燃，最高温度可超过 500℃，从而可以实现从阴燃向气相明火的转变。热自燃也是常见的自燃现象，其本质是炭氧化或阴燃反应。对于堆积的木颗粒、木粉或煤粉，当通过化学、物理或生物作用产生的热量超过其向环境散失的热量时，材料温度会持续升高，热解反应速率增加，最终出现化学自燃现象。此外，热压后的胶合板、纤维板本身温度较高，若不及时进行散热处理，也易发生热自燃事故。

8.2.3 木材燃烧特性

木材因树种不同而呈现不同的组织结构、化学组成和密度等特性，这些因素影响到燃烧过程中的化学反应和热量传递，使木材的燃烧特性更加复杂。从组织结构来讲，木材在宏观上有早材、晚材、心材和边材之分，在微观上有细胞构造的差异，这些会影响到木材加热和燃烧时的传热和传质过程；从化学组成来讲，木材主要元素 C、H、O 的比例分别是 50%、6%和 43%，该比例在树种间的差异较小。但构成细胞壁、胞间层的纤维素、半纤维素和木质素的比例则因树种不同而不同，尤其是在针叶树材与阔叶树材之间的差异明显，最终影响木材的燃烧特性。典型木材在 50kW/m² 辐射功率下的燃烧特性参数见表 8-3。

表 8-3 典型木材在 50kW/m² 辐射功率下的燃烧特性参数

树种	质量/g	厚度/mm	平均热释放速率/(kW/m²)	峰值热释放速率/(kW/m²)	有效燃烧热/(MJ/kg)	总热释放量/(MJ/m²)
松木	115.6	27	66.6	136.3	11.1	108.0
桦木	184.4	28	94.8	186.8	9.6	138.0
榉木	150.3	25	106.4	237.4	11.4	146.9
柏木	88.4	25	71.7	144.2	11.5	80.9
香红木	140.3	25	61.0	189.9	10.5	109.7
青冈木	228.0	25	89.5	206.2	11.0	193.7

外部辐射热流功率是影响木材燃烧特性的重要因素。随着外部辐射热流增大，木材点燃时间缩短，峰值热释放速率增大，但这一差异会随外部辐射热流的增加而减小。图 8-9 所示为不同辐射功率下松木的燃烧热释放速率曲线。木材在点燃后会出现一个尖锐的放热峰，随后表面炭化，热量向内部传递速度降低，木材内部热解生成的可燃气体逸出受阻，热释放速率下降。随着燃烧的持续进行，木材表面因炭层缩裂出现裂纹，裂纹迅速向木材内部发展，并成为内部热解气体逸出和外界空气进入的新通道，从而产生第二个更宽，甚至数值更高的峰值热释放速率。此后，热释放速率缓慢降低，明火熄灭，木材进入阴燃阶段。

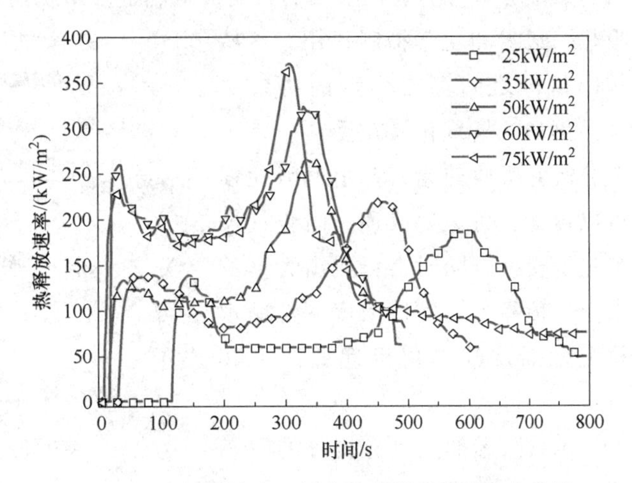

图 8-9 不同辐射功率下松木的燃烧热释放速率曲线

8.3 木材阻燃技术

木材的阻燃是指通过特殊方法使木材具有防止、减缓或终止燃烧的性能，一般通过在木材中加入阻燃剂来实现，或在木材表面涂覆难燃物质（如防火涂料）使木材在受到火焰侵袭时不会因快速升温而遭到破坏。木材阻燃处理的主要作用是延迟着火时间、降低热释放速率并减缓火焰蔓延，当主要热源被移除时木材可能发生自熄。

8.3.1 木材阻燃剂的基本条件

木材阻燃改性需基于阻燃剂的物理和化学性质，结合制备工艺和应用场景，充分考虑阻燃剂的稳定性、吸湿性、酸碱性和毒性。

1）稳定性：阻燃剂在阻燃处理及木质材料加工过程中，应具有较高的热稳定性，以免其阻燃效果因受热分解而降低，并影响木材的加工工艺。

2）吸湿性：阻燃木材的吸湿性大小取决于阻燃剂的类型和吸收量、使用环境的温度和湿度、木质材料的种类和尺寸等。阻燃剂的吸湿性与其在水中的溶解度呈正相关，高吸湿性不仅导致木质材料含水率增大，而且导致阻燃剂向材料表面渗出与流失。

3）酸碱性：强酸和强碱影响胶结质量和材质，宜选用中性的混合阻燃剂。

4）毒性：阻燃剂在燃烧时不应产生有毒物质。

8.3.2 木材阻燃剂的分类与特点

木材阻燃剂种类较多，根据作用机理可分为添加型阻燃剂和反应型阻燃剂，按照阻燃剂的组成成分可分为有机阻燃剂和无机阻燃剂。木材阻燃剂的作用机理主要包括覆盖、稀释、吸热、成炭和化学抑制作用，这些作用机理之间存在一定的协效关系。例如，氢氧化镁在受热条件下会分解并吸收热量，产生的氧化镁可以覆盖在可燃物表面，阻止气体和热量交换，同时会释放出大量的水分，稀释可燃气体浓度。常用木材阻燃剂及其作用机理如图 8-10 所示。

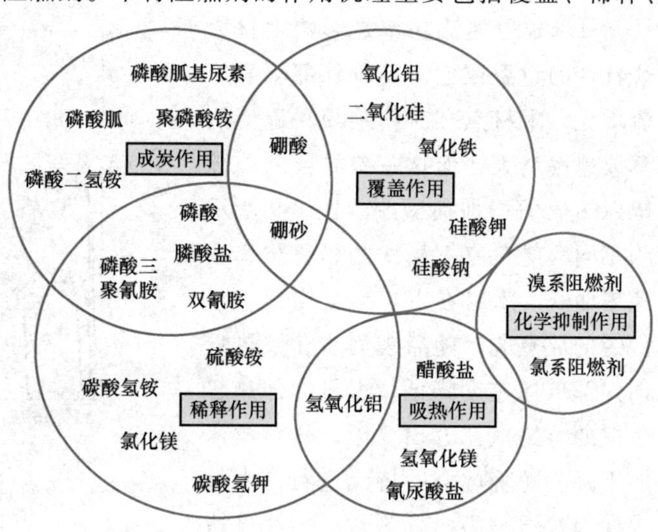

图 8-10 常用木材阻燃剂及其作用机理

木材阻燃剂应具有良好的阻燃性、化学稳定性和耐老化性，无毒、无污染和不腐蚀金属，价格低廉、使用方便，不影响涂饰性和胶合性，对加工性能无不良影响，不降低基材的物理性能及抗流失等特点。

8.3.3 木材阻燃处理方法

木材阻燃方法主要分为表面处理、贴面处理及深层处理。表面处理是指在木材表面直接涂敷或沉积具有阻燃作用的高分子或单体物质，并利用物理化学方法使其交联固化，从而在木材表面形成保护层。贴面处理是通过将薄钢板、石膏板等不燃材料包覆在木材表面，从而实现木材的阻燃，该方法虽然简单高效，但完全覆盖了木材的纹理，在实际应用中存在局限性。深层处理是将含有阻燃剂的单体或树脂溶液采用浸渍工艺注入木材内部结构中，以达到阻燃效果，主要包括常压浸渍法和加压浸渍法。深层处理涉及树脂的固化交联及聚合物分子的原位合成等化学反应，对木材的厚度和渗透能力要求较高。下面介绍几种有代表性的木材阻燃方法。

（1）热压法

热压法是指将一定含水率的木材通过热压工艺制备成密度大、强度高、表面性能优良的木材。热压改性后的木材力学性能相对于原生木材有大幅提高，适用于人造板材阻燃改性。热压法可分为两种方法：第一种方法是将粉状阻燃剂均匀地撒在板面上，利用热压使阻燃剂熔融并渗入板内，该方法避免了加压浸渍时板材表面膨胀及处理后干燥等问题，但难以施加足够剂量的阻燃剂，且阻燃剂易停留在板面上；第二种方法是在板面涂刷或喷涂液体阻燃剂，利用热压使阻燃剂渗入板内，该方法涂敷简单、加工方便，但是极易导致模板表面鼓泡。

（2）浸渍法

木材规整的导管结构为浸渍改性提供了理想的条件。浸渍法是在常压或真空加压条件下，将阻燃剂溶液注入木材或木质人造板中。阻燃剂从木材导管进入木材内部并在压力作用下扩散和渗透至木材的细胞间隙、细胞壁，乃至细胞腔内，最终实现木材的阻燃改性。阻燃剂能否渗入木材取决于木材种类、木材结构和含水率。根据压力不同，浸渍法可分为常压浸渍法、分段浸渍法和加压浸渍法。

（3）涂覆法

涂覆是在木材表面涂刷或喷涂防火涂料，通过隔离热源和阻止木材表面接触空气，增强木材阻燃性能。涂敷法采用的防火涂料多为膨胀型防火涂料，具有抗流失性好、涂敷工艺简单、防火性能好等特点，但成本较高。

（4）贴面法

贴面法是将石膏板、硅酸钙板、薄钢板及金属箔等不燃物覆贴在木材或木质材料表面，达到阻燃作用。该方法仅限于表面阻燃处理，并且会覆盖木材原有的纹理结构，失去木材质感。

（5）超声波法

超声波法是将木材浸渍于含有阻燃剂的容器中，利用超声波的机械振动作用将阻燃剂压入木材内部的一种方法。超声波作用于溶液时会产生“超声空化”现象，产生大量微小气泡，这些气泡通过快速闭合形成微激波和局部压强，对木材表面起到加压浸注效果，进而提升浸渍载药量，实现木材阻燃性能的提升。

（6）复合法

复合法指在人造板生产过程中将黏结剂、刨花、木纤维与阻燃剂复合加工的一种方法，该方法具有节约木材、阻燃和防腐等优势，但阻燃剂加入后会影响黏结剂的黏结强度。

（7）压缩致密化法

压缩致密化阻燃技术是将木材进行水热、微波、脱木素等预处理，然后在外力作用下将其沿径向压缩致密，减小木材孔隙度，从而提高木材的力学性能和阻燃性能。将阻燃浸渍与致密工艺相结合可制备出阻燃、隔热和热稳定性优异的阻燃木材，制备工艺如图 8-11 所示。

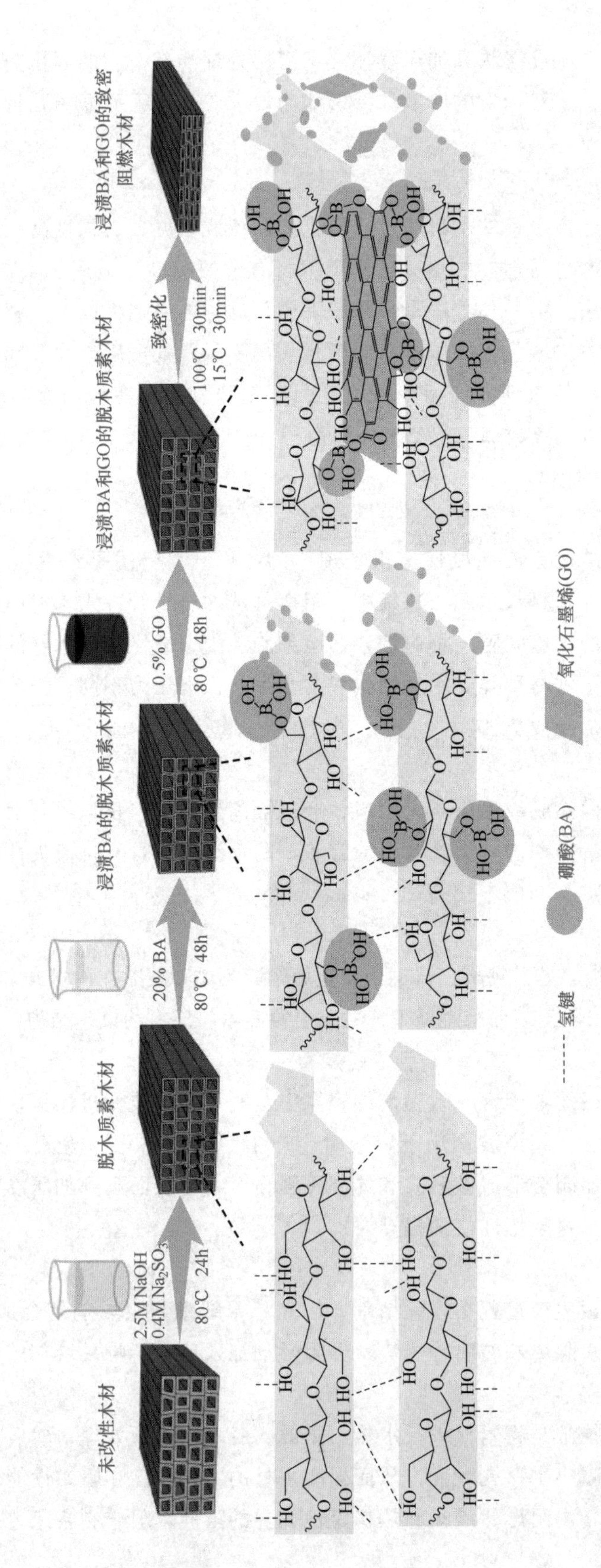

图 8-11 压缩致密化阻燃木材的制备工艺

8.3.4　木材阻燃处理要求

木材阻燃处理要求一般包括阻燃性、使用性、使用寿命、安全性和多功能性要求等方面，以下介绍前三种。

1. 阻燃性要求

阻燃性要求主要涉及难燃性等级和生烟性两个方面。当阻燃木制品燃烧时，不仅要求生烟量小，而且要求烟雾的毒性和腐蚀性都应当小，以便降低火灾中的人员伤亡和财产损失。例如，GB 55037—2022《建筑防火通用规范》规定歌舞娱乐放映游艺场所的顶棚装饰材料的燃烧性能应为 A 级、其他部位装饰材料的燃烧性能不应低于 B1 级。

2. 使用性要求

阻燃木材的使用性要求方面主要涉及制品的吸湿性、强度、胶合性能、装饰性和对金属制品腐蚀性等方面。

（1）吸湿性要求

GB/T 3324—2017《木家具通用技术条件》规定，木制品的含水量应为 8%~(产品所在地区年平均木材平衡含水率+1%)。但阻燃木制品特别是用无机盐改性的阻燃木制品，大多具有较高的吸湿性。木材吸收水分会使无机盐溶解，造成阻燃剂流失，缩短阻燃制品的使用寿命，通常需要利用树脂固定阻燃剂以减少阻燃剂的流失。

（2）强度要求

在木材阻燃改性的过程中，强酸性或强碱性的阻燃剂易引起半纤维素等木材组分发生分解，从而降低阻燃木制品的物理强度。通常，阻燃处理后木材的强度下降幅度要求不超过 10%，最好选用 pH 值与木材本身 pH 值相近的阻燃剂进行改性。此外，改性后的木材需要进行再次干燥，干燥温度不应超过 65℃，否则会引起木制品发生热解。

（3）胶合性能要求

木材阻燃改性后的下一道工序是进行胶合或刷涂等工作，要求木材应有较好的加工性能，处理后木材表面不起白霜、颜色变化不大，但大多数无机阻燃剂较难达到这一要求。

（4）对金属制品腐蚀性要求

木材制品阻燃处理后由于阻燃剂易溶于水形成电解质溶液，引发与之接触的金属连接件、紧固件、结构件和建筑五金件的腐蚀。因此，要求阻燃改性后的木制品对金属（铝、碳素钢、铜等）及其合金的腐蚀性与阻燃改性前相近。

3. 使用寿命要求

阻燃材料的使用寿命是指阻燃材料在使用过程中发生的一系列化学降解反应而导致阻燃性丧失或者力学性质下降至不能使用的时间。通常一个较好的阻燃木材制品至少要有 40 年的使用寿命，而要做到这一点，应从吸湿性、耐蚀性、防虫性和结构尺寸稳定性等多方面入手。

8.3.5　木材阻燃剂发展趋势

未来木质阻燃产品既追求阻燃特性，也重视环境友好性。因此，在保障人员和财产火灾安全的同时，降低阻燃剂对人体和环境的潜在危害是当前阻燃剂的主要发展趋势。

（1）高效多功能化

新型木材阻燃剂不仅需要综合考虑生态环保、抑烟减毒、价格工艺和机械性能等因素，还要求具有优良的耐水性、耐热性和耐蚀性等功能。

（2）协效阻燃

通过在阻燃剂中加入协效剂、偶联剂、表面活性剂等实现协效增效作用，是未来阻燃剂发展的一种趋势。

（3）微胶囊化

微胶囊化阻燃剂可以屏蔽阻燃剂的刺激性气味，减少阻燃剂中有毒成分在木质材料加工过程中的释放量，并可以通过改变阻燃剂的密度和体积以适应木质材料不同加工工艺的要求。

（4）纳米化

纳米阻燃剂具有尺寸小、易在基材中分散、添加量少、阻燃效果好等优点，还可以解决材料阻燃性能与力学性能之间的矛盾，是木材阻燃剂发展的另一大趋势。

8.4 阻燃纤维板

纤维板又名密度板，是以木质纤维或其他植物素纤维为原料，施加脲醛树脂或其他黏合剂胶粘成型的人造板，具有材质均匀、纵横强度差小、不易开裂等优点（图 8-12）。纤维板根据密度可分为低密度纤维板（刨花板）、中密度纤维板和高密度纤维板（硬板）。

图 8-12　纤维板示意图

8.4.1　纤维板阻燃处理技术

纤维板阻燃处理技术可根据处理阶段分为纤维板生产过程中阻燃处理技术和成板阻燃处理技术两类。

1. 纤维板生产过程中阻燃处理技术

（1）木纤维浸渍阻燃处理技术

将木纤维浸渍在混合均匀的阻燃溶液中，阻燃剂在浓度梯度的驱动下向木纤维扩散，之后将浸渍后的木纤维进行干燥处理，便可获得阻燃纤维板。此方法载药率高、阻燃效果较好，但仅适于溶液型阻燃剂，且需要二次干燥，工艺复杂、成本高。此外，在某些阻燃剂中长时间浸泡会降低木纤维强度，浸渍后的废液排放会造成环境污染。

（2）黏合阻燃处理技术

在制板所用的黏合剂中添加一定量的阻燃剂，可以达到阻燃目的。此方法工艺简单、成本低且易于操作，但在黏合剂中添加的阻燃剂需要有较好的适应性，否则会对黏合剂的固化造成影响，降低木材力学强度。

（3）阻燃剂与黏合剂共混处理技术

木纤维在拌胶机中搅拌时加入阻燃剂，混合均匀后制备成阻燃纤维板。此方法工艺简单、成本低廉且不受阻燃剂形态影响，是应用较多的方法。当添加量过高时，阻燃剂容易析出，需要限制阻燃剂的添加量。

2. 纤维板成板阻燃处理技术

（1）成板浸渍阻燃处理技术

成板浸渍阻燃处理技术通过纤维板在常压或真空加压条件下浸渍阻燃溶液的方式制备阻燃纤维板。此方法几乎没有阻燃剂损失，但增加了工序，同时影响板材强度。

（2）成板表面阻燃处理技术

成板表面阻燃处理技术通过将阻燃剂喷洒或涂敷在纤维板表面形成具有阻燃效果的保护层来实现木材阻燃。此处理方法操作简单灵活，但生产效率较低且影响纤维板的表面形貌。

8.4.2 阻燃纤维板生产工艺

阻燃纤维板生产工艺较为复杂，一般采取在生产过程中添加阻燃剂的方法进行阻燃处理，生产工艺流程如图 8-13 所示。首先，需要对纤维进行干燥处理，再将阻燃剂溶液与纤维适当混合，通过浓度梯度的作用使阻燃剂迅速渗透到纤维中，然后将纤维铺装成型后进行热压、裁边等处理，最后获得成型的阻燃纤维板。

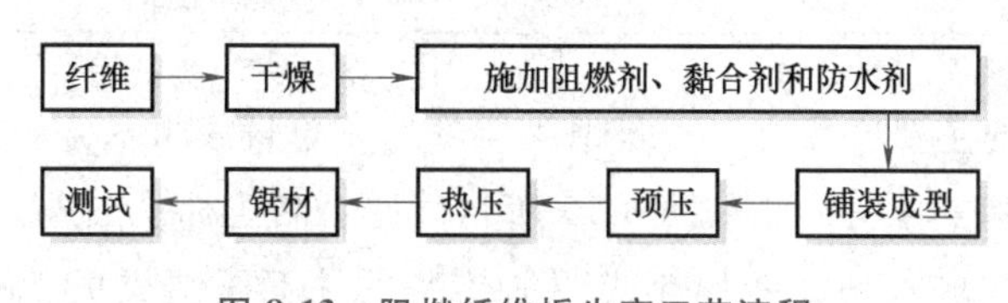

图 8-13 阻燃纤维板生产工艺流程

8.4.3 阻燃纤维板应用场景

阻燃纤维板解决了纤维板吸湿变形或者受重物挤压、碰撞后变形等问题，具有阻燃性能好、使用寿命长、抗变形和外形美观等优点，广泛用于家具制造、船用配件、建筑装饰等。

（1）船用配件

阻燃纤维板可作为大部分船用装饰材料、甲板、舱壁和结构性配件的材料。对于船舶内走廊和梯道环围内的顶棚、衬板、风挡要求使用不燃材料，其贴面部分的材料可为可燃材料，但要求表面具有低播焰性。新型碳纤维复合阻燃纤维板具有较好的阻燃抑烟特性，在熄灭时临界热流、持续燃烧热量、总热释放量和峰值热释放速率等指标均可达到船舶所需要的防火安全标准。

（2）建筑装饰

阻燃纤维板具有轻质、隔声、防火和易加工等优点，可作为建筑外墙、内墙装饰、梁柱、吊顶和地板等材料，广泛应用于宾馆、影剧院、体育馆和机场等场所，如图 8-14 所示。

a) 建筑外墙　　b) 内墙装饰

c) 梁柱　　d) 吊顶

图 8-14　阻燃纤维板在建筑领域的应用

8.5 阻燃胶合板

胶合板是人造板的主要产品之一，是由木段旋切成单板或由木方刨切成薄木，再用黏合剂胶合而成的多层木基复合材料，如图 8-15 所示。胶合板通常为三层或多（奇数）层单板按木纹方向纵横交错配成板坯，在加热或不加热的条件下压制成板。胶合板具有变形系数小、力学性能优良等优点，广泛应用于建筑、包装、家具、车船制造等行业。

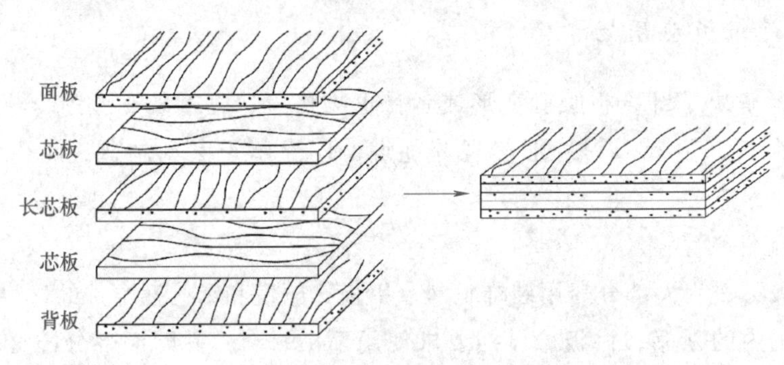

图 8-15　胶合板制备工艺

胶合板作为室内装饰的主要材料，但普通胶合板存在易燃性，无法满足建筑、车船等内部装修所用木质材料的阻燃要求，常需对其进行阻燃处理。阻燃胶合板主要分为四类：第一类为耐候、耐沸水、难燃胶合板，具有耐久、耐高温、能蒸汽处理等优点；第二类为耐水阻燃胶合板，能在冷水中浸渍并能在热水中短时间浸渍；第三类为耐潮阻燃胶合板，能在冷水中短时间浸渍，常用作家具和一般建筑物材料；第四类为不耐潮阻燃胶合板。

8.5.1　胶合板阻燃处理技术

胶合板阻燃处理技术按照生产方法可分为浸渍法、单板层压复合法和表层涂覆法。根据阻燃剂在胶合板制造过程中的状态，胶合板阻燃处理技术又可分为固态、液态和气态阻燃剂阻燃技术。

（1）固态阻燃剂阻燃技术

固态阻燃剂阻燃技术是指利用一定压力将细粉末状阻燃剂喷涂到胶合板表面，使阻燃剂与木材表面纤维通过机械混合方式结合，从而达到阻燃目的的技术。这种阻燃技术的阻燃效果不佳，只适用于刨花板和纤维板等成品胶合板的表面处理。

（2）液态阻燃剂阻燃技术

液态阻燃剂阻燃技术可分为防火涂料表面涂敷法和溶剂型阻燃剂浸渍处理法。表面涂敷可通过刷涂、淋涂、喷涂或辊涂等方法在胶合板的单面或双面涂覆防火涂料，达到隔热、隔氧和降低燃烧速率等目的。表面涂敷法具有方法简单、涂料用量少、不产生废液、对环境污染小等优点，还可以起到装饰、防腐和耐老化等作用。

（3）气态阻燃剂阻燃技术

气态阻燃剂阻燃技术通常是将木材及木质人造板置于硼蒸气环境中，利用硼蒸气与木材内部水分结合形成硼酸，沉积在木材内以达到阻燃的目的。硼蒸气阻燃处理工艺可以实现自动化控制且不需要增添设备（可在干燥窑内进行），具有加工速度快、阻燃剂分布均匀、生产车间清洁、无污染等优点，是一种理想的阻燃改性方法。

8.5.2　阻燃胶合板生产工艺

胶合板阻燃处理技术按照制造工艺可划分为单板阻燃处理工艺和胶合板成品阻燃处理工艺，如图 8-16 所示。单板阻燃处理工艺主要是在阻燃胶合板热压成型前加入阻燃剂，其主要的工艺流程包括阻燃改性处理、干燥、涂胶、组坯、热压、锯边和砂光等工艺（工艺 A）。部分单板阻燃处理工艺中会在涂胶时再进行一次阻燃改性，以增加阻燃改性效果（工艺 B）。胶合板成品阻燃处理工艺主要包括阻燃浸渍或表面涂剂、干燥、锯边和砂光（工艺 C）。

8.5.3　阻燃胶合板应用场景

阻燃胶合板不仅具备阻燃性、抑烟性、耐蚀性、防虫性和稳定性五大特点，还保持了传统人造板的优良的物理性能、加工性能和装饰功能。阻燃胶合板主要用于家具柜体板、板式家具背板和门板、顶棚、墙裙、地板衬板等，如图 8-17 所示。不同厚度阻燃胶合板的用途不同，例如三合板一般用于门窗套、踢脚线、护墙板、家具等，五合板可代替三合板做面层和应用于特殊的弧形造型，九厘夹板一般用作踢脚线基层、窗套基层和家具基层等。

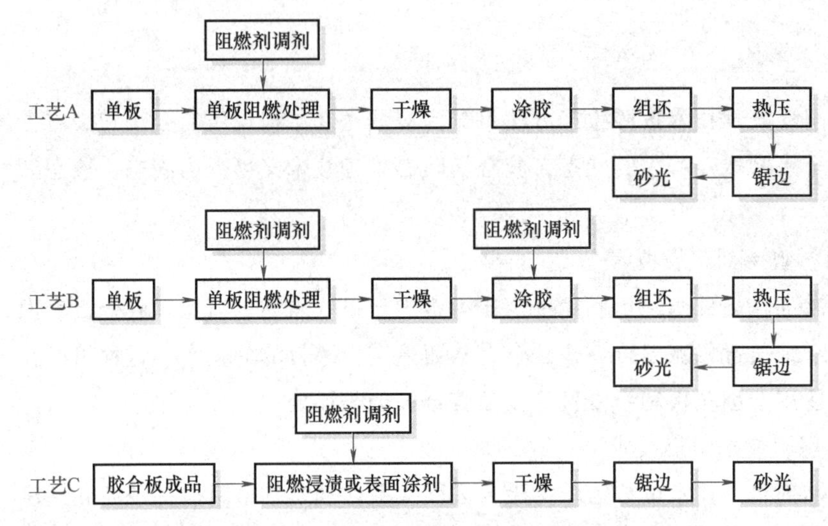

图 8-16　三种阻燃胶合板生产工艺流程

a) 内墙装饰板　　b) 门板　　c) 家具

图 8-17　阻燃胶合板应用场景

8.6 阻燃刨花板

刨花板也称为颗粒板，是将各种枝芽、小径木、速生木材、木屑等切削成一定规格的碎片，经过干燥，混合胶料、硬化剂和防水剂等试剂搅拌，再在一定温度和压力下压制成型的一种人造板。刨花板在很多场合可作为天然木板的替代品，不仅可以提高木材的利用率，还能缓和木材供需矛盾。刨花板具有强度高、刚性大、物理力学性能好等特点，被广泛应用于建筑装饰、家具、包装、船舶和车辆等领域。但上述应用场所通常要求木质材料达到一定的阻燃等级，而未处理的刨花板属于易燃材料，因此需要对刨花板进行阻燃处理。

8.6.1　刨花板阻燃处理技术

刨花板阻燃改性处理主要有两种途径，一种在刨花板生产过程中进行阻燃处理，如刨花阻燃处理、拌胶阻燃处理和板坯阻燃处理；另一种是对刨花板成品进行阻燃处理。

1. 刨花板生产过程阻燃处理技术

(1) 刨花阻燃处理技术

刨花阻燃处理是采用液态阻燃剂对刨花进行浸渍或喷洒，或者采用粉末状阻燃剂与湿刨花均匀混合，从而将阻燃剂掺入刨花中。采用液态阻燃剂时，浸渍或喷洒改性后的刨花要进行干燥处理。此外，还可将液体阻燃液均匀地喷洒到刨花上，充分搅拌后将半湿状态的刨花进行干燥后制成表层刨花和芯层刨花，再分别添加一定比例的干粉状阻燃剂，均匀搅拌制备阻燃刨花板。

（2）拌胶阻燃处理技术

拌胶阻燃处理是先将阻燃剂加入黏合剂中，在施胶过程中实现阻燃改性，也可在拌胶的同时将阻燃剂加入拌胶机内。拌胶阻燃处理具有工艺简单、成本低、阻燃剂分散均匀等优点，但添加阻燃剂可能会影响到拌胶、制板坯和热压等工艺的操作，以及黏合剂的固化速度。

（3）板坯阻燃处理技术

板坯阻燃处理是在刨花板成型前，在气流铺装设备中将一定比例的阻燃剂铺到板坯上制备阻燃刨花板。该方法不但避免了砂光时阻燃剂的损失，而且能以最少量的阻燃剂发挥最佳的效果，但此处理技术对铺装设备有特殊的要求，应用受到一定限制。

2. 刨花板成品阻燃处理技术

（1）热压法

热压法是将阻燃剂细粉末均匀地分散在刨花板成品板面上，在一定的热压条件下将阻燃剂熔化并渗入刨花板内部。热压法对刨花板的力学性能影响较小、节省药剂且不污染环境，但单次阻燃处理的阻燃性能提升有限，且不能达到部分阻燃刨花板的应用要求。此外，在刨花板表面刷涂或喷涂阻燃剂药液后进行热压虽然可使阻燃剂渗入板内，但容易导致刨花板起泡。

（2）涂敷法

涂敷法是在刨花板表面涂敷各种非膨胀型和膨胀型防火涂料，该法既能提升刨花板的阻燃性能，也能提高刨花板的表面质量。

（3）浸渍法

浸渍法是利用液态阻燃剂对刨花板进行浸渍处理，将阻燃剂均匀地浸渍到刨花板内。浸渍法是最常用的刨花板阻燃处理方法，但设备复杂、投资大、废液污染环境。脲醛胶由于耐水性较差，浸泡在水中易膨胀，导致刨花板力学强度下降，对于脲醛胶处理的刨花板不适宜采用浸渍法阻燃。

8.6.2 阻燃刨花板生产工艺

阻燃刨花板的主要生产工艺是在刨花板的胶粘过程中加入阻燃剂，如图 8-18 所示。首先，通过刨片机将木片加工成刨花后送到转子干燥机中进行干燥，再将干燥后的刨花用摆动筛筛选出合格的芯层和表层干刨花，过大的刨花则经粉碎或打磨后再进入摆动筛进行筛选。然后，合格的芯层和表层刨花分别被输送到拌胶机中与阻燃黏合剂充分搅拌均匀，再被输送至铺装机，铺装出结构平整、连续的膨松板坯。膨松板坯经预压机、齐边锯、横截锯制成粘接的具有一定强度的板坯，之后再经板坯运输机、推板机送入装板机和热压机中热压成型。最后，利用砂光刨花板工艺制成刨花板素板，经砂光机加工成阻燃刨花板。

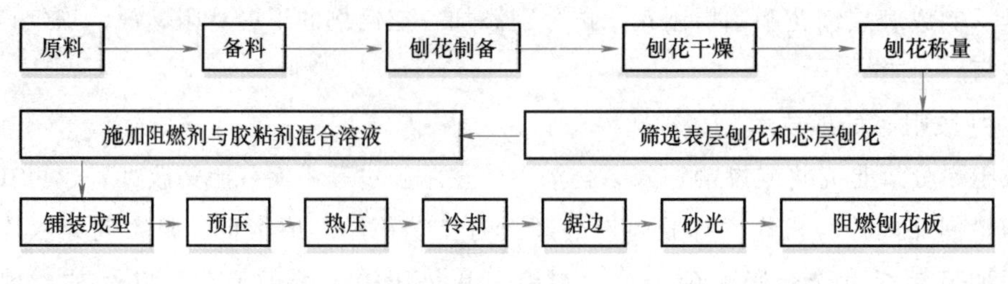

图 8-18　阻燃刨花板生产工艺流程

8.6.3　阻燃刨花板应用场景

阻燃刨花板种类繁多，常用的阻燃刨花板是利用平压法生产的木质普通阻燃刨花板和定向阻燃刨花板，这两种阻燃刨花板具有生产效率高、产品质量稳定等优点。图 8-19 所示为阻燃刨花板作为建筑材料的主要应用场景。

a) 地板　b) 墙板　c) 饰面板

d) 厨房箱柜　e) 门板　f) 楼梯踏脚板

图 8-19　阻燃刨花板作为建筑材料的主要应用场景

（1）建筑材料

阻燃刨花板产品可用于木结构房屋建筑，包括建筑墙板、屋顶板、地板和楼面板等。阻燃刨花板还可与木材一起做成工字梁，用作木结构建筑的承重结构。在北美国家，阻燃刨花板被大量用于中高档独幢住宅、普通住房或保障房的建造。

（2）家具装饰

饰面定向阻燃刨花板在经过贴面或浸渍胶膜纸饰面加工后，可以用于制造家具和木制品。阻燃刨花板的各项力学性能远优于普通刨花板，接近甚至超过胶合板，具有良好的锯、刨、钻、钉等加工性能，是家具装饰材料领域天然木材的理想替代品。

（3）包装材料

经过高温干燥和热压后的定向阻燃刨花板是国际公认的免检包装材料，作为包装材料时的强度和防水性能均远优于实木板材。定向阻燃刨花板在其表面贴覆树脂胶膜纸或与竹刨切单板复合可以提高耐磨性，用于集装箱底板。

8.7 阻燃纸及其制品

纸及纸制品在人们生活和工作中扮演着重要的角色，而造纸工业在我国国民经济中也占有重要地位。纸及纸制品极易燃，燃点为 130～230℃，LOI 值为 15%～20%，对纸及纸制品进行阻燃处理是降低其火灾隐患、减少火灾损失的必要措施。

8.7.1 纸及其制品阻燃处理技术

纸及其制品的阻燃处理方法可以分为造纸过程中的阻燃改性和纸制品的阻燃改性两类。造纸过程中阻燃改性处理方法包括对纤维进行接枝改性，在打浆过程中加入不溶于水的阻燃剂等。对纸制品进行阻燃改性的方法包括表面涂敷、浸渍、施胶压榨和喷雾等。表面涂敷法和浸渍法是目前纸及纸制品的常用阻燃处理方法。

1. 造纸过程中的阻燃技术

（1）化学接枝法

化学接枝法利用含卤、磷、硼等元素的反应型阻燃剂与纤维素中的组分发生接枝反应，赋予纸张长期稳定的阻燃效果，这种稳定高效的阻燃方式是阻燃纸的主要发展方向。

（2）浆内添加法

浆内添加法是在纤维打浆或供浆系统中向浆料中添加阻燃剂从而制得阻燃纸的方法。此方法一般使用不溶于水的细粉末状阻燃剂，具有操作简单、添加部位灵活、阻燃剂分散均匀等优点，缺点是阻燃剂流失较严重，通常需要添加质量分数为 0.1%～0.5%的助留剂。

2. 纸制品的阻燃技术

（1）表面涂敷法

表面涂敷法是将不溶或难溶于水的阻燃剂和黏合剂等配制成涂料，涂敷于纸张表面，使纸张具有阻燃性能，此法对纸张的物理性能影响较小。表面涂敷法处理后的阻燃剂仅分布于纸张表面，不能赋予内部纸张阻燃性能，阻燃效果提升有限。

（2）浸渍法

浸渍法是将纸制品置于水溶性阻燃剂的水溶液或水分散液中进行浸渍从而制得阻燃纸的方法。此法要求纸张具有相当高的吸收性和湿强度，能在较大范围内调节吸收量，具有处理时间短、操作容易的优点，特别适用于装饰用皱纹纸、特殊壁纸、无纺布和建筑用纸的阻燃改性。

（3）施胶压榨法

施胶压榨法是通过施胶压榨方式使阻燃剂（可溶性阻燃剂）附着在纸张表面制成阻燃纸。由于纸张通过施胶压榨的阻燃剂吸收量有限，该方法制得阻燃纸的阻燃性能较低。

（4）喷雾法

喷雾法是将阻燃剂溶解于溶液中，以喷雾形式将阻燃剂留着在纸上，再经干燥箱干燥，制得阻燃纸。与浸渍法相比，喷雾法具有对纸张强度影响小和节省阻燃剂的优点。

8.7.2 阻燃纸及其制品生产工艺

阻燃纸及纸制品的生产工艺与制浆造纸工艺有关。制浆是使植物纤维原料转变为本色纸浆或漂白纸浆的生产过程，造纸则是由纸浆转变为纸的生产过程。制浆造纸工艺主要包括备料、制浆、打浆和调料等过程。

（1）备料

将不同性质的原料进行初步加工，以满足下一道工序的要求。

（2）制浆

制浆过程可以采用化学法、机械法或者两者结合法。化学法制浆是利用化学药剂把植物原料中的木质素除去，保留纤维素和半纤维素即得纸浆。机械法制浆是采用机械力把木材等原料送入急速转动的磨盘内，使纤维解离出来，得到机械浆或磨木浆。

（3）打浆

打浆就是对纸浆做进一步加工，目的是改善纤维的亲水性、可塑性，提高其交织能力。

（4）调料

在打浆结束前向浆料内加入一定量的胶料（松香）和沉淀剂（硫酸铝），再加入染料或增白剂（滑石粉或碳酸钙）等助剂，经搅拌、稀释、除砂、筛选等工序得到纸浆，最后将纸浆送入造纸机械内进行抄纸、平整、打包等工艺，得到成品纸。

在纸的多个生产步骤中引入阻燃处理工艺均可以获得阻燃纸及纸制品。工业生产中采用的方法主要包括：①在打浆时向浆内添加不溶性阻燃剂；②在制成纸后用阻燃液进行原纸的浸渍；③采用刷涂或涂敷方法，使阻燃液覆盖于纸的表面；④施胶压榨时加入阻燃剂。

8.7.3 阻燃纸及其制品应用场景

随着阻燃技术的发展，社会对阻燃纸及纸制品的环境友好性提出了更高的要求，无卤、高效、经济的环保型阻燃纸在包装、建筑和特种工业等领域得到广泛应用，如图 8-20 所示。

（1）绿色包装

阻燃纸被广泛应用于包装和物流领域，尤其是在香烟、电子产品和军事用品等易燃或贵重物品的储运中。例如，运输锂离子电池时就需采用阻燃处理过的瓦楞纸进行包装。

（2）电气和新能源设备

阻燃纸因其在“绝干”状态下电阻趋于“无限大”，广泛应用于电气绝缘设备，如作为高压变压器的成型材料和电缆的包缠材料等。此外，绝缘纸板还被用作电容器、隔膜纸、仪表、开关和变压器等构件用的电工纸板。

（3）装饰和建筑材料

随着阻燃纸功能越来越丰富，其在建筑和装饰领域的应用也更加多元化。例如，以漂白硫酸盐针叶木浆纤维为原料的阻燃纸兼具环保性、阻燃性和装饰性，可以替代以离心玻璃棉为代表的传统多孔吸声材料。此外，由纸基阻燃材料加工而成的墙壁纸板或墙壁填充物具有质轻、保温等特点，在建筑材料方面也有较好的应用。

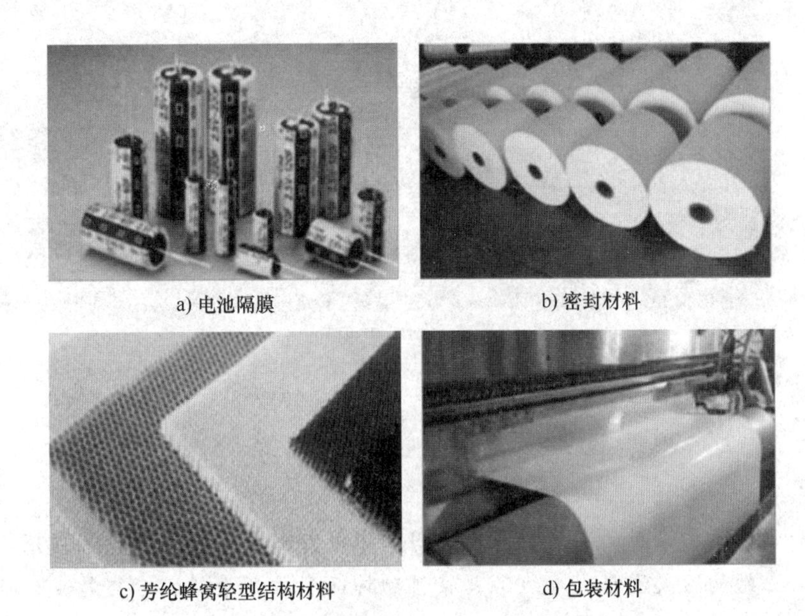

a) 电池隔膜　b) 密封材料

c) 芳纶蜂窝轻型结构材料　d) 包装材料

图 8-20　阻燃纸及其制品应用场景

（4）交通运输和航空航天

芳纶蜂窝纸是采用间位芳纶短切纤维和间位芳纶沉析纤维为原材料，通过造纸湿法成型和高温辊压而成的特种纸，具有良好的热稳定性、阻燃性、抗拉强度和抗撕裂强度。采用间位芳纶蜂窝纸制备的间位芳纶蜂窝材料，具有轻质、刚性较大、阻燃、绝缘、隔声和隔热等优点，广泛应用于轨道交通、飞机内饰等方面。例如，高速列车车厢内壁、顶棚和行李舱大量采用了具有机械强度高、质量小、结构件抗弯曲性能好、自熄性的芳纶蜂窝纸夹层结构。此外，芳纶纸蜂窝芯材可用于提升飞机地板、内装饰墙和机翼部件的结构承载力。

复习思考题

1. 木材的三种主要成分是什么？
2. 简要论述木材热解和燃烧过程。
3. 木材阻燃方法有哪些？
4. 阐述木材阻燃剂的分类、特点和基本要求。
5. 阐述木材阻燃剂的发展趋势。
6. 纤维板的阻燃方法有哪些？
7. 胶合板的阻燃方法有哪些？
8. 刨花板的阻燃方法有哪些？
9. 阐述阻燃纤维板、胶合板和刨花板的典型应用场景。
10. 工业上纸的阻燃处理工艺方法有哪几种？
11. 简述阻燃纸及其制品的具体应用场景。

第9章 防火涂料

教学要求

认识和掌握防火涂料的类型、基本作用、组成与配方设计原则；掌握钢结构防火涂料、混凝土结构防火涂料、电缆防火涂料和饰面型防火涂料的分类特点、技术要求与测试方法；了解防火涂料的未来发展趋势。

重点与难点

防火涂料的组成与配方设计、防火机理、技术要求与测试方法。

防火涂料是指涂覆于物体表面上，能降低物体表面的可燃性，阻隔热量向物体的传播，从而防止物体快速升温，阻滞火势的蔓延，提高物体耐火极限的物质。防火涂料由基料及阻燃添加剂两部分组成，除了具有普通涂料的装饰作用和对基材提供物理保护作用外，还具有隔热、阻燃和耐火的特殊功能，是一种集装饰和防火于一体的特种涂料。防火涂料作为与国民经济和国防工业各部门配套的重要工程材料，对防止初期火灾和减缓火势的蔓延扩大，保障国家和人民生命财产安全具有重要的意义。

9.1 概述

9.1.1 防火涂料的分类

防火涂料

防火涂料的类型可用不同的方法来定义，通常可以按以下方法进行分类。

1. 按所用的基料分类

按所用基料的性质不同，防火涂料可分为有机型防火涂料、无机型防火涂料和有机无机复合型防火涂料。有机型防火涂料是以天然的或合成的高分子树脂、高分子乳液为基料的防火涂料。无机型防火涂料是以无机黏结剂为基料的防火涂料。有机无机复合型防火涂料是由有机树脂或有机乳液和无机黏结剂复合而成的防火涂料。

2. 按分散介质分类

按分散介质的不同，防火涂料可分为溶剂型防火涂料和水溶型防火涂料。溶剂型防火涂料是指用汽油、烃类、酯类、酮类、芳香族类等有机溶剂作分散体和稀释剂，用溶剂型有机树脂作基料的防火涂料。水溶型防火涂料是指用水作为分散体和稀释剂，用水溶型树脂、乳液聚合物作基料的防火涂料。

3. 按防火形式分类

按涂层受热后的燃烧特性和状态变化，防火涂料可分为非膨胀型和膨胀型防火涂料两类。

（1）非膨胀型防火涂料

非膨胀型防火涂料又称隔热涂料，遇火时涂层体积基本不发生变化，而是形成可隔绝可燃物和氧气的釉状保护层，以有效延缓或终止燃烧反应。这类涂料所生成的釉状保护层导热系数往往较大，隔热效果差，一般需要较厚的涂层才能取得较好的防火效果。非膨胀型防火涂料的组成和特点如图 9-1 所示。

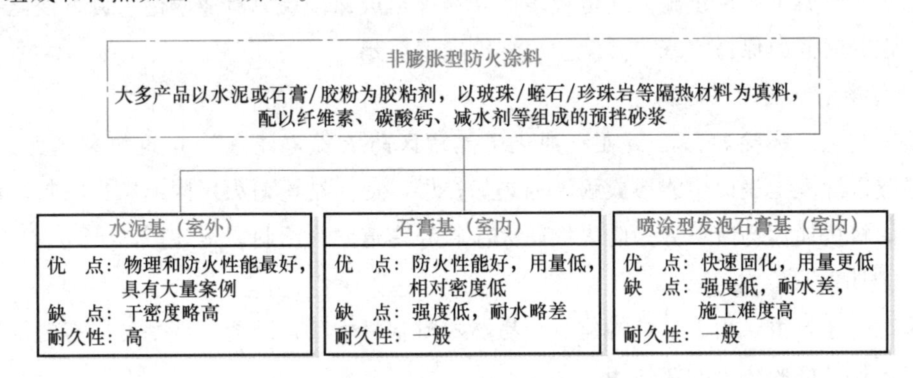

图 9-1 非膨胀型防火涂料的组成和特点

（2）膨胀型防火涂料

膨胀型防火涂料遇火时膨胀发泡形成泡沫层，以有效隔绝氧气和热量传递，从而有效延滞热量传向被保护基材的速率。涂层膨胀发泡产生泡沫层的过程因体积扩大而呈吸热反应，也消耗大量的热量，有利于降低体系的温度，故其防火隔热效果显著。现有的饰面型防火涂料、电缆防火涂料及超薄型钢结构防火涂料一般都采用膨胀阻燃技术。膨胀型防火涂料的组成和特点如图 9-2 所示。

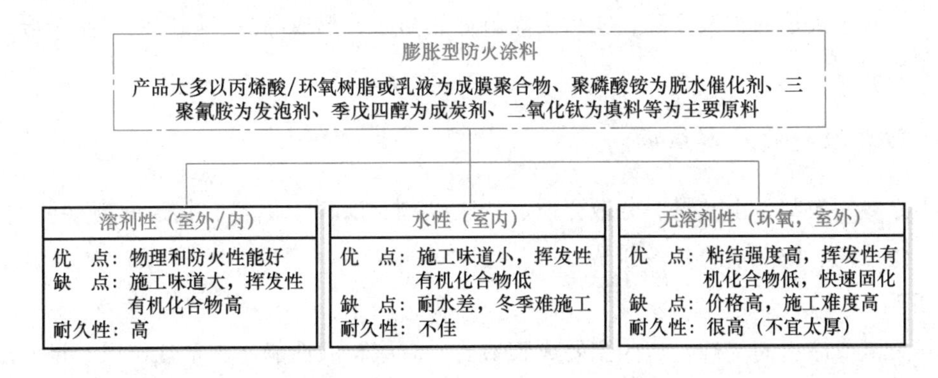

图 9-2 膨胀型防火涂料的组成和特点

4. 按使用范围分类

按使用范围的不同，防火涂料可分为饰面型防火涂料、钢结构防火涂料、电缆防火涂料、混凝土结构防火涂料、透明防火涂料等多种类型。

（1）饰面型防火涂料

饰面型防火涂料主要用于建筑物的易燃基材上，降低基材的火焰传播速度，防止火灾的迅速蔓延扩散，同时具有一定的装饰作用。

（2）钢结构防火涂料

钢结构防火涂料是施涂于建（构）筑物钢结构表面，能形成耐火隔热保护层以提高钢结构耐火极限的涂料。

（3）电缆防火涂料

电缆防火涂料主要用于施涂在电缆表面，遇火形成保护层以有效隔绝火源，使电缆受火时能在一定的时间内保持完好，并阻止火焰沿电缆蔓延。

（4）混凝土结构防火涂料

混凝土结构防火涂料是涂覆在石油化工储罐区防火堤等建（构）筑物和公路、铁路、城市交通隧道混凝土表面，能形成耐火隔热保护层以提高结构耐火极限的防火涂料。混凝土结构防火涂料按使用场所可分为防火堤防火涂料和隧道防火涂料。

（5）透明防火涂料

透明防火涂料主要用于木结构建筑和易燃塑料基材表面，既能保持基材原有的纹理和色泽，还能起到较好的防火隔热作用。

9.1.2 防火涂料的防火机理

要阻止燃烧的蔓延扩大，必须隔绝对被保护物体的任何形式的热量传导，而防火涂料就是依据该机理进行设计的。防火涂料之所以能够对物体起防火作用，主要归结于以下四个方面：①防火涂料本身具有难燃或不燃性，使被保护的可燃基材不直接与空气接触而延迟基材着火燃烧；②防火涂料遇火受热可分解出惰性气体，稀释被保护基材受热分解释放出的易燃气体和空气中的氧气，从而抑制燃烧；③防火涂料遇热能生成减缓及终止燃烧链锁反应的自由基，有效防止火焰的扩散蔓延；④防火涂料遇热膨胀，形成隔热、隔氧的膨胀炭层，阻止基材着火燃烧。

9.1.3 防火涂料的基本组成

防火涂料一般都是由基料、分散介质、防火助剂、颜料、填料、其他助剂（如增塑剂、稳定剂、防水剂、防潮剂等）等组成。

1. 基料

基料是组成涂料的基础，作为主要成膜物质，对涂料的性能起决定性作用。目前用于涂料制备的大部分基料同样适于作为防火涂料的基料，但防火涂料自身的特殊性使其在基料的选用上有相应的特点。从防火效果考虑，选用本身具有阻燃性能的树脂作为基料，防火效果往往更好。如分子结构中含卤族元素（一般为氯和溴）、磷、氮等元素的树脂（如卤化的聚丙烯酸酯乳液、氯乙烯-偏二氯乙烯共聚乳液、氯化橡胶等）本身具有较好的阻燃作用，将其与其他树脂混用后可成为防火性能良好的涂料基料。一些无机涂料基料由于其自身的不燃性，作为防火涂料的基料，尤其是非膨胀型防火涂料的基料具有良好的防火性能，如硅酸盐（如硅酸锂、硅酸钾、硅酸钠等）、硅溶胶、磷酸盐（如磷酸氢铝）等。但无机防火涂料的涂膜性能差且装饰效果不良，在实际中应用受到一定限制。

从理化性能考虑，防火涂料需要与被保护基材保持较好的黏结强度，而防火涂料附着力与树脂种类和基材性能有关。如环氧树脂的分子链上含有羟基，丙烯酸酯树脂的分子链上含有酯基，二者对钢材的粘接特别有效；聚乙烯醇缩丁醛的分子链上含有羟基、乙酰基和缩醛基，对钢材、水泥和塑料等基材的附着力都较好。单纯的过氯乙烯树脂和高氯化聚乙烯树脂虽然阻燃效果很好，但树脂本身较脆，丰满度、光泽和附着力均不够理想，常需要与其他树脂（如醇酸树脂、丙烯酸酯树脂）共混来提高附着力。

从与涂料中其他组分的配合方面考虑，基料树脂的相对分子质量必须加以控制。通常基材树脂的相对分子质量越大，理化性能越好。但相对分子质量太大的树脂在溶剂中的溶解度以及对阻燃剂、颜填料表面的润湿性和与添加剂之间的混溶性往往不好。例如，过氯乙烯树脂必须经过塑炼，使大分子链发生一定程度的降解，以增加对颜料的润湿，否则配制的防火涂料在储存过程中会沉降结块。

从涂料的耐候性角度来考虑，聚氯乙烯、过氯乙烯、高氯化聚乙烯等含氯量高的树脂对光、热都不太稳定，在光和热的作用下容易放出 HCl 并在主链上形成双键。双键的形成不仅使涂层变色，而且容易被氧化，使分子链进一步断裂或交联，导致涂层性能降低。因此，常需加入稳定剂来抑制涂层老化。

除考虑上述因素外，防火涂料还应具有良好的耐水性、耐酸性、耐碱性、防霉性和防腐蚀性等。在实际应用过程中，单独使用一种树脂往往达不到预期的效果，常将几种树脂混合使用，以达到取长补短的目的。

2. 防火助剂

防火助剂是防火涂料能起到防火作用的关键组分，非膨胀型和膨胀型防火涂料所选用的防火助剂存在较大差别。非膨胀型防火涂料的防火助剂是在受火分解时能放出不燃性气体或本身不燃且导热系数很低的物质，常用的有硼酸锌、氢氧化镁、氢氧化铝、磷系阻燃剂和卤素阻燃剂等。膨胀型防火涂料用的防火助剂通常不是单独的一种物质，而是一种组合体系，包括成炭催化剂（酸源）、成炭剂（碳源）和发泡剂（气源）三部分。成炭催化剂是一种能在高温或火焰的作用下分解出酸类物质，促使成炭剂失水炭化的材料，主要有聚磷酸铵、硫酸铵、磷酸铵、三聚氰胺、三（二溴丙基）磷酸酯、三氯乙基磷酸酯、磷酸二氢铵、磷酸氢二铵等。发泡剂是在涂层受热时能分解出不燃性气体（水蒸气、氨气、二氧化碳等），使涂层膨胀发泡的物质，包括双氰胺、三聚氰胺、氯化联苯、氯化石蜡、氨基树脂等。成炭剂是在发泡剂使涂层发泡后，在成炭催化剂作用下使涂层形成炭化层的物质，一般为含高碳的有机化合物，如淀粉、葡萄糖、改性纤维素、季戊四醇、双季戊四醇等。

3. 颜料与填料

颜料在防火涂料中不仅起到着色的作用，对改善防火涂料的理化和力学性能也有重要作用。防火涂料中常用的颜料有白色颜料（钛白粉、氧化锌、立德粉）、红色颜料（氧化铁红、甲苯胺红、大红粉、镉红、钼镉红）、橙色颜料、黄色颜料（钼铬橙、铬黄、氧化铁黄、镉黄、耐晒黄 G）、绿色颜料（铅铬绿、氧化铬绿、酞青绿）、蓝色颜料（铁蓝、群青、酞菁蓝）、黑色颜料（铁黑、炭黑）等。合理选择和使用颜料，往往能起到事半功倍的效果。如在含卤防火涂料中利用三氧化二锑部分替代钛白粉既起到了颜料的着色作用，又提高了防火性能。此外，颜料还对涂料的流平性、耐候性、耐化学品性等有很大影响。

在涂料工业中，填料又称体质颜料。防火涂料中常用的填料有碳酸钙、滑石粉、高岭土、水滑石、云母粉、硅藻土、重晶石粉、沉淀硫酸钡、凹凸棒粉、硅灰石粉、白炭黑、蛭石、珍珠岩等。合理地选用填料，能够有效提高防火涂料的理化和防火性能。例如，为了防止涂层使用过程中出现流挂和开裂现象并增强炭层强度，常添加少量的玻璃纤维、石棉纤维、硅酸铝纤维、镁盐晶须等纤维状填料对涂层进行改性。

4. 其他助剂

助剂是涂料生产中不可缺少的重要组成部分，对涂料和涂膜的性能会产生很大的影响，可有效改善涂料的柔韧性、弹性、附着力、稳定性等性能。根据在涂料生产和使用各阶段的作用，助剂可分为许多类型，为了控制涂膜表面弊病而使用的助剂，统称为表面状态控制剂，包括流平剂、浮色发花防止剂、消泡剂、分散剂、流挂防止剂等。部分助剂是在防火涂料配制时用以提高生产效率和提高产品质量的，如润湿剂、分散剂、消泡剂、增稠剂等。部分助剂则是单纯为提高涂料或涂层性能而添加的，如增塑剂、成膜助剂、防霉剂等。防火涂料具有涂料的基本特征，一般涂料中使用的各种助剂在防火涂料中通常也能选用，但从防火角度出发，应尽可能地选用能够增加阻燃效果的原材料。

9.1.4 防火涂料的配方设计

防火涂料的配方设计主要应考虑以下几个方面：基料类型的选择、分散介质的选择、防火助剂的选择与匹配、颜料和填料的选择、各组成之间的比例的确定、生产工艺条件和施工工艺的确定等。在防火涂料配色设计前，首先应根据防火涂料的类型、用途、特性和质量指标确定基料，然后根据基料相应选择分散介质、防火助剂、颜料、填料和其他助剂。

膨胀型防火涂料设计配方时，要根据涂层正常使用条件和施工条件、涂层所受的高温火焰条件及其阻燃能力等性能要求进行设计，基本原则包括质量分数的设计原则和组分之间的配合原则两个方面。

1. 质量分数的设计原则

在膨胀型防火涂料组成中，起膨胀作用的组分（包括颜料、填料）的比例一般要占总质量的50%~60%，基料和添加剂占20%~30%，溶剂占10%~20%。另外，起膨胀作用的三种化学物质不是以任意比例相配合的，一般情况下，大多数配方中的成炭催化剂的占比为40%~60%、炭化剂为20%~30%、发泡剂为20%~30%。

2. 组分之间的配合原则

要得到高效的炭化层，防火涂料中基料树脂的熔融温度、发泡剂的分解温度及泡沫炭化的温度必须配合恰当。当涂层受热时，首先是基料树脂软化熔融，引起整个涂层的软化、塑化，这时发泡剂达到分解温度，释放出不燃性气体，并使涂层膨胀成泡沫层，同时脱水催化剂分解生成的磷酸、聚磷酸呈熔融黏稠体作用于泡沫层，使涂层中的含羟基有机物发生脱水成炭反应。当泡沫达到最大体积时，泡沫凝固炭化，使生成的多孔的海绵状炭化层定形，泡沫的发泡效率取决于组分之间反应速率的协调配合。当基料树脂的熔融温度与发泡剂的分解温度相差太大时，对涂层的防火性能有不利影响。当采用热塑性树脂作为膨胀型防火涂料的基料时，一般要求基料树脂的熔融温度比发泡剂和催化剂的分解温度略低。

根据以上原则，水性膨胀型防火涂料配方设计中采用环氧树脂作为基料、三聚氰胺（MEL）作为发泡剂、季戊四醇（PER）作为炭化剂、高聚合度的聚磷酸铵（APP）作为成炭催化剂可以较好匹配。同时，添加钛白粉、氧化锌、三氧化二锑、滑石粉、凹凸棒土、二氧化硅等部分耐火填料，既可提高发泡层的强度，又可有效提高涂层的阻燃和抑烟性能。二氧化硅在水性膨胀型防火涂料（APP-PER-MEL 阻燃体系）中的协效阻燃机理如图 9-3 所示。

9.1.5 防火涂料的发展趋势

随着人们对环境保护、节约能源的意识的提高，防火涂料也正向着无毒、无污染、节能、高效的方向发展，并进一步提高了防火涂料的耐候性和涂饰性要求。

1）采用高效、多效、低水溶性的膨胀阻燃体系，进一步提高涂层的耐热性能，如采用聚合度较高的聚磷酸铵、微胶囊包覆聚磷酸铵、三源一体单组分膨胀阻燃剂等。

2）通过多种阻燃剂协效作用，利用协效效应提高涂层的阻燃效果，如卤-磷协效体系、硼-磷协效体系等。

3）通过树脂的筛选、拼混和改性来提高涂料的综合性能，如利用丙烯酸改性水性聚氨酯涂料。

4）为防止酸碱、空气中的氧化物等与防火涂料直接接触，提高涂层的耐水、耐盐、紫外辐射等特定要求，需研发多功能防火涂料，如防腐防火一体化防火涂料、超薄型钢结构防火涂料、水性膨胀型防火涂料和有机无机复合型防火涂料等。

5）将计算机模拟技术和在线监测技术（如近红外在线监测）引入阻燃涂料的生产工艺中，降低生产过程中残留物排放量，降低生产成本。

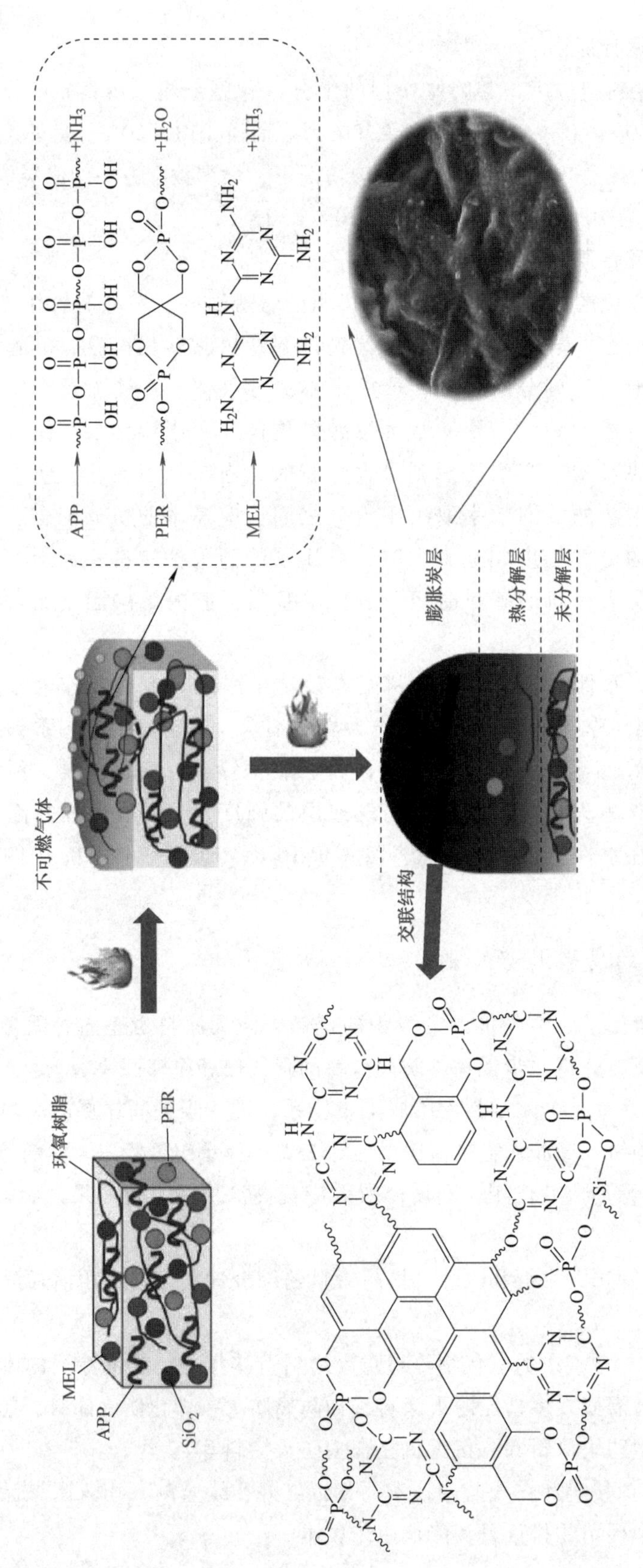

图 9-3　二氧化硅在水性膨胀型防火涂料中的协效阻燃机理

9.2 钢结构防火涂料

钢结构具有环保、质量轻、抗震性能优异、施工方便等优点，但在高温下易发生结构变形和力学性能劣化。普通结构钢在不同温度下的应力-应变曲线如图9-4所示。当温度超过500℃时，钢材即使在较低应力下也可能发生较大的形变。当达到临界温度540℃时，钢结构力学性能迅速下降并低于建筑结构所要求的屈服强度和承载应力，将失去支撑能力，造成建筑物坍塌等事故。建构筑物一旦发生火灾，火场温度能在10min左右便能达到700℃；若存在烃类化合物，火场温度在5min可达1000℃。在钢结构表面涂覆防火涂料是最经济、有效、简便的防火方法之一。钢结构防火涂料在满足防火要求的同时，能满足人们对装饰性的要求，特别适用于重点工程和表面积较小的钢桁架、钢网、钢条等非承重钢结构。

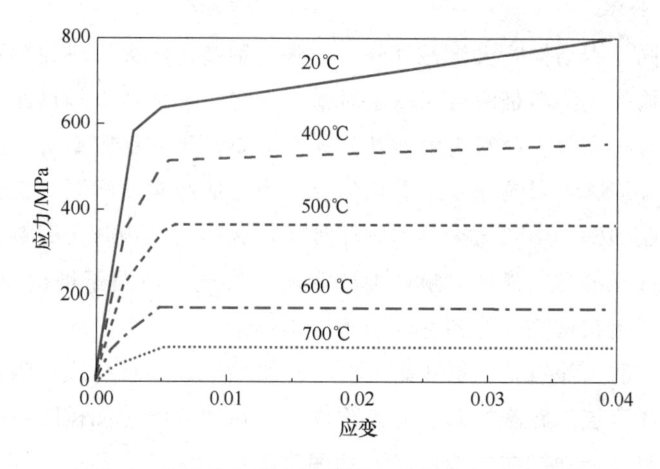

图9-4 普通结构钢在不同温度下的应力-应变曲线

9.2.1 钢结构防火涂料的分类与特点

钢结构防火涂料可根据火灾防护对象、使用场所、分散介质、防火机理、厚度等进行分类。

1. 按火灾防护对象分类

按火灾防护对象不同，钢结构防火涂料可分为普通钢结构防火涂料和特种钢结构防火涂料。普通钢结构防火涂料是用于普通工业与民用建（构）筑物钢结构表面的防火涂料。特种钢结构防火涂料是用于特殊建（构）筑物钢结构表面的防火涂料，如石油化工设施、变电站等。

2. 按使用场所分类

按使用场所不同，钢结构防火涂料可分为室内钢结构防火涂料和室外钢结构防火涂料。室内钢结构防火涂料是用于建筑物室内或隐蔽工程的钢结构表面的防火涂料。当室内裸钢结构、轻屋面钢结构和具有装饰要求的钢结构的耐火极限小于或等于1.5h时，宜选用薄涂型钢结构防火涂料。当室内隐蔽钢结构、高层全钢结构和多层厂房钢结构的耐火极限大于

1.5h 时，宜选用厚涂型钢结构防火涂料和非膨胀型防火涂料。

室外钢结构防火涂料是用于建筑物室外或露天工程的钢结构表面的防火涂料。室外和半室外钢结构的环境条件比室内钢结构更加恶劣，对膨胀型防火涂料的耐水性、耐寒性、耐热性、耐光老化性要求较高，应选择符合环境性能要求、适合室外使用的钢结构防火涂料。

3. 按分散介质分类

按分散介质不同，钢结构防火涂料可分为水基性钢结构防火涂料和溶剂性钢结构防火涂料。水基性钢结构防火涂料是以水作为分散介质，生产和使用过程中不产生可挥发性有机物，对环境基本没有危害，符合国家的环保要求。溶剂性钢结构防火涂料是以有机溶剂作为分散介质，分散介质对人体和周围物质有一定的腐蚀或危害，同时在生产和使用过程中会产生大量的可挥发性有机物，对环境造成一定的危害，与环保要求存在一定差距。

4. 按防火机理分类

按防火机理不同，钢结构防火涂料可分为膨胀型钢结构防火涂料和非膨胀型钢结构防火涂料。膨胀型钢结构防火涂料是涂层在高温时膨胀发泡，形成耐火隔热保护层的钢结构防火涂料。该类涂料以有机高分子材料为主，其防火性能要优于非膨胀型防火涂料，但相比于非膨胀型涂层极易受环境因素影响而发生老化失效。根据成膜物质不同，膨胀型钢结构防火涂料可分为环氧类膨胀型钢结构防火涂料和非环氧类膨胀型钢结构防火涂料。环氧类膨胀型钢结构防火涂料具有优异的黏结强度、耐候性能和防火性能，适用于钢构件、全钢结构建筑、海洋工程及石化工程钢结构建筑等各种钢结构应用场景。

非膨胀型钢结构防火涂料是涂层在高温时不膨胀发泡，其自身成为耐火隔热保护层的钢结构防火涂料。该类涂层以膨胀蛭石、膨胀珍珠岩、矿物纤维等无机隔热材料和无机黏结剂制作而成，具有隔热性能和黏结性能良好、物理化学性能稳定、寿命长等优点。但非膨胀型防火涂料的涂层强度低、表面外观差，适用于设计耐火极限大于 1.5h 的钢构件及全钢结构建筑、设计耐火极限大于 2.0h 的构件、室内遮蔽钢结构、海洋工程及石化工程钢结构建筑。

5. 按厚度分类

按厚度不同，钢结构防火涂料可分为厚涂型钢结构防火涂料、薄涂型钢结构防火涂料和超薄型钢结构防火涂料。厚涂型钢结构防火涂料涂层厚度在 7~45mm，多为蛭石水泥系、矿纤维水泥系、氢氧化镁水泥系和其他无机轻体系等隔热型防火涂料，施工多采用喷涂或批刮工艺，主要用于耐火极限要求在 2h 以上的钢结构建筑。薄涂型钢结构防火涂料是指涂层使用厚度在 3~7mm 的钢结构防火涂料，该类涂料一般分为底涂（隔热层）和面涂（装饰发泡层）两层。薄涂型钢结构防火涂料的装饰性比厚涂隔热型防火涂料好，施工多采用喷涂，一般用于设计耐火极限不超过 2h 的钢构件。超薄型钢结构防火涂料是指涂层使用厚度不超过 3mm 的钢结构防火涂料，具有施工方便、室温自干、耐水耐候、附着力强等特点，一般用于设计耐火极限在 2h 以内钢构件。薄涂型和超薄型防火涂料基本上是膨胀型防火涂料，而厚涂型钢结构防火涂料则是非膨胀型防火涂料。GB 14907—2018《钢结构防火涂料》规定，膨胀型钢结构防火涂料的涂层厚度不应小于 1.5mm，非膨胀型钢结构防火涂料的涂层厚度不应小于 15mm。

9.2.2 钢结构防火涂料的防火机理

钢结构防火保护原理主要有形成屏蔽层阻隔火焰或高温、通过吸热材料转移传递给钢材的热量、利用绝缘材料阻隔外界的热量传递等。钢结构防火保护方法有外包法、充水法、屏蔽法和涂覆防火涂料，其中涂覆防火涂料是最实用和简捷的途径。下面分别介绍膨胀型和非膨胀型钢结构防火涂料的防火机理。

1. 膨胀型钢结构防火涂料的防火机理

膨胀型钢结构防火涂料主要由黏结剂（成膜聚合物）、催化成炭剂、发泡剂、成炭剂等组成，遇火后迅速膨胀，形成致密的蜂窝状炭质泡沫隔热层，在钢结构和火焰之间形成隔热屏障，减缓热量向内部传递，以提高钢结构的耐火时间。此外，涂层膨胀发泡过程及不燃性气体形成过程均为吸热过程，会消耗大量的热量，有利于降低体系的温度。膨胀型钢结构防火涂料的膨胀成炭过程示意如图 9-5 所示。

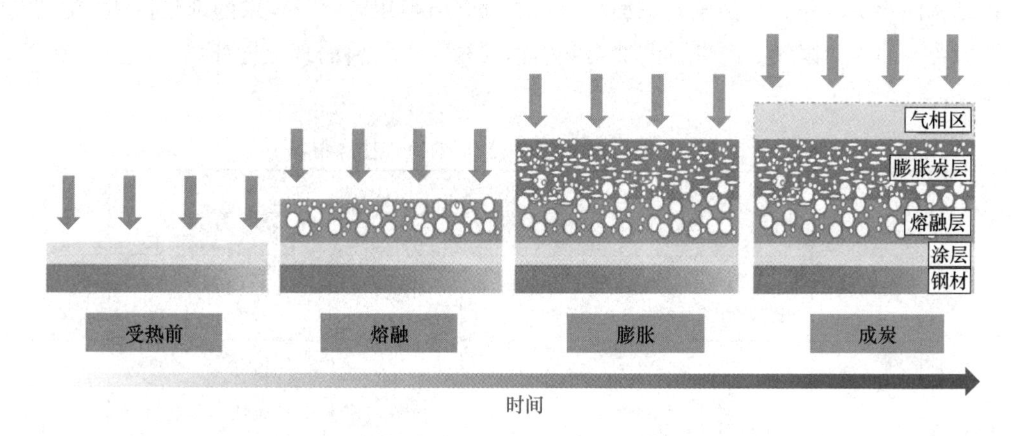

图 9-5 膨胀型钢结构防火涂料的膨胀成炭过程示意

2. 非膨胀型钢结构防火涂料的防火机理

非膨胀型钢结构防火涂料通过以下三种方式对钢结构进行防火保护：①防火涂料的涂层本身是不燃的，对钢构件起屏障和防止热辐射作用，避免火焰和高温直接作用于钢构件；②在火焰或高温作用下分解出不燃性气体（如水蒸气、二氧化碳等），降低反应区氧气和可燃气浓度并吸收热量，降低体系的温度；③在火焰或高温作用下形成不燃性的釉状保护层，隔绝热量传递，以有效减缓钢结构的升温速率。非膨胀型防火涂料生成的釉状保护层导热系数往往较大，隔热效果差，需要较厚涂层才能达到防火设计要求。

9.2.3 钢结构防火涂料的性能要求

1. 耐火性能要求

耐火性能是钢结构防火涂料的重要性能，钢结构防火涂料的耐火性能以涂覆钢构件的涂层厚度和对应的耐火极限来表示。根据 GB 14907—2018《钢结构防火涂料》的规定，钢结构防火涂料的耐火极限分为 0.50h、1.00h、1.50h、2.00h、2.50h 和 3.00h，其耐火性能分级代号见表 9-1。

表 9-1 钢结构防火涂料耐火性能分级代号

耐火极限 F_r/h	耐火性能分级代号	
	普通钢结构防火涂料	特种钢结构防火涂料
$0.50 \leqslant F_r < 1.00$	$F_p 0.50$	$F_t 0.50$
$1.00 \leqslant F_r < 1.50$	$F_p 1.00$	$F_t 1.00$
$1.50 \leqslant F_r < 2.00$	$F_p 1.50$	$F_t 1.50$
$2.00 \leqslant F_r < 2.50$	$F_p 2.00$	$F_t 2.00$
$2.50 \leqslant F_r < 3.00$	$F_p 2.50$	$F_t 2.50$
$F_r \geqslant 3.00$	$F_p 3.00$	$F_t 3.00$

注：F_p 采用建筑纤维类火灾升温试验条件；F_t 采用烃类（HC）火灾升温试验条件。

2. 理化性能要求

钢结构防火涂料作为保护层和饰面材料，必须具有适用对象所要求的理化性能，这些理化性能按照普通油漆的国家标准进行测试。室内钢结构防火涂料的理化性能指标应符合表 9-2 中的规定。

表 9-2 室内钢结构防火涂料的理化性能指标

理化性能项目	技术指标		缺陷类别
	膨胀型	非膨胀型	
在容器中的状态	经搅拌后呈均匀细腻状态或稠厚流体状态，无结块	经搅拌后呈均匀稠厚流体状态，无结块	C
表干时间/h	≤12	≤24	C
初期干燥抗裂性	不应出现裂纹	允许出现 1~3 条裂纹，其宽度应≤0.5mm	C
黏结强度/MPa	≥0.15	≥0.04	A
抗压强度/MPa	—	≥0.3	C
干密度/(kg/m³)	—	≤500	C
隔热效率偏差	±15%	±15%	—
pH 值	≥7	≥7	C
耐水性	24h 试验后，涂层应无起层、发泡、脱落现象，且隔热效率衰减量应≤35%	24h 试验后，涂层应无起层、发泡、脱落现象，且隔热效率衰减量应≤35%	A
耐冷热循环性	15 次试验后，涂层应无开裂、剥落、起泡现象，且隔热效率衰减量应≤35%	15 次试验后，涂层应无开裂、剥落、起泡现象，且隔热效率衰减量应≤35%	B

注：1. A 为致命缺陷，B 为严重缺陷，C 为轻缺陷；“—”表示无要求。
2. 隔热效率偏差只作为出厂检验项目。
3. pH 值只适用于水基性钢结构防火涂料。

室外钢结构防火涂料的理化性能指标应符合表 9-3 中的规定。

表 9-3 室外钢结构防火涂料的理化性能指标

理化性能项目	技术指标		缺陷类别
	膨胀型	非膨胀型	
在容器中的状态	经搅拌后呈均匀细腻状态或稠厚流体状态，无结块	经搅拌后呈均匀稠厚流体状态，无结块	C
表干时间/h	≤12	≤24	C
初期干燥抗裂性	不应出现裂纹	允许出现 1~3 条裂纹，其宽度应≤0.5mm	C
黏结强度/MPa	≥0.15	≥0.04	A
抗压强度/MPa	—	≥0.5	C
干密度/(kg/m^3)	—	≤650	C
隔热效率偏差	±15%	±15%	—
pH 值	≥7	≥7	C
耐曝热性	720h 试验后，涂层应无起层、脱落、空鼓、开裂现象，且隔热效率衰减量应≤35%	720h 试验后，涂层应无起层、脱落、空鼓、开裂现象，且隔热效率衰减量应≤35%	B
耐湿热性	504h 试验后，涂层应无起层、脱落现象，且隔热效率衰减量应≤35%	504h 试验后，涂层应无起层、脱落现象，且隔热效率衰减量应≤35%	B
耐冻融循环性	15 次试验后，涂层应无开裂、脱落、起泡现象，且隔热效率衰减量应≤35%	15 次试验后，涂层应无开裂、脱落、起泡现象，且隔热效率衰减量应≤35%	B
耐酸性	360h 试验后，涂层应无起层、脱落、开裂现象，且隔热效率衰减量应≤35%	360h 试验后，涂层应无起层、脱落、开裂现象，且隔热效率衰减量应≤35%	B
耐碱性	360h 试验后，涂层应无起层、脱落、开裂现象，且隔热效率衰减量应≤35%	360h 试验后，涂层应无起层、脱落、开裂现象，且隔热效率衰减量应≤35%	B
耐盐雾腐蚀性	30 次试验后，涂层应无起泡，明显的变质、软化现象，且隔热效率衰减量应≤35%	30 次试验后，涂层应无起泡，明显的变质、软化现象，且隔热效率衰减量应≤35%	B
耐紫外线辐照性	60 次试验后，涂层应无起层，开裂、粉化现象，且隔热效率衰减量应≤35%	60 次试验后，涂层应无起层，开裂、粉化现象，且隔热效率衰减量应≤35%	B

9.2.4 钢结构防火涂料的防火保护设计

钢构件防火保护设计要根据被保护材料的热工性能，通过等效热传导系数法、多尺度反演热工参数法等计算其理论上需要使用的防火涂料厚度。以等效热传导系数法为例，可采用式（9-1）和式（9-2）计算钢结构防火涂料保护层的等效热阻。

膨胀型防火涂料保护层的等效热阻，可根据标准耐火试验得到的钢构件实测升温曲线按式（9-1）计算：

$$R_{\mathrm{i}}=\frac{5\times10^{-5}}{\left(\frac{T_{\mathrm{S}}-T_{\mathrm{S0}}}{t_0}+0.2\right)^2-0.044}\frac{F_{\mathrm{i}}}{V} \tag{9-1}$$

式中，R_{i} 为防火涂料保护层的等效热阻（对应于该防火涂料保护层厚度）（m^2 · ℃/W）；$\frac{F_{\mathrm{i}}}{V}$ 为有防火保护钢试件的截面形状系数（m^{-1}），应按 GB 51249—2017《建筑钢结构防火技术规范》第 6.2.2 条计算；T_{S0}为开始时钢试件的温度（℃），可取 20℃；T_{S} 为钢试件的平均温度（℃），取 540℃；t_0 为钢试件的平均温度达到 540℃的时间（s）。

非膨胀型防火涂料的等效热传导系数可根据标准耐火试验得到的钢试件实测升温曲线和试件的保护层厚度按式（9-2）计算：

$$\lambda_{\mathrm{i}}=\frac{d_{\mathrm{i}}}{\dfrac{5\times10^{-5}}{\left(\frac{T_{\mathrm{S}}-T_{\mathrm{S0}}}{t_0}+0.2\right)^2-0.044}\dfrac{F_{\mathrm{i}}}{V}} \tag{9-2}$$

式中，λ_{i} 为等效热传导系数［W/(m · ℃)］；d_{i} 为防火涂料保护层的厚度（m）。

防火涂料保护下钢结构构件的耐火验算可采用耐火极限法、承载力法或临界温度法进行。

1. 耐火极限法

在设计荷载作用下，火灾下防火涂料保护的钢结构构件的实际耐火极限不应小于其设计耐火极限。防火涂料保护下钢构件的实际耐火极限可按照 GB/T 9978—2008《建筑构件耐火试验方法》试验测定。

2. 承载力法

在设计耐火极限时间内，火灾下防火涂料保护的钢结构构件的承载力设计值不应小于其最不利的荷载（作用）组合效应设计值。承载力法计算钢结构防火涂料保护层厚度流程如图 9-6 所示。首先确定一定的防火层厚度、明确火灾场景，然后进行空气升温和结构升温计算，对结构受力进行分析，按照概率统计和可靠度理论把各种荷载效应按一定规律加以组合，验算构件耐火承载力是否满足设计要求。

3. 临界温度法

在设计耐火极限时间内，火灾下防火涂料保护的钢结构构件的最高温度不应高于其临界温度。临界温度法计算钢结构防火涂料保护层厚度流程如图 9-7 所示。首先，在无温度应力情况下进行结构受力分析、荷载效应组合，之后计算该情况下的临界温度，再按照该临界温度重新计算结构内力、进行荷载效应组合；将结构内力和荷载效应组合的设计值与计算值进行比较后，确定火灾场景、进行空气升温计算，计算防火涂料保护层厚度。

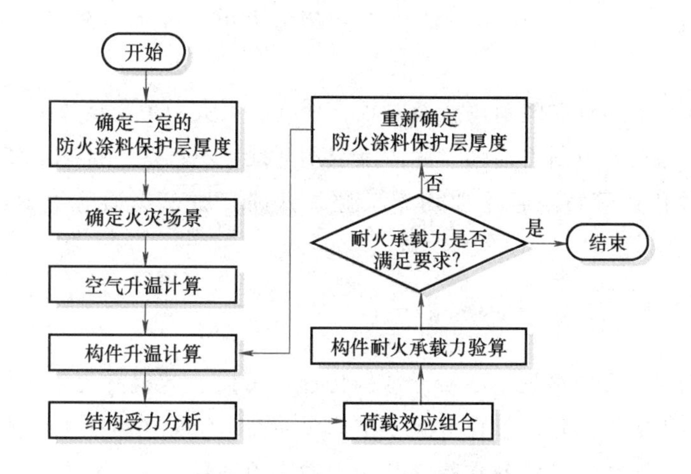

图 9-6 承载力法计算钢结构防火涂料保护层厚度流程

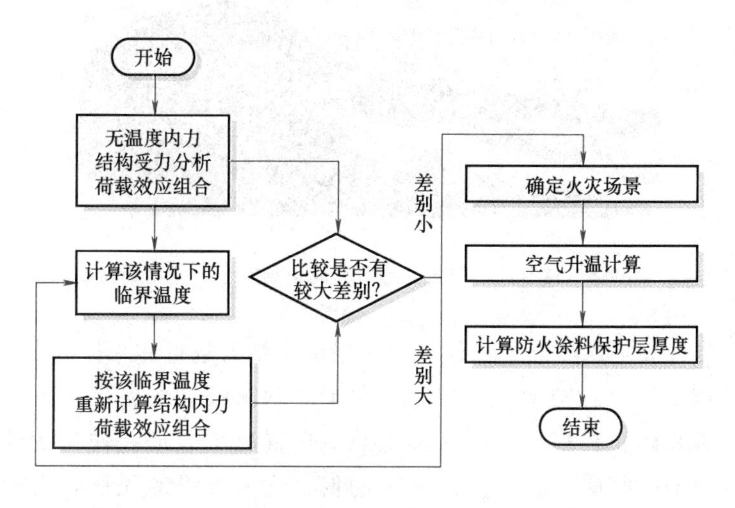

图 9-7 临界温度法计算钢结构防火涂料保护层厚度流程

9.3 混凝土结构防火涂料

混凝土是当今建筑材料中用量最大、应用面最广的材料，虽然混凝土不会燃烧，但是钢筋混凝土的耐热能力很差，在高温下强度会大幅度下降，造成建筑物的损坏和坍塌。因此，有必要对混凝土材料进行防火保护，涂覆混凝土结构防火涂料是最为简便和常用的方式之一。

9.3.1 混凝土结构防火涂料的分类与特点

混凝土结构防火涂料根据使用场所可分为防火堤防火涂料和隧道防火涂料。防火堤防火涂料是用于石油化工储罐区防火堤上的隔热型防火涂料，主要成分是耐高温黏结剂和轻质耐火材料。防火堤防火涂料具有耐高温、耐低温、耐紫外线、耐干燥、耐雨水冲刷、耐有机溶剂浸泡等特点，主要用于石油化工储罐防火堤、隔堤、防护墙和隔墙等建筑结构的防火保护。

隧道防火涂料是专门针对隧道内壁及拱顶，使其在火灾中免受烧损而专门设计的一种特种涂料。隧道防火涂料具有附着力强、耐潮湿、不开裂、不剥落、抗冻、使用寿命长、施工工艺简单、干燥固化快等特点，主要用于公路、铁路、城市交通隧道混凝土结构表面的防护。

9.3.2 混凝土结构防火涂料的防火机理

通过阻止或延缓外界的热量向混凝土结构传递，可以有效提升混凝土结构的耐火极限，确保混凝土结构在火灾中的强度。在混凝土结构表面涂覆防火涂料能很好地满足其防火和装饰要求，其中混凝土结构防火涂料在隧道结构中的应用场景如图 9-8 所示。

图 9-8 混凝土结构防火涂料在隧道结构中的应用场景

混凝土结构防火涂料通过以下三种方式对混凝土结构进行防火保护：①混凝土结构防火涂料本身不燃或难燃，且密度轻、导热系数低、耐火性能好，可有效地阻隔火焰和热量，对基材起屏障和防止热辐射作用，降低热量向混凝土表面及内部的传递速度，以推迟其温升和强度变弱的时间；②防火涂料中的低密度耐高温的无机物或中空微球等材料本身是不燃的，其导热系数低，可以延滞热量传向被保护基材，成膜时形成导热系数低的耐烧隔热炭层，避免火焰和高温直接接触被保护的混凝土结构；③涂料中部分组分遇火相互反应而生成不燃气体以稀释空气和氧气的浓度，并形成结构致密的不燃性“釉质层”以隔绝空气，反应过程还会消耗大量的热量，有利于降低体系的温度，从而提高混凝土结构的耐火极限。

9.3.3 混凝土结构防火涂料的性能要求

1. 耐火性能要求

混凝土结构防火涂料的耐火性能应符合 GB 28375—2012《混凝土结构防火涂料》的技术要求，见表 9-4。表 9-4 中标准耐火试验升温条件按 GB/T 9978.1—2008《建筑构件耐火试验方法 第 1 部分：通用要求》中第 6 章的要求进行；HC 升温耐火试验条件、石油化工升温耐火试验条件、隧道耐火试验 RABT 升温耐火试验条件按 XF/T 714—2007《构件用防火保护材料快速升温耐火试验方法》中的要求进行。

表 9-4 混凝土结构防火涂料的耐火性能的技术要求

耐火试验升温曲线	耐火性能/h	
	防火堤防火涂料	隧道防火涂料
标准升温曲线	≥2.00	≥2.00
HC 升温曲线	≥2.00	≥2.00
石油化工升温曲线	≥2.00	—
隧道耐火试验 RABT 升温曲线	—	升温≥1.50，降温≥1.83

2. 理化性能要求

防火堤防火涂料的理化性能应符合 GB 28375—2012 的技术要求，具体见表 9-5。

表 9-5 防火堤防火涂料的理化性能的技术要求

检验项目	技术指标	缺陷分类
在容器中的状态	经搅拌后呈均匀稠厚流体，无结块	C
表干时间/h	≤24	C
黏结强度/MPa	≥0.15（冻融前和冻融后）	A
抗压强度/MPa	≥1.50（冻融前和冻融后）	B
干密度/(kg/m^3)	≤700	C
耐水性/h	≥720，试验后，涂层不开裂、起层、脱落，允许轻微发胀和变色	A
耐酸性/h	≥360，试验后，涂层不开裂、起层、脱落，允许轻微发胀和变色	B
耐碱性/h	≥360，试验后，涂层不开裂、起层、脱落，允许轻微发胀和变色	B
耐曝热性/h	≥720，试验后，涂层不开裂、起层、脱落，允许轻微发胀和变色	B
耐湿热性/h	≥720，试验后，涂层不开裂、起层、脱落，允许轻微发胀和变色	B
耐冻融循环试验/次	≥15，试验后，涂层不开裂、起层、脱落，允许轻微发胀和变色	B
耐盐雾腐蚀性/次	≥30，试验后，涂层不开裂、起层、脱落，允许轻微发胀和变色	B

注：1. A 为致命缺陷，B 为严重缺陷，C 为轻缺陷。

2. 型式检验时，可选择一种升温条件进行耐火性能的检验和判定。

隧道防火涂料的理化性能应符合 GB 28375—2012 的技术要求，具体见表 9-6。

表 9-6 隧道防火涂料的理化性能的技术要求

检验项目	技术指标	缺陷分类
在容器中的状态	经搅拌后呈均匀稠厚流体，无结块	C
表干时间/h	≤24	C
黏结强度/MPa	≥0.15（冻融前和冻融后）	A
干密度/(kg/m^3)	≤700	C
耐水性/h	≥720，试验后，涂层不开裂、起层、脱落，允许轻微发胀和变色	A
耐酸性/h	≥360，试验后，涂层不开裂、起层、脱落，允许轻微发胀和变色	B
耐碱性/h	≥360，试验后，涂层不开裂、起层、脱落，允许轻微发胀和变色	B
耐湿热性/h	≥720，试验后，涂层不开裂、起层、脱落，允许轻微发胀和变色	B
耐冻融循环试验（次）	≥15，试验后，涂层不开裂、起层、脱落，允许轻微发胀和变色	B

3. 产烟毒性要求

混凝土结构防火涂料的产烟毒性不低于 GB/T 20285—2006《材料产烟毒性危险分级》规定的产烟毒性危险分级 ZA1 级，产烟毒性技术指标的缺陷分类为严重缺陷（B）。

9.4 电缆防火涂料

电线电缆是城市建设不可缺少的重要材料，被广泛应用于电力企业、工矿企业、通信网络及高层建筑等场所。由于电线电缆密度和电力负荷的增加，出现电缆火灾事故的危险性和频繁性逐渐增大，由此引发的火灾事故屡见不鲜，其防火的重要性不言而喻。对电缆的防火保护主要包括防火和阻燃两方面，阻燃通常采用在电缆绝缘层中添加阻燃剂的方法来实现，而防火问题可通过各种防火设计来解决。涂敷电缆防火涂料是一种简单、经济的电缆防火措施，在实际工程中应用非常广泛。

9.4.1 电缆防火涂料的分类与组成

电缆防火涂料是指涂覆于电缆（如以橡胶、聚乙烯、聚氯乙烯、交联聚乙烯等材料作为导体绝缘和护套的电缆）表面，具有防火保护及一定装饰作用的防火涂料。根据溶剂类型不同，电缆防火涂料可分为溶剂型和水性两类，其中溶剂型电缆防火涂料的综合性能优于水性电缆防火涂料。

电缆防火涂料作为特种涂料，它是由成膜物质、阻燃剂、填料、溶剂、颜料和助剂等组成。电缆防火涂料的成膜物质不仅要对电缆基材有较强的黏结性，还要使涂层具有较好的阻燃性、抗水性、抗酸性、碱性、防霉性和耐蚀性。溶剂型电缆防火涂料的成膜物质一般选用氯化橡胶、过氯乙烯树脂、氨基树脂、酚醛树脂、醇酸树脂、环氧树脂和聚氨酯等溶剂型树脂。水性电缆防火涂料的成膜物质一般选用聚丙烯酸酯乳液、苯丙乳液、氯偏乳液、丙烯酸乳液等水溶性树脂。成膜物质选取过程中主要考虑涂料的自干性、对电缆的黏结性和柔软性三个问题，但单一成膜物质往往不能同时满足这些要求，常需用不同的成膜物质并用改性。例如，氯偏乳液的阻燃性较好，但耐候性不够理想，不宜单独使用，常与聚丙烯酸酯乳液并用，效果有所改善。

阻燃剂是电缆防火涂料的另一关键组分，它对电缆防火涂料的防火隔热性能影响是极大的。选择的阻燃剂必须与电缆防火涂料中的其他组分相互配合，使电缆防火涂料具有上述优良的理化性能，而且在受火时膨胀发泡形成坚固致密的隔热层。电缆防火涂料需要满足电缆弯曲、伸缩的要求，一般采用膨胀阻燃体系，典型代表为聚磷酸铵-季戊四醇-三聚氰胺复配体系。为了防止电缆在发生火灾时的延燃，需要添加氢氧化铝、氢氧化镁、三氧化二锑、氧化锌等防火助剂提升电缆防火涂料的阻燃效果。为了降低电缆防火涂料的使用成本，通常还需要添加轻质碳酸钙、重质碳酸钙、滑石粉、高岭土、沉淀硫酸钡、云母粉、硅藻土、硅灰石粉等填料。电缆防火涂料一般为白色，主要采用钛白粉、酞菁蓝、酞菁绿、耐晒黄等颜料。

电缆防火涂料对涂层的柔韧性、黏结性、耐水性、防霉性等要求较高，因此助剂的选用十分关键。电缆防火涂料的助剂主要有润湿剂、分散剂、偶联剂、增稠剂、增塑剂、消泡剂和防霉剂等，并应尽可能地选用能够增加阻燃效果的原材料。例如，磷酸三甲苯酯可提高溶剂型涂料的柔韧性，对涂料的阻燃性能也有提高，是较为理想的增塑剂。氯化石蜡对大部分溶剂型树脂和水性聚合物乳液均有增塑作用，同时能改善涂层的表面质量，也是常用的电缆防火涂料助剂。为了提高成膜物质对防火助剂和填料的黏结性及涂层对电缆的附着力，在配方中添加合适的偶联剂常常会起到事半功倍的效果。

9.4.2 电缆防火涂料的防火机理

电缆防火涂料平时可起一定的装饰及物理防护作用，它在高温下膨胀，形成比原始涂膜厚度大几十倍甚至上百倍的泡沫保护层以隔绝火源，使电缆受火时能在一定的时间内保持完好，并阻止火焰沿电缆蔓延，起到防止火灾发生和发展的作用，达到保护电缆的目的，其防火机理如图 9-9 所示。

电缆防火涂料的防火机理大致可归纳为：①涂料本身具有难燃性，使被保护的电缆不直接与空气接触而延迟电缆着火和减少燃烧的速度；②防火涂料受火进行热分解，产生惰性气体，稀释电缆受热分解出的可燃气体，使之不易燃烧或燃烧速率减慢；③防火涂料受热分解出 NO、NH_3 等基团，与有机游离基化合，中断链锁反应，降低火焰温度；④防火涂料受热膨胀发泡，形成炭质泡沫隔热层，封闭被保护的电缆，阻止其着火燃烧。

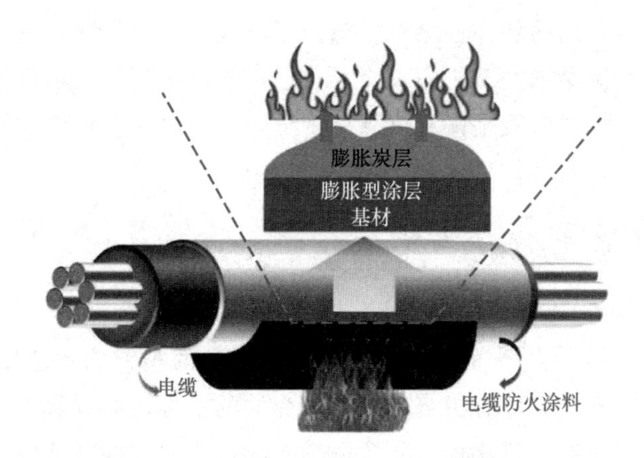

图 9-9 电缆防火涂料防火机理

9.4.3 电缆防火涂料的性能要求

根据 GB 28374—2012《电缆防火涂料》规定，电缆防火涂料的理化和阻燃性指标应符合表 9-7 中的技术要求，其中炭化高度为钢卷尺或直尺测量喷灯底边至电缆基材炭化处的最大长度。阻燃性测试的持续供火时间为 40min，试件安装应符合 GB/T 18380.32—2022《电缆和光缆在火焰条件下的燃烧试验 第 32 部分：垂直安装的成束电线电缆火焰垂直蔓延试验 A F/R 类》第 5 章中规定的 AF/R 类要求。

表 9-7 电缆防火涂料的技术指标

项目	技术性能指标	缺陷类别
在容器中的状态	无结块，搅拌后呈均匀状态	C
细度/pm	≤90	C
黏度/s	≥70	C
表干时间/h	≤5	C
实干时间/h	≤24	C
耐油性/d	浸泡 7d，涂层无起皱、无剥落、无起泡	B
耐盐水性/d	浸泡 7d，涂层无起皱、无剥落、无起泡	B
耐湿热性/d	经过 7d 试验，涂层无开裂、无剥落、无起泡	B
耐冻循环	经 15 次循环，涂层无起皱、无剥落、无气泡	B
抗弯性	涂层无起层、无脱落、无剥落	A
阻燃性/m	炭化高度≤2.50	A

注：A 为致命缺陷，B 为严重缺陷，C 为轻缺陷。

9.5 饰面型防火涂料

饰面型防火涂料是指涂覆于可燃基材（如木材、纤维板、纸板及制品）表面，受火后能膨胀发泡形成隔热保护层的装饰性涂料。饰面型防火涂料的发展经过了两个阶段：第一阶段是以硅酸盐水玻璃为黏结剂的无机防火涂料，该类涂料的隔热性和耐候性较差，易出现泛白、龟裂和脱落现象；第二阶段是以有机高分子材料为主要成膜物质的饰面型防火涂料，该类涂料防火性、耐水性和耐候性均优于无机防火涂料。

9.5.1 饰面型防火涂料的分类与特点

1. 按溶剂类型分类

饰面型防火涂料按溶剂类型可分为溶剂性和水基性两类，二者选用的防火组分基本相同。溶剂性饰面防火涂料是指以有机溶剂作分散介质的一类饰面型防火涂料，成膜物质一般为酚醛树脂、过氯乙烯树脂、氯化橡胶、聚丙烯酸酯树脂、改性氨基树脂等溶剂型树脂。水基性饰面防火涂料是指以水作为分散介质的一类饰面型防火涂料，成膜物质可以是合成的有机高分子树脂，也可以是经高分子树脂改性的无机胶粘剂。用于水基性饰面防火涂料的成膜物质主要有聚丙烯酸酯乳液、氯乙烯-偏二氯乙烯乳液（氯偏乳液）、氯丁橡胶乳液、聚醋酸乙烯酯乳液、苯丙乳液、水溶性氨基树脂、水溶性酚醛树脂、水溶性三聚氰胺甲醛树脂、水玻璃、硅溶胶等。溶剂性饰面型防火涂料的理化及耐候性优于水基性防火涂料，但在实际应用中水基性饰面防火涂料受到广泛的关注并成为防火涂料的发展方向。

2. 按透明程度分类

饰面型防火涂料按其透明程度可分为透明型和非透明型防火涂料两类。从整个饰面型防火涂料现有的产品结构上看，推广使用的涂料基本为非透明型防火涂料。非透明型防火涂料会改变基材的原有外观，无法满足古建筑和现代建筑在防火和装饰方面的双重需求。

透明型防火涂料涂覆在易燃基材或需要保护的材料表面，既能有效保持基材的纹理、色泽和形貌，又满足防火和装饰需求，广泛应用于古建筑、现代建筑和高档家具等领域。透明防火涂料可以分为膨胀型和非膨胀型，其中膨胀型透明防火涂料的防火性能较非膨胀型更佳，是目前国内外研究工作的重点。膨胀型透明防火涂料常见的工艺路线是利用合成的酸式磷酸酯或含磷固化剂与合适的成膜聚合物通过物理共混或化学改性制备而成，常用的成膜聚合物有氨基树脂、环氧树脂、丙烯酸树脂、聚氨酯和聚酯等。国内透明防火涂料起步较晚，研究主要集中在以氨基树脂或改性氨基树脂为成膜聚合物与多官能性的磷酸酯或磷酸盐复配上。

9.5.2 饰面型防火涂料的防火原理

饰面型防火涂料受热膨胀发泡，形成具有蜂窝结构的泡沫层，泡沫层因为其结构的特殊性而具有良好的隔热性能。此外，涂层膨胀成炭过程是吸热反应，不仅能降低燃烧反应的温度，还可以释放出 H_2O、NH_3 等不燃性气体，稀释燃烧区域内可燃物的浓度，起到较好的防火作用。饰面型防火涂料的防火机理如图 9-10 所示。

在饰面型防火涂料的配方设计中，通常需要加入一定量的层状硅酸盐、碳纳米材料、钛白粉、氢氧化铝、硼酸锌、硼砂、氢氧化铝、氢氧化镁等无机填料以提高涂层的防火效果。无机填料的加入可提高膨胀炭层的强度和隔热性能，避免膨胀炭层被火焰冲破或脱落现象，使防火涂料具有更佳的防火隔热性能。

9.5.3 饰面型防火涂料的性能要求

1. 耐火性能要求

根据 GB 12441—2018《饰面型防火涂料》，饰面型防火涂料的防火性能技术指标包括耐燃时间、质量损失、炭化体积和难燃性四项指标，测试标准见表 9-8。

表 9-8 饰面型防火涂料的防火性能技术指标和测试标准

序号	项目	技术指标	测试标准
1	耐燃时间/min	≥15	GB 12441—2018 附录 A
2	质量损失/g	≤5.0	GB 12441—2018 附录 B
3	炭化体积/cm^3	≤25	GB 12441—2018 附录 B
4	难燃性	试样燃烧的剩余长度平均值应≥150mm，并且没有任何一个试件的燃烧剩余长度为零；每组试样通过热电偶所测得的平均烟气温度≤200℃	GB/T 8625—2005

耐燃时间是指在规定的基材和特定燃烧条件下试板背火面温度达到 220℃或试样出现穿透现象所需时间。耐燃时间取决于防火涂料的隔热性能，膨胀型饰面防火涂料良好的隔热效果可用式（9-3）的热传导方程解释：

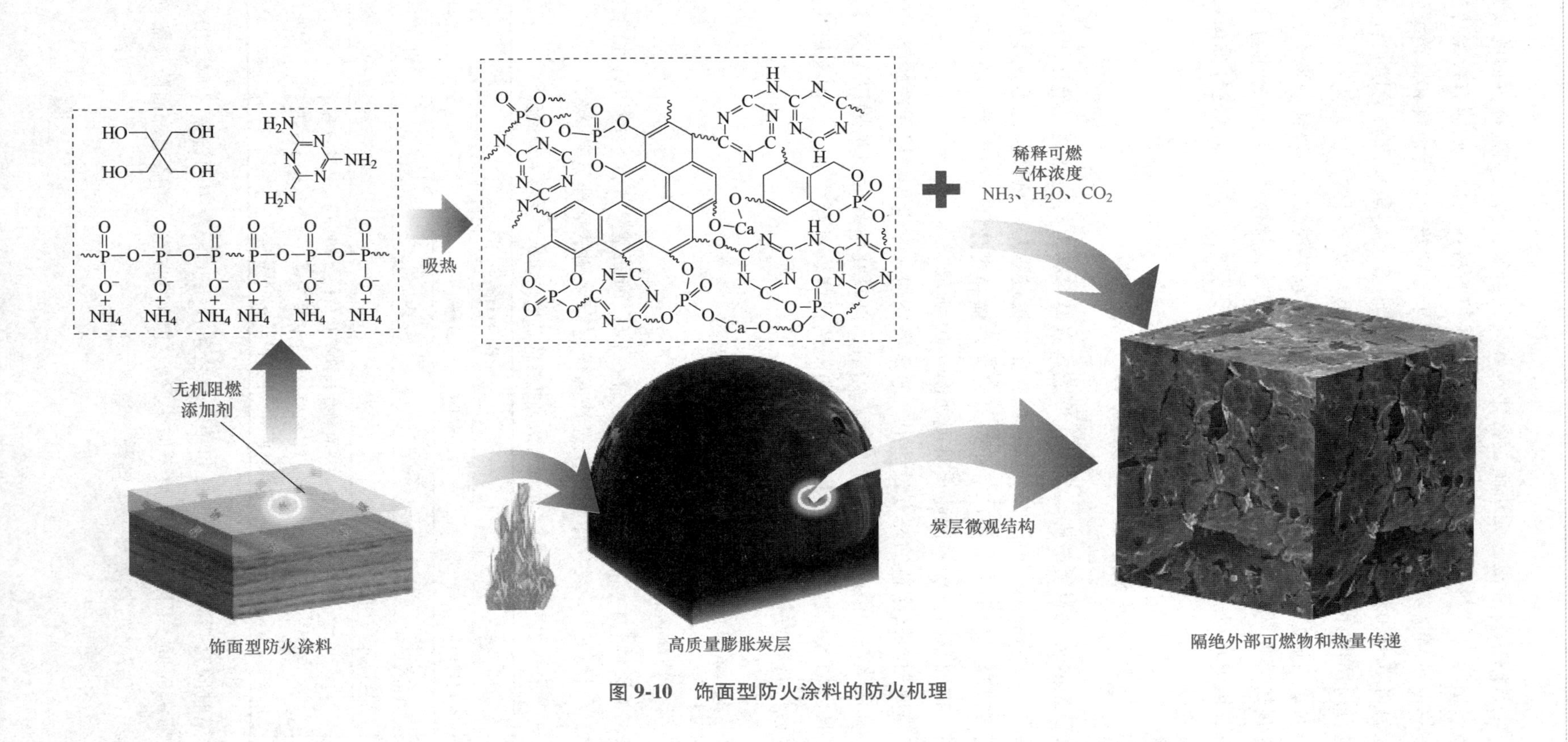

图 9-10　饰面型防火涂料的防火机理

$$Q=\frac{A\lambda\Delta T}{L} \tag{9-3}$$

式中，Q 为传递的热量（J）；A 为传热面积（m^2）；λ 为导热系数［W/(m·℃)］；ΔT 为热源与基材的温度差（℃）；L 为传热距离（涂层厚度）（m）。

防火涂料受热后膨胀形成的海绵状泡沫炭化层的导热系数降低至膨胀前的涂层的导热系数的 1/10 以下，而原涂层与泡沫炭化层的厚度相差几十到上百倍。由式（9-3）可知，在传热面积基本一致的情况下，防火涂料受热形成的海绵状泡沫层的隔热效果是十分明显的。

2. 理化性能要求

饰面型防火涂料的理化性能技术指标主要包括在容器中的状态、细度、表干时间、实干时间、附着力、柔韧性、耐冲击性、耐水性、耐湿热性等指标，具体技术指标见表 9-9。

表 9-9　饰面型防火涂料的理化性能技术指标

项目	技术指标	测试标准
在容器中的状态	经搅拌后呈均匀状态，无结块	—
细度/μm	≤90	GB/T 1724—2019
表干时间/h	≤5	GB/T 1728—2020（甲法）
实干时间/h	≤24	GB/T 1728—2020（甲法）
附着力（级）	≤3	GB/T 1720—2020
柔韧性/mm	≤3	GB/T 1731—2020
耐冲击性/cm	≥20	GB/T 1732—2020
耐水性	经 24h 试验，涂膜不起皱，不剥落	GB/T 1733—1993（甲法）
耐湿热性	经 48h 试验，涂膜无起泡，无脱落	GB/T 1740—2007

复习思考题

1. 防火涂料根据使用范围不同分为哪几类？
2. 防火涂料如何发挥防火作用？
3. 阐述防火涂料的基本组成和配方设计的基本原则。
4. 阐述承载力法计算钢结构防火涂料涂层厚度的基本流程。
5. 如何计算钢结构防火涂料保护层的等效热阻？
6. 如何判定混凝土结构防火涂料的耐火极限？
7. 阐述混凝土结构防火涂料的分类特点和防火机理。
8. 如何评估电缆防火涂料的隔热效果？
9. 阐述电缆防火涂料的防火机理。
10. 饰面型防火涂料耐火性能测试方法有哪些？分别阐述其判定指标。

第 10 章 其他建筑防火材料及制品

教学要求

掌握防火封堵材料、防火板、防火玻璃、防火门及防火卷帘等建筑防火材料及制品的分类特点、防火原理和相应技术指标及试验方法。

重点与难点

建筑防火材料及制品的分类、特点及防火原理。

建筑火灾风险隐患随着城市化进程的加快而显著增加，建筑防火设计作为建筑设计中的一项基本要求，对延长建筑物使用寿命、保障人民生命财产安全具有重要意义。当建筑物内部发生火灾时，防火封堵材料、耐火板、防火玻璃、防火门和防火卷帘等建筑防火材料及制品可有效阻隔火势蔓延并抑制高温烟气的快速扩散，为被困群众营造安全的逃生环境，减少火灾事故造成的人员伤亡和财产损失。

10.1 防火封堵材料

建筑火灾中火焰和烟气等往往通过电线、电缆和各类管道等穿墙的孔洞向邻近场所或其他楼层扩散蔓延，使火灾事故扩大，进而造成严重的经济损失。特别是高层、超高层建筑物中竖向设置的楼梯间、电梯间、电缆井、管道井、垃圾井等在火灾中都可能成为火势蔓延的通道，进而形成“烟囱效应”，使火势蔓延速度增大若干倍。在众多建筑竖向通道中，电缆竖井由于分布有各种动力、照明及通信电线电缆，火灾危险性最为突出。电线电缆的外包覆绝缘材料一般用油纸、塑料及橡胶等可燃材料制成，易着火且火势蔓延快，即使是阻燃电缆和耐火电缆也存在着一定的火灾危险性。电线电缆起火或被外部火源引燃并蔓延形成火灾的情况约占各类电气火灾的40%。

为了阻止火势蔓延和防止有毒气体扩散，将火灾控制在一定的范围之内，减少火灾损失，通常需要采用防火封堵材料密封或填塞各类贯穿物。防火封堵材料可在火灾高温作用下膨胀形成高强度的隔热炭化保护层，使火势控制在火源的防火分区之内，将火灾损失降到最低。此外，防火封堵产品在燃烧过程中发烟量少、无毒性、无腐蚀性气体产生，即使长时间或重复暴露在火焰中仍有极好的抵抗性。随着膨胀阻燃技术的不断发展，施工方便、价格相对较低的膨胀型环保防火封堵产品越来越受到各行业的关注和重视。

10.1.1 防火封堵材料的分类与特点

防火封堵材料是具有防火、防烟功能，专门用于密封或填塞建筑物、构筑物及各类设施中的贯穿孔洞、环形缝隙及建筑缝隙，便于更换且符合有关性能要求的材料。根据材料组成、形状与性能特点的不同，防火封堵材料可分为以有机高分子材料为黏结剂的有机防火堵料、以快干水泥为胶凝材料的无机防火堵料及以织物包裹阻燃材料的防火包。根据产品组成和形状特征不同，防火封堵材料可分为柔性有机堵料、无机堵料、阻火包（防火包）、阻火模块、防火封堵板和泡沫封堵材料。

1. 有机防火堵料

有机防火堵料又称可塑性防火堵料，它是以有机合成树脂为黏结剂，并配以阻燃剂、填料而制成的，生产工艺如图 10-1 所示。此类堵料长期不硬化，可塑性好，可以对任意不规则的孔洞进行封堵，并能够重复使用，具有很好的防火、水密、气密性能。当火灾发生时，防火堵料受热膨胀，可自行将缝隙封堵严密，从而有效地阻止火势蔓延与烟气传播。有机防火堵料的施工操作和更换简便，主要应用于高层建筑、工厂、船舶、电力通信部门等电线电缆和各类管道贯穿处的孔洞缝隙的防火封堵工程，并常与无机防火堵料、防火包配合使用。然而，有机防火堵料的成分复杂，受热不仅会放出有毒气体，还会放出大量烟雾和氯化氢等气体，刺激人的眼睛和呼吸系统，阻碍消防救援人员的灭火和抢救工作，并且会导致一些电气系统和其他金属器件的腐蚀，造成火灾以外的损害。

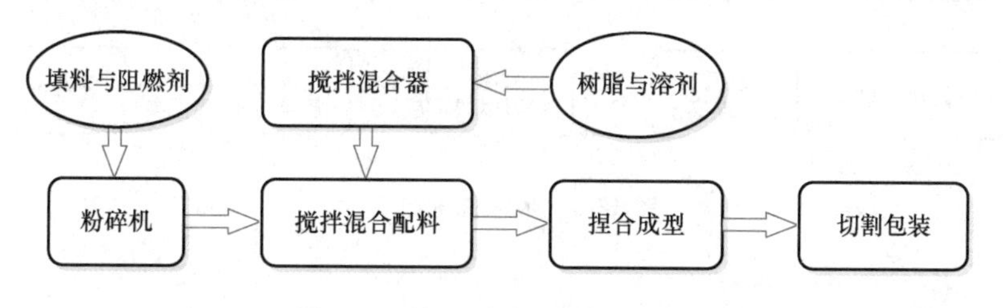

图 10-1 有机防火堵料生产工艺

2. 无机防火堵料

无机防火堵料又称速固型防火堵料，它是以无机黏结剂为基料，并配以无机耐火材料、阻燃剂等而制成的，使用时在现场加水拌和即可，生产工艺如图 10-2 所示。该类堵料具有与楼层水泥板相近的机械强度，既能承载一定的重力，又有一定的可拆性，无毒、无异味、施工方便、固化速度快、防火性和水密性好，耐火时间可达 240min。无机防火堵料主要应用于高层建筑、电力部门、工矿企业、地铁、供电隧道工程等防火分隔构件之间或者防火分隔构件与其他构件之间缝隙的密封和封堵，特别适用于较大的孔洞和楼层间孔洞的封堵及线路基本不变动的场所。

无机防火堵料在固化前有较好的流动性、分散性，采用现浇注入方式可以堵塞和密封电缆与电缆之间、电缆与壁板之间的各种微小空隙，使各根电缆之间相互隔绝，有效地阻止火、烟气和有毒气体通过电缆、电线和各类管道等可穿越的孔洞，向其他楼层或邻近房屋扩散，将火灾控制在被分隔的区域内。

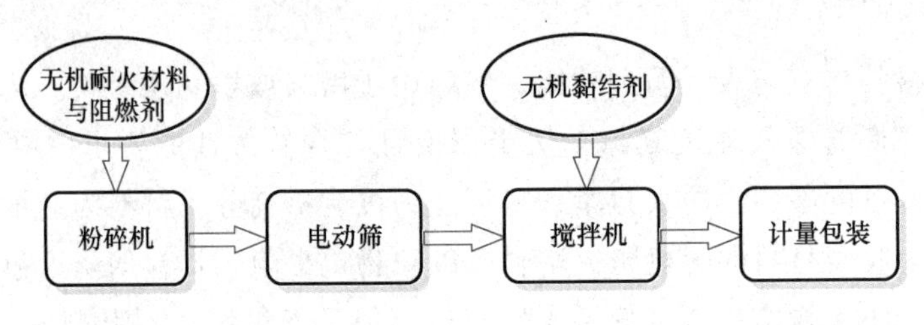

图 10-2　无机防火堵料生产工艺

3. 阻火包

阻火包又称耐火包或防火包，外层采用编织紧密、不燃或阻燃性的纤维布制成各种规格的包状体，内部填充耐火、隔热材料和膨胀材料，生产工艺如图 10-3 所示。阻火包在施工时可堆砌成各种形态的墙体，也可对大的孔洞进行封堵，它在高温下膨胀和凝固形成一种隔热、隔烟的密封层，起到隔热、阻火作用。阻火包适用于建筑物、电厂、变电站、工矿、地下工程等电缆隧道、电缆竖井和管道或者电线电缆穿过墙体或楼板后形成较大孔洞的防火墙或防火隔层。阻火包具有一定的透气性，制作、检修、更换或重做均十分方便。此外，施工时应注意管道或电线电缆表皮处应和有机防火堵料配合使用。

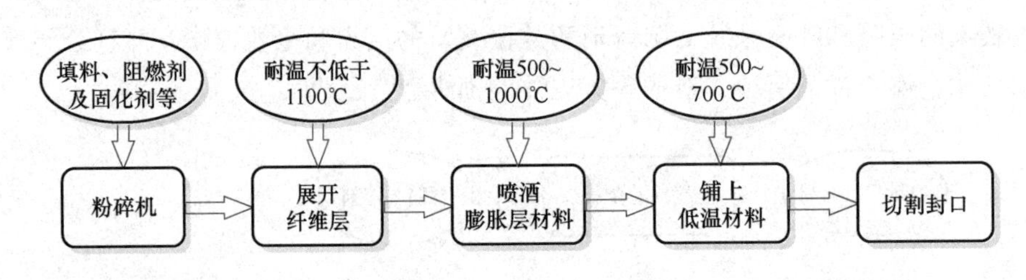

图 10-3　阻火包生产工艺

10.1.2　防火封堵材料的防火原理

防火封堵的基本原理主要包括吸收热量、稀释作用、捕捉自由基、覆盖作用和膨胀成炭作用。火灾发生时，封堵材料遇火膨胀以密封可燃物燃烧留下的缝隙，阻止火灾和火灾中产生的有毒气体和烟气的蔓延；膨胀吸热和隔热可降低贯穿物背火面的温度，防止背火面可燃物被引燃。

有机防火堵料在高温和火焰作用下先膨胀后硬化，形成一层坚硬、致密的釉状保护层。膨胀及釉状层形成过程是吸热反应，有利于体系温度的降低，而釉状层具有较好的隔热性，可起到良好的阻火堵烟及隔热作用。

无机防火堵料属于不燃材料，在高温和火焰作用下，基本不发生体积变化，而形成一层坚硬致密且导热系数较低的保护层。无机堵料中的有些组分遇火时相互反应，产生不燃气体的过程为吸热反应，也可降低体系的温度。此外，无机堵料能封堵各种开口、孔洞和缝隙，阻止火焰、有毒气体和烟气扩散，起到很好的防火密封效果。

阻火包在遇火时，包内物质受热膨胀发泡并结成具有良好防火隔热效果的蜂窝状整块，以封堵各种开口、孔洞和缝隙，能有效地将火灾控制在局部范围。

10.1.3 防火封堵材料的技术要求和试验方法

为了规范防火堵料的研究、开发和生产的质量，GB 23864—2023《防火封堵材料》对有机防火堵料、无机防火堵料和阻火包等防火封堵材料的常规性能、耐环境性能、燃烧性能与耐火性能等技术指标和测试方法进行了详细规定。

1. 常规性能

（1）一般规定

防火封堵材料中不宜掺加石棉等对人体有害的物质；防火封堵材料施工完成后，能够在产品规定的养护期内在自然环境条件下干燥固化；防火封堵材料实干后不宜有刺激性气味。

（2）理化性能

柔性有机堵料、无机堵料、阻火包、阻火模块、防火封堵板材和泡沫封堵材料的理化性能宜符合表 10-1 中的规定。

表 10-1 柔性有机堵料等防火封堵材料的理化性能技术要求

检测项目	技术指标					
	柔性有机堵料	无机堵料	阻火包	阻火模块	防火封堵板材	泡沫封堵材料
表观密度/(kg/m³)	$\leqslant 2.0\times10^3$	$\leqslant 2.0\times10^3$	$\leqslant 1.2\times10^3$	$\leqslant 2.0\times10^3$	—	$\leqslant 1.0\times10^3$
抗压强度 r/MPa	—	$0.8\leqslant r\leqslant 6.5$	—	$r\geqslant 0.10$	—	—
抗弯强度/MPa	—	—	—	—	≥0.10	—
膨胀性能（%）	—	—	≥150	≥120	—	≥150

注：抗压强度指标弹性阻火模块除外。

缝隙封堵材料、防火密封胶和阻火包带的理化性能宜符合表 10-2 中的规定。

表 10-2 缝隙封堵材料、防火密封胶和阻火包带的理化性能技术要求

检测项目	技术指标		
	缝隙封堵材料	防火密封胶	阻火包带
表观密度/(kg/m³)	$\leqslant 1.6\times10^3$	$\leqslant 2.0\times10^3$	$\leqslant 1.6\times10^3$
膨胀性能（%）	≥300	≥300	—

（3）产烟毒性

防火封堵材料的产烟毒性宜不低于 GB/T 20285—2006 中的 ZA_2 级。

（4）烟密度

采用 GB/T 8627—2007 规定方法测试，防火封堵材料的烟密度等级 SDR 宜不大于 35（烟密度指标阻火包、无机堵料除外）。

(5) 气密性

采用 GB/T 7107—2002 规定方法测试，采用单位面积空气渗透量作为气密性判定指标，防火封堵组件的气密性不宜高于 3.5m^3/(m^2·h)。

(6) 卤酸含量

采用 GB/T 17650.1—2021 规定方法测试，防火封堵材料的卤酸含量宜不大于 10mg/g（卤酸含量指标无机堵料、缝隙封堵材料除外）。

2. 耐环境性能

柔性有机堵料、无机堵料、阻火包、阻火模块、防火封堵板材和泡沫封堵材料的耐环境性能宜符合表 10-3 中的规定。

表 10-3 柔性有机堵料等防火封堵材料的耐环境性能技术要求

检测项目	技术指标						
	柔性有机堵料	无机堵料	阻火包	阻火模块	防火封堵板材	泡沫封堵材料	多组分封堵材料
腐蚀性	≥7d，不应出现锈蚀、腐蚀现象	≥7d，不应出现锈蚀、腐蚀现象	—	≥7d，不应出现锈蚀、腐蚀现象	—	≥7d，不应出现锈蚀、腐蚀现象	≥7d，不应出现锈蚀、腐蚀现象
耐水性	≥3d，不溶胀、不开裂	≥3d，不溶胀、不开裂	≥3d，内装材料无明显变化、包体完整、无破损	≥3d，不溶胀、不开裂	≥3d，不溶胀、不开裂	≥3d，不溶胀、不开裂	≥3d，不溶胀、不开裂
耐油性	≥3d，不溶胀、不开裂；阻火包内装材料无明显变化、包体完整、无破损						
耐湿热性	≥120h，不开裂、不粉化；阻火包内装材料无明显变化						
耐冻融循环	≥15 次，不开裂、不粉化；阻火包内装材料无明显变化						

缝隙封堵材料、防火密封胶和阻火包带的耐环境性能宜符合表 10-4 中的规定。

表 10-4 缝隙封堵材料、防火密封胶和阻火包带的耐环境性能技术要求

检测项目	技术指标		
	缝隙封堵材料	防火密封胶	阻火包带
腐蚀性	—	≥7d，不应出现锈蚀、腐蚀现象	—
耐水性	≥3d，不溶胀、不开裂		
耐碱性			
耐油性			
耐湿热性	≥360h，不开裂、不粉化		≥120h，不开裂、不粉化
耐冻融循环	≥15 次，不开裂、不粉化		≥15 次，不开裂、不粉化

3. 燃烧性能

1) 除无机堵料外，其他封堵材料的燃烧性能应满足下列 2)、3) 的规定。

2）阻火包用织物应满足：损毁长度≤150mm，续燃时间≤5s，阴燃时间≤5s，且燃烧滴落物未引起脱脂棉燃烧或阴燃。

3）其他封堵材料的燃烧性能不低于 GB/T 8624—2012 规定建筑材料类的 B_2 级。

4. 耐火性能

防火封堵材料在耐火试验中出现完整性丧失或失去隔热性的任何一项时，即表明材料的完整性或隔热性已达到极限状态，所记录的时间即为材料完整性丧失或失去隔热性的极限耐火时间。耐火完整性丧失的特征是在试件的背火面有如下现象出现：①点燃棉垫；②出现火焰并持续时间超过 10s；③缝隙探棒可以穿过。耐火隔热性丧失的特征是在试件的背火面有如下现象出现：①被检试样背火面任何一点温升超过初始温度 180℃；②任何贯穿物背火端距封堵材料 25mm 处表面温升超过初始温度 180℃；③背火面框架表面任何一点温升超过初始温度 180℃。

防火封堵材料在不同火灾环境条件下的耐火性能分级代号见表 10-5。按耐火完整性不同，防火封堵材料的耐火性能分为 E1、E2、E3 三个级别；按耐火完整性和耐火隔热性不同，防火封堵材料的耐火性能分为 EI1、EI2、EI3 三个级别。

表 10-5 防火封堵材料的耐火性能分级代号

耐火极限 F_t/h	耐火性能分级代号			
	建筑纤维类火灾		电力火灾	
	满足耐火完整性	满足耐火完整性和耐火隔热性	满足耐火完整性	满足耐火完整性和耐火隔热性
$1.00 \leqslant F_t \leqslant 2.00$	F_{xh}-E1	F_{xh}-EI1	F_{DL}-E1	F_{DL}-EI1
$2.00 \leqslant F_t \leqslant 3.00$	F_{xh}-E2	F_{xh}-EI2	F_{DL}-E2	F_{DL}-EI2
$F_t \geqslant 3.00$	F_{xh}-E3	F_{xh}-EI3	F_{DL}-E3	F_{DL}-EI3

10.2 防火板

防火板属于防火建材，在火灾中具有防火和分隔作用，可以防止火灾和烟气蔓延，有效保护建筑物的墙体、楼板、钢结构和电缆等结构。防火板具有耐火阻燃、保温隔热、轻质高强、加工方便和吸声隔声的特点，广泛应用于地铁、车站、剧院、厂房和住宅等公共建筑装修的吊顶、隔断、非承重隔墙和防火门的夹层等。为了保证防火板材的产品质量和推进防火板的技术发展，国家先后出台了 GB 50222—2017《建筑内部装修设计防火规范》、GB 8624—2012《建筑材料及制品燃烧性能分级》和 GB 55037—2022《建筑防火通用规范》等设计规范，对防火板性能指标提出了更高的要求。

10.2.1 防火板的分类和特点

防火板是由硅质材料或者钙质材料为主要原料，加入一定量的纤维材料、轻质骨料、黏结剂和化学添加剂混合制成的表面装饰耐火建材。防火板根据材质可以分为以下七类。

1. 矿棉板、玻璃棉板

矿棉板、玻璃棉板是以矿棉、玻璃棉为隔热材料所制备的防火板，具有不燃、耐高温性能好、质轻的优点。但该类防火板中所含的短纤维会对人体呼吸系统造成危害，板材存在强度较差、装饰性不足、安装施工工作量大及对火灾烟气蔓延的阻隔性能差等缺点。因此，该类板材大部分已演变成以无机黏结材料为基材，以矿棉、玻璃棉作为增强材料的板材。

2. 水泥板

水泥板的强度高、来源广泛，常用作防火吊顶和隔墙，但耐火性较差，在火场中极易炸裂穿孔而失去保护作用，在实际应用中受到一定限制。水泥混凝土构件的隔热、隔声性能好，可作为隔墙和屋面板。目前市场上陆续出现了纤维增强水泥板等改进品种，具有强度高、耐火性能好的优点，但韧性较差、碱度大、装饰效果较差。

3. 珍珠岩板、漂珠板、蛭石板

珍珠岩板、漂珠板、蛭石板都是以低碱度水泥为基材，以珍珠岩、玻璃微珠、蛭石为加气填充材料，再添加一些助剂复合而制成的空心板材。该类防火板具有自重轻、强度高、韧性好、防火隔热、施工方便等特点，广泛应用于高层框架建筑物分室、分户、卫生间、厨房、通信管等非承重部位。

4. 防火石膏板

防火石膏板以不燃且含有结晶水的石膏为基材制备而成，具有耐火性能较好、原料来源丰富、装饰性好、自重较轻、便于工厂定型化生产等优点，但抗折性能较差。防火石膏板还发展出了硅钙石膏纤维板、双面贴纸石膏防火板等新品种，可用作隔墙、吊顶和屋面板等。

5. 硅酸钙纤维板

硅酸钙纤维板是以石灰、硅酸盐及无机纤维增强材料为主要原料，采用制浆、成坯、高温高压蒸养、表面砂光等工序加工而成的建筑板材，具有隔热性强、耐久性好、加工性能与施工性能优良等特点，但板材强度和弯曲性能有待提高。该类板材主要应用于制作顶棚、隔墙、钢柱、钢梁的防火保护材料。

6. 氯氧镁防火板

氯氧镁防火板属于氯氧镁水泥类制品，以镁质胶凝材料为主体、玻璃纤维布为增强材料、轻质保温材料为填充物复合而成，氯氧镁防火板能满足不燃性要求，是一种新型环保型板材。

7. 玻镁防火板

玻镁防火板是用改性菱镁材料作胶结料，用中碱或耐碱玻璃纤维布作增强材料而制成的大幅面薄板，主要用于建筑物吊顶、内隔墙及其他有防火要求部位的装修。这种板材既具有木质类有机板的轻质、柔性和再加工性能，又具有无机板材的防火和耐水性能。随着世界各国对建筑防火的日渐重视，木质类的可燃有机板材在建筑工程领域的应用受到严格限制，而纸面石膏板、硅酸钙板等无机类防火板材因在强度、韧性、耐水和二次加工性能等方面不能满足建筑工程施工和应用要求，致使其推广有一定的阻力。玻镁防火板不仅具有有机板的柔韧性和可再加工性，而且强度高于任何装饰板，展现出了巨大的应用前景。

10.2.2 防火板的防火原理

防火板是将阻燃剂和板材充分结合以达到防火阻燃的目的。在燃烧过程中，防火板能够有效稀释可燃气体、隔离空气和火源，以控制可燃物或者缩小可能燃烧的范围。防火板的耐火性能受组成成分、板材类型、龙骨种类、板材厚度、空气层中有无填料、拼装方式等诸多因素的影响。

10.2.3 防火板的技术要求和试验方法

防火板材的燃烧等级标准可以参照 GB 8624—2012《建筑材料及制品燃烧性能分级》规定进行试验，对于平板状建筑材料及制品，燃烧性能等级应满足 A 级（A1、A2 级）不燃材料的要求。

A1 级不燃材料需同时满足以下条件：①根据 GB/T 5464—2010，炉内温升≤30℃，质量损失率≤50%，持续燃烧时间=0s；②根据 GB/T 14402—2007，总热值≤2.0MJ/kg，总热值≤1.4MJ/m^2。

A2 级不燃材料需同时满足以下条件：①根据 GB/T 5464—2010，炉内温升≤50℃，质量损失率≤50%，持续燃烧时间≤20s，或者根据 GB/T 14402—2007，总热值≤3.0MJ/kg，总热值≤4.0MJ/m^2。②根据 GB/T 20284—2006，燃烧增长速率指数≤120W/s，火焰横向蔓延未到达试样长翼边缘，600s 的总放热量≤7.5MJ。

防火板主要性能指标的试验方法见表 10-6。

表 10-6 防火板主要性能指标的试验方法

试验内容		试验方法
燃烧性能	不燃性	GB/T 5464—2010《建筑材料不燃性试验方法》
	SBI 单体燃烧	GB/T 20284—2006《建筑材料或制品的单体燃烧试验》
	燃烧热值	GB/T 14402—2007《建筑材料及制品的燃烧性能燃烧热值的测定》
	可燃性	GB/T 8626—2007《建筑材料可燃性试验方法》
水平垂直燃烧等级		GB/T 2408—2021《塑料燃烧性能的测定 水平法和垂直法》、GB/T 5455—2014《纺织品 燃烧性能 垂直方向损毁长度、阴燃和续燃时间的测定》或 GB/T 8333—2022《塑料 硬质泡沫塑料燃烧性能试验方法 垂直燃烧法》
极限氧指数		GB/T 2406.2—2009《塑料 用氧指数法测定燃烧行为 第 2 部分：室温试验》或 GB/T 5454—1997《纺织品 燃烧性能试验 氧指数法》
烟密度		GB/T 8627—2007《建筑材料燃烧或分解的烟密度试验方法》
产烟气毒性		GB/T 20285—2006《材料产烟毒性危险分级》

10.3 防火玻璃

防火玻璃于 20 世纪 70 年代初首先出现于欧洲，属于建筑安全玻璃的一种。随着世界各国对建筑住宅及公共建筑物的要求越来越高，英、法、德等欧洲国家相继制定了

EN 13501-1、NF P 92-507、BS 476、DIN 4102 等标准，我国先后出台了 GB 15763.1—2009《建筑用安全玻璃：防火玻璃》、GB 16809—2008《防火窗》等标准，这些标准对住宅建筑和公共建筑防火玻璃的使用部位及耐火极限进行了严格规范，极大促进了防火玻璃研发和应用。

10.3.1 防火玻璃的分类和特点

防火玻璃是一种通过物理或化学方法制造出来以阻止火势蔓延的特种玻璃，具有透光性好、强度高、能阻挡和控制热辐射、烟雾及防止火焰蔓延等特点。防火玻璃被大量用于各类高层建筑、大空间建筑的幕墙、防火隔墙、防火隔断、防火窗、防火门等。建筑用防火玻璃可按照耐火性能、结构形式和产品结构进行分类。防火玻璃的分类见表 10-7。

表 10-7　防火玻璃的分类

分类方式	类别	描述
按照耐火性能分类	A 类防火玻璃	Ⅰ级耐火时间 90min
		Ⅱ级耐火时间 60min
		Ⅲ级耐火时间 45min
		Ⅳ级耐火时间 30min
	C 类防火玻璃	Ⅰ级耐火时间 90min
		Ⅱ级耐火时间 60min
		Ⅲ级耐火时间 45min
		Ⅳ级耐火时间 30min
按照结构形式分类	复合防火玻璃	在两层浮法玻璃中间用聚乙烯醇缩丁醛酯（PVB）胶片，在一定温度、压力下胶合成整体的防火玻璃，以及灌注固化在隔热型复合防火玻璃中的透明防火凝胶的防火玻璃
	夹丝防火玻璃	在两层玻璃中间的有机胶片或无机胶粘剂的夹层中再加入金属丝或金属网制成的复合防火玻璃
	中空防火玻璃	在多片玻璃的每相邻两片玻璃之间用支撑框架密封隔离并固定形成密封空间，在非密封空间用外层密封胶密封填平的防火玻璃
	单片防火玻璃	采用物理与化学的方法对浮法玻璃进行处理而得到的防火玻璃
按照产品结构分类	复合防火玻璃	由两层或多层玻璃原片与一层或多层防火介质材料夹层复合制备的特种玻璃
	单片防火玻璃	对普通浮法玻璃进行物理和化学处理而获得具有较高抗热性能和抗冲击性能的一种特殊玻璃

1. 按照耐火性能分类

按照 GB 15763.1—2009《建筑用安全玻璃：防火玻璃》规定，防火玻璃可以分为 A 类防火玻璃和 C 类防火玻璃。

（1）A 类防火玻璃

A 类防火玻璃同时满足耐火完整性、耐火隔热性的要求，耐火等级分为四级，即Ⅰ级、Ⅱ级、Ⅲ级、Ⅳ级，对应的耐火时间分别为 90min、60min、45min、30min。当遇到火灾时，火焰燃烧产生的极高热量以热辐射和热传导的方式透过玻璃，使玻璃背火面温度不断升高；当温度达到一定程度时，热量会使人或可燃物在没有碰触到火焰的情况下，被灼伤或引燃。隔热型复合防火玻璃正是为了使逃生和救援人员免遭热辐射伤害，并将火灾的破坏性降低到最小而设计的。

A 类防火玻璃具有透光、防火（隔烟、隔火、遮挡热辐射）、隔声、抗冲击等特性，适用于建筑装饰钢木防火门、窗、上亮、隔断墙、采光顶、挡烟垂壁、透视地板及其他需要既透明又防火的建筑组件中。

（2）C 类防火玻璃

C 类防火玻璃是指只满足耐火完整性要求的单片防火玻璃，可分为硼硅单片防火玻璃、铯钾单片防火玻璃和高强度单片防火玻璃。硼硅单片防火玻璃是选用高硼硅经浮法工艺生产的原片玻璃经过钢化加工而成的，它的防火性能源于它的热膨胀系数比普通玻璃（硅酸盐玻璃）低 1/3~1/2。此外，硼硅单片防火玻璃还具有高软化点、极好的抗热冲击性和黏性等特质，高温下不易膨胀碎裂，是一种高稳定性的单片防火玻璃，耐火完整性时间高达 3h。

铯钾单片防火玻璃是由普通浮法玻璃经过特殊的化学处理及物理钢化制作而成的。化学处理的作用是在玻璃表面进行离子交换，使玻璃表层碱金属离子被熔盐中的其他碱金属离子置换，从而增加了玻璃强度和抗热冲击性能；而特殊的物理钢化处理使玻璃表面形成高强的压应力，大大提高了玻璃的抗冲击强度。

高强度单片防火玻璃是经过特殊的物理钢化处理（大风压）制造的防火玻璃，具有透光、防火、隔烟、强度高等特点，适用于无隔热要求的防火玻璃隔断墙、防火窗、室外幕墙等。

2. 按照结构形式分类

防火玻璃按照结构形式可以分为复合防火玻璃、夹丝防火玻璃、中空防火玻璃和单片防火玻璃这四类。

（1）复合防火玻璃

复合防火玻璃可分为夹层复合防火玻璃和灌浆型防火玻璃，其结构形式如图 10-4 所示。复合防火玻璃通过形成一个阻隔火焰、烟气和燃烧产生的高温有毒气体扩散与蔓延的有效屏障层，使玻璃背火面区域内的逃生或救援人员免遭高温的侵害和热辐射的灼伤，还能在一定时间内防止背火面区域内的可燃材料和物品（如木制品、地毯等）被高温和热辐射引燃。夹层复合防火玻璃是在两层浮法玻璃中间用聚乙烯醇缩丁醛酯（PVB）胶片在一定温度、压力下胶合成整体的防火玻璃，即使受到冲击破碎后仍然连在一体，可防止人员伤亡和其他事故发生。灌浆型防火玻璃通过灌注固化在隔热型复合防火玻璃中间的透明防火凝胶，可以大量地吸收火焰中的热量，并阻止热量从迎火面向背火面传递。

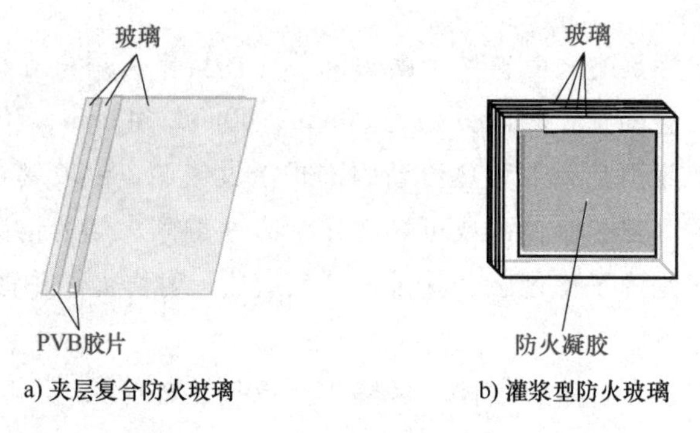

图 10-4 夹层复合防火玻璃和灌浆型防火玻璃的结构形式

（2）夹丝防火玻璃

夹丝防火玻璃是在两层玻璃中间的有机胶片或无机胶粘剂的夹层中加入金属丝或金属网制成的复合玻璃体，结构形式如图 10-5 所示。加入金属丝或金属网不仅可提高防火玻璃的整体抗冲击强度，而且能与电加热和安全报警系统相连，从而具备多种功能，但该类防火玻璃存在透光度欠佳的缺陷。

（3）中空防火玻璃

中空防火玻璃是在多片玻璃的每相邻两片玻璃之间用支撑框架密封、隔离、固定，形成密封空间，在非密封空间用外层密封胶密封填平，其中一块或多块玻璃使用单片防火玻璃，形式如图 10-6 所示。支撑框架与玻璃的接触表面上用内层密封胶粘接；支撑框架呈内空矩形结构，其外边缘的两直角制成 45°、2mm 的倒角结构。中空防火玻璃的密封空间可以隔热、隔温、降低噪声，支撑框架的优化尺寸及良好的倒角结构使得外层密封胶有良好的固定条件，不易变形受损。中空防火玻璃的密封性能、耐照射性能较常规玻璃好，充分地保证在长时间使用时无结露、无污迹、无胶条变形等现象。

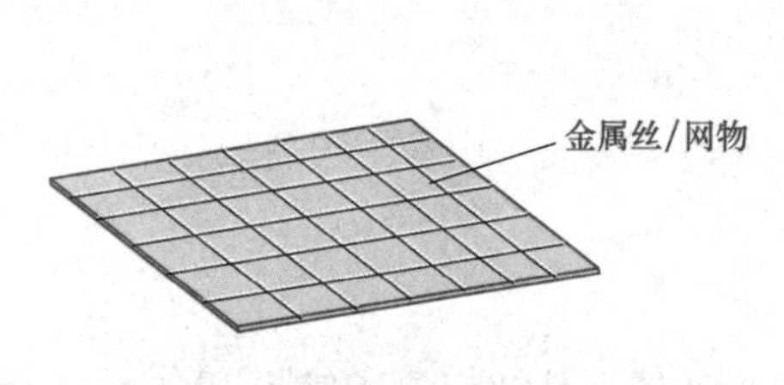

图 10-5 夹丝防火玻璃的结构形式

图 10-6 中空防火玻璃的结构形式

（4）单片防火玻璃

单片防火玻璃是采用物理与化学的方法对浮法玻璃进行处理得到的，它在 1000℃ 火焰中能保持 80~120min 不炸裂，从而有效地阻止火焰与烟雾的蔓延。除了以普通平板玻璃为玻璃基片外，利用特种成分的玻璃作为基片可制成特种单片防火玻璃，如硼硅酸盐防火玻璃、铝硅酸盐防火玻璃、微晶防火玻璃及软化温度高于 800℃ 的钠钙料优质浮法玻璃等。特种单片防火玻璃的玻璃软化点较高，一般在 800℃ 以上，热膨胀系数低，在强火焰下一般不会因高温而炸裂或变形，尤其是微晶防火玻璃还具有机械强度高、抗折、抗压强度高及良好的化学稳定性和物理力学性能。

3. 按照产品结构分类

防火玻璃

防火玻璃按照产品结构可分为复合防火玻璃和单片防火玻璃。

（1）复合防火玻璃

复合防火玻璃是由两层或多层玻璃原片与一层或多层防火介质材料夹层复合制备，属于 A 类防火玻璃，具有阻火隔热和安全保护的双重功能。复合防火玻璃可使火灾发生时玻璃背火面区域内的人员和物品免遭高温热量和热辐射的侵害，而 C 类防火级别的单片防火玻璃难以达到此种要求。复合防火玻璃隔热性能的优劣取决于其防火层的综合性能。复合防火玻璃根据防火层组成材料可以分为无机复合防火玻璃和有机复合防火玻璃。

1）无机复合防火玻璃。无机复合防火玻璃的防火层由无机胶凝材料和辅助材料两部分组成。无机胶凝材料是无机防火层的主要部分，包括水化碱金属硅酸盐（如硅酸钠、硅酸钾等）、铝酸盐（如铝酸钠、铝酸钾等）、高铅酸盐（如高铅酸钠、高铅酸钾等）、硼酸盐（如硼酸钠等）、磷酸盐（如磷酸钠、磷酸钾、磷酸铝、磷酸铵、聚磷酸铵等）、矾类化合物（如硫酸铝钠、硫酸铝钾等）等，以硅酸钠应用最为普遍。无机复合防火玻璃通常采用多层黏合法制备而成，具体工艺包括玻璃裁剪、清洗、干燥、涂覆防火层、固化、合片等流程。采用无机防火层时往往需涂覆多次，每涂覆一层后加热干燥或室温下自然干燥，再涂下一层，直至达到一定的厚度。为了提高防火层与玻璃之间的黏结性，涂覆无机防火层浆料时，最好先涂一层偶联剂。

2）有机复合防火玻璃。有机复合防火玻璃的防火层由高分子材料、防火助剂和少量其他助剂组成。高分子材料是有机防火层的主要部分，包括聚丙烯酰胺、聚乙烯醇、聚甲基丙烯酸甲酯共聚物和聚乙烯醇缩丁醛等，以聚丙烯酰胺应用最为普遍。但是高分子材料本身易燃，不具备防火性能，因此有机防火层中必须添加防火助剂。防火助剂一般由无机盐类化合物（如硫酸盐、磷酸盐、金属卤化物）与尿素及其他有机胺类化合物复合组成。常用的硫酸盐为硫酸铵、硫酸铝、硫酸铝钾等，磷酸盐为磷酸铵、磷酸二氢铵及磷酸氢二铵等，金属卤化物为氯（溴）化钠、氯（溴）化钾、氯（溴）化镁和氯（溴）化钙等。采用丙三醇、尿素、磷酸二氢铵和氯化钠的共混物作为阻燃剂，过硫酸铵和偏重亚硫酸钠作为引发剂，*N*，*N*′-亚甲基双丙烯酰胺作为交联剂，聚丙烯酰胺和聚乙烯醇作为水溶性高分子可制备防火和耐候性能优异的互穿网络聚合物防火凝胶，其制备工艺如图 10-7 所示。

以聚乙烯醇和聚乙烯醇缩甲醛为胶粘剂的有机防火层适合用多层粘合法制备有机复合型防火玻璃，具体工艺包括玻璃裁剪、清洗、干燥、放置防火层胶片和合片等流程。以聚丙烯酰胺、聚甲基丙烯酸甲酯、聚乙烯醇等为基料的有机防火层适合用灌浆法制备复合型防火玻璃。灌浆法工艺包括玻璃裁剪、清洗、干燥、制备空心夹层玻璃板、灌注浆料、封口、固化等流程。灌浆型防火玻璃的制备工艺如图 10-8 所示。

（2）单片防火玻璃

单片防火玻璃是对普通浮法玻璃进行物理和化学处理而获得具有较高抗热性能及抗冲击

性能的一种特殊玻璃。单片防火玻璃不仅具有普通玻璃的高透光率、耐湿热、耐持久光照射等优点，而且自身强度高，应用于建筑中不仅能够起到良好的装饰性效果，还能有效阻隔火焰、高温气体、有毒烟气向建筑物内部蔓延。单片防火玻璃被广泛应用于建筑的隔断、防火分区、室外幕墙等部位，已成为防火玻璃市场最常见的产品。

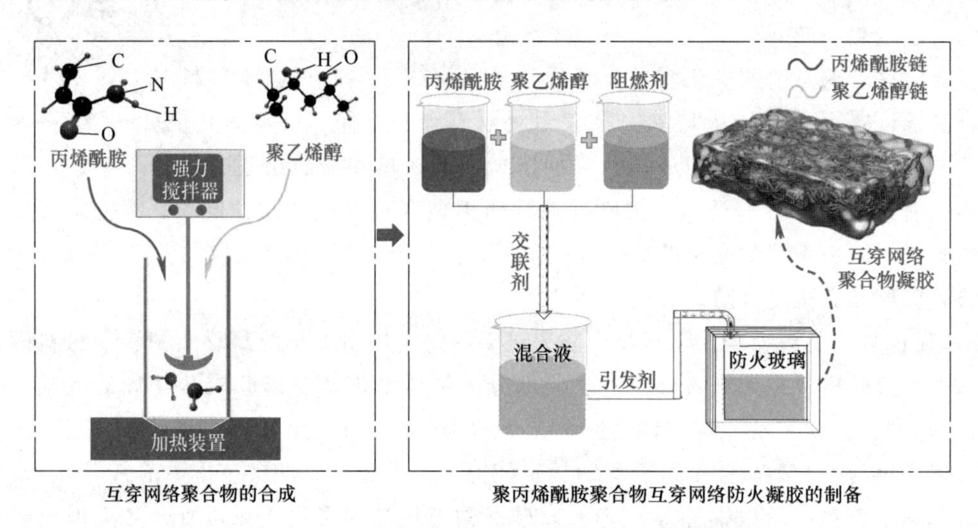

图 10-7 聚丙烯酰胺聚合物互穿网络防火凝胶的制备工艺

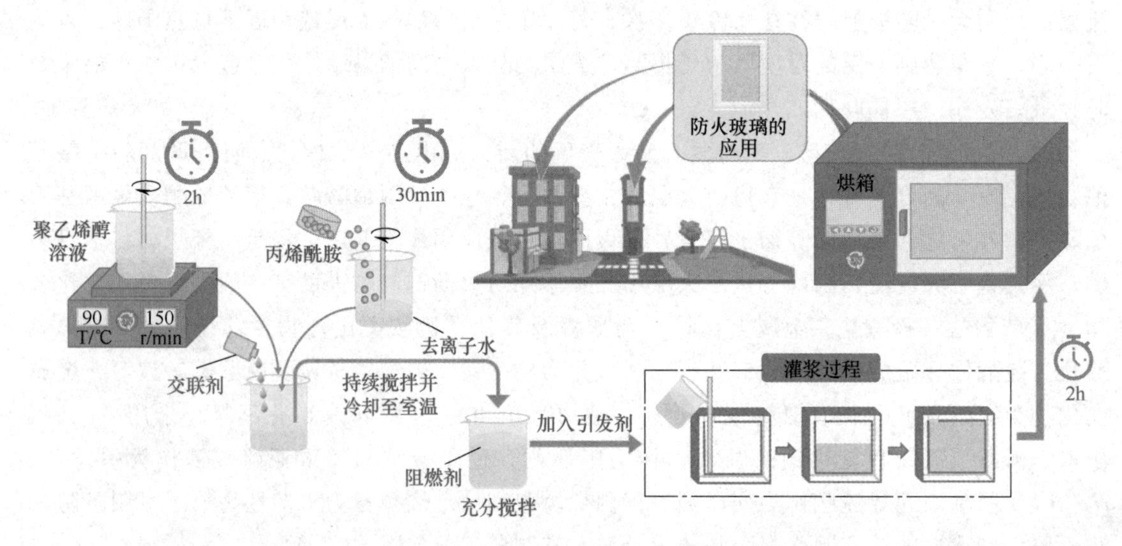

图 10-8 灌浆型防火玻璃的制备工艺

单片防火玻璃按制备方法可分为三类：第一类通过高温熔融金属盐对玻璃进行离子交换之后进行物理钢化处理得到，此种制备方法一般称为物理化学钢化法，主要产品有铯钾单片防火玻璃；第二类通过对玻璃高温加热后急冷得到，采用方法为纯物理钢化法，主要产品有钢化防火玻璃；第三类是通过改变玻璃原料组分，按照浮法玻璃的熔化、成形工艺生产的特种防火玻璃，主要产品包括硼硅酸盐防火玻璃、铝硅酸盐防火玻璃、微晶防火玻璃等。特种单片防火玻璃具有较好的高温稳定性，在火灾中不会因软化而从门框脱落，失去防火性能。

1）硼硅酸盐防火玻璃。硼硅酸盐防火玻璃是一种通过改变玻璃基本成分，降低玻璃自身的膨胀系数、提高玻璃自身的软化点温度和提高玻璃自身的导热能力，从而达到安全防火目的的新型防火玻璃。硼硅酸盐玻璃具有良好的化学稳定性、较高的软化点（约 850℃）、较低的热膨胀系数和较高的机械强度及安全性。硼硅酸盐防火玻璃的化学组成为 SiO_2、B_2O_3、Al_2O_3 等，耐火极限在 60~120min，可达到英国 BS 6206《建筑用平板安全玻璃和安全塑料制品的碰撞性能要求》中的 A 级安全等级，在德国和欧洲各国的建筑中被广泛应用。硼硅酸盐防火玻璃的防火性能远优于目前市场上的单片防火玻璃和复合防火玻璃，可用于民用及商业建筑物的立面、隔断墙、窗户及防火门及船舶防火等。

2）铝硅酸盐防火玻璃。铝硅酸盐防火玻璃的化学组成为 SiO_2、B_2O_3、Al_2O_3、CaO、MgO 等，主要特征是 Al_2O_3 含量高，碱含量低。该玻璃的软化点在 900~920℃，耐火极限在 80min 以上，甚至在火焰上直接加热也不会炸裂或变形，可直接用作防火玻璃。

3）微晶防火玻璃。微晶防火玻璃是在玻璃原料中加入一定量的 Li_2O、TiO_2、ZrO_2 等晶核剂，待熔化后再进行热处理的防火玻璃。该玻璃具有极低的膨胀系数，对加热过程中所出现的温差不敏感，软化点温度达 900℃，耐火极限可达到 240min，是一种极为理想的防火玻璃。微晶防火玻璃的成本较高，主要用于航天、国防、科研等特殊领域。

4）高强度单片铯钾防火玻璃。高强度单片铯钾防火玻璃具有原料来源丰富、生产工艺简单、设备投资少等优点，其抗冲击强度是普通玻璃的 6~12 倍、钢化玻璃的 1.5~3 倍。由于原片玻璃可能存在的缺陷（结石、划伤等），以及强化过程中可能出现应力不均或应力集中等工艺因素，高强度单片防火玻璃的产品稳定性和一贯性难以保证。

5）水晶硅防火玻璃。水晶硅防火玻璃由无机透明防火玻璃和高透明水晶硅防火硬胶复合加工而成，使用寿命达 10 年以上。水晶硅防火玻璃中含有二氧化硅，可明显改善树脂湿润状态下的物理力学性能，具有良好的加速分散和防沉降作用。水晶硅防火玻璃具有良好的防火隔热效果和耐候性能，10mm 厚的水晶硅防火玻璃的耐火极限能达到 135min，服役过程中不起泡、不发黄、不变色、不脱胶。

10.3.2 防火玻璃的防火原理

1）夹层复合防火玻璃防火原理：夹层玻璃温度升高，防火夹层玻璃的防火夹层受热膨胀发泡形成很厚的防火隔热层，起到防火隔热和防火分隔作用。

2）灌浆型防火玻璃防火原理：玻璃中间透明防火凝胶遇高温迅速硬结并形成一张不透明的防火隔热板，在阻止火焰蔓延的同时，阻止高温向背火面传导。以聚丙烯酰胺互穿网络防火凝胶为防火夹层的灌浆型防火玻璃的防火机理示意如图 10-9 所示。

3）夹丝防火玻璃防火原理：夹丝防火玻璃受到外力破裂或在火灾中破裂时，玻璃碎片仍可固定在金属丝或金属网上不脱离，可防止火焰穿透，起到阻止火灾蔓延的作用。

4）单片防火玻璃防火原理：单片防火玻璃是采用物理与化学方法对普通玻璃进行处理，从而改善防火玻璃的抗热应力性能，保证在火焰冲击下或高温下不破裂，达到阻止火焰穿透和防止火灾传播的目的。

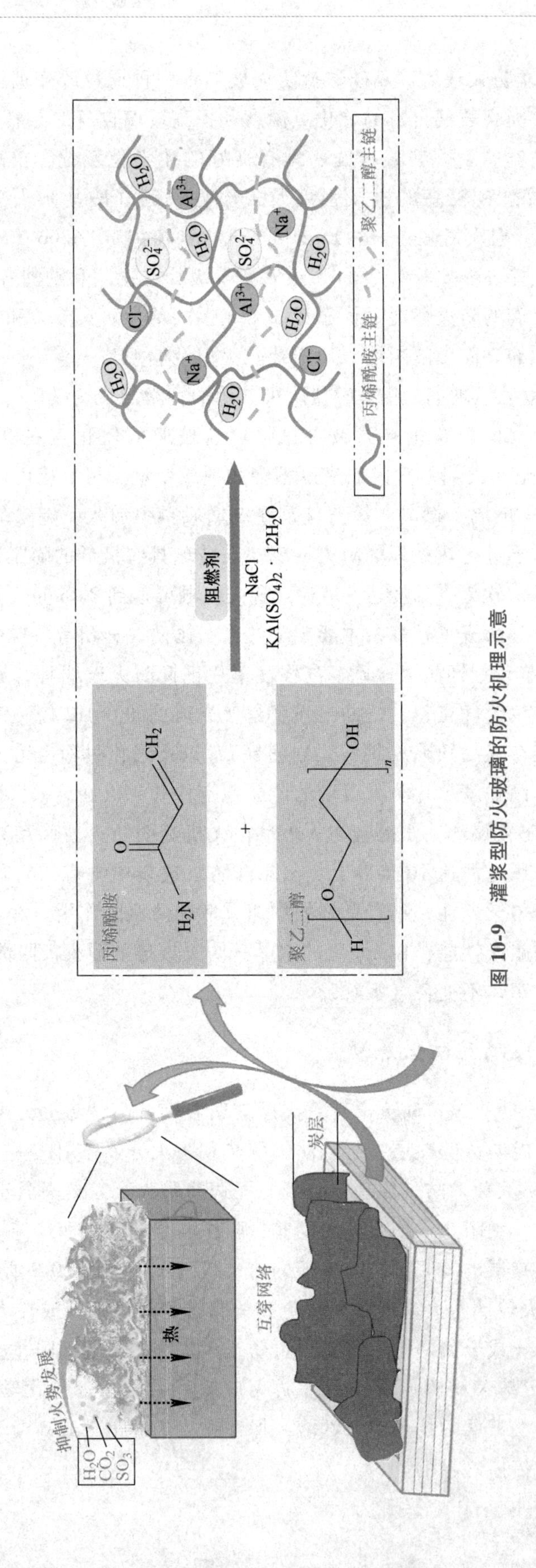

图 10-9 灌浆型防火玻璃的防火机理示意

10.3.3 防火玻璃的技术要求和试验方法

防火玻璃主要应用在防火窗、防火门及一些内部防火分隔中，是建筑消防安全至关重要的防火构件。GB 15763.1—2009 对防火玻璃的耐火性、可见光透射比、耐紫外线辐照性和抗冲击性能等参数进行了详细的规定。防火玻璃的耐火性能按照 GB/T 12513—2006《镶玻璃构件耐火试验方法》进行测试，耐火性能技术要求见表 10-8。

表 10-8 防火玻璃的耐火性能技术要求

名称	耐火极限	耐火性能要求
隔热型防火玻璃（A 类）	3.00h	耐火隔热性时间≥3.00h，且耐火完整性时间≥3.00h
	2.00h	耐火隔热性时间≥2.00h，且耐火完整性时间≥2.00h
	1.50h	耐火隔热性时间≥1.50h，且耐火完整性时间≥1.50h
	1.00h	耐火隔热性时间≥1.00h，且耐火完整性时间≥1.00h
	0.50h	耐火隔热性时间≥0.50h，且耐火完整性时间≥0.50h
非隔热型防火玻璃（C 类）	3.00h	耐火完整性时间≥3.00h，耐火隔热性无要求
	2.00h	耐火完整性时间≥2.00h，耐火隔热性无要求
	1.50h	耐火完整性时间≥1.50h，耐火隔热性无要求
	1.00h	耐火完整性时间≥1.00h，耐火隔热性无要求
	0.50h	耐火完整性时间≥0.50h，耐火隔热性无要求

可见光透射比按照 GB/T 2680—2021《建筑玻璃 可见光透射比、太阳光直接透射比、太阳能总透射比、紫外线透射比及有关窗玻璃参数的测定》进行试验，其中允许偏差最大值（明示标称值）±3%，允许偏差最大值（未明示标称值）≤5%。

耐紫外线辐照性按照 GB/T 5137.3—2020《汽车安全玻璃试验方法 第 3 部分：耐辐照、高温、潮湿、燃烧和耐模拟气候试验》进行测试。复合防火玻璃耐紫外线辐照性要求试验后试样不应产生显著变色、气泡及浑浊现象，且试验前后可见光透射比相对变化率 ΔT 应不大于 10%。

抗冲击性能按照 GB 15763.2—2005《建筑用安全玻璃 第 2 部分：钢化玻璃》进行测试，要求防火玻璃不破碎，或者虽然玻璃破碎但钢球未穿透试样，且试验样品在 50mm×50mm 区域内的碎片数应不低于 40 块（允许有少量长条碎片存在，但其长度不得超过 75mm，且端部不是刀刃状；延伸至玻璃边缘的长条形碎片与玻璃边缘形成的夹角不得大于 45°）。

10.4 防火门

防火门是指在一定时间内能满足耐火稳定性、完整性和隔热性要求的门（图 10-10）。防火门作为公共与民用建筑内防火分隔的重要设施，对火灾发生时保障人身健康和生命财产安全发挥着重要作用。防火门一般设在以下建筑部位：封闭疏散楼梯，通向走道的门；封闭电梯间，通向前室及前室通向走道的门；电缆井、管道井、排烟道、垃圾道等竖向管道井的检查门；划分防火分区，控制分区建筑面积所设防火墙和防火隔墙上的门；规范（如 GB 50016—

2014《建筑设计防火规范（2018 年版）》）或者设计特别要求防火、防烟的隔墙分户门。

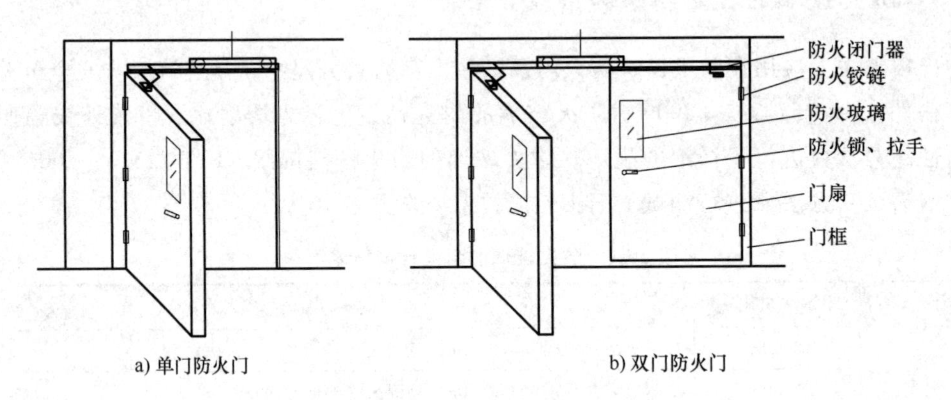

图 10-10　单门防火门和双门防火门

10. 4. 1　防火门的分类

防火门具有表面光滑平整、美观大方、开启灵活、坚固耐用、使用方便、安全可靠等特点。防火门的规格有多种，除按 GB/T 50002—2013《建筑模数协调标准》中国家建筑门窗洞口统一模数制规定的门洞口尺寸外，还可依使用要求定制。防火门主要根据耐火极限、材质、开闭状态、门扇数量、门扇开启方式及门扇结构进行分类。

1. 按耐火极限分类

根据耐火极限的不同，防火门分为甲、乙、丙三个等级。甲级防火门以火灾时防止扩大火灾为目的，它的耐火极限为 1.50h，一般为全钢板门，无玻璃窗。乙级防火门以火灾时防止开口部蔓延火灾为主要目的，它的耐火极限为 1.00h，多为全钢门，在门上开一个选用 5mm 厚夹丝玻璃或耐火玻璃的小玻璃窗。此外，性能较好的木质防火门也可达到乙级防火门的要求。丙级防火门的耐火极限为 0.50h，通常由优质冷轧钢板或不锈钢板组成，外表静电喷涂，内部填充节能环保并对人体无毒无害的防火隔热材料（表 10-9）。

表 10-9　防火门按耐火极限分类

名称	耐火性能要求	代号
隔热防火门（A 类）	耐火隔热性时间≥0. 50h 耐火完整性时间≥0. 50h	A0. 50（丙级）
	耐火隔热性时间≥1. 00h 耐火完整性时间≥1. 00h	A1. 00（乙级）
	耐火隔热性时间≥1. 50h 耐火完整性时间≥1. 50h	A1. 50（甲级）
	耐火隔热性时间≥2. 00h 耐火完整性时间≥2. 00h	A2. 00
	耐火隔热性时间≥3. 00h 耐火完整性时间≥3. 00h	A3. 00

（续）

名称	耐火性能要求		代号
部分隔热防火门（B类）	耐火隔热性时间≥0.50h	耐火完整性时间≥1.00h	B1.00
		耐火完整性时间≥1.50h	B1.50
		耐火完整性时间≥2.00h	B2.00
		耐火完整性时间≥3.00h	B3.00
非隔热防火门（C类）	耐火完整性时间≥1.00h		C1.00
	耐火完整性时间≥1.50h		C1.50
	耐火完整性时间≥2.00h		C2.00
	耐火完整性时间≥3.00h		C3.00

2. 按材质分类

根据材质的不同，防火门分为木质防火门、钢质防火门和其他材质防火门三种。木质防火门是在木质门表面涂覆防火涂料，或用装饰防火胶板贴面，以达到防火要求，其防火性能要稍差一些。钢质防火门采用普通钢板制作，在门扇夹层中填入岩棉等耐火材料，以达到防火要求。其他材质防火门采用除钢材、难燃木材或难燃木材制品之外的无机不燃材料或部分采用钢材、难燃木材、难燃木材制品制作门框、门扇骨架、门扇面板，门扇内填充对人体无毒无害的防火隔热材料。

3. 按开闭状态分类

根据开闭状态不同，防火门分为常开防火门和常闭防火门两种。常开式防火门是由门扇、门框、释放开关等组成，平时经常开着，只有火灾时才会由控制系统自动关闭，一般应用于公共场所的通道或者走廊上。常闭式防火门是由顺序器、闭门器、密封条等组成，正常情况下和发生火灾的情况下都处于关闭状态，有人员走动时需要推开，这样就起到了阻烟隔热、防止火势蔓延的作用。

4. 按门扇数量分类

根据门扇数量不同，防火门可以分为单门、双门和四门三种。

5. 按门扇开启方式分类

根据门扇开启方式不同，防火门可以分为平开式和推拉式两种。

6. 按门扇结构分类

根据门扇结构不同，防火门可以分为镶玻璃和不镶玻璃两种。

10.4.2 防火门的防火原理

1）钢质防火门防火原理：不锈钢材质本身具有一定的阻燃性，里面再填充一定的防火材料，以实现防火隔热功能。

2）木质防火门防火原理：木材经过特殊的防护工艺（喷涂法、浸泡法、蒸煮法、真空法、真空加压法等）从门的外部来进行阻燃，以实现防火阻燃功能。

10.4.3 防火门的技术要求和试验方法

防火门不仅具有普通门的功能，还具有防止火灾和烟雾蔓延的功能，它们可以在一定时间内防止火势蔓延，保证人员疏散，为逃生和灭火争取时间。下面以常见的木质防火门和钢质防火门为例，详细介绍其技术要求和试验方法。木质防火门主要由填充材料、木材、人造板、黏结剂、防火锁等组成，技术要求和试验方法见表10-10。

表10-10 木质防火门的技术要求和试验方法

试验内容	技术要求和试验方法
填充材料	燃烧性能按GB 8624—2012《建筑材料及制品燃烧性能分级》规定达到A1级要求，产烟毒性满足GB/T 20285—2006《材料产烟毒性危险分级》的ZA2级要求
木材	难燃性按GB/T 8625—2005《建筑材料难燃性试验方法》检验达到难燃性要求
人造板	难燃性按GB/T 8625—2005《建筑材料难燃性试验方法》检验达到难燃性要求
材质	冷轧薄钢板应符合GB/T 708—2019《冷轧钢板和钢带的尺寸、外形、重量及允许偏差》规定
	热轧钢材应符合GB/T 709—2019《热轧钢板和钢带的尺寸、外形、重量及允许偏差》规定
其他材质材料	产烟毒性满足GB/T 20285—2006《材料产烟毒性危险分级》的ZA2级要求
	难燃性按GB/T 8625—2005达到难燃性要求或燃烧性按GB/T 8624—2012规定达到A1级要求
黏结剂	产烟毒性满足GB/T 20285—2006《材料产烟毒性危险分级》的ZA2级要求
防火门芯	耐火完整性不低于90min的防火门使用防火门芯材料的燃烧性能不应低于GB/T 8624—2012规定的A2级，耐火完整性低于90min的防火门使用防火门芯材料的燃烧性能不应低于GB/T 8624—2012规定的B级
防火锁	在门扇的有锁芯机构处，防火锁均应有执手或推杠机构，不允许以圆形或球形旋钮代替执手（特殊部位使用除外，如管道井门等）
防火密封件	符合GB 16807—2009《防火膨胀密封件》规定
防火插销	采用钢质防火插销，应安装在双扇防火门或多扇防火门的相对固定一侧的门扇上
防火合页（铰链）	防火门用合页（铰链）板厚应不少于3mm

钢质防火门的耐火时间和门扇厚度的技术要求见表10-11，其中耐火时间按照GB 12955—2008《防火门》进行测试。

表10-11 钢质防火门的技术要求

耐火等级	技术要求
甲级	耐火时间不低于1.50h，门扇厚度不低于50mm
乙级	耐火时间不低于1.00h，门扇厚度不低于45mm
丙级	耐火时间不低于0.50h，门扇厚度不低于40mm

除此之外，应用于不同场所的钢质防火门在技术和材质方面还会有不同的要求。进户门、安全通道和机器设备间防火门的技术要求见表10-12，钢质管道井防火门的技术要求见表10-13。

表 10-12 进户门、安全通道和机器设备间防火门的技术要求

试验内容	技术要求
门框材质	门框材质要求为不小于 1.2mm 的厚镀锌钢板（高度 2.1m 以上门或宽度 1.2m 以上门钢板厚度不小于 1.5mm）
门扇材质	门扇材质要求为不小于 1.0mm 的厚镀锌钢板
加固件材质	加固件材质要求为不小于 1.2mm 的厚钢板，如有螺栓孔厚度不小于 3.0mm
填充物	填充物要求为符合环保要求和规范要求的防火填充材料（如门扇内填充珍珠岩防火材料、门框内填充水泥类防火材料）
密封	门框设置密封槽，槽内镶嵌耐火阻燃的防火膨胀胶条；防火膨胀胶条膨胀性能：在升温 100℃ 膨胀扩大 2~3 倍
耐温性	防火门温升至 980℃ 时，不燃烧、不灰化、耐酸、耐碱、耐水性；浸泡 72h 以上，无溶蚀、无溶胀，重量变化率小于 6%
缝隙	在闭门状态下，门扇与门框贴合，门扇与门框间的两侧缝隙不大于 3mm，上缝隙不大于 3mm，双扇门中缝间隙不大于 3mm

表 10-13 钢质管道井防火门的技术要求

试验内容	技术要求
门框材质	门框材质要求为不小于 1.2mm 的厚镀锌钢板
门扇材质	门扇材质要求为不小于 0.8mm 的厚镀锌钢板
加固件材质	加固件材质要求为不小于 1.2mm 的钢板，如有螺栓孔厚度不小于 3.0mm
填充物	填充物必须为符合环保要求的珍珠岩防火材料
密封	门框设置密封槽，槽内镶嵌耐火阻燃的防火膨胀胶条；防火膨胀胶条膨胀性能：在升温 100℃ 膨胀扩大 2~3 倍
耐温性	防火门温升至 980℃ 时，不燃烧、不灰化、耐酸、耐碱、耐水性；浸泡 72h 以上，无溶蚀、无溶胀，重量变化率小于 6%

10.5 防火卷帘

当建筑物发生火灾时，应将楼内人员尽快疏散到楼外的安全区域。楼梯间是建筑内人员在逃生时通向建筑外安全区域的重要途径。为保证人员的安全撤离，同时为了防止火势通过楼梯间向上蔓延，许多建筑的楼梯间在设计上要求封闭。然而，由于使用功能的需要，有些建筑物不能采取固定的墙和门进行防火分隔，并且建筑物的某些区域面积已超过防火分区面积，在此情况下应当设置防火卷帘以保障人员安全。

防火卷帘是在一定时间内，连同框架能满足耐火稳定性和完整性要求的卷帘，其结构如图 10-11 所示。以垂直防火卷帘为例，防火卷帘主要由帘面、底座、导轨、支承板、卷轴、包箱、限位器、启闭机、门楣、手动拉链、控制箱（按钮盒）、感温和感烟探测器等 12 个部位组成。防火卷帘的产品外形平整美观、刚性强，被广泛应用于高层建筑、大型商场、仓

库、厂房、地下车库、饭店等人员密集的场合的防火隔断区。平时卷帘可收在固定轴杆上，火灾下可根据自动的或人工的控制信号通过传动装置和控制系统展开，能有效地阻止火势和烟气蔓延，为人们争取充足的逃生时间，保障生命财产安全。

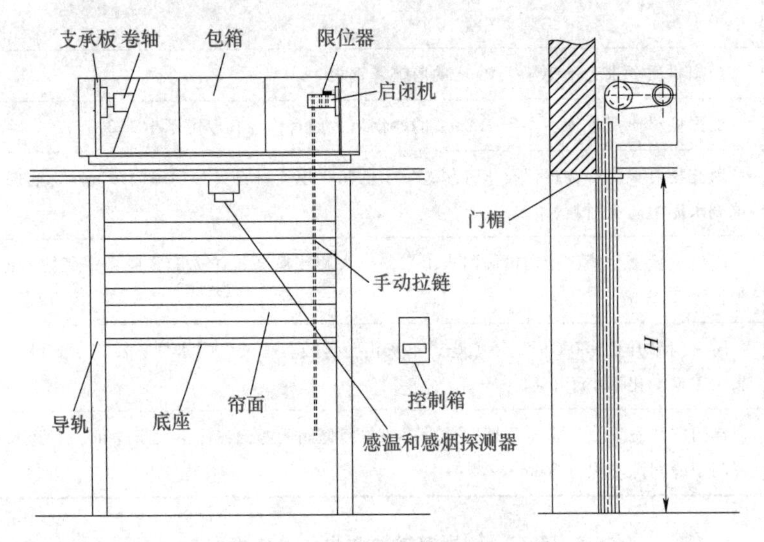

图 10-11　防火卷帘的结构示意图

10.5.1　防火卷帘的分类和特点

防火卷帘具有自动控制、运行安全可靠且迅速、防火隔烟及耐火时间长等特点，即使在断电后仍可以正常使用，安全指数高。防火卷帘还可以与火灾报警系统联动，及时发现并通报火灾，同时可自动采取部分防火措施，抑制火灾蔓延，保护人员疏散。防火卷帘的品种很多，可按照材质和开启方式进行分类。

1. 按照材质分类

按照材质不同，防火卷帘可分为钢质防火卷帘、无机纤维复合防火卷帘和特级防火卷帘。钢质防火卷帘是指用钢质材料做帘板、导轨、座板、门楣、箱体等，配以卷门机和控制箱所组成的能符合耐火完整性要求的卷帘，这类防火卷帘需要设自动喷水灭火系统加以保护，在实际中较少采用。无机纤维复合防火卷帘是指用无机纤维材料做帘面，用钢质材料做夹板、导轨、座板、门楣、箱体等，配以卷门机和控制箱所组成的能符合耐火完整性要求的卷帘，这类防火卷帘已被特级防火卷帘所取代。特级防火卷帘是指用钢质材料或无机纤维材料做帘面，用钢质材料做导轨、座板、夹板、门楣、箱体等，配以卷门机和控制箱所组成的卷帘，耐火极限可达到 3.00h，满足 GB 50016—2014《建筑设计防火规范（2018 年版）》的技术要求，已成为广泛运用的主流产品。

2. 按照开启形式分类

按照开启形式不同，防火卷帘分为手动控制、自动控制和消防联动控制三种。手动控制防火卷帘的装置一般安装在防火卷帘门两侧的墙或柱子上，通过手动控制器装置能控制防火卷帘执行上升、停止、下降动作。自动控制防火卷帘的信号源来自防火卷帘门一侧或两侧顶棚上设置的感温和感烟火灾探测器，将采集到的信号送至联动控制模块，联动控制模块输出执行信号至防火卷帘门控制器，控制防火卷帘升降。消防联动控制防火卷帘是由消防联动控制系统将火灾信号反馈到相应部位的防火卷帘电动控制箱，进而驱动卷帘下落。

10.5.2 防火卷帘的防火原理

火灾的蔓延方式主要是热传播，而防火卷帘的防火原理即为通过防火隔离作用阻止火灾中的火、烟的扩散和蔓延，为人们争取充足的逃生时间。

钢质防火卷帘将两个单片帘页插合成一体，中间形成厚为 5~8mm 的空腔，并将导热系数较低的岩棉等非金属材料填入其中，从而减缓钢质防火卷帘背火面的温升速度，达到阻止火灾蔓延的目的。

无机纤维复合防火卷帘用无机纤维耐火材料代替钢片帘页作基材，用钢质材料作骨架。无机纤维耐火材料质轻、无毒无味、吸声、耐候性好、高效隔热、耐火可靠，可实现长时间的高耐火等级保护。

特级防火卷帘在原无机纤维复合防火卷帘结构基础上加了一层帘面，使其耐火极限超过了 3.00h，背火面温升不超过 140℃，阻火功能可达到建筑物防火墙的性能。

10.5.3 防火卷帘的技术要求和试验方法

1. 耐火性能

防火卷帘的耐火性能按 GB/T 7633—2008《门和卷帘的耐火试验方法》的规定进行试验，其中钢质防火卷帘和无机纤维复合防火卷帘测试耐火完整性，特级防火卷帘测试耐火完整性和隔热性。防火卷帘的耐火性能技术要求见表 10-14。

表 10-14 防火卷帘的耐火性能技术要求

名称	名称符号	代号	耐火极限/h	帘面漏烟量/[$m^3/(m^2 \cdot min)$]
钢质防火卷帘	GFJ	F2	≥2.00	—
		F3	≥3.00	
钢质防火、防烟卷帘	GFYH	FY2	≥2.00	≤0.2
		FY3	≥3.00	
无机纤维复合防火卷帘	WFJ	F2	≥2.00	—
		F3	≥3.00	
无机纤维复合防火、防烟卷帘	WFYJ	FY2	≥2.00	≤0.2
		FY3	≥3.00	
特级防火卷帘	TFJ	TF3	≥3.00	≤0.2

以钢质防火卷帘为例（名称符号为 GFJ），代号 F2 即耐火极限≥2.00h，代号 F3 即耐火极限≥3.00h。

防火卷帘的理化性能测试依据 GB 14102—2005《防火卷帘》进行。

2. 耐风压性能

钢质防火卷帘的帘板应具有一定的耐风压强度，在规定的风荷载下，防火卷帘的帘板不允许从导轨中脱出，而在帘面和导轨之间设置防脱轨装置可防止帘板脱轨。根据 GB 14102—2005，防火卷帘的帘板挠度应符合表 10-15 中的规定，其中 B 为导轨间距离。对于室内使用的钢质防火卷帘与无机纤维复合防火卷帘可以不进行耐风压试验。

表 10-15　防火卷帘的帘板挠度技术要求

代号	耐风压强度/Pa	挠度/mm					
		$B\leqslant2.5$m	$B=3.0$m	$B=4.0$m	$B=5.0$m	$B=6.0$m	$B>6.0$m
50	490	25	30	40	50	60	90
80	784	37.5	45	60	75	90	135
120	1177	50	60	80	100	120	180

3. 防烟性能

防火防烟卷帘的导轨和门楣内应设置防烟装置，防烟装置所用材料应为不燃或难燃材料，防烟装置与帘面应均匀紧密贴合，贴合面长度不应小于导轨长度的 80%，门楣的非贴合部位的缝隙不应大于 2mm。此外，防火防烟卷帘帘面两侧差压为 20Pa 时，其在标准状态下（20℃，101325Pa）的漏烟量不应大于 $0.2m^3/(m^2\cdot min)$。

4. 运行平稳性能

防火卷帘装配完毕后，帘面在导轨内运行应平稳，不应有脱轨和明显的倾斜现象；双帘面卷帘的两个帘面应同时升降，两个帘面之间的高度差不应大于 50mm。

5. 噪声

防火卷帘装配完毕后，在运行开启过程中及运行关闭过程中的平均噪声均不应大于 85dB。

6. 运行速度

垂直卷帘电动启、闭的运行速度应为 2.0~7.5m/min，自重下降速度不应大于 9.5m/min。侧向卷帘电动启、闭的运行速度不应小于 7.5m/min。水平卷帘电动启、闭的运行速度应为 2.0~7.5m/min。

7. 两步关闭性能

安装在疏散通道处的防火卷帘应具有两步关闭性能。当控制箱接收到报警信号后，控制防火卷帘自动关闭至中位处停止，延时 5~60s 后继续关闭至全闭；或控制箱接第一次报警信号后，控制防火卷帘自动关闭至中位处停止，接第二次报警信号后继续关闭至全闭。

8. 温控释放性能

防火卷帘应装配温控释放装置，当释放装置的感温元件周围温度达到 73℃±0.5℃时，释放装置动作，卷帘应依自重下降关闭。

复习思考题

1. 防火封堵材料可分为哪几类？简述一下它们的特点和区别。
2. 简要说明防火封堵材料的防火原理。
3. 防火板材的防火原理是什么？
4. 简要说明防火板材的应用前景。
5. 防火玻璃的分类方式有哪些？它们可以分为哪几类？
6. 简要说明灌浆型防火玻璃的制备工艺和防火原理。
7. 防火门根据开闭状态可以分为几类？各自的特点是什么？
8. 木质防火门和钢质防火门的防火原理有什么区别？
9. 防火卷帘的组成结构有哪些？
10. 防火卷帘的分类方式有哪些？它们可以分为哪几类？
11. 特级防火卷帘的优势有哪些？

第 11 章 阻燃性能测试方法及分析技术

教学要求

掌握热分析、点燃性、可燃性、生烟性、隔热性、毒性和腐蚀性等测试方法的工作原理、测试参数和应用范围。

重点与难点

运用各项阻燃性能测试评价材料的阻燃性能，掌握各项阻燃性能测试参数的计算方法。

材料的火安全性分析和评价是一项非常重要的工作，它为材料的合理化设计和安全应用提供理论依据和实践指导。世界各国开发制定了大量的燃烧试验方法和标准用于评价材料的火灾危险性及阻燃性能，这些燃烧试验方法及分析技术从微尺度分析、小尺度一直延伸到大尺度测试方法。材料燃烧测试方法与分析技术的试验尺度分级如图 11-1 所示。红外、质谱和分子模拟等光谱学方法主要在原子、分子水平上研究材料的组成与性能之间的关系，并通过材料分子设计得到本质阻燃的新材料。热重分析（TG）、差热分析（DTA）、差示扫描量热法（DSC）和微型量热仪（MCC）等热分析方法主要在微尺度上分析材料的裂解机理、燃烧性能和物性参数，以设计和优化材料的阻燃配方。极限氧指数（LOI）、垂直燃烧测试（UL94）等小尺度燃烧试验主要用于获取材料的燃烧性能、物性参数、火灾动力学参数、火灾行为及阻燃等级，以有效筛选阻燃产品。锥形量热仪、ISO 9705 等中、大尺度燃烧试验可用于研究材料制品的火灾行为及灾害动力学，以评估材料的实际火灾危害。

火灾中材料的燃烧过程是一个非常复杂的高温放热反应过程，受许多因素影响，辐射和其他形式的热传递模式、氧、阻燃剂、样品物理条件及材料本身性能都可以影响燃烧过程。燃烧过程一般经历点燃过程、火焰传播及发展过程、充分燃烧过程及最终的熄灭过程。微观分析方法虽对分析材料在燃烧过程中的物理化学变化有一定帮助，但一般难以直接用于分析燃烧过程和材料的燃烧性能，如热分析方法不具备燃烧条件下的加热速率和传热方式。小型试验方法一般只能测量影响燃烧过程的某个特定的方面，不能全面反映燃烧过程。相对来说，大型试验方法比较接近于真实火灾的条件，具有一定程度的相关性，但由于成本过高，费时、费力，实际上能施行的很少。不同尺度的燃烧测试方法都能在特定条件下、一定程度上反映材料的燃烧过程，但都具有一定的局限性。

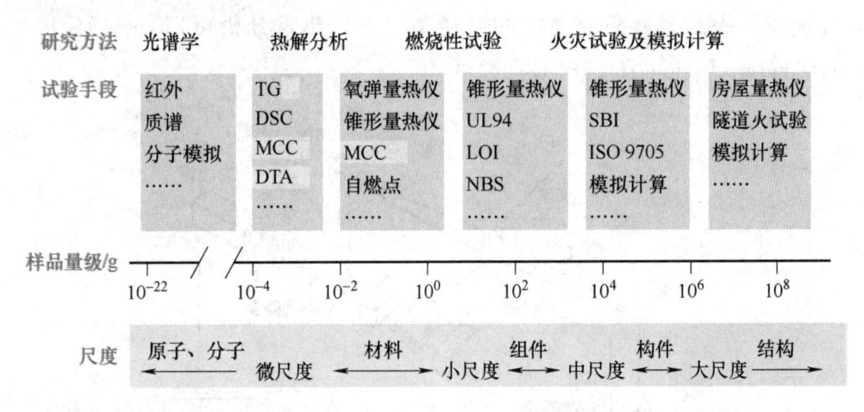

图 11-1 材料燃烧测试方法与分析技术的试验尺度分级

由于实际燃烧过程的因素难以在实验室的条件下全面模拟和重现，所以任何燃烧试验都无法提供全面的准确的火灾试验结果，只能作为火灾中材料行为特性的参考。不同的试验方法也往往产生不同的分级评价结果，因此大多数燃烧试验的结果并不能全面反映材料在火灾中的真实行为。从另一个角度看，在试验方法的发展上也不一定要追求同实际燃烧完全相同的条件，尤其是对火灾这种具有高度不确定性的现象。因此，材料火安全性评价重要的是要找到一种燃烧模式比较接近，试验设计有比较合理的科学依据，能够使试验结果同火灾的工程预测与模拟较好联系的方法。为此，国际标准化组织、各国政府和各行业都出台了各自的阻燃性能试验方法和标准，这些方法主要分为热分析、点燃性测试、可燃性测试、生烟性测试、毒性测试和隔热性测试等。

11.1 热分析

热分析技术是在程序控制的温度下测量物质的各种物理转变与化学反应，用于某一特定温度时物质及其组成和特性参数的测定，由此进一步研究物质结构与性能的关系、反应规律等。用传统的热分析方法直接研究火灾条件下的热分解有很大局限性，主要问题包括加热速率太低、不能提供实际燃烧的环境和条件、热解的条件与实际燃烧过程中的热解相差较大等。传统热分析方法比较适合于研究热解的微观机理过程，而这些微观的反应也只能在很低的加热速率下分辨。不过，材料燃烧时的表观热解机理和过程一般是许多微观过程的综合结果，因此用热分析方法研究微观机理对理解表观的综合过程还是很有帮助的。

11.1.1 热重分析

热重分析（Thermogravimetric，TG）是以等温加热或以恒定升温速率加热样品材料，以观察在恒温条件下加热或在一定加热速率条件下加热样品时的失重行为和规律，测试原理如图 11-2 所示。热重分析所得结果简便、直观，可以帮助分析和判断材料产生可燃性物质挥发的速率，以及加热速率、温度、环境条件对材料热解过程的影响，对材料热解和燃烧特性研究有一定帮助。热重分析既可研究材料燃烧过程中的热解动力学并发展热解模拟模型，也可通过裂解机理研究提高材料阻燃性能的途径和方法。热重分析可以获得 TG 曲线和微分热重（Derivative Thermogravimetric，DTG）曲线。

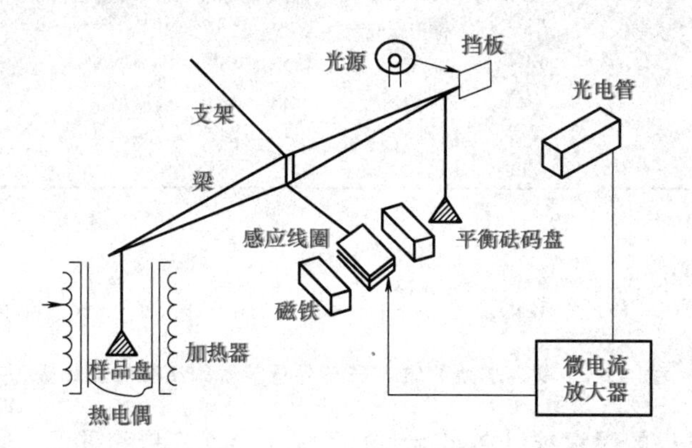

图 11-2　热重分析的测试原理

1. TG 曲线分析

TG 曲线是以样品的质量分数(W)-温度(T) 的曲线来表示的，曲线的纵坐标为样品质量百分数，横坐标为温度，单位为 K 或℃，数学表达式见式（11-1)。

$$W=f(T) \tag{11-1}$$

填充尼龙的 TG 和 DTG 曲线如图 11-3 所示。图中，T_i 表示起始温度，即累积质量变化到达热天平可以检测时的温度；T_f 表示终止温度，即累积质量变化到达最大值时的温度；T_f-T_i 表示反应区间，即起始温度与终止温度的温度间隔。图中，曲线的 AB 阶段的质量基本保持不变，属于样品的热稳定区，该阶段称为平台；曲线的 BC 阶段的质量显著下降，为样品失重区，该阶段称为台阶。填充尼龙在初始热解阶段有少量的质量损失，这是由样品中溶剂的解吸所致，如果发生在 100℃附近，则可能是失水所致；试样从 T_i 开始大量分解，T_i 到 T_f 阶段存在两个明显的 DTG 峰，分别对应尼龙材料和填料的分解峰。

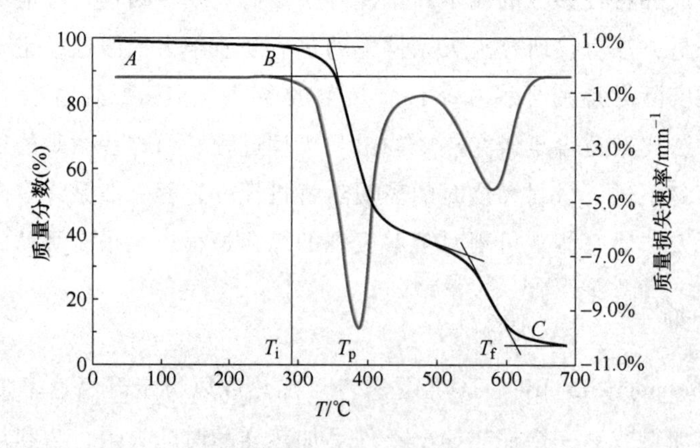

图 11-3　填充尼龙的 TG 与 DTG 曲线

2. DTG 曲线

DTG 曲线是以物质的质量变化速率（dW/dt）对温度 T（或时间 t）作图，又称为微分曲线，表示不同温度或不同时间下试样的质量变化率，数学表达式见式（11-2）。

$$dW/dt=f(t) \tag{11-2}$$

DTG 曲线的峰顶处 $dW/dt=0$，对应于 TG 曲线的拐点，即失重速率的最大值；DTG 曲线上的峰数对应于 TG 曲线上的台阶数，即失重的次数；DTG 曲线的峰面积正比于失重量，可用于计算失重量。DTG 曲线可获取样品的初始分解温度、峰值分解温度、分解终止温度，能有效区分反应阶段和分析各热解阶段质量损失和分解机理。

11.1.2 差热分析及差示扫描量热法

差热分析（Differential Thermal Analysis，DTA）是在程序控制温度下测量样品与参比物的温度差和它们的温度之间关系的热分析方法。差示扫描量热法（Differential Scanning Calorimetry，DSC）是在程序控制温度下测量保持样品与参比物温度恒定时输入样品和参比物的功率差与温度关系的分析方法。DTA 和 DSC 均是测试物质在等温或一定加热速率下加热时出现的热效应变化，即吸热和放热。如当物质的物理性质发生变化（例如结晶、熔融或晶型转变等），或者发生化学变化时，往往伴随着热力学性质如热焓、比热容、导热系数的变化。二者均可帮助分析材料在受热过程中与热效应相关联的热解行为机理，常用于分析热解机理和燃烧过程中结构和成分的变化等。

1. 测试原理

DTA 一般由加热炉、试样容器、热电偶、温度控制系统及放大、记录系统等部分组成。图 11-4 为 DTA 的装置示意图。试样和参比物分别放在加热炉内相应杯中，当炉子按某一程序升温、降温时，测温热电偶测得参比物温度和试样温度。当试样和参比物没有发生物理和化学变化时，无热效应发生，参比物温度和试样温度相等，示差热电势（ΔE）始终等于一个定值，此时记录的 DTA 曲线为一直线，即基线（没有热效应的 DTA 曲线），其中基线不一定是零线。当试样在某一温度下发生物理或化学变化，则会放出或吸收一定的热量，此时示差电动势就会偏离基线，出现差热峰。DTA 谱图的横坐标为温度 T（或时间 t），纵坐标为试样与参比物的温差 ΔT，所得到的 ΔT 和 T（或 t）曲线称为差热曲线。

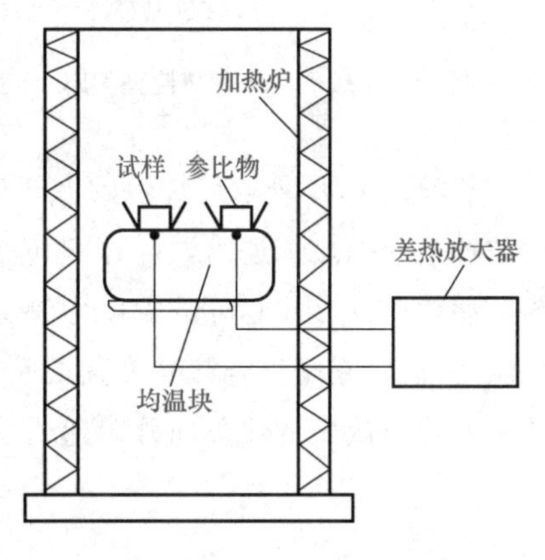

图 11-4 DTA 的装置示意图

DSC 分为功率补偿型和热流型两种，二者最大差别在于结构设计原理的不同。功率补偿型的 DSC 是内加热式，装样品和参比物的支持器是各自独立的元件，如图 11-5 所示。它采用动态零位平衡原理，即要求样品与参比物温度，不论样品吸热还是放热时都要维持动态零位平衡状态，也就是要维持样品与参比物温度差趋向于零（$\Delta T\to 0$）。

DSC 测定的是维持样品和参比物处于相同温度所需要的能量差 ΔE，反映样品热焓的变化。ΔE 的数学表达式如下：

$$\Delta E=\frac{\mathrm{d}Q_{\mathrm{s}}}{\mathrm{d}t}-\frac{\mathrm{d}Q_{\mathrm{r}}}{\mathrm{d}t}=\frac{\mathrm{d}H}{\mathrm{d}t} \tag{11-3}$$

式中，$\frac{\mathrm{d}Q_{\mathrm{s}}}{\mathrm{d}t}$为单位时间给样品的热量；$\frac{\mathrm{d}Q_{\mathrm{r}}}{\mathrm{d}t}$为单位时间给参比物的热量；$\frac{\mathrm{d}H}{\mathrm{d}t}$为热焓的变化率或热流率。

热流型差示扫描量热法主要通过测量加热过程中试样吸收或放出热量的流量来达到热分析的目的，该法包括热流式和热通量式，二者都是采用差热分析的原理来进行量热分析。热流型 DSC 是外加热式，图 11-6 为热流型 DSC 示意图。

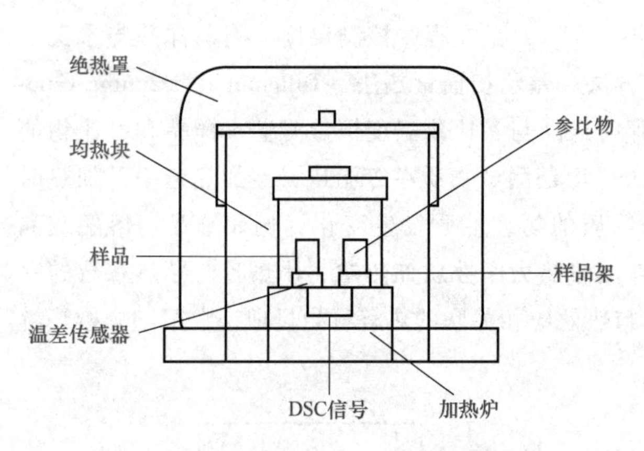

图 11-5　功率补偿型 DSC 示意图

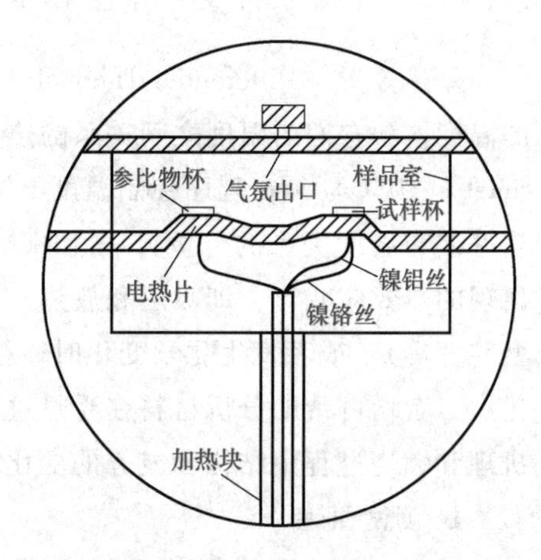

图 11-6　热流型 DSC 示意图

热流式 DSC 采取外加热的方式使均温块受热后通过空气和康铜（铜镍合金）做的热垫片两种途径把热传递给试样杯和参比物杯，试样杯的温度由镍铬丝和镍铝丝组成的高灵敏度热电偶检测，参比物杯的温度由镍铬丝和康铜组成的热电偶加以检测。热流式 DSC 检测的是温差 ΔT，它是试样热量变化的反映。根据热学原理，温差 ΔT 的大小等于单位时间试样热量变化与试样的热量向外传递所受阻力 R 的乘积，即：

$$\Delta T=R\frac{\mathrm{d}Q_{\mathrm{s}}}{\mathrm{d}t} \tag{11-4}$$

2. DTA 和 DSC 曲线的应用

DTA 和 DSC 曲线的共同特点是温度或时间轴上的吸放热峰均与物质性质有关，可用于获取多种热力学和动力学参数，是阻燃材料常规测试和基本研究手段。

（1）物性分析

高分子材料的 DTA 和 DSC 模式曲线如图 11-7 所示。由图 11-7 可以看出，DSC 曲线可以分析阻燃材料的玻璃化转变温度、熔融温度、结晶转变温度、结晶度、结晶速率、添加剂含量、热化学数据（如比热容、熔化热、分解热、蒸发热、结晶热、溶解热、吸附与解吸热、反应热等）及相对分子质量等。

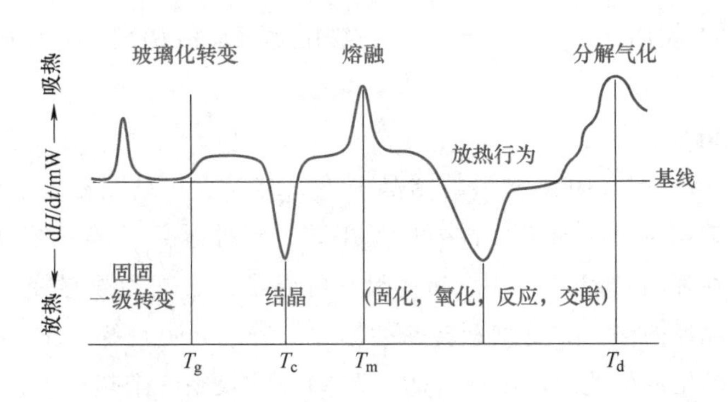

图 11-7　高分子材料的 DTA 和 DSC 模式曲线

DTA 和 DSC 分析利用了物质在加热过程中产生物理化学变化的同时产生吸热或放热反应，它们共同特点是吸放热峰位置、形状和数目与物质性质有关，可用于定性表征和鉴定物质。DTA 和 DSC 曲线的峰面积和反应热焓有关，可用于定量计算参与反应的物质的量或测定热化学参数。DSC 曲线不仅可定量测定物质的熔化热、转变热和反应热，还可用于计算物质的纯度和杂质量。DTA 和 DSC 曲线中吸放热曲线峰的对应关系见表 11-1。

表 11-1　DTA 和 DSC 曲线中吸放热曲线峰的对应关系

物理现象	峰谷面积		化学变化	峰谷面积	
	吸热	放热		吸热	放热
结晶转变	√	√	化学吸附		√
熔融	√		脱溶剂化	√	
蒸发	√		脱水	√	
升华	√		分解	√	√
吸附		√	氧化降解		√
脱附	√		在气氛中氧化		√
吸收	√		在气氛中还原	√	
固化点转变	√		氧化还原反应	√	√
玻璃转变	基线改变，无峰		固相反应	√	√
液晶转变	√		燃烧		√
热容转变	基线改变，无峰		聚合	-	

（2）玻璃化转变温度测定

玻璃化转变是非晶态高分子材料固有的性质，是高分子运动形式转变的宏观体现，直接影响到材料的使用性能和工艺性能。玻璃化转变温度是指非晶态材料中的聚合物链获得足够热能并进行显著平移运动的临界温度，具有类液体或橡胶态的特征。玻璃化转变温度（T_g）是分子链段能运动的最低温度，它的高低与分子链的柔性有直接关系，分子链柔性越大，玻璃化温度就低；分子链刚性越大，玻璃化转变温度就越高。在玻璃化转变温度以下，分子链被冻结成玻璃态，只可以发生有限区域内的原子运动。如果熔融的聚合物冷却得很快，以至于在聚合物完全结晶之前达到玻璃化转变温度，那么聚合物将被冻结在其玻璃态（无定形）状态，直到其温度再次升高到玻璃化转变温度以上。图 11-8 为 DTA 和 DSC 曲线测定玻璃化转变温度图，图中 T_g 在曲线上显示为台阶，一般用曲线前沿切线与基线的交点 A 或用中点 B，个别情况也有用交点 C 区分。

（3）结晶行为分析

DTA 和 DSC 可用于测试阻燃材料的结晶速度、结晶度、结晶温度、熔点和熔融热等，其中，结晶温度和熔点可用于确定材料的加工工艺、热处理条件等。结晶温度（T_c）是指熔融的无定型材料在降温过程中转变为晶体材料的温度，表现为放热峰；熔点（T_m）是指升温时材料由固体晶体向液体无定型态转变的温度，表现为吸热峰。图 11-9 为 DTA 和 DSC 测试的典型聚合物的结晶曲线和熔融曲线图。图 11-9 中反映三个热行为：第一个是 150℃左右的玻璃化转变温度；第二个是 200℃左右的放热峰，是冷结晶峰，可以用于降温结晶或等温结晶度的计算；第三个是 300℃左右出现的结晶熔融的吸热峰。

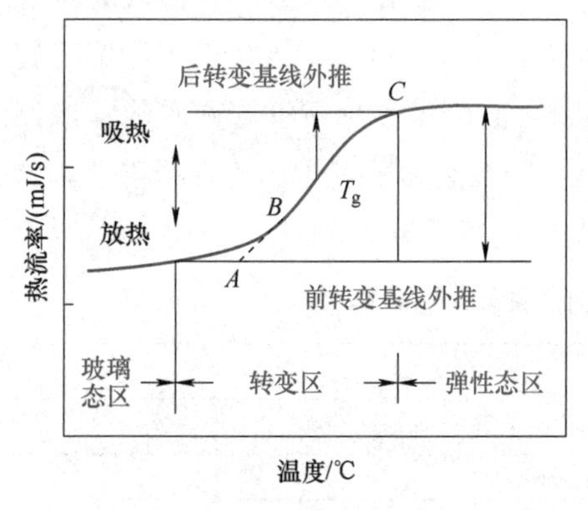

图 11-8 DTA 和 DSC 曲线测定玻璃化转变温度图

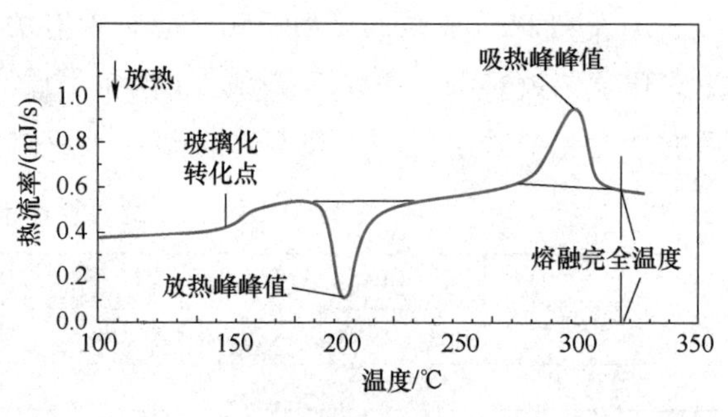

图 11-9 典型聚合物的结晶曲线和熔融曲线图

11.2 点燃性和可燃性测试

材料的点燃性是与点火源有关的，它表征材料引发火灾的概率。材料被点燃也不一定是由直接点火源引发的，还存在一些间接的点燃材料的因素。点燃性试验可检验材料是否易由对流或辐射热或由火焰点燃。材料能否被点燃及何时被点燃取决于辐射热源的强度及是否采用明火。采用适当的试验方法，可以模拟材料在初起至闪燃过程中各个不同阶段被点燃的倾向，从而可以确定材料在低强度点火源（无辐射热源）下是否会引起火灾和在高强度辐射热源下是否能使小火发展成闪燃。因此，点燃性测试对研究火灾的发展有重要作用，本节主要介绍固体燃点测试、水平垂直燃烧试验和氧指数测试三种点燃性分析方法。

11.2.1 固体燃点测试

燃点是指可燃物在空气充足条件下，达到某一温度时与火源接触即着火（出现火焰或灼热发光，不少于 5s），并在火源移去后仍能继续燃烧的最低温度。燃点表示在规定条件下一种物质与空气形成可燃性混合物且持续燃烧的温度，它是评价物质易燃性和可燃性的常用分析手段。在环境大气压下测得的燃点为观察燃点，需要用公式修正到标准大气压下的燃点。根据 ASTM D92《克利夫兰开口杯测定闪点和燃点的标准试验方法》、GB/T 3536—2008《石油产品闪点和燃点的测定 克利夫兰开口杯法》和 GB 267—1988《石油产品闪点与燃点测定法（开口杯法）》，可以用下式将观察燃点修正到标准大气压（101.3kPa）：

$$T_c = T_0 + 0.25(101.3 - p) \quad (11\text{-}5)$$

式中，T_c 为标准大气压燃点（℃）；T_0 为观察燃点（℃）；p 为环境大气压（kPa）。

式（11-5）精确地将仅限在大气压为 98.0~104.7kPa 范围之内的结果修正至整数，以℃为单位。

燃点测试主要用克利夫兰开口杯测定仪测试，其结构如图 11-10 所示，主要部分由试验杯、加热板、试验火焰点火器、本生灯、温度计及加热板支架等部分组成。

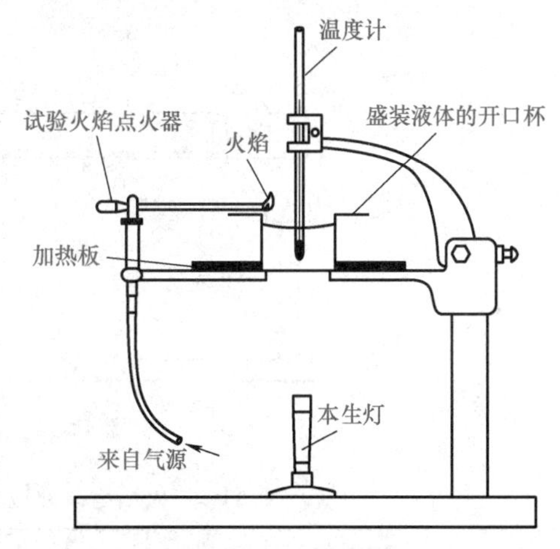

图 11-10 克利夫兰开口杯测定仪结构示意图

燃点对评价可燃固体和闪点较高的可燃液体的火灾危险性具有实际意义，燃点越低，越易着火，火灾危险性越大。控制可燃物的温度在燃点以下是预防火灾发生的有效措施之一。

11.2.2 水平垂直燃烧试验

水平垂直燃烧试验是应用最广泛的聚合物材料可燃性测试方法，根据燃烧速度、燃烧时间、抗滴能力及滴落物是否燃烧等区分材料可燃性的程度。水平垂直燃烧试验的测试标准有 UL 94、IEC 60695-11、GB/T 2408—2021、ISO 1210 和 ISO 12992 等。

1. 测试原理

水平垂直燃烧试验中将长方形条状试样的一端固定在水平或垂直夹具上，其另一端暴露于规定的试验火焰中。通过测量线性燃烧速率，评价试样的水平燃烧行为；通过测量余焰和余辉时间、燃烧的范围和燃烧颗粒滴落情况，评价试样的垂直燃烧行为。根据试样放置位置不同，水平垂直燃烧试验可分为水平燃烧（HB 级）试验和垂直燃烧（UL94）试验。

2. 水平燃烧试验

水平燃烧（HB 级）试验的试样处于水平位置，适用于评价燃烧范围和（或）火焰传播速率，如线性燃烧速率。图 11-11 为水平燃烧测试示意图。

水平燃烧测试通过燃烧长度和线性燃烧速率将材料分为 HB、HB40 和 HB75 三个等级。如果移去引燃源后，材料没有可见的有焰燃烧，或者试样出现连续的有焰燃烧但火焰前端未超过 100mm 标线，或者火焰前端超过 100mm 标线但符合表 11-2 中的规定，均判定为 HB 级材料。此外，样品厚度为 3.0mm±0.2mm 的试样，其线性燃烧速率不超过 40mm/min，那么降至 1.5mm 的最小厚度时，就应自动地接受为 HB 级。如果移去引燃源后，试样没有可见的有焰燃烧，或者存在有焰燃烧但火焰前端未达到 100mm 标线，或者火焰前端超过 100mm

标线但线性燃烧速率不超过 40mm/min，均可判定为 HB40 级材料。如果火焰前端超过 100mm 标线，线性燃烧速率不应超过 75mm/min，均可判定为 HB75 级材料。

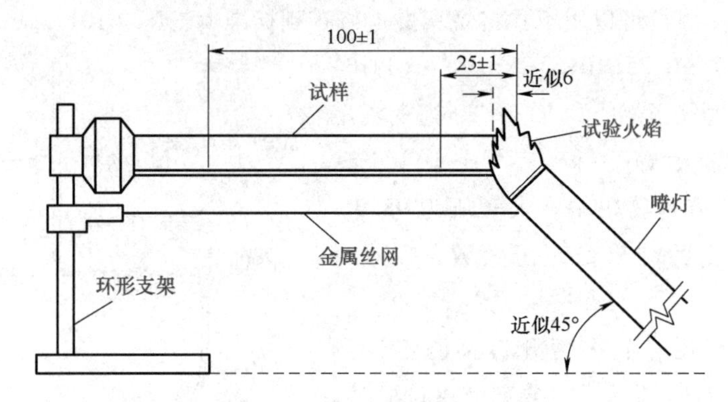

图 11-11　水平燃烧测试示意图

表 11-2　火焰前端超过 100mm 标线的 HB 级判定条件表

判定条件	燃烧速率	阻燃等级
样品厚度 3.0~13.0mm	≤40mm/min	HB
样品厚度<3.0mm	≤75mm/min	HB

3. 垂直燃烧试验

垂直燃烧（UL94）试验的试样处于垂直位置，适用于评价试验火焰移去后燃烧程度。图 11-12 为垂直燃烧测试示意图。垂直燃烧测试中按点火源可分为炽热棒法和本生灯法，后者又有小能量（火焰高度为 20~25mm）和中能量（火焰高度约为 125mm）两种。本节只介绍以小火焰本生灯为点火源的试验方法。

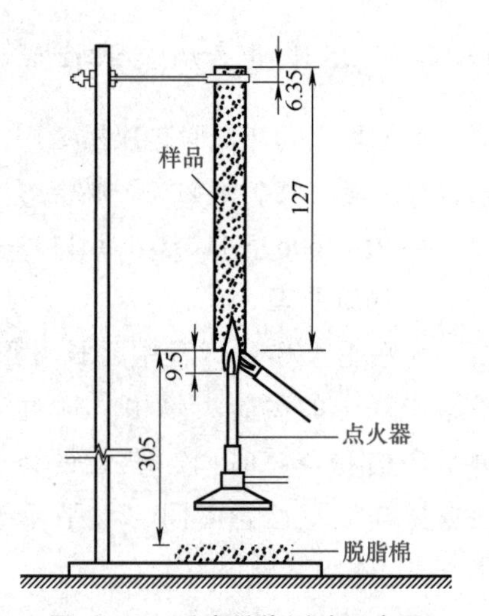

图 11-12　垂直燃烧测试示意图

垂直燃烧测试通过测量余焰时间（第一次余焰时间 t_1 和第二次余焰时间 t_2）和第二次余辉时间（t_3）、燃烧程度（是否燃尽）和燃烧颗粒的滴落物是否点燃棉花来评价材料垂直燃烧性能。UL94 垂直燃烧判定条件见表 11-3。

表 11-3　UL94 垂直燃烧判定条件

评定项目	垂直燃烧级别		
	V-0	V-1	V-2
单个试样的余焰时间（t_1/t_2）/s	≤10	≤30	≤30
任一状态调节的一组试样的总余焰时间（t_1+t_2）/s	≤50	≤250	≤250
第二次施加火焰后单个试样余焰时间加余辉时间（t_2+t_3）/s	≤30	≤60	≤60
余焰或余辉是否燃烧至夹持夹具	否	否	否
燃烧颗粒或滴落物是否引燃棉花垫	否	否	是

水平垂直燃烧测试方法获得的结果不能用于描述或评价实际着火条件下具体材料或具体形状所出现的着火危险。着火危险的评价需要考虑诸如燃料分布、燃烧强度（热释放速率）、燃烧产物、环境因素、火源强度、试样厚度、材料暴露方向和通风条件等因素。

11.2.3 氧指数测试

氧指数法简便、经济，被广泛用于控制产品质量和评价材料在空气中与火焰接触时燃烧的难易程度。氧指数也称极限氧指数（Limiting Oxygen Index，LOI），是指在规定的试验条件下，试样在氧气和氮气混合气体中刚好维持燃烧（有焰燃烧）所需的最低氧气浓度。试验判定中以氧所占的体积百分数的数值表示，即在材料样品引燃后，能保持燃烧 50mm 长或燃烧时间 3min 时所需要的氧、氮混合气体中氧的体积百分比浓度，由式（11-6）计算。

$$\mathrm{LOI}=\frac{[\mathrm{O_2}]}{[\mathrm{N_2}+\mathrm{O_2}]}\times 100\% \tag{11-6}$$

式中，$[O_2]$、$[N_2]$ 为氧气和氮气的体积流量。

氧指数测试主要由燃料筒、试样夹、点火器、气源及流量控制系统等组成。氧指数测试仪基本组成如图 11-13 所示。氧指数数值的高低用来表示材料燃烧的难易程度，试验标准有 GB/T 2406.2—2009 和 ISO 4589-2 等。一般来说，材料氧指数越高，着火需要氧气浓度越高，就越不易被点燃。相反，材料氧指数低，在低氧气浓度下很容易达到着火点，也就很容易被点燃。

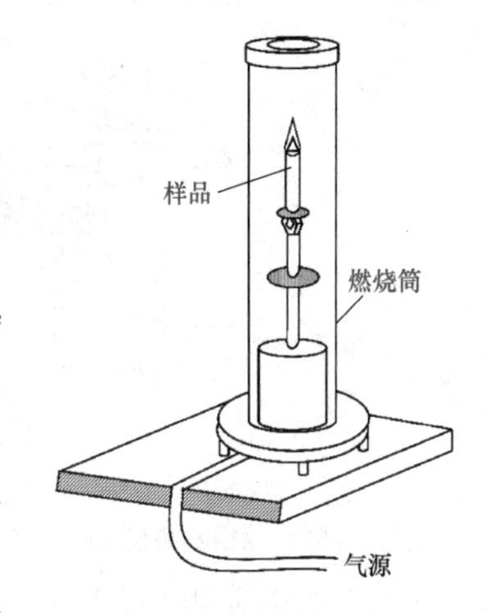

图 11-13 氧指数测试仪基本组成

在氧指数试验法中还发展了高温氧指数（Temperature Oxygen Index，TOI）试验法，一般最高温度可以提高到 400℃。高温氧指数试验法是在原氧指数法的基础上，在测试玻璃罩上增加了可控加温装置，提高了测试环境的温度，可以测试材料在较高环境温度下燃烧时的氧指数，用来评价材料在较高温度下的燃烧性。材料的氧指数随气体温度的升高而降低。高温度氧指数试验与常规氧指数试验相比，能更好地表示材料的燃烧性。

对氧指数试验结果产生影响的因素很多，如点火源种类、火焰方向及高度、点燃方式、环境温度、试样尺寸及外观、试样制备方法等。氧指数方法主要反映材料对氧浓度的敏感程度，不能全面地表征材料燃烧特性，它与真实火灾也没有相关性。氧指数测试结果也可能造成误导，例如在聚合物中加入可降低其熔融黏度的添加剂可提高氧指数值，因为样品顶部表面处熔融流滴，带走了大量点火源施加的热量，提高了材料被点燃的临界氧浓度，但现实中熔体流滴往往会增大火灾危害。此外，氧指数试验的条件也没有很好的定义，如点燃使用的火焰条件、施加火焰的时间等对燃烧非常重要的条件都没有严格的定义。因此，LOI 法只能用于材料分类、质量控制等方面，不能用于描述或评定某种特定材料或特定形状在实际着火情况下材料所呈现的着火危险性。

11.3 火焰传播性能测试

火焰传播是指火焰前沿在材料表面的发展，它可使火灾波及邻近可燃物而使火势扩大。有时，传播火焰的材料本身火灾危险性不高，但火灾所能波及的材料造成的损失则十分严重。所以材料的火焰传播性能在阻燃性能评价中是不可忽视的参数。火焰传播性能常以隧道燃烧法及辐射面板法测定。隧道燃烧法主要用于测定建材（包括固体塑料）的火焰传播速率。辐射面板法主要用于测试建筑材料及泡沫塑料的表面可燃性，是实验室使用最广泛的火焰传播性能测定方法之一。

11.3.1 隧道燃烧法

按 ASTM E84《建筑材料表面燃烧特性测试方法》规定，隧道法所用装置为一个长 7.62m、开口端横截面面积为 0.45m×0.30m 的内衬耐火砖的钢槽，槽侧有窗口，如图 11-14 所示。试样置于钢槽顶下并由槽内壁支持，在槽中形成一平顶，点燃试样后，根据火焰通过窗口的时间估计火焰传播速率，以窗口距离对火焰通过窗口的时间作图。

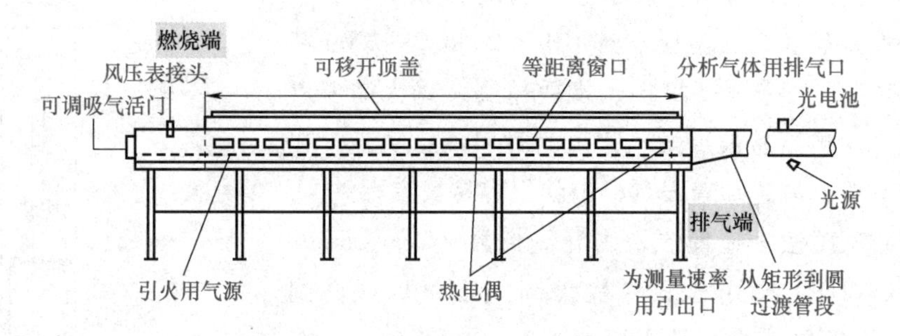

图 11-14 隧道燃烧法装置示意图

隧道燃烧法是将测试材料的表面燃烧特性与水泥板和未处理的红橡木做比较，测试结果的表达方式为火焰传播指数（Flame Spread Index，FSI）。火焰传播指数是以火焰传播的距离与燃烧时间作曲线图，得到火焰传播速度曲线（图 11-15），计算总面积（AT），再根据总面积计算 FSI，取整到最接近 5 的倍数。若 AT≤29.718m · min，则 FSI = 0.5151AT；若 AT > 29.718m · min，则 FSI=4900/(195-AT)。隧道燃烧法测试中选取水泥板和红橡木地板作为标定物，其中水泥板被定义为 0 FSI，红橡木地板被定义为 100 FSI。由隧道法测定的材料的 FSI 值介于 0~200，FSI 值越小的材料，火灾危险性越低。

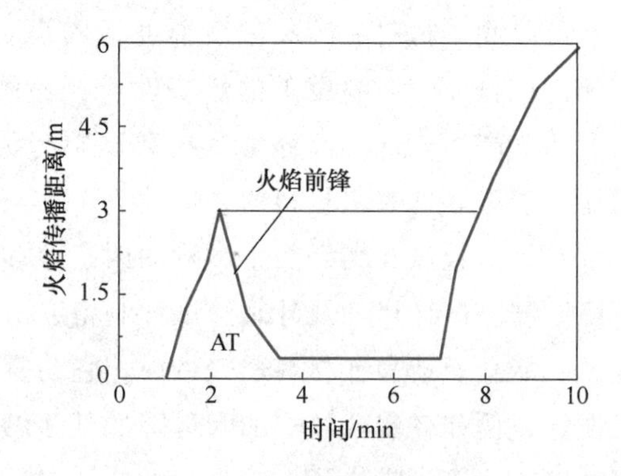

图 11-15 火焰传播速度曲线

根据 ASTM E84 规定，一般建筑材料的燃烧性能等级可根据 FSI 值及烟密度等级

（SDR）划分为 A、B、C 三级，具体分级判据见表 11-4。高层建筑和楼道应选用 FSI<25 的材料，防火要求不是很严格的场所可选用 25≤FSI≤100 的材料，而 FSI>100 的材料不符合阻燃的要求。

表 11-4 材料的燃烧性能等级与分级判据

燃烧性能等级	分级判据	测试标准
A 级	FSI≤25 且 SDR<75	SDR 按照 GB/T 8627—2007 或 ASTM D2843 测试；FSI 按照 ASTM E84 或 UL723 测试
B 级	25<FSI≤75 且 SDR<75	
C 级	75<FSI≤200 且 SDR<75	

11.3.2 辐射面板法

辐射面板法是实验室使用最广泛的火焰传播性能测定方法之一，测定装置如图 11-16 所示。辐射板火焰蔓延测试仪通过燃气热辐射板对建筑材料（ASTM E162）及泡沫塑料（ASTM D3675）的表面可燃性进行测试。试验时将试件暴露于辐射面板热源及中型喷灯下最多 15min，试样点燃后，记录火焰前沿达到参考标记（两参考标记间距离为 76mm）处的时间。

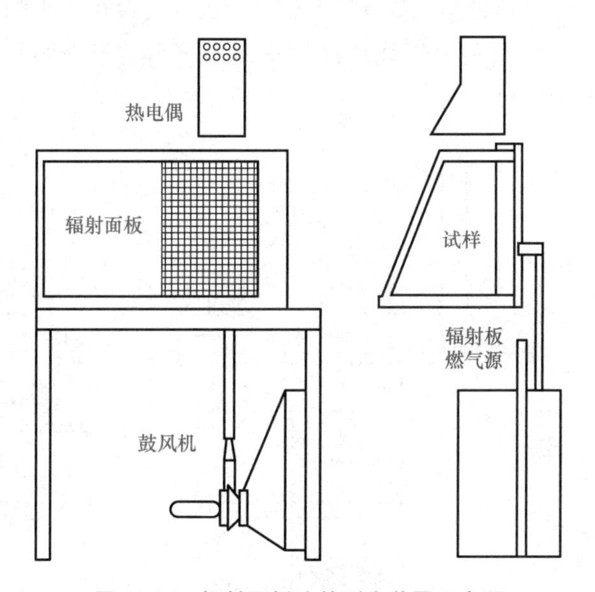

图 11-16 辐射面板法的测定装置示意图

辐射板火焰蔓延测试结果为火焰蔓延指数，由火焰蔓延和热量散发等因素决定。火焰传播指数 I_s 是火焰传播因素 F_s 与放热因素 Q 的乘积，由 ASTM E 162 法测得的一般材料的 I_s 在 0~200。

$$I_s = F_s Q \tag{11-7}$$

$$F_s = 1 + \frac{1}{t_3 - t_0} + \frac{1}{t_6 - t_3} + \frac{1}{t_9 - t_6} + \frac{1}{t_{12} - t_9} + \frac{1}{t_{15} - t_{12}} \tag{11-8}$$

$$Q=CT/\beta \tag{11-9}$$

式中，F_s 为火焰传播因素；t_0、t_3、t_6、t_9、t_{12}、t_{15}为最初试样从暴露到火焰锋到达 0、3、6、9、12、15 位置（沿着试样的长度为 0mm、76mm、152mm、228mm、304mm、380mm）的时间；Q 为放热因素；C 为单位换算常数；T 为试件温度-时间曲线上与石棉水泥标定试件温度-时间曲线上热电偶测得的最大温度差；β 为设备常数，约为 40℃/kW。

11.4 热释放测试

材料的热释放是评价材料火灾危险性的重要特征之一，热释放越大的材料，越易发生闪燃，以致形成灾难性火灾的可能性越高。特别是热释放速率（HRR）及峰值热释放速率（PHRR）对评估材料火安全性更具实际意义。

11.4.1 锥形量热仪测试法

锥形量热仪测试法

锥形量热仪主要由燃烧室、载重台、氧分析仪、烟测量系统、通风装置及有关辅助设备六部分组成（图 11-17）。由锥形量热仪获得的燃烧参数主要包括热释放速率、总热释放量、有效燃烧热、点燃时间、生烟速率和质量损失速率等。锥形量热仪法具有参数测定值受外界因素影响小、与大型试验结果相关性好等优点，被应用于材料的燃烧性能评价及火灾危险性分析中，测试标准有 GB/T 16172—2007、ISO 5660-1、BS 476 和 ASTME 1354 等。

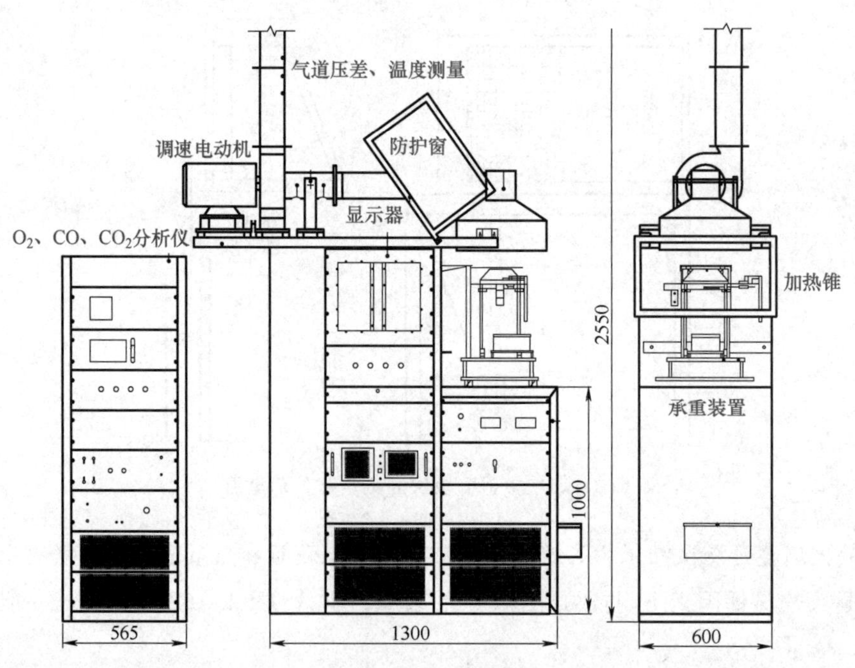

图 11-17　锥形量热仪装置示意图

1. 测试原理

锥形量热仪是以耗氧原理为基础的新一代材料燃烧性能测定仪。耗氧原理是指物质完全燃烧时每消耗单位质量的氧所产生的热量基本相同，即耗氧燃烧热（E）基本相同。锥形量热仪计算燃烧时的热释放速率公式如下：

$$\mathrm{HRR}=\frac{1}{A}E(\dot{m}_{O_2}^{0}-\dot{m}_{O_2})=\frac{1}{A}\frac{\Delta H}{r_0}\dot{m}_e\left[\frac{M_{O_2}}{M_a}\left(\frac{X_{O_2}^{A^n}-X_{O_2}^{A}}{\alpha-\beta X_{O_2}^{A}}\right)\right] \tag{11-10}$$

式中，M_{O_2}为氧气的相对分子质量；$X_{O_2}^{A^n}$为氧气分析仪测定的初始摩尔分数；M_a 为空气的相对分子质量；$X_{O_2}^{A}$为氧气分析仪测定的燃烧摩尔总数；α、β 为各种气体常数膨胀因子；A 为样品实际暴露于辐射场的面积；ΔH 为燃烧热（kJ/mol）；r_0 为完全燃烧反应中氧的质量与完全燃烧反应中燃料的质量之比，即氧与燃料完全燃烧时的计量比；$\dot{m}_e$ 为燃烧过程中气体的质量流速（kg/s）。

耗氧燃烧热是根据完全燃烧反应过程计算的，而在实际火灾中空气的流通量常常受到限制，燃烧反应过程往往为不完全燃烧反应。因此，用耗氧燃烧热平均值计算的热量同实际可能产生的热量会有差别。特别是当空气不足时，材料的实际燃烧热与该耗氧燃烧热平均值存在较大偏差，如室内火灾处于通风控制阶段。对大多数材料来说，不完全燃烧对耗氧原理测试结果影响不大，对少数有影响的材料（如聚丙烯腈）则应进行校正计算，以便能准确评价此类聚合物材料的燃烧性能。

耗氧燃烧热在绝大多数情况下接近于常数，确定耗氧燃烧热后，在实际测量过程中只需要知道材料燃烧前后体系中氧含量的变化就可根据式（11-10）计算出燃烧产生的热量。若取 $E=13.1\times10^3\mathrm{kJ/kg}$，$M_{O_2}/M_a=32/28.95=1.1$；$x_{O_2}^{A}=0.2095$；$A=0.01\mathrm{m}^2$；$\dot{m}_e=C\sqrt{\frac{\Delta p}{T_e}}$，则当 $\alpha=1.105$，$\beta=1.5$（甲烷燃烧气体）时，锥形量热仪计算热释放速率公式如下：

$$\mathrm{HRR}=1.1\times\frac{E}{A}\left(C\sqrt{\frac{\Delta p}{T_e}}\times\frac{0.2095-X_{O_2}^{A}}{\alpha-\beta X_{O_2}^{A}}\right)=13.1\times10^3\times1.1C\sqrt{\frac{\Delta p}{T_e}}\left(\frac{0.2095-X_{O_2}^{A}}{1.105-1.5X_{O_2}^{A}}\right) \tag{11-11}$$

式中，T_e 为烟道中孔板流量出口处的气体温度（℃）；Δp 为气体流经孔板流量计产生的气体压差（Pa）；C 为孔板系数（$\mathrm{kg}^{1/2}\cdot\mathrm{m}^{1/2}\cdot℃^{1/2}$）。

2. 测试参数

（1）点燃时间（Time to Ignition，TTI）

点燃时间是评价材料耐火性能的一个重要参数，它是指在一定的加热器热流辐射强度（0~100kW/m^2）下，用一定的标准点燃火源使样品从暴露于热辐射源开始到表面出现持续燃烧现象为止的时间，就是样品在设定辐射功率下的点燃时间。材料点燃时间一般随着辐射强度的升高而缩短，随着样品的厚度增加而延长，因此引用锥形量热仪的点燃时间参数必须指明试验条件。

（2）热释放速率（Heat Release Rate，HRR）

热释放速率是指在预置的热流强度下，材料被点燃后单位面积的热量释放速率。HRR 是表征火灾强度的最重要性能参数，单位为 kW/m^2。HRR 的最大值为峰值热释放速率（PHRR），PHRR 的大小表征材料燃烧时的最大热释放程度。HRR 和 PHHR 越大，则材料的燃烧放热量越大，形成的火灾危害性就越大。

1）平均热释放速率（Mean Heat Release rate，MHRR）。平均热释放速率值与截取的时间有关，从燃烧起始至熄灭期间的平均热释放速率表示总的平均热释放速率，在实际使用中经常采用被测样品从燃烧开始至 60s、180s、300s 等初期的平均热释放速率（即 MHRR60、MHRR180、MHRR300）来表示。当火灾进入充分发展的阶段时大多数高分子阻燃材料的阻燃作用就发挥不了作用，因此选取初期的平均热释放速率对于早期火灾的防治和阻燃材料设计有重要作用。有研究已表明，锥形量热仪测量的前 180s 的平均热释放速率值同大型试验的室内火灾初期的热释放速率数据有很好的相关性。在实际使用时采取哪种平均值要根据实际研究的对象确定，原则上是要能更好地反映真实火灾的情况。

2）峰值热释放速率（Peak Heat Release rate，PHRR）。PHRR 的大小表征材料燃烧时的最大热释放程度。峰值热释放速率是材料重要的火灾特性参数之一，单位为 kW/m^2。一般材料燃烧过程中有一处或两处峰值，其初始的最大峰值往往代表材料的典型燃烧特性。成炭材料在燃烧过程中一般出现两个峰值（即初始的最高峰和熄灭前的另一个高峰），这种现象被认为是燃烧时材料炭化形成炭层，减弱了热量向材料内层的传递，以及阻隔了一部分挥发物进入燃烧区的结果，使热释放速率在最初的第一个峰值后趋于下降。当炭层破裂后，热释放速率再次上升，出现第二个峰值。

3）火灾性能指数（Fire Performance Index，FPI）。火灾性能指数被定义为点燃时间同峰值热释放速率的比值。它同封闭空间（如室内）火灾发展到轰燃临界点的时间（即轰燃时间）有一定的相关性。FPI 越大，轰燃时间越长。轰燃时间是消防工程设计中的一个重要参数，它是设计消防逃生时间的重要依据。

$$\mathrm{FPI}=\frac{\mathrm{TTI}}{\mathrm{PHRR}} \tag{11-12}$$

（3）质量损失速率（Mass Loss Rate，MLR）

MLR 是指燃烧样品在燃烧过程中质量随时间的变化率，它反映了材料在一定热流强度下的热裂解、挥发及燃烧程度，单位为 kg/s。锥形量热仪的试样支撑台上设置有压力测重传感器，可以在加热和燃烧过程中动态测量、记录样品的热失重情况。记录的热失重曲线再通过五点差分法，可计算样品的质量损失速率。五点差分法的具体计算公式如下：

$$-[\dot{m}]_{i=0}=\frac{25m_0-48m_1+36m_2-16m_3+3m_4}{12\Delta t} \tag{11-13}$$

$$-[\dot{m}]_{i=1}=\frac{10m_0+3m_1-18m_2+6m_3-3m_4}{12\Delta t} \tag{11-14}$$

$$-[\dot{m}]_{i}=\frac{-m_{i-2}+8m_{i-1}-8m_{i+1}-m_{i+2}}{12\Delta t} \tag{11-15}$$

$$-[\dot{m}]_{i=n-1}=\frac{-10m_n-3m_{n-1}+18m_{n-2}-6m_{n-3}+m_{n-4}}{12\Delta t} \tag{11-16}$$

$$-[\dot{m}]_{i=n}=\frac{-25m_0+48m_{n-1}-36m_{n-2}+16m_{n-3}-3m_{n-4}}{12\Delta t} \tag{11-17}$$

式中，Δt 为数据采集时间间隔，质量损失速率的下标 $i=0$ 和 $i=1$ 表示前两个采集点，$i=n-1$和$i=n$ 为最后两个采集点，i 为两头共四个采集点外的中间采集点。

（4）有效燃烧热（Effective Heat of Combustion，EHC）

EHC 表示燃烧过程中试样受热分解形成的可燃挥发性组分燃烧所释放的热，单位为 MJ/kg，可由式（11-18）计算。由于分解产物中有 HCl、HBr 等不燃烧的成分，或由于燃烧产物中释放出阻燃的物质，导致原来的可燃物不再燃烧。因此，有效燃烧热可以反映挥发性气体在气相火焰中的燃烧程度，能够帮助分析材料燃烧和阻燃机理。

$$\mathrm{EHC}=\frac{\mathrm{HRR}}{\mathrm{MLR}} \tag{11-18}$$

（5）总热释放量（Total Heat Release，THR）

THR 是指在预置的入射热流强度下材料从点燃到火焰熄灭为止所释放热量的总和，单位为 $\mathrm{MJ/m^2}$。THR 可表示如下：

$$\mathrm{THR}=\int_{t=0}^{t_{\mathrm{end}}}\mathrm{HRR} \tag{11-19}$$

将 HRR 与 THR 结合起来可以更好地评价材料的燃烧性和阻燃性，对火灾研究具有更为客观、全面的指导作用。

3. 锥形量热仪的应用

锥形量热仪常用于评价材料的燃烧性能和分析阻燃机理。通常，HRR 和 PHRR 越大、TTI 越小，材料潜在的火灾危害性就越大；反之，材料的危害性就越小。由 EHC 和 HRR 参数可讨论材料在裂解过程中的气相阻燃、凝聚相阻燃情况。若 HRR 下降，表明阻燃性提高，这可由 EHC 降低和比消光面积（SEA）增加得到。若 EHC 下降，说明阻燃剂在气相中起作用，属于气相阻燃机理；若 EHC 无大的变化，而 MHRR 下降，说明 MLR 也下降，这属于凝聚相阻燃。

固体可燃物在锥形量热仪燃烧试验条件下表现出以下几种主要的行为特点，了解这些特点对理解材料的燃烧机理与过程很有帮助。一般可以把材料燃烧的行为用热释放速率曲线表示，大体上可分为四种类型，即前单峰型、后单峰型、大 M 双峰型及小 M 双峰型，如图 11-18所示。前单峰型材料多为成炭型，即在燃烧过程中形成炭层，炭层屏蔽热传递，使热解速度降低，导致热释放速率达到峰值后降低，如果炭层坚固密实，则可能一直具有较好的屏蔽作用，不再出现高峰。后单峰型则为无炭生成的材料，一般不成炭的纯聚合物大都表现为此类峰型。M 双峰型同为成炭材料，但炭层质地不好，屏蔽效应不高，当累积到一定热量后穿透炭层，引发第二次裂解高峰，导致第二个高峰。M 双峰型又分为两种类型，大 M 双峰型的第一个峰值热释放速率大于第二个峰值热释放速率，小 M 双峰型的第一个峰值热释放速率小于第二个峰值热释放速率。

由于前单峰型热释放行为一般反映材料有炭层形成，而炭层有阻隔热传递的作用，能使其底层的基体受到屏蔽，降低加热速率，减缓热分解速度，导致迅速增长的热释放速率受到抑制而变缓，这有助于材料的固相阻燃作用。M 双峰型曲线有类似的特点，不过其第二个热释放速率高峰的出现表明炭层有明显的分解，就固相阻燃效果而言，说明其炭层的质量不太好。后单峰型曲线为无炭层生成的材料的燃烧特征。需要说明的是，这些热释放曲线行为是在热厚样品条件下的特征，很薄的样品不一定符合以上规律。热厚样品是指样品厚度大于其热穿透厚度，实际试验中可以理解为较厚的样品，一般样品超过 6mm 即可认为是热厚样品。不过对一些理论研究、模拟计算研究，样品应选择厚一些为宜。同样的材料在不同厚度下的 HRR 曲线形状是不同的，一般应让 HRR 曲线达到一定的稳定阶段后，方可认为是达到热厚样品的要求。

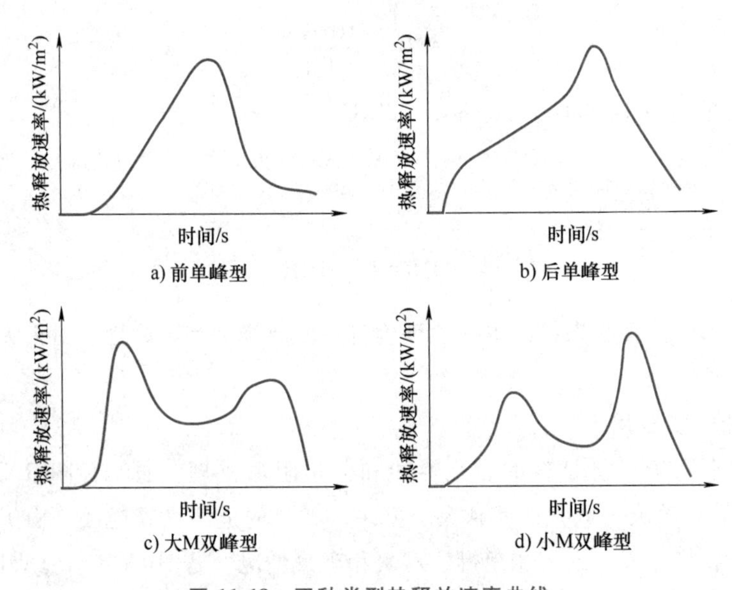

图 11-18 四种类型热释放速率曲线

11.4.2 实体房间火试验法

实体房间火试验法是一种大型火灾试验方法，主要用来测试建筑饰面材料的大型对火反应，测试标准方法依据 ISO 9705 和 GB/T 25207—2010《火灾试验表面制品的实体房间火试验方法》。该方法的核心分析技术仍是耗氧原理氧浓度分析技术，同锥形量热无异。实体房间火试验方法包括一间 2.4m×2.4m×3.6m（长×高×宽）的标准燃烧单室，燃烧室留有一个 0.8m×2m（宽×高）的门作为开口，燃烧室示意如图 11-19 所示。燃烧室内地面、顶棚、墙壁用不燃材料构造，试验材料可以以一定的尺寸固定在壁面或顶棚。可燃物为丙烷气，点火器前 10min 的输出热量为 100kW，如果材料没有点燃再增加到 300kW 继续作用 10min。点燃后的燃烧试验持续到轰燃出现或进行到 20min 为止，此处的轰燃判断标准定为室内热释速率达到 1000kW。实体房间火试验的一个重要用途是评定某些小型火灾试验（如点燃性、火焰表面传播）结果是否可靠。此试验的试件放置方法、点火源特征、各种检测系统的设计等都具有通用性，所以可用来对各种材料进行比较。

实体房间火试验主要参数为热释放速率、生烟速率、CO 生成速率、CO_2 生成速率、氧消耗速率。此外，在试验中还可录像及观察试样的燃烧行为，测定燃烧室气体的温度及辐射强度、试件表面温度、室内和门道外的辐照强度等。

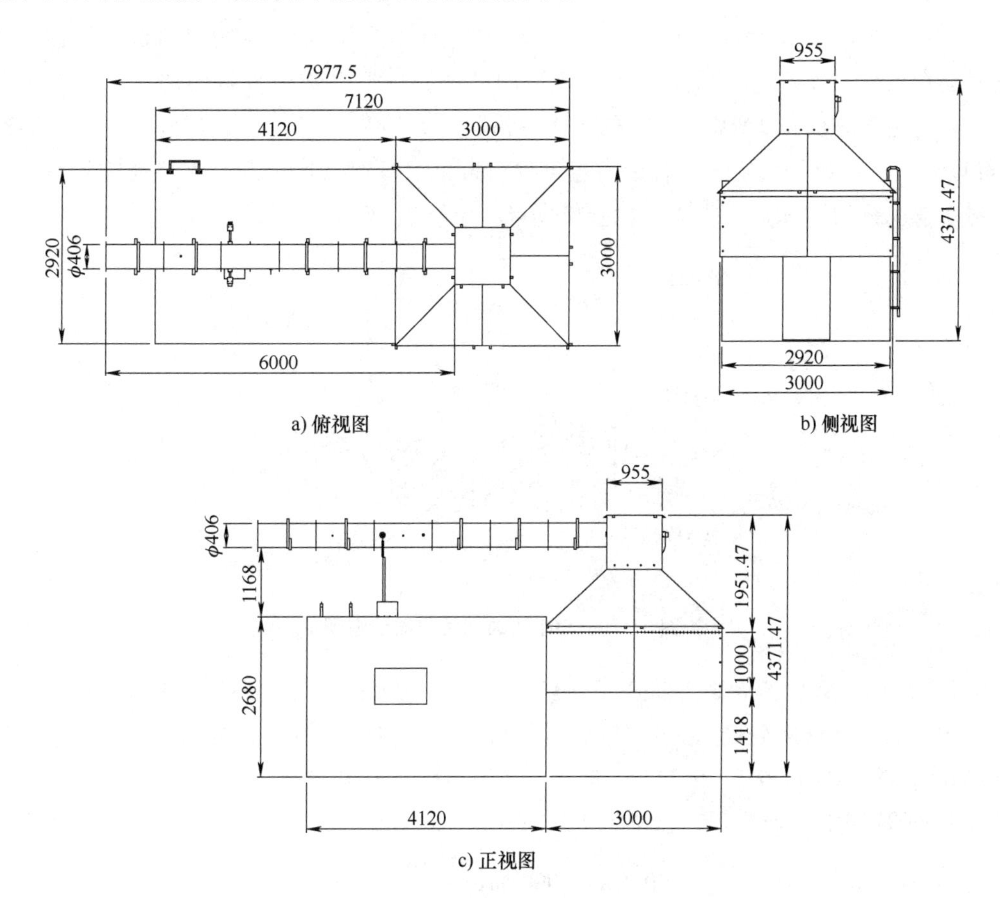

图 11-19 ISO 9705 燃烧室示意图

实体房间火试验的结果和相关参数可为建立真实火灾模拟提供重要依据。通过改变试验条件可以进行许多其他试验，如在门道处设置测压装置可测量火灾中流入、流出的气体流量，可计算和估计室内燃烧反应的空气量等。在燃烧室设置玻璃窗则可比较全面地观察试样燃烧过程，也可研究室内壁面可燃材料或其他可燃物（如沙发、家具等）引起的火灾对窗口玻璃热应力破裂动力学过程的影响。

11.4.3 单体燃烧试验法

单体燃烧试验（Single Burning Item，SBI）法是一种确定建筑材料或制品（不包含楼面）在紧邻墙角两壁面处的对火反应行为的方法，它属于大型火反应的试验方法。SBI 方法仅考虑壁面材料，而不考虑地面铺地材料，测试标准有 EN 13823、GB/T 20284—2006 和 GB 8624—2012。SBI 法通过耗氧原理分析样品燃烧所消耗的氧气计算热释放速率，而烟释放量是通过透光率得到，而其他物理特性如滴落或剥离等现象则由视觉观察来评估。

SBI 方法的燃烧室尺寸为 3m×3m×2.4m（长×高×宽），将样品固定在一个滑轮车架上，可推入、推出燃烧室，燃烧室上部有烟道用于收集燃烧产物。图 11-20 为 SBI 法试验仪器示意图，仪器顶部装有大型的耗氧原理量热仪测量热释放速率，通过光学仪器测量生烟速率。SBI 试验样品由 1.0m×1.5m（长×高）和 0.5m×1.5m（长×高）两块板材组成，垂直固定在墙角处呈直角状相连。点火器是一个三角形的砂浴，贴近墙角处板材底部，可燃物为丙烷气。点火器输出热量为 30kW，对应的最大热流强度大约为 $40kW/m^2$，试验时让点火器作用 20min 以记录各种参数。测试过程中通过可视窗口可以观察点燃情况、火焰前锋位置、表面火焰传播情况、燃烧碎片及落物，试验后还可检验燃烧损坏面积。

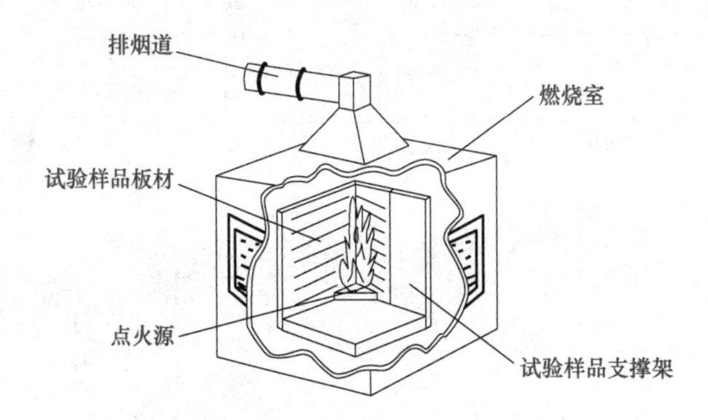

图 11-20　SBI 法的试验仪器示意图

SBI 记录的参数包括火焰传播速率、热释速率、生烟速率等。根据 GB 8624—2012《建筑材料及制品燃烧性能分级》，平板状建材材料及制品与管状绝缘材料的 SBI 法试验参数和分级判据分别见表 11-5 和表 11-6。表中的 FIGRA 为燃烧增长速率指数，单位为 W/s；THR_{600s}是 600s 时的总释热量，单位为 MJ，它们分别以式（11-20）和式（11-21）计算。

$$FIGRA = 1000\max\left[\frac{MHRR(t)}{t}\right] \tag{11-20}$$

$$THR_{600s} = \frac{1}{1000}\sum_{0}^{600} HRR(t)\Delta H \tag{11-21}$$

式中，$MHRR(t)$ 是 30s 时的平均热释放速率（kW）；t 为试验开始后的累计时间；HRR 为热释放速率（kW/m^2）；ΔH 为材料燃烧的焓变（燃烧热）（kJ/g）。

表 11-5　平板状建材材料及制品的 SBI 法试验参数和分级判据

名称	燃烧性能等级		试验方法	分级判据
不燃材料（制品）	A	A2	GB/T 20284—2006	FIGRA ≤ 120W/s，火焰横向蔓延未达到试样长翼边缘，THR_{600s} ≤ 7.5MJ
难燃材料（制品）	B1	B	GB/T 20284—2006	FIGRA ≤ 120W/s，火焰横向蔓延未达到试样长翼边缘，THR_{600s} ≤ 7.5MJ
		C	GB/T 20284—2006	FIGRA ≤ 250W/s，火焰横向蔓延未达到试样长翼边缘，THR_{600s} ≤ 15MJ
可燃材料（制品）	B2	D	GB/T 20284—2012	FIGRA≤750W/s

表 11-6 管状绝热材料的 SBI 法试验参数和分级判据

名称	燃烧性能等级		试验方法	分级判据
不燃材料（制品）	A	A2	GB/T 20284—2012	FIGRA ≤ 270W/s，火焰横向蔓延未达到试样长翼边缘，THR_{600s} ≤ 7.5MJ
难燃材料（制品）	B1	B	GB/T 20284—2012	FIGRA ≤ 270W/s，火焰横向蔓延未达到试样长翼边缘，THR_{600s} ≤ 7.5MJ
		C	GB/T 20284—2012	FIGRA ≤ 460W/s，火焰横向蔓延未达到试样长翼边缘，THR_{600s} ≤ 15MJ
可燃材料（制品）	B2	D	GB/T 20284—2012	FIGRA ≤ 2100W/s，THR_{600s} ≤ 100MJ

SBI 法的缺点是热释放速率不能以单位面积给出，因而无法直接应用于工程设计。此外，试样几何构型也与实际建筑相关性不大，测试结果和大型燃烧试验（如 ISO 9705 燃烧试验）结果的相关性也不好。不过 SBI 法在阻燃试验及标准的统一化方面还是成功的，被广泛用于判定建筑材料的燃烧性能等级。

11.5 生烟性测试

烟的危害取决于生烟量和烟的属性。烟的属性包括毒性、腐蚀性等，但防火设计最关注的烟属性主要有消光系数、可见度和可探测性。因此，除了生烟量外，测定生烟性的方法最好是基于人眼对烟的感知和烟对可见度的影响。目前采用的测烟试验方法在原理上大体分为两类，即质量法和消光法。

质量法主要通过测量烟尘的质量来评价生烟量，该方法较为简单，通常是将烟颗粒（固体和液体颗粒）收集于滤纸或其他介质上，再称量其质量，以评估材料燃烧时的生烟量。该测烟方法对应的标准有 ASTM D 4100 等。目前应用该方法测烟的仪器有 Arapahoe 烟尘测试仪，它是在圆柱形燃烧室内将试样暴露于本生灯火焰处 30s，随即关掉本生灯，熄灭燃烧的试样，烟雾通过真空抽吸作用被吸入烟囱，并收集在过滤纸表面，称量烟雾颗粒的质量（一般收集烟尘 10～40mg），同时测定试样的总烧毁质量和炭的质量，以烟尘百分比（烟尘质量/总烧毁质量）或炭的百分比（炭质量/总烧毁质量）表征材料生烟量。由于质量法在评估火灾中烟的发展和烟对人体的危害是不适宜的，尤其是该方法无法评价烟对可见度的影响，因此质量法只能用于实验室对材料的筛选，并不能与实际火灾燃烧相关联。

消光法属于光学方法，主要是通过测定生成的烟对光束的衰减，由透光率计算烟的光密度而评价烟的生成量。光密度是与可见度直接关联的，可以通过小型试验测定，它是一个总体的评价指标，对评价各个燃烧产物的化学结构不敏感，而且消光法在测试样品的尺度上也有较大的变化范围，如 ASTM E-84 标准方法中样品尺寸为 7.6m×0.495m（长×宽）。因此，消光法在实际应用中较为普遍，其测试结果在火灾安全逃生通道设计中有一定的实用性。消光法有明确的光学测试原理，是目前应用最为普遍的测烟方法，对应的测试标准较多，而且有 NBS 烟箱、锥形量热仪等相应的小型测试仪器。消光法测烟还可以划分为静态和动态方法，典型的测烟仪器分别为 NBS 烟箱和锥形量热仪。

11.5.1 NBS 烟箱法

生烟性测试法

NBS 烟箱法是专门为测烟而设计的比较重要和常用的静态试验方法。目前许多国家采用美国国家标准与技术研究院（NIST）研制的 NBS 烟箱试验方法或类似的烟箱法测烟，如 ASTM E662、GB/T 8323.1—2008 和 GB/T 8323.2—2008、UTC 20-452 等。NBS 烟箱法利用光强度衰减原理测定材料在分解和燃烧时的烟密度，属光学方法测烟。NBS 烟箱主要设备包括一个烟密度箱、辐射炉、引燃点火器、光电测量仪和记录仪（图 11-21）。NBS 烟箱法测烟有两种模式，即有焰燃烧和无焰燃烧。样品为边长 75mm±1mm 的正方形，当材料公称厚度不大于 25mm 时，应在整个厚度上进行评估。

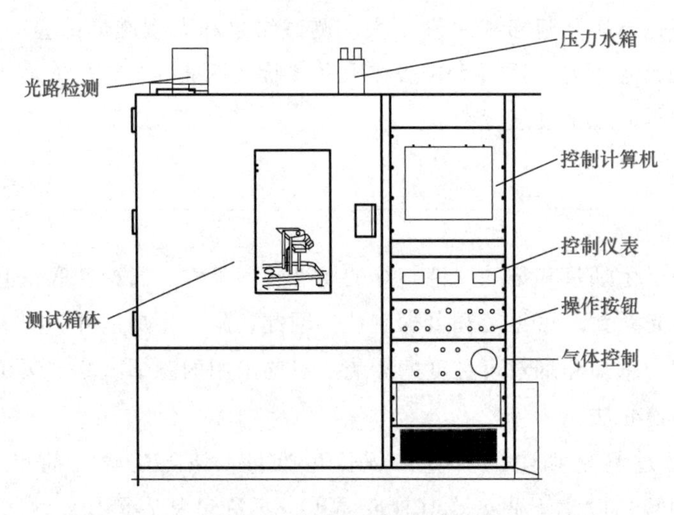

图 11-21 NBS 烟箱示意图

NBS 烟箱主要用于测定样品燃烧产生的烟雾的透光率（T）变化，进而计算比光密度（D_s）和质量光密度（MOD），用于评价材料的静态生烟特性。D_s 和 MOD 的表达式如下

$$D_s=\frac{V}{AL}\lg\frac{100}{T} \tag{11-22}$$

$$\mathrm{MOD}=\frac{\lg(100/T)}{L}\frac{V}{\Delta m} \tag{11-23}$$

式中，V 为燃烧室的体积（m^3）；A 为试样的暴露面积（m^2）；L 为光路长度（m）；Δm 为试样的质量损失（g）；对于 GB/T 8323.2—2008 中的单室燃烧室，$V/AL=132$。

NBS 烟箱法虽然使用广泛，但是烟生成的速率难以准确地测量，测试时样品要求垂直取向对热塑性聚合物在火灾中的实际行为偏差较大，没有质量损失测量装置，辐射强度的范围有限（仅为固定的 $25kW/m^2$）。此外，随着燃烧的进行，O_2 含量减少，使燃烧不完全。虽然有的试验方法做了一些改进，如 GB/T8323.1—2008 中样品为水平放置，有质量测量数据，且辐射强度增加为 $25kW/m^2$ 和 $50kW/m^2$ 两档，但仍未脱离其静态、累积的测烟方法的本质。NBS 烟箱法仅用于评判在规定条件下材料的发烟性能，不能评判实际使用时生烟的危害。

11.5.2 锥形量热仪动态测烟法

动态测烟试验方法最大优点是可以测量燃烧过程中瞬时产生的烟，即生成烟的速率，这对火灾模拟非常重要。锥形量热仪法是一种重要的动态测烟方法，采用激光系统测烟，属于光学方法。它是通过测量瞬时经过烟道的燃烧产物的光密度来计算生烟情况，特别是计算比消光面积（SEA）。比消光面积表示挥发每单位质量燃料所产生烟的能力，单位为 m^2/kg，计算式如下：

$$\mathrm{SEA}=\frac{kV_{\mathrm{f}}}{\mathrm{MLR}} \tag{11-24}$$

$$k=\frac{1}{L}\ln\left(\frac{I_0}{I}\right) \tag{11-25}$$

式中，k 为消光系数；V_{f} 为烟道中燃烧产物的体积流速；L 为烟道的光学长度，在标准的锥形量热仪中 $L=0.1095\mathrm{m}$；I_0 为入射光强度；I 为透射光强度。

SEA 不直接表示烟的大小，但根据 SEA 可以推出几种用途不同的表示生烟的特性参数。如将 SEA 与材料的燃烧速率结合起来，以表达材料动态燃烧过程中的生烟性，以便同实际火灾的结果较好地关联。由 SEA 转换而来的生烟量参数主要包括以下几个方面。

（1）生烟速率（Smoke Production Rate，SPR）

生烟速率定义为比消光面积与质量损失速率之比，单位为 m^2/s，计算式如下：

$$\mathrm{SPR}=\mathrm{SEA}/\mathrm{MLR} \tag{11-26}$$

（2）总产烟量（Total Smoke Production，TSP）

总产烟量为单位样品面积燃烧时的累计产烟总量，单位为 m^2/m^2。累计时间可是任意指定的时间段（根据需要），也可以是从燃烧开始到结束，即：

$$\mathrm{TSP}=\int \mathrm{SPR} \tag{11-27}$$

（3）烟释放速率（Rate of Smoke Release，RSR）

烟释放速率定义为样品在燃烧过程中单位面积上瞬时释放烟的量，单位为 $(s \cdot m^2)^{-1}$，表达式如下：

$$\mathrm{RSR}=\frac{V_{\mathrm{f}}D\ln 10}{AL} \tag{11-28}$$

式中，A 为样品面积（m^2）；D 为光密度，$D=\lg(T_0/T)$。

烟释放速率参数直接由光密度测量计算，同质量损失速率测量无关，所以可避免测量过程中质量损失测量误差的影响。大型试验中往往无法测量质量损失，因此可将锥形量热仪 RSR 结果同大型试验的 RSR 结果相关联。

（4）总释烟量（Total Smoke Release，TSR）

总释烟量为样品整个燃烧过程中单位样品面积释烟总量，即 RSR 的积分，单位为$1/m^2$，计算式如下：

$$TSR=\int RSR \tag{11-29}$$

（5）烟参数（Smoke Parameter，SP）

烟参数定义为比消光面积（SEA）与热释放速率（HRR）的乘积，或者平均比消光面积（SEA_{av}）与峰值热释放速率（PHRR）的乘积，单位为kW/kg，表达式如下：

$$SP=SEA_{av}\cdot PHRR \tag{11-30}$$

$$SP=SEA\cdot HRR \tag{11-31}$$

一般锥形量热仪在测量MLR时波动性较大，SP的表达式中与MLR参数有关的是SEA，因此SP的计算会受质量损失测量的试验误差影响。

（6）烟因子（Smoke Factor，SF）

烟因子（SF）是用来评价产品在全尺寸火灾条件下潜在的产烟量，表达式为SF=HRR·TSR。烟因子参数的表达式中没有质量损失速率，因为不受质量损失测量的试验误差影响。

以上出现许多不同的有关烟的表示方式，主要是因为反映产烟量的特征量不是孤立的，必须同火灾燃烧过程联系起来考虑，烟的特征量是动态的。就实际火灾而言，低烟高热释放速率的材料未必比高烟低热释放速率的材料的产烟量小。因为实际火灾中高烟低热释放速率的材料可能烧不起来，或者很快熄灭，终止大量生烟；而低烟高热释放速率的材料则可能导致火灾，从而导致大量烟的产生。采用不同的生烟参数正是为了针对不同的实际情况和需要而采取不同的表达方式，以求测试结果能更加符合火灾的实际情况。与传统的测烟技术相比，锥形量热仪最大优点是可以测量燃烧过程中瞬时产生的烟，即生成烟的速率。因此，锥形量热仪测烟结果可应用于火灾中真实生烟过程的模拟，是工程设计和模拟研究生烟特性的重要手段。

11.6 燃烧产物毒性和腐蚀性测试

11.6.1 燃烧产物毒性测试

材料燃烧过程中产生的毒性主要是热解和燃烧过程中释放的有毒有害气体，包括CO、NO、HCN等多种对人体有毒有害的化学气体。检测燃烧产物毒性的试验方法有化学分析法和生物法两大类。化学分析法是测量和分析燃烧产物中的化合物，以鉴别和定量化有毒的气体化合物。生物法是在实验室研究燃烧时产生的有害气体对动物的生命和健康的影响程度。

1. 化学分析法

化学分析法同通常的燃烧成分分析方法没有多大差别，可采用红外光谱、质谱、色谱、色谱质谱及核磁共振谱等光谱法分析CO等有毒有害化合物。化学分析法只能测定燃烧气体产物的组分，不能全面评估燃烧产物的毒性，所得结论的意义是相当有限的。只有将化学分析法与毒理试验结合才有意义。

2. 生物法

生物法评价材料燃烧气态产物的毒性是在规定的试验条件下令被试动物吸入被人为控制的有毒的材料热裂解或燃烧气态产物，然后测定下述参数：①空气-燃烧气态产物混合物的组成（O_2、CO，CO_2、HX、HCN 等的含量）；②被试动物的血液情况（pH 值、O_2、CO_2、CO 的含量）；③被试动物中枢神经系统情况（测定脑电图）、心血管系统情况（测定心电图）及血压。上述测得的参数进行处理所得的综合性指标可用于评估材料热裂解或燃烧产物的毒性。生物法中常用表示毒性的参数包括死亡率（%）、致死时间、50%试验动物致死量（LD_{50}）、50%试验动物致死时间（LT_{50}）等。

生物法评估材料燃烧气态产物的毒性时，被试动物可有多种暴露形式，最常用的是管式头-鼻暴露系统，也有全身暴露系统。根据被试动物的暴露情况不同，生物法可分为静态法和动态法。动态法可保持暴露室中材料燃烧气态产物的浓度一定（空气-燃烧气态产物混合物流过暴露室），可以测得被试动物的呼吸速度及吸入的有毒气体量。此外，动态法还可避免由于缺氧而对动物造成的影响和由于环境温度升高而引起的动物紧张。图 11-22 为符合 GB 20285—2006 的动态产烟毒性试验装置示意图。该装置由环形炉、石英管、石英舟、三通旋塞、小鼠转笼、染毒箱、温度控制系统、炉位移系统、空气流供给系统、计算机组成。该方法是在充分产烟的情况下进行动物染毒试验，进而判定材料产烟毒性危险级别。

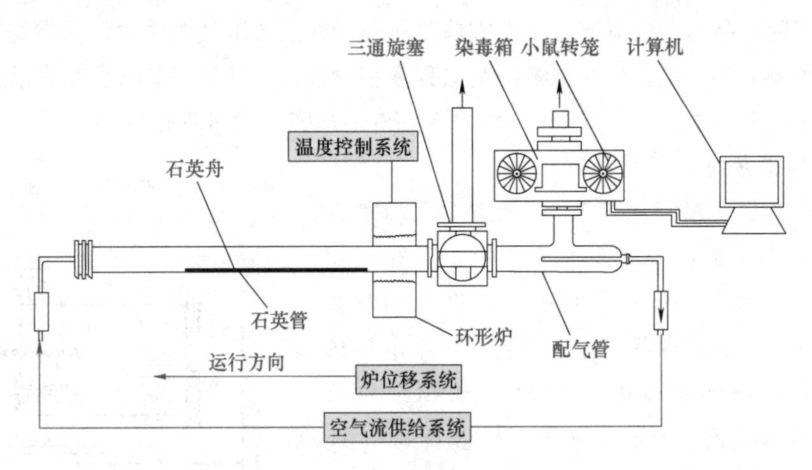

图 11-22 符合 GB 20285—2006 的动态产烟毒性试验装置示意图

静态法是令被试材料在暴露系统中直接燃烧或裂解，生成的燃烧气态产物-空气混合物静止地位于暴露系统内（例如 NBS 烟箱）。测试过程中将装有被试动物的笼子置于该系统中，但每个笼子只能装一只动物且暴露系统中的笼子要彼此隔开，以保证材料燃烧或热裂解产物的形成和被试动物的呼吸是同时进行的。燃烧产物-空气混合物中某些组分（O_2、CO、CO_2、HX、HCN、NO 等）的含量可用化学分析法测定。静态法的缺点是存在缺氧效应和放热影响，这使材料燃烧气态产物毒性评估复杂化和困难化。

值得注意的是，生物法是基于燃烧产物对被试验动物中枢神经系统（致死率）及生理状态的影响进行毒性评估，这种影响与材料的分解温度、分解模式、分解产物的温度及浓度、动物的种类及中毒的时间等因素有关。因此，影响生物法毒性试验结果的变量是极其复杂的，很难找到试验所得数据与真实火灾的相关性。

11.6.2 燃烧产物腐蚀性测试

材料燃烧气态产物的腐蚀作用大致可分为两种：一种是对建筑材料及建筑构件的腐蚀；另一种是对机械、金属制品、生产设备和电子电气装置等设备的腐蚀。一般说来，所有有机材料燃烧或热裂解时都会释放出腐蚀性气体。

早期的燃烧腐蚀性试验方法主要是在燃烧炉内燃烧试样，使燃烧产物溶于水中，然后测量溶液的 pH 值或者测量溶液的电导率，以此来评价材料的腐蚀性。这些方法属于间接测量，可以对比样品潜在的腐蚀性，包括法国的 CNET 方法、德国的 DIN 57472 方法、IEC 754-1 方法及 ISO 11907-2 方法等。但燃烧产物的腐蚀性不仅来自于酸性气体，所有的燃烧产物都可能引起腐蚀。因此，近些年来比较注重的是直接测量方法，即将真实的电子产品元件或模拟近似的元件直接暴露于燃烧产物气体之中，测量元件电导率的变化，以评价元件的腐蚀损坏程度。

直接测量方法分为静态和动态试验两种方法。静态方法是将燃烧样品置于封闭的空间内使其燃烧，燃烧产物在室内累积，在受控制的相对湿度和温度条件下将被测元件暴露于室内进行检验。这种方法由于试验尺寸规模和通风的限制，只适于对材料进行相对性能比较，不能用于模拟实际产品的燃烧情况。动态方法是将燃烧样品置于气流之中，使燃烧产物的气流直接作用于被测元件，试验尺寸规模的受限程度相对较轻，适用于某些实际产品的腐蚀性评估，属于动态试验方法的标准有 ISO 11907-3、ISO 11907-4 和 ASTM 5485 等。

1. ISO 静态方法

ISO 静态方法（ISO 11907-2）是在法国 CNET 方法基础上发展而来的，试验装置 ISO 静态腐蚀仪如图 11-23所示。ISO 静态方法采用一个温度和相对湿度可以控制的 20L 封闭容器，容器内装有一个电加热的试样燃烧器，将样品加热至 800℃。被腐蚀对象是一个铜印刷电路板，测试其暴露于燃烧产物中 1h 期间的电阻率的变化情况。腐蚀性是以印刷电路在暴露于燃烧产物期间电阻率增加的函数来表示的。

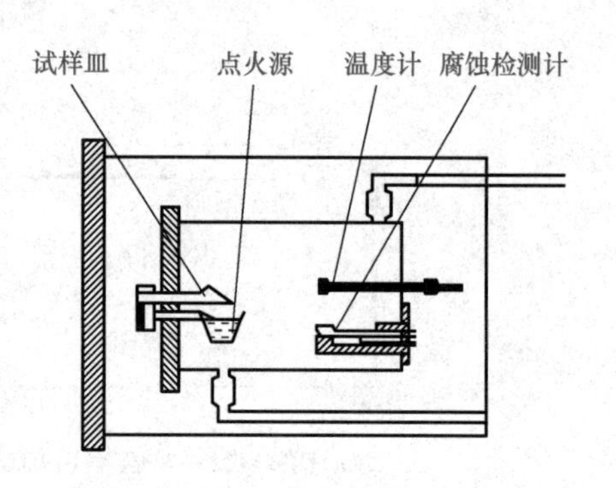

图 11-23 ISO 静态腐蚀仪示意图

2. ISO 动态方法

ISO 动态方法（ISO 11907-4）是利用锥形量热仪的燃烧装置产生燃烧产物，并在锥形加热器顶部增设一个采样器，通过导管将燃烧产物送至一个特设的腐蚀室，将被测的电子元件暴露于燃烧产物中，观察其腐蚀情况（图 11-24）。测试过程中，当样品质量损失至 70%或试验进行到 1h 时（以先达到者为准），将元件转移到一个温度和湿度一定的容器内并使其停留 24h，之后测量元件的电阻增加值及换算金属厚度的减少程度以表征燃烧产物的腐蚀性。外部辐射强度一般建议采用 $25kW/m^2$ 或 $50kW/m^2$，前者近似模拟阴燃的条件，后者近似模拟有焰燃烧的条件。

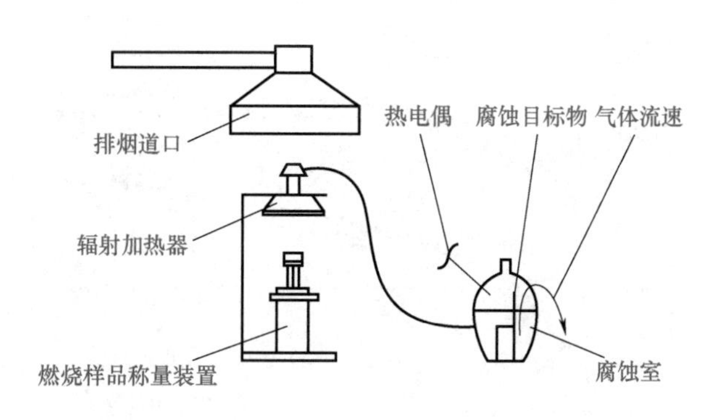

图 11-24　ISO 动态腐蚀仪示意图

11.7 耐火性测试

建筑火灾发展到轰燃阶段后，所有的可燃物几乎都将发生燃烧，室内温度一般都有几百度，有时还可能超过 1000℃。建筑整体的耐火性能是保证建筑结构在发生火灾时不发生较大破坏的根本，而单一建筑结构构件的燃烧性能和耐火极限是确定建筑整体耐火性能的基础。建筑耐火等级是由组成建筑物的墙、柱、楼板、屋顶承重构件和吊顶等主要构件的燃烧性能及耐火极限决定的。耐火性能好的建筑物不仅可为人员安全疏散提供了条件，还有助于建筑物火灾后的修复。

耐火极限是指在标准耐火试验条件下，建筑构件、配件或结构从受到火的作用时起，到失去承载能力、完整性或隔热性时止的时间，用小时（h）表示。耐火极限试验的本质是通过试验设备模拟不同的火灾发生情况，用以评价样品耐火性能的好坏。对于不同类型的建筑构件、配件或结构，耐火极限的判定标准和所代表的含义也不一样。例如，承重构件（柱、梁等）考察稳定性，分隔构件（防火门、窗、非承重墙等）考察完整性和隔热性，承载分隔构件（承重墙、隔断地板等）考察稳定性、完整性和隔热性。

1. 火灾升温曲线

根据使用场景不同，建筑构件耐火性测试的火灾升温曲线主要分为标准火灾、电力火灾和碳氢火灾升温曲线（图 11-25）。标准火灾耐火试验升温曲线是指建筑物因纤维类可燃物、建筑制品或装饰装修材料为主轰燃而导致的火灾所对应的升温曲线，主要用于评价工业与民用建筑中以纤维类物质为主的常见可燃物火灾的建筑构件耐火性能，测试标准有 BS 476、ASTME 119（UL263）、DIN 4102、ISO 834 和 GB/T 9978.1~9978.9 等。电力火灾耐火试验升温曲线是指电站或输配电设施中以高聚合有机物或其他有关可燃物为主轰燃而导致的火灾所对应的升温曲线，主要用于贯穿电站或输配电设施的贯穿设施、防火分隔、承重构件的耐火性能检验。碳氢（HC）升温曲线是指城市地铁、公路隧道等因高风速、炎热、强制通风、油/气在空气中的挥发等因素导致轰燃，使环境温度很快上升而导致的火灾所对应的升温曲线，主要用于石油化工建筑、通行大型车辆的隧道等场所中构件的耐火性测试。

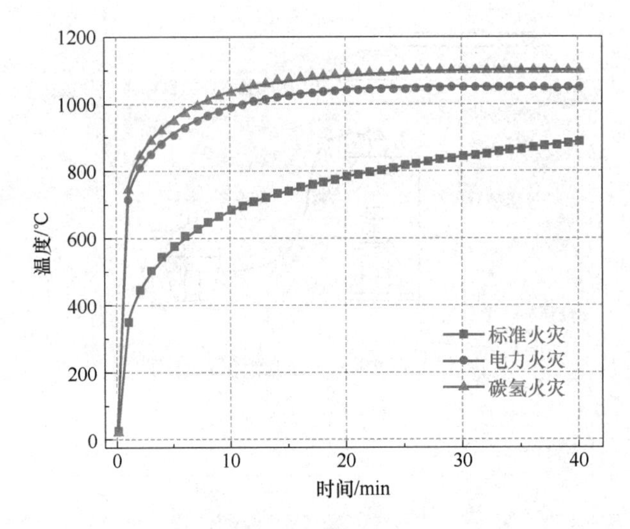

图 11-25　三种火灾升温曲线图

标准火灾、电力火灾和碳氢火灾升温曲线的数学表达式见式（11-32）~式（11-34）。

$$T=345\log_{10}(8t+1)+T_0 \tag{11-32}$$

$$T=1030[1-0.325\exp(-0.167t)-0.675\exp(-2.5t)]+T_0 \tag{11-33}$$

$$T=1080[1-0.325\exp(-0.167t)-0.675\exp(-2.5t)]+T_0 \tag{11-34}$$

式中，T 表示对应于相关时间 t 的升温温度（℃）；T_0 是试验开始前的环境温度（℃）；t 是测试开始时表示的时间（min）。

对于城市地铁、公路、铁路沿线全封闭隧道内承重结构体的耐火极限则需要采用隧道火灾 RABT 标准升温曲线进行测试。隧道耐火试验 RABT 升温曲线是指全封闭隧道内所发生的火灾，火灾初期短时间急剧升温，然后持续一段时间以后下降至环境温度的升温曲线。隧道耐火试验 RABT 升温曲线的温度-时间函数表达式如下：

$$T=(1200-T_0)t/5+T_0 \qquad 0<t\leqslant 5 \tag{11-35}$$

$$T=1200 \qquad 5<t\leqslant N \tag{11-36}$$

$$T=1200-(1200-T_0)(t-N)/110 \qquad N<t\leqslant N+110 \tag{11-37}$$

式中，T 为对应于相关时间 t 的升温温度（℃）；T_0 为试验开始前的环境温度（℃）；t 为试验开始时表示的时间（min）；N 为升温与恒温阶段的时间（min）；降温时间规定为 110min。

火灾升温曲线的实质是提供能合理代表火灾发生条件的标准试验环境条件，用于比较不同建筑结构的耐火性能并进行耐火等级划分。特别注意的是，标准规定的耐火性测试环境不一定代表实际发生火灾时的情况，也不一定表明建筑构件在耐火性测试条件下的耐火性能就是在真实火灾中的耐火性能。标准规定的耐火性测试只是在通常（正常）情况下对建筑物的分隔构件和结构构件的耐火性能进行等级划分。此外，耐火性能只与标准规定的耐火性测试的持续时间有关，与实际火灾的持续时间无关。

2. 耐火极限等级划分

依据 GB/T 9978.1~9978.9，耐火极限测试结果判定依据为建筑构件失去完整性、隔热性和承重性。

完整性是指标准耐火试验条件下，当建筑分隔构件某一面受火时，能在一定时间内防止火焰和热气穿透或在背火面出现火焰的能力。试件发生以下任一限定情况均认为试件丧失完整性：①棉垫被点燃；②缝隙探棒可以穿过；③背火面出现火焰并持续时间超过 10s。

隔热性是指标准耐火试验条件下，建筑构件在一定时间内背火面温度不超过规定极限值的能力。试件背火面温度温升发生超过以下任一限定的情况均认为试件丧失隔热性：①平均温度温升超过初始平均温度 140℃；②任一点位置的温升超过初始温度（包括移动热电偶）180℃（初始温度应是试验开始时背火面的初始平均温度）。

承载能力是指在标准耐火试验条件下，承重或非承重建筑构件在一定时间内抵抗垮塌的能力，以构件变形量和变形速率均超过标准规定极限值为判定依据。试件变形在达到稳定阶段后将会发生相对快速的变形速率，因此依据变形速率的判定应在变形量超过 $L/30$ 之后才可应用。根据 GB/T 9978.1～9978.9，建筑构件超过以下任一判定准则限定时，均认为丧失承载能力。

（1）抗弯构件

$$D=\frac{L^2}{400d} \tag{11-38}$$

$$\frac{\mathrm{d}D}{\mathrm{d}t}=\frac{L^2}{9000d} \tag{11-39}$$

式中，D 为极限弯曲变形量（mm）；L 为试件的净跨度（mm）；d 为试件截面上抗压点与抗拉点之间的距离（mm）；$\frac{\mathrm{d}D}{\mathrm{d}t}$为极限弯曲变形速率（mm/min）。

（2）轴向承重构件

$$C=\frac{h}{100} \tag{11-40}$$

$$\frac{\mathrm{d}C}{\mathrm{d}t}=\frac{3h}{1000} \tag{11-41}$$

式中，C 为极限轴向压缩变形量（mm）；h 为初始高度（mm）；$\frac{\mathrm{d}C}{\mathrm{d}t}$为极限轴向压缩变形速率（mm/min）。

11.8 导热系数测试

导热系数（λ）作为材料热物性参数中极为关键的一个参数，既可以反映物质传热能力，也可以反映温度场传播速度、温度场深度等方面的特性。它是指在稳定传热条件下，1m 厚的材料两侧表面的温差为 1℃，在 1s 内通过 $1\mathrm{m}^2$ 面积传递的热量，单位为W/(m·K)。根据傅里叶定律，材料的导热系数可按下式计算：

$$\lambda=-q/\left(\frac{\Delta T}{\Delta x}\right) \tag{11-42}$$

式中，λ 为材料的导热系数［W/(m·℃)］；q 为单位时间内通过材料传递的热流密度（W/m^2）；ΔT 为单位时间内的温度差（℃）；Δx 为两个截面之间的距离（m）。

导热系数是物质导热能力的标志，导热系数值越大，物质的导热能力就越强。导热系数与材料的组成结构、密度、含水率、温度等因素有关。非晶体结构、密度较低的材料，导热系数较小；含水率、温度较低的材料，导热系数较小。

导热系数的测量方法很多，根据不同的测量对象和测量范围有各种适用的方法。按照传热机理可分为稳态法和非稳态法，其中稳态法包括平板法、护板法、热流计法等，非稳态法包括热线法、热盘法、激光法等；根据试样的形状可分为平板法、圆柱体法、圆球法、热线法等；根据数据获取方式可分为直接法和间接法。平板法和热线法直接获得导热系数，属于直接法。激光法先获得热扩散率，然后根据给定的密度和比热容计算得到导热系数，属于间接法。目前常用的导热系数测量方法是参照 ASTM D 5470 标准的稳态热板法和参照 ISO 22007-2 标准的瞬态平面热源法。

11.8.1 稳态热板法

稳态热板法是热导性电绝缘材料的热传输特性的试验方法，测试标准为 ASTM D 5470。测试过程中将一定厚度的样品置于上下两个平板间，对样品施加一定的热流量和压力，使用热流传感器测量通过样品的热流、测试样品的厚度及热板/冷板间的温度梯度，然后得出不同厚度下对应的热阻数据，作拟合曲线，得出样品的导热系数。稳态热板法需要样品为较大的块体以获得足够的温度差。稳态热板法原理如图 11-26 所示。

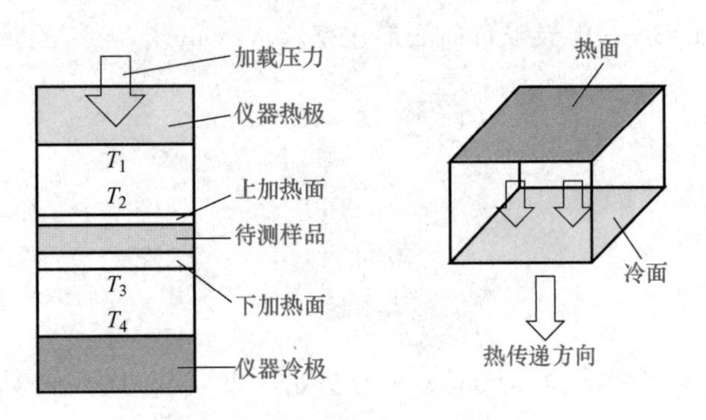

图 11-26　稳态热板法原理图

稳态热板法中计算样品导热系数的公式如下：

$$\lambda = \frac{Q_h + Q_c}{2}\frac{L}{\Delta T} \tag{11-43}$$

式中，λ 为样品导热系数［W/(m·℃)］；Q_h 为上加热面热传感器的热流输出（W/m^2）；Q_c 为下加热面热传感器的热流输出（W/m^2）；L 为样品的厚度（m）；ΔT 为样品上下表面的温差（℃）。

稳态热板法大多应用于测试导热硅胶片的导热系数，该方法是薄型热导性固体电工绝缘材料传热性的标准试验方法，特别适合实际使用工况下的导热硅胶片导热系数测量及各种热接触材料和接触热阻的测量。

11.8.2 瞬态平面热源法

瞬态平面热源法是目前研究材料导热性能最方便、精确的一种方法，它由热线法改进而来。瞬态平面热源法测定材料热物性的原理是基于无限大介质中阶跃加热的圆盘形热源产生的瞬态温度响应。该方法采用一个瞬间热平面探头（Hot Disk 探头），也称为 Hot Disk 法。Hot Disk 导热测试仪如图 11-27 所示。Hot Disk 探头由热阻性材料镍制成，包覆有绝缘材料（聚酰亚胺、云母等），探头带自加热功能。测试过程中将带有自加热功能的温度探头放置于样品中，测试时在探头上施加一个恒定的加热功率使其温度上升。由于镍的热电阻系数与温度和电阻呈线性关系，利用测量探头本身和与探头相隔一定距离的圆球面上的温度随时间上升的关系，通过数学模型拟合可以同时得到样品的导热系数和热扩散系数。

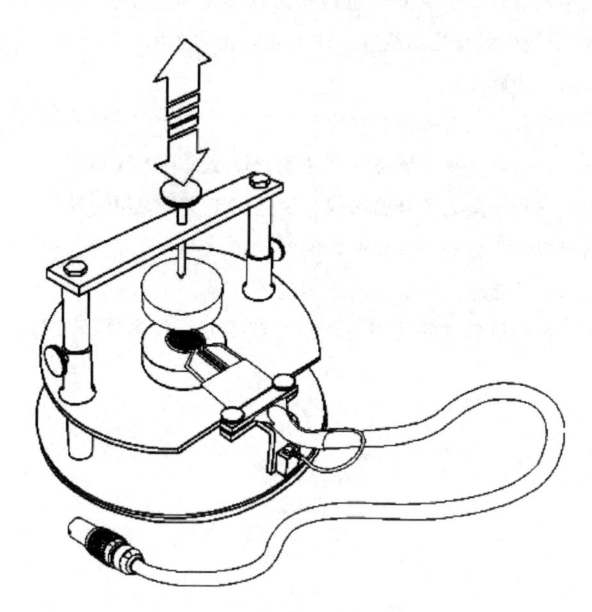

图 11-27 Hot Disk 导热测试仪

测试中 Hot Disk 探头的电阻变化可用下式表示：

$$R(\tau)=R_0[1+\alpha\Delta T_i+\alpha\overline{\Delta T(F_0)}] \tag{11-44}$$

式中，τ 为瞬态时间；R_0 为探头在 $\tau=0$ 时的电阻值（Ω）；α 为电阻温度系数（TCR）；ΔT_i 为薄膜保护层中的温差（由于保护层非常薄，在很短时间内可以把 ΔT_i 看作定值）（℃）；F_0 为无量纲时间；$\overline{\Delta T(F_0)}$ 为试样处于理想接触状态时探头的平均温升（℃）。

$\overline{\Delta T(F_0)}$ 可由下式计算：

$$\overline{\Delta T(F_0)}=QD(F_0)/\left(\lambda r_0\pi^{\frac{2}{3}}\right) \tag{11-45}$$

式中，Q 为恒定输出功率（W）；r_0 为探头半径（m）；λ 为被测样品导热系数［W/(m·℃)］；$D(F_0)$ 是无量纲时间 F_0 的函数。

$D(F_0)$ 可以表示为如下形式：

$$D(F_0)=\int_0^{\sqrt{F_0}}\frac{\mathrm{d}\sigma}{\sigma^2}\int_0^1 R\mathrm{d}R\int_0^1\exp\left(-\frac{R^2+R'^2}{4\sigma^2}\right)I_0\left(\frac{RR'}{2\sigma^2}\right)R'\mathrm{d}R' \tag{11-46}$$

式中，$F_0=\kappa\tau/r_0^2$，κ 为样品热扩散率；σ 为与热扩散率（κ）及时间（t）有关的积分变量。

导热系数是材料本身的参数，与形状大小无关。目前已有大量的导热测试方法，但没有任何一种方法能适用于所有产品、所有场合，因此不能将不同测试方法得到的导热系数进行对比。产品特性、测试标准、测试环境等都会影响导热系数的测试结果，而要得到准确和有参考意义的结果，必须选择合适的测试方法进行测量。

复习思考题

1. DSC 曲线的热流率代表什么？从 DSC 曲线中可以得到哪些信息？
2. 阐述 DTA 和 DSC 曲线中吸放热曲线峰对应的物理化学变化。
3. 阐述火焰传播距离的计算方法。
4. 静态和动态法的烟参数分别有哪些？各有什么作用？
5. 锥形量热仪测试与氧指数、垂直燃烧测试法的燃烧模式有何区别？
6. 标准火灾、电力火灾和碳氢火灾升温曲线分别适用于哪些应用场景？
7. 环境温度对材料极限氧指数测试有什么影响？
8. 如何正确获取烟参数并合理评价试样的生烟过程？
9. 在高原缺氧地区，锥形量热仪的使用应注意哪些因素？其测试结果与平原地区的结果可能有哪些差异？

附　录

附录 A　常用防火与阻燃相关性能参数符号

符号	中文名称	单位/表示方法
EHC	有效燃烧热	MJ/kg
HOC	燃烧热	kJ/g
HRR	热释放速率	kW/m^2
HRR_0	零辐射功率热释放速率	kW/m^2
MHRR	平均热释放速率	kW/m^2
LOI	极限氧指数	%
PHRR	峰值热释放速率	kW/m^2
PMLR	峰值质量损失速率	g/s
SEA	比消光面积	m^2/kg
SPR	生烟速率	m^2/s
THR	总热释放量	MJ/m^2
TSR	总释烟量	$1/m^2$
TSP	总产烟量	m^2/m^2
TTI	点燃时间	s
A	指前因子	1/min
E_a	表观活化能	kJ/mol
R	气体常数	J/(mol · K)
T_c	结晶温度	℃
T_d	初始分解温度	℃
T_g	玻璃化转变温度	℃
T_{ign}	着火温度	℃
T_m	熔点	℃
T_{pd}	峰值分解温度	℃

（续）

符号	中文名称	单位/表示方法
c_p	材料比热容	J/（kg·K）
n	反应级数	—
$\dot{q}''_{net}$	净热通量	W/m^2
$\dot{q}''_{cond}$	热传导能量	W/m^2
$\dot{q}''_{f,c}$	对流传热量	W/m^2
$\dot{q}''_{f,r}$	净辐射热通量	W/m^2
t_{ig}	着火时间	s
t_{py}	热解时间	s
t_{mix}	热解气体扩散或运输时间	s
t_{chem}	火源处可燃混合物发生燃烧所需时间	s
v_p	火蔓延速度	m/s
β	升温速率	℃/min
η_c	放热量	J/(g·K)
δ_f	预热区长度	m

附录 B 常见聚合物中英文名称缩写

英文缩写	英文全称	中文全称
ABS	Acrylonitrile-butadiene-styrene	丙烯腈-丁二烯-苯乙烯共聚物
BR	Cis-polybutadiene Rubber	顺丁橡胶
BMI	Bismaleimide	双马来酰亚胺树脂
CA	Cellulose Acetate	醋酸纤维素
CN	Cellulose nitrate	硝酸纤维素
CR	Chloroprene rubber	氯丁橡胶
EC	Ethyl cellulose	乙基纤维素
EP	Epoxy resin	环氧树脂
EPR	Ethylene propylene rubber	乙丙橡胶
EPS	Expandable polystyrene	发泡聚苯乙烯
ETFE	Ethylene-tetra-fluoro-ethylene	乙烯-四氟乙烯共聚物
EVA	Ethylene-vinyl acetate copolymer	乙烯-乙酸乙烯酯共聚物
FKM	Fluororubber	氟橡胶
HDPE	High-density polyethylene	高密度聚乙烯

（续）

英文缩写	英文全称	中文全称
HIPS	High-impact polystyrene	高抗冲聚苯乙烯
IIR	Isobutylene Isoprene Rubber	丁基橡胶
LDPE	Low-density polyethylene	低密度聚乙烯
MF	Melamine-formaldehyde resin	三聚氰胺甲醛树脂
NBR	Nitrile butadiene rubber	丁腈橡胶
NR	Natural Rubber	天然橡胶
PA	Polyamide	聚酰胺
PA6	Polyamide 6	聚酰胺 6
PA66	Polyamide 66	聚酰胺 66
PAI	Polyamideimide	聚酰胺-酰亚胺
PAN	Polyacrylonitrile	聚丙烯腈
PBI	Polybenzimidazole	聚苯并咪唑
PBMA	Polybutylmethacrylate	聚甲基丙烯酸丁酯
PBT	Polybutylene terephthalate	聚对苯二甲酸丁二醇酯
PC	Polycarbonate	聚碳酸酯
PE	Polyethylene	聚乙烯
PEI	Polyetherimide	聚醚酰亚胺
PEN	Polyethylenenaphthalate	聚萘二甲酸乙二醇酯
PES	Polyphenylsulfone	聚醚砜聚合物
PET	Polyethylene terephthalate	聚对苯二甲酸乙二醇酯
PF	Phenol formaldehyde	酚醛树脂
PMMA	Polymethylmethacrylate	聚甲基丙烯酸甲酯
POM	Polyformaldehyde	聚氧亚甲基（聚甲醛）
PP	Polypropylene	聚丙烯
PPO	Polyphenylene oxide	聚苯醚
PPS	Polyphenylene sulfide	聚苯硫醚
PPSU	Polyphenylene sulfone resins	聚亚苯基砜树脂
PR	Phenolic resin	酚树脂
PS	Polystyrene	聚苯乙烯
PTFE	Polytetrafluoroethylene	聚四氟乙烯
PTT	Polytrimethylene terephthalate	聚对苯二甲酸丙二醇酯
PU	Polyurethane	聚氨酯
PVA	Polyvinyl alcohol	聚乙烯醇
PVC	Polyvinylchloride	聚氯乙烯

（续）

英文缩写	英文全称	中文全称
PVCA	Poly（vinyl chloride-acetate）	聚氯乙烯乙酸酯
PVDC	Polyvinylidene chloride	聚偏二氯乙烯
RPUF	Rigid Polyurethane Foam	硬质聚氨酯泡沫塑料
SAN	Styrene-acrylonitrile copolymer	苯乙烯-丙烯腈共聚物
SBR	Styrene butadiene rubber	丁苯橡胶
SBS	Styrene-butadiene-styrene block copolymer	苯乙烯-丁二烯-苯乙烯嵌段共聚物
SI	Phenylsilsesquioxane（silicone）resin	苯基硅氧烷（硅氧烷）树脂
SIR	Silicone rubber	硅橡胶
SMMA	Styrene methyl methacrylate	苯乙烯二甲基丙烯酸甲酯共聚物
SPVC	Flexible polyvinyl chloride	软质聚氯乙烯
TPU	Thermoplastic polyurethane	热塑性聚氨酯
UP	Unsaturated polyester	不饱和聚酯
UPVC	Unplasticised polyvinyl chloride	硬质聚氯乙烯
UR	Polyurethane rubber	聚氨酯橡胶
XPS	Extruded polystyrene	挤塑聚苯乙烯

附录 C 常用阻燃剂名称缩写

英文缩写	英文全称	中文全称
ATH	Aluminium hydroxide	氢氧化铝
APP	Ammonium Polyphosphate	聚磷酸铵
BDP	Bisphenol A bis（diphenyl phosphate）	双酚 A 双（磷酸二苯酯）
CNTs	Carbon nanotubes	碳纳米管
CP	Chlorinated paraffin	氯化石蜡
DCRP	DechloranePlus	得克隆
DOPO	9,10-Dihydro-9-oxa-10-phosphaphenanthrene-10-oxide	9,10-二氢-9-氧杂-10-磷杂菲-10-氧化物
EG	Expansible graphite	可膨胀石墨
HM	Basic magnesium carbonate	碱式碳酸镁
IFR	Intumescent flame retardant	膨胀型阻燃剂
LDHs	Layered double hydroxides	层状双金属氢氧化物
MCA	Melamine cyanurate	三聚氰胺氰尿酸盐
MDH	Magnesium dihydroxide	氢氧化镁
MEL	Melamine	三聚氰胺

（续）

英文缩写	英文全称	中文全称
MMT	Montmorillonite	蒙脱土
MP	Melamine phosphate	三聚氰胺磷酸盐
MPP	Melamine pyrophosphate	三聚氰胺聚磷酸铵
PER	Pentaerythritol	季戊四醇
PEPA	Pentaerythritol octahydrogen tetraphosphate	季戊四醇磷酸酯
POSS	Polyhedral oligomeric silsesquioxane	笼形聚倍半硅氧烷
RDP	Resorcinol bis (diphenyl phosphate)	间苯二酚双（二苯基磷酸酯）
TEP	Triethyl phosphate	三乙基磷酸酯
TPP	Triphenyl phosphate	磷酸三苯酯

参考文献

[1] 张军，纪奎江，夏延致. 聚合物燃烧与阻燃技术 [M]. 北京：化学工业出版社，2005.
[2] 欧育湘，李建军. 阻燃剂：性能、制造及应用 [M]. 北京：化学工业出版社，2006.
[3] 王永强. 阻燃材料及应用技术 [M]. 北京：化学工业出版社，2003.
[4] 欧育湘. 实用阻燃技术 [M]. 北京：化学工业出版社，2002.
[5] 胡源，宋磊，尤飞，等. 火灾化学导论 [M]. 北京：化学工业出版社，2006.
[6] 昆棣瑞. 火灾学基础 [M]. 杜建科，王平，高亚萍，译. 北京：化学工业出版社，2010.
[7] 李建军，欧育湘. 阻燃理论 [M]. 北京：科学出版社，2013.
[8] 欧育湘. 阻燃剂 [M]. 北京：国防工业出版社，2009.
[9] 李引擎. 建筑防火工程 [M]. 北京：化学工业出版社，2004.
[10] 徐志胜，孔杰. 高等消防工程学 [M]. 北京：机械工业出版社，2020.
[11] 王国建，王凤芳. 建筑防火材料 [M]. 北京：中国石化出版社，2006.
[12] 覃文清，李风. 材料表面涂层防火阻燃技术 [M]. 北京：化学工业出版社，2004.
[13] 钱立军. 现代阻燃材料与技术 [M]. 北京：化学工业出版社，2021.
[14] 陈长坤. 燃烧学 [M]. 北京：机械工业出版社，2013.
[15] 欧育湘. 阻燃高分子材料 [M]. 北京：国防工业出版社，2001.
[16] 欧育湘，李建军. 材料阻燃性能测试方法 [M]. 北京：化学工业出版社，2007.
[17] 欧育湘. 阻燃塑料手册 [M]. 北京：国防工业出版社，2008.
[18] 杨荣杰，李向梅. 中国阻燃剂工业与技术 [M]. 北京：科学出版社，2013.
[19] 贾修伟. 纳米阻燃材料 [M]. 北京：化学工业出版社，2004.
[20] 颜龙，徐志胜，刘顶立. 膨胀型透明防火涂料的设计制备、性能及阻燃抑烟机理 [M]. 长沙：中南大学出版社，2021.
[21] 刘登良. 涂料工艺 [M]. 4 版. 北京：化学工业出版社，2010.
[22] 薛恩钰，曾敏修. 阻燃科学及应用 [M]. 北京：国防工业出版社，1988.
[23] 哈珀. 现代塑料手册 [M]. 焦书科，周彦豪，等译. 北京：中国石化出版社，2003.
[24] 杨清芝. 实用橡胶工艺学 [M]. 北京：化学工业出版社，2005.
[25] 翁国文. 实用橡胶配方技术 [M]. 北京：化学工业出版社，2014.
[26] 李坚，吴玉章，马岩，等. 功能性木材 [M]. 北京：科学出版社，2011.
[27] 朱平. 功能纤维及功能纺织品 [M]. 北京：中国纺织出版社，2016.
[28] 刘迎涛. 木质材料阻燃技术 [M]. 北京：科学出版社，2016.
[29] 徐晓楠，周政懋. 防火涂料 [M]. 北京：化学工业出版社，2004.

[30] 王勇，颜龙. 消防安全实验 [M]. 北京：冶金工业出版社，2023.
[31] 颜龙，徐志胜. 灭火技术方法及装备 [M]. 北京：机械工业出版社，2020.
[32] 吴其晔，冯莺. 高分子材料概论 [M]. 北京：机械工业出版社，2004.
[33] 金杨，张军. 燃烧与阻燃实验 [M]. 北京：化学工业出版社，2018.
[34] 吴其晔，张萍，杨文君，等. 高分子物理学 [M]. 北京：高等教育出版社，2011.
[35] 公安部政治部，杜文锋. 防火工程概论 [M]. 北京：中国人民公安大学出版社，2014.
[36] 杨万泰. 聚合物材料表征与测试 [M]. 北京：中国轻工业出版社，2008.
[37] 王学宝. 消防工程专业实验 [M]. 北京：中国人民公安大学出版社，2021.
[38] 鲍治宇，董延茂. 膨胀阻燃技术及应用 [M]. 哈尔滨：哈尔滨工业大学出版社，2005.
[39] 骆介禹，骆希明. 纤维素基质材料阻燃技术：织物、木材、涂料及纸制品的阻燃处理 [M]. 北京：化学工业出版社，2003.
[40] 马海云，宋平安，方征平. 纳米阻燃高分子材料：现状、问题及展望 [J]. 中国科学（化学），2011，41（2）：314-327.
[41] 石延超，王国建. 有机磷阻燃剂的合成及在阻燃高分子材料中的应用研究进展 [J]. 高分子材料科学与工程，2016，32（5）：167-175.
[42] 颜龙，徐志胜，徐烨. 膨胀型防火涂料生烟机理与抑烟技术 [J]. 消防科学与技术，2016，35（7）：997-1000.
[43] 王明清，张军. 聚合物膨胀阻燃体系研究进展 [J]. 现代塑料加工应用，2003，15（3）：36-39.
[44] 王庆国，张军，张峰. 锥形量热仪的工作原理及应用 [J]. 现代科学仪器，2003（6）：36-39.
[45] 白卯娟，金杨，王勇，等. 聚合物/层状硅酸盐纳米复合材料阻燃机理研究进展 [J]. 现代塑料加工应用，2015，27（1）：60-63.
[46] 徐志胜，颜龙. 阻燃 HDPE 诸典型聚合物燃烧试验评价结果间相关性研究 [J]. 中国安全科学学报，2014，24（11）：66-71.
[47] 刘岩，张军. PA6/蒙脱土复合材料的炭层结构对阻燃性能的影响 [J]. 现代塑料加工应用，2012，24（2）：12-15.
[48] 颜龙，张军，李翔. HIPS/多壁碳纳米管复合材料炭层结构对阻燃性能的影响 [J]. 合成树脂及塑料，2013，30（3）：21-24.
[49] 刘军辉，王明清，张军，等. 蒙脱土在阻燃导静电橡胶输送带中的应用研究 [J]. 橡胶工业，2003，50（12）：720-722.
[50] 颜龙，王文强，徐志胜，等. 热老化对阻燃电缆护套层的燃烧性能与热解动力学的影响 [J]. 中国安全生产科学技术，2023，19（9）：143-149.
[51] 赵迪，颜龙，徐志胜. 溴-锑-磷协效阻燃体系对聚丙烯土工格栅阻燃和生烟性能的影响 [J]. 安全与环境学报，2017，17（2）：532-536.
[52] 刘延松，王阳，郭寻，等. 阻燃纤维素纺织品的研究进展 [J]. 精细化工，2020，37（11）：2208-2215.
[53] 曾倩，任元林. 纤维织物阻燃研究进展 [J]. 纺织科学与工程学报，2018，35（1）：159-163.
[54] 张涛，闫红强，王丽莉，等. 基于层层组装法构建阻燃天然纤维素纤维织物的研究进展 [J]. 复合材料学报，2015，32（1）：13-20.

[55] 徐英俊，王芳，倪延朋，等. 纺织品的阻燃及多功能化研究进展［J］. 纺织学报，2022，43（2）：1-9.
[56] 陈善求，赵雯筠，颜龙，等. 基于CONE的超高温耐火电缆火灾危险性分析［J］. 消防科学与技术，2022，41（2）：156-160.
[57] 张立群. 橡胶材料科学研究的现状与发展趋势［J］. 高分子通报，2014，27（5）：3-4.
[58] 王正洲，孔清锋，江平开. 橡胶膨胀型阻燃研究进展［J］. 高分子材料科学与工程，2012，28（4）：160-163.
[59] 杨娜，王雪飞，王进. 膨胀型阻燃剂在橡胶中的应用［J］. 合成橡胶工业，2012，35（4）：320-324.
[60] 穆清林，孟凡涛，魏春城，等. 无卤阻燃剂在橡胶中的应用及研究进展［J］. 应用化工，2023，52（5）：1582-1586.
[61] 颜龙，徐志胜，张军，等. 五合板的燃烧特性及其动态和静态生烟特性［J］. 中南大学学报（自然科学版），2015，46（10）：3619-3624.
[62] 颜龙，唐欣雨，冯钰微，等. 压缩致密化阻燃木材的燃烧特性和成炭行为研究［J］. 中国安全生产科学技术，2022，18（9）：160-166.
[63] 颜龙，徐志胜，徐彧，等. 典型硼化合物与磷酸二氢铵协效阻燃松木的燃烧性能及热解动力学研究［J］. 中国安全生产科学技术，2015，11（3）：19-23.
[64] 崔飞，颜龙. 磷-硼协效阻燃的云南松燃烧性能和热解动力学［J］. 中国安全科学学报，2018，28（7）：38-44.
[65] 王成毓，孙淼. 仿生人工木材的研究进展［J］. 林业工程学报，2022，7（3）：1-10.
[66] 徐志胜，赵雯筠，颜龙，等. 羟基化氮化硼与磷酸二氢铵在致密化木材中的阻燃作用［J］. 中国安全生产科学技术，2023，19（6）：151-157.
[67] 李晓康，杜文锋，徐志胜. 防火涂料对电缆燃烧性能的影响研究［J］. 中国安全科学学报，2014，24（12）：16-22.
[68] 胡肖，颜龙，黄傲，等. 磷系阻燃剂在透明防火涂料中的应用研究进展［J］. 消防科学与技术，2021，40（7）：1061-1064.
[69] 颜龙，徐志胜. 户外耐烃类火灾膨胀型隧道防火涂料的制备及性能研究［J］. 中国安全生产科学技术，2014，10（10）：118-123.
[70] 王飞跃，刘辉，颜龙. 钨尾矿填料在膨胀型防火涂料中的协效作用［J］. 中国安全科学学报，2021，31（10）：46-53.
[71] 徐志胜，谢晓江，颜龙，等. 滑石粉在膨胀型透明防火涂料中的协效阻燃和抑烟作用［J］. 中南大学学报（自然科学版），2020，51（4）：912-921.
[72] 王艳，刘宏生，朱晓辉. 水性电缆防火涂料的性能研究［J］. 现代涂料与涂装，2020，23（7）：4-7.
[73] 黄雅婷，李连良，张翼，等. 水性膨胀型钢结构防火涂料研究进展［J］. 中国塑料，2023，37（2）：77-89.
[74] 刘微，葛欣国. 防火玻璃生产工艺及现状［J］. 玻璃，2012，39（11）：37-41.
[75] 易亮，周龙夏娣，颜龙，等. 聚丙烯酰胺聚合物互穿网络凝胶在透明防火玻璃中的应用［J］. 中国安全生产科学技术，2023，19（3）：53-58.
[76] 金杨. 不同热流条件下聚合物的热解动力学研究［D］. 青岛：青岛科技大学，2004.

[77] 王勇，张军. UL94与聚合物三种燃烧实验的相关性［J］. 高分子材料科学与工程，2012，28（6）：169-171.
[78] 王勇. 小火源作用下聚合物小尺度燃烧行为及模拟研究［D］. 青岛：青岛科技大学，2010.
[79] 杨明. 中国消防技术发展史研究［D］. 沈阳：东北大学，2015.
[80] 中华人民共和国公安部. 建筑材料及制品燃烧性能分级：GB 8624—2012［S］. 北京：中国标准出版社，2012.
[81] 中华人民共和国住房和城乡建设部. 建筑防火通用规范：GB 55037—2022［S］. 北京：中国计划出版社，2022.
[82] 中华人民共和国公安部. 饰面型防火涂料：GB 12441—2018［S］. 北京：中国标准出版社，2018.
[83] 中华人民共和国公安部. 混凝土结构防火涂料：GB 28375—2012［S］. 北京：中国标准出版社，2012.
[84] 中华人民共和国公安部. 电缆防火涂料：GB 28374—2012［S］. 北京：中国标准出版社，2012.
[85] 中华人民共和国应急管理部. 钢结构防火涂料：GB 14907—2018［S］. 北京：中国标准出版社，2018.
[86] 中华人民共和国公安部. 建筑材料不燃性试验方法：GB/T 5464—2010［S］. 北京：中国标准出版社，2010.
[87] 中华人民共和国公安部. 建筑材料难燃性试验方法：GB/T 8625—2005［S］. 北京：中国标准出版社，2005.
[88] 中华人民共和国公安部. 建筑材料可燃性试验方法：GB/T 8626—2007［S］. 北京：中国标准出版社，2008.
[89] 中华人民共和国公安部. 建筑材料及制品的燃烧性能 燃烧热值的测定：GB/T 14402—2007［S］. 北京：中国标准出版社，2008.
[90] 中华人民共和国公安部. 建筑材料或制品的单体燃烧试验：GB/T 20284—2006［S］. 北京：中国标准出版社，2006.
[91] 中国石油和化学工业联合会. 塑料 硬质泡沫塑料燃烧性能试验方法 垂直燃烧法：GB/T 8333—2022［S］. 北京：中国标准出版社，2022.
[92] 中国石油和化学工业协会. 塑料 用氧指数法测定燃烧行为 第2部分：室温试验：GB/T 2406.2—2009［S］. 北京：中国标准出版社，2010.
[93] 中华人民共和国公安部. 建筑材料燃烧或分解的烟密度试验方法：GB/T 8627—2007［S］. 北京：中国标准出版社，2007.
[94] 中华人民共和国公安部. 建筑材料热释放速率试验方法：GB/T 16172—2007［S］. 北京：中国标准出版社，2007.
[95] 中华人民共和国公安部. 火灾试验 表面制品的实体房间火试验方法：GB/T 25207—2010［S］. 北京：中国标准出版社，2010.
[96] 中华人民共和国公安部. 材料产烟毒性危险分级：GB/T 20285—2006［S］. 北京：中国标准出版社，2006.
[97] 中华人民共和国公安部. 建筑构件耐火试验方法 第1部分：通用要求：GB/T 9978.1—2008［S］. 北京：中国标准出版社，2008.